SAMMLUNG GÖSCHEN BAND 200/200a

Deutsches Rechtschreibungswörterbuch

Von

Max Gottschald

Zweite, verbesserte Auflage

Walter de Gruyter & Co.

vormals G. J. Göschen'sche Verlagshandlung · J. Guttentag, Verlagsbuchhandlung · Georg Reimer · Karl J. Trübner · Veit & Comp.

Berlin 1953

vormals G. J. Göschen'sche Verlagsbuchhandlung,
J. Guttentag, Verlagsbuchhandlung, Georg Reimer,
Karl J. Trübner, Veit & Comp.
Berlin W 35, Genthiner Str. 13

Archiv-Nr. 11 02 00
Gedruckt im Druckhaus Tempelhof, Berlin
Printed in Germany

Literatur

Deutsches Wörterbuch von Jacob Grimm und Wilhelm Grimm. 1854ff.

Duden. Rechtschreibung der deutschen Sprache und der Fremdwörter. 1947 — 13. Aufl. 1952.

O. Göde, Die deutsche Interpunktionslehre. 2. Aufl. 1903

P. Gollnick, Vollständige Groß- und Kleinschreibung. 3. Aufl. 1942

M. Heyne, Deutsches Wörterbuch. 2. Aufl. 1905

Kluge-Götze Etymol. Wb. der dt. Sprache. 15. Aufl. 1952

Th. Matthias, Sprachleben und Sprachschäden. 3. Aufl. 1906

H. Paul, Deutsches Wörterbuch. 4. Aufl. von K. Euling. 1935

R. Pekrun, Das deutsche Wort. 1933

A. Schirmer, Wörterbuch der dt. Kaufmannssprache. 1911

Der Sprach-Brockhaus. 4. Aufl. 1940

Trübners Deutsches Wörterbuch. Im Erscheinen

Fr. L. K. Weigand, Deutsches Wörterbuch. 5. Aufl. von H. Hirt. 1909

Abkürzungen

Abk.:	Abkürzung
afrz.:	altfranzösisch
ahd.:	althochdeutsch
arab.:	arabisch
engl.:	englisch
frz.:	französisch
gr.:	griechisch
hebr.:	hebräisch
it.:	italienisch
jüd.:	jüdisch
kelt.:	keltisch
lat.:	lateinisch
madj.:	madjarisch
mal.:	malaiisch
mhd.:	mittelhochdeutsch
mlat.:	mittellateinisch
Mz.:	Mehrzahl
nd.:	niederdeutsch
nl.:	niederländisch
nlat.:	neulateinisch
nord.:	nordisch
obd.:	oberdeutsch
slaw.:	slawisch
sp.:	spanisch
stud.:	studentisch

Vorbemerkungen

Die deutsche Rechtschreibung ist nicht leicht, aber auch nicht so schwer, daß sie nicht im Volksschulunterricht gelernt werden könnte, von einzelnen schwierigen Fremdwörtern freilich abgesehen. Sie ist jedoch in den letzten Jahrzehnten unnötig erschwert worden, indem man Regeln und Schreibweisen entdeckte, um die man sich im 19. Jahrhundert gar nicht gekümmert hatte, ohne daß man darum nachlässig schrieb. In diesen Fällen wäre eine Rückkehr zur alten Einfachheit zu begrüßen. Man bedenke dabei, daß im Grunde nur die amtlichen Regelbücher unbedingte Gültigkeit haben — und auch diese widersprechen manchmal einander —, daß alle anderen Wörterbücher aber stets nur nützliche Ratgeber sein können. Zuweilen lassen sich ebenso gute Gründe für wie gegen eine Schreibweise anführen.

Einige Regeln, bei denen besonders oft Unsicherheit herrscht, werden dem Benutzer des Wörterbuchs willkommen sein.

Zu den Lauten

§ 1. Häufung von Mit- und Selbstlauten

a) In Zusammensetzungen wird ein Mitlaut nur bei der Silbentrennung dreimal geschrieben, also *Brennessel*, *Fallaub*, aber *Stall-laterne*. In *den-noch*, *Drit-teil* und *Mit-tag* wird der Mitlaut auch bei der Trennung nur zweimal geschrieben. Neuerdings verlangt man, daß alle drei Mitlaute geschrieben werden, wenn noch ein vierter Mitlaut folgt. Diese Fälle, z. B. *Fetttropfen*, *Schlifffläche*, *wetttrinken*, *Wippplanke*, sind aber so selten, daß man sich über sie keine Gedanken zu machen braucht.

b) Man vermeidet drei gleiche Selbstlaute nacheinander, schreibt also *die Seen*, *Chausseen*, *feenhaft*. Auch nach ie schreibt man besser kein zweites e: *die Knie*, *die Kolonien*, *Marienkäfer;* doch ist *sie schrieen* zulässig.

§ 2. c, k, z

In den meisten eingebürgerten Fremdwörtern sind k und z dem c vorzuziehen: *Akzent*. Bei fremdem Klang bleibt freilich oft das c: *Anciennität*, *Annonce*. Ferner bleibt es in Fremdwörtern der Gelehrtensprache: *Cucurbitaceen* (Kürbisgewächse) sowie in Personennamen: *Cicero*, *Tacitus*, *Cervantes*, *Descartes* sowie in durch Warenschutz festgelegten Schreibweisen: *Cellophan* (gegenüber

Zellulose). In deutschen Ortsnamen geht der Gebrauch von C immer mehr zurück: *Kassel*, *Köln*. Die Behörden halten aber oft noch an dem alten C fest. Auch in bekannteren fremden Orts- und Ländernamen schreibt man gern k (seltener z) statt c: *Kanada*, *Korsika*, *Kapua*, *San Franzisko*. ck ist in Fremdwörtern wenig üblich: *Akkusativ* (besser als *Accusativ*), *Makkaroni*. *Marokko* jedoch: *Baracke*, *Frack*, *Jockei*, *Schick*, *Trick*.

§ 3. ph und th

Wir haben aus der lateinischen Schreibweise die Buchstabenverbindungen ph und th für griechische Fremdwörter übernommen, und zwar unnötigerweise, denn die Nachkommen der Römer, die Italiener, schreiben unbedenklich Filippo, filosofia, teatro. Man sollte aber nicht einer künftigen Regelung unserer Rechtschreibung vorgreifen, und solange wir auch noch Bayern, Rhein, Rhön und Thüringen schreiben, willkürlich in ein paar einzelnen Wörtern wie *Photograph* und *Telephon* ph durch f ersetzen, wie es oft geschieht. Man hält das für fortschrittlich, und doch getraut sich niemand *Grafologie*, *Sfäre*, *flegmatisch*, *Frase*, *Fosfor* und *Fysik* zu schreiben. In der Kurzschrift ist so etwas natürlich unbedenklich, aber einen Satz wie: *Philipp Reis ist der Erfinder des Telefons* zu schreiben, zeugt von großer Gedankenlosigkeit. Die einst häufige Schreibung von *Joseph* und *Stephan* mit f hat man dagegen wieder beseitigt.

Das th hält sich auch noch in einzelnen Vornamen wie *Lothar* und *Mathilde*, durch Familienüberlieferung auch noch in manchen anderen Vornamen, ferner in den meisten älteren mit *-thal* zusammengesetzten Ortsnamen.

§ 4. ſ und s

a) s steht am Wortende (Haus), auch in Zusammensetzungen (Dienstag, Gemsbock, Oswald) und vor den Verkleinerungssilben (Gräschen, Häslein).

b) ſ steht, wenn nach ihm ein tonloses e ausgefallen ist: Drechſler, Abwechſlung, Pilſner Bier.

c) Bei Zeitwörtern, deren Stamm auf ſ, ß, ſſ, z, tz, x ausgeht, wird in der 2. Person der Gegenwart gewöhnlich das eſ der Endung eſt unterdrückt: du lieſt, heißt, ißt, tanzt, ſitzt usw. (doch auch reiſeſt, läſſeſt, glänzeſt, ſchützeſt, hexeſt).

d) Vor anderen Mitlauten als p, t und z wird besser s geschrieben, da es in einzelnen Fällen, besonders in Ortsnamen (z. B. Dresden, Köslin, Moskau), allein richtig ist: Fresko, Muskat, Moslem, Kosmos. So auch in den Fremdwörtern auf -ismus:

Patriotismus. Vor z aber wird in Fremdwörtern immer ſ geschrieben: Aſzeſe (aber Askeſe), Diſziplin.

e) In griechischen und lateinischen Fremdwörtern, die mit Verhältniswörtern zusammengesetzt sind, wird vor Selbstlauten ſ geschrieben, wenn dies unserer Aussprache entspricht. Danach werden auch die Silben getrennt: Epi-ſode, Pro-ſelyt, Pro-ſodie, tran-ſitiv (aber trans-alpin). Vgl. § 9d.

f) Die Schreibung *ss* statt *ß* in Schreibmaschinenschrift ist nur ein Notbehelf.

Zur Groß- und Kleinschreibung

§ 5

Mit großen Anfangsbuchstaben schreibt man u. a.:

a) Teile von Namen und Titeln: *Das Eiserne Kreuz*, *das Deutsche Reich*, *die Sächsische Schweiz*, *die Neue Welt*, *der Große Kurfürst*, *der Siebenjährige Krieg*, *die Französische Revolution*, *der Vogtländische Anzeiger*, *das Alte Museum*, *die Olympischen Spiele*, *der Wirkliche Geheime Rat*, *der Große Bär*, *der Heilige Abend*. Dagegen: *die deutschen Grenzen*, *das französische Heer*, *westfälischer Schinken*. Bei Pflanzennamen findet man das Eigenschaftswort häufiger klein als groß geschrieben: *der körnige Steinbrech*, *die weiße Taubnessel*. Ebenso ist es bei Tiernamen: *der braune Bär*. — Neuerdings neigt man dazu, diese Regel auch auf Ausdrücke auszudehnen, die nicht eigentlich Namen sind, aber eine eigene, besondere Bedeutung angenommen haben. In zweifelhaften Fällen (z. B. *der Weiße Tod*, *die Hohe Schule*, *das Große Los*, aber *der blaue Montag*, *der grüne Star*, *das gelbe Fieber*, *die silberne Hochzeit*) schadet es nichts, wenn man nach eigenem Gutdünken schreibt.

b) die Anrede in Briefen sowie allgemein die Höflichkeitsanreden: *Kommen Sie bitte*, auch *Er*, *Sie* in der Anredeweise des 18. Jahrhunderts: *Komm Er mal her!*

c) Fürwörter als Teile von Titeln: *Seine Majestät;*

d) die von Orts- und Ländernamen abgeleiteten Wortformen auf -er, z. B. *der Kölner Dom*, *der Thüringer Wald*, *Wiener Neustadt*. Hat das Wort auf -er den Hauptton, sind also beide Wörter zusammengewachsen, so schreibt man sie auch zusammen: *Burgunderwein*, *Schweizerkäse*. Auch *Böhmerwald* wird zusammengeschrieben. Dagegen schreibt man: *in den achtziger Jahren des vorigen Jahrhunderts* und beim Lebensalter: *Nur wenige Menschen erreichen die Achtzigerjahre.*

e) Von Personennamen abgeleitete Eigenschaftswörter werden groß geschrieben, wenn sie den Wert eines 2. Falles haben: *die*

Grimmschen Märchen (d. h. die Märchen der Brüder Grimm), *die Uhlandschen Balladen.* Bei weniger enger Beziehung schreibt man klein: *die lutherische Kirche, eine galvanische Batterie, homerisches Gelächter.* Auch hier gibt es zweifelhafte Fälle.

f) Groß geschrieben werden alle Wörter, die als Hauptwörter gebraucht werden, vor allem solche, vor denen das Geschlechtswort steht oder doch gedacht werden kann: *das Schreiben, beim* (bei dem) *Schreiben, ein Armer, Geben ist seliger als Nehmen.* So auch Eigenschaftswörter nach unbestimmten Zahlwörtern: *alles Gute, wenige Fremde, etwas Neues, allerlei Brauchbares.* Auch wenn man sie ergänzen kann: *Ich habe Neues erfahren.*

§ 6

Klein schreibt man Hauptwörter,

a) die nicht als Hauptwörter verwendet werden, sondern z. B. als Verhältniswörter: *dank deiner Hilfe, kraft seines Amtes;*

b) als Umstandswörter: *abends, anfangs, beizeiten, bergauf* (aber: *den Berg hinauf*), *bestenfalls* (aber: *im besten Falle*), *größtenteils, glücklicherweise* (aber: *in der rechten Weise*), *heutzutage, hierzulande, jederzeit, keineswegs, kurzerhand, seit alters, vorhanden, etwas unterderhand erledigen, vorzeiten, zeitlebens* (aber: *zeit meines Lebens*). So auch die Tageszeiten und Tagesnamen ohne Geschlechtswort, Fürwort u. dgl. oder Verhältniswort. Also: *eines Abends, diesen, nächsten Mittwoch, am Sonntag, bis Montagabend.* Aber: *heute abend, morgen nachmittag, sonntags.* Noch vor dreißig Jahren schrieb man *Sonntags, Vormittags.* Ein grober Fehler ist das auch heute nicht. S. Dienstag im Wörterbuch;

c) in enger Verbindung mit Zeitwörtern, wenn sie nicht mehr als Hauptwörter empfunden werden. Oft können sie durch ein Eigenschafts- oder Umstandswort ersetzt werden, z. B. *Das ist schade* = Das ist schlimm (man fragt: Wie ist es?). Aber: *Das ist ein großer Schade* (man fragt: Was ist es?). — Beispiele: *Mir ist angst und bange. Ich bin ihm feind* (feindlich). *Sie hält haus. Er sprach mir hohn; handhaben, standhalten, leidtun, nottun, schuldsein, rechthaben* (aber: *ein Recht haben;* s. Recht und Unrecht im Wörterbuch), *wundernehmen, willens sein* (aber: *guten Willens sein*).

Auch nach Verhältniswörtern: *in acht nehmen, zugrunde gehen, zumute sein, zunutze machen.*

Neuerdings schreibt man vor: *Ich schreibe maschine, fahre rad, laufe eis, hüpfe sack, stehe kopf,* aber: *Ich spiele Klavier, fahre Auto, Schi, Schlitten.* Gründe für diese Unterscheidungen sind nicht zu erkennen. Man merke sich diese paar Fälle, schreibe aber sonst lieber groß: *Ich fahre Kahn, laufe Sturm, schlage Ball, stehe Wache* usw. Geht das Hauptwort voran, so wird mancher freilich lieber zusammenschreiben: *wir wollen jetzt topfschlagen und seilziehen.* In solchen Fällen, wo vor dem Hauptwort ein Verhältniswort ausgefallen ist (im Kahn, nach dem Topf, am Seil), darf man sich eine gewisse Freiheit gönnen.

d) Klein schreibt man alle Für- und Zahlwörter (bestimmte und unbestimmte): *der eine, alle anderen, kein einziger, der nämliche, alles übrige, verschiedenes* (= manches, allerlei). Groß freilich die Fürwörter nach § 5 b, c, ferner nach dem Geschlechtswort: *Jedem das Seine. Die Unsern haben gesiegt. Ein gewisser Jemand.* (Klein dagegen natürlich, wenn ein vorausgegangenes Hauptwort zu ergänzen ist: *Das ist mein Hut. Ist das der deine?*) Groß werden ferner geschrieben als Hauptwörter gebrauchte Zahlwörter, wenn der Zahlbegriff zurücktritt: *Er ist der Erste der Klasse* (der Klassenführer). *Morgen haben wir den Ersten* (Monatsanfang). Danach auch: *Heute ist der Fünfte. Das braucht kein Dritter* (Unbeteiligter) *zu wissen. Vom Hundertsten ins Tausendste kommen.* S. auch hundert und tausend im Wörterbuch.

e) Eigenschaftswörter in festen Verbindungen, bei denen nicht nach einem Hauptwort gefragt werden kann, z. B. *des näheren bezeichnen, um ein beträchtliches größer, aufs äußerste gereizt, bis auf weiteres, ohne weiteres* (aber: *Ich bin auf das Weitere gespannt*), *im allgemeinen, im folgenden, vor kurzem, im stillen, insbesondere, von neuem, jeder beliebige, alles mögliche, der erste beste, arm und reich* (aber: *die Armen und die Reichen*), *durch dick und dünn, im großen ganzen, den kürzeren ziehen, zum besten haben, ins reine schreiben.* In Sätzen wie: „*Es ist das beste, wenn wir gehen*“ hat *das beste* den Wert von *am besten. Er hält es für das beste, zu gehen.* Dagegen: *Er gibt uns das Beste, was er hat.*

§ 7. Zusammenschreibung

Die Frage, ob eng zusammenhängende Wörter auch zusammengeschrieben werden, ist wohl die schwierigste Frage unserer Rechtschreibung, und doch lassen sich leider keine sicheren Regeln geben. Oft hilft die Beachtung des Tones. Spricht man die Wörter wie ein einziges aus, was vor allem bei freierer Bedeutung der Fall ist, so schreibt man sie zusammen. *Wir wollen zusammen laufen — Die Milch wird zusammenlaufen. Dahinter steckt ein Zettel — Wenn nur kein Betrug dahintersteckt! — Laß es da liegen! — Wie kannst du nur so daliegen! Du mußt weiter springen* (einen größeren Sprung machen) — *Du mußt weiterspringen* (nicht aufhören). *Hier kann man leicht fallen — Das wird dir leichtfallen. Der Redner hat frei gesprochen — Die Richter haben den Angeklagten freigesprochen.* Beachte auch *zuviel* und *zú viel*, *sobáld* und *só bald: (sobald ich kann — Er kam so bald, daß; Soviel ich weiß; Ich weiß soviel wie du — So viel weiß ich).* Aber *so daß* wird stets getrennt geschrieben.

Bei Beachtung des Tones ist die Unterscheidung noch verhältnismäßig leicht. Jetzt will man aber bei einem Wechsel der Bedeutung auch dann einen Unterschied in der Schrift machen, wenn die gesprochene Sprache keinen kennt: *Die Feinde werden kehrtmachen und fliehen — Die Rekruten lernten Kehrt machen* (wie Front machen); *eine Sache schlecht machen* (sie schlecht ausführen) — *seinen Nächsten schlechtmachen* (ihn verleumden); *schön schreiben* (in schöner Schrift) — *schönschreiben* (Schönschrift üben). Ähnlich unterscheidet man jetzt: *auf dem Trocknen* (nicht in der Nässe) *sitzen — auf dem trocknen sitzen* (in Verlegenheit sein). Schade um die Zeit, die man mit solchen Spitzfindigkeiten verliert! Auch über Fragen wie die, was „richtig" sei: *Er ist schwerverwundet* (wie *der Schwerverwundete*) oder: *Er ist schwer verwundet* (wie *gefährlich verwundet*), braucht man sich nicht den Kopf zu zerbrechen.

§ 8. Straßennamen u. dgl.

Kurze mit Hauptwörtern gebildete Namen werden zusammengeschrieben: *Uferstraße, Fleischergasse, Hausvogteiplatz, Roßmarkt, Albertpark, Poetenweg, Schillerhain.* Längere erhalten zur besseren Übersicht Bindestriche, und zwar überall: *Fritz-Reuter-Straße, Eyke-von-Repkow-Platz.* Entsprechend: *Goetheschule*, aber: *Kaiser-Wilhelm-Kanal.*

Mit Eigenschaftswörtern gebildete werden in einzelnen Wörtern geschrieben: *die Lange Straße (auf der Langen Straße).* Also auch *die Leipziger Straße* (wie *die Äußere Hallische Straße*). *Die Hofer Straße* führt nach der Stadt Hof oder heißt nach ihr, dagegen heißt die *Andreas-Hofer-Straße* nach dem Tiroler Freiheitshelden. Beachte die nach Erfindern, nicht nach Dörfern benannte *Gabelsbergerstr.* und *Senefelderstr.*

§ 9. Silbentrennung

a) Einzelne Selbstlaute trennt man nicht ab, schreibt also nicht *A-bend, U-hu, Reu-e.*

b) Die Zeichen *ch, ph, sch, ß, th* bezeichnen Einzellaute und werden nicht getrennt: *Bü-cher, Phi-lo-so-phie, Bü-sche, Stra-ße, Ka-the-der.* Auch *st* wird nie getrennt: *ko-sten, Wü-ste.* Wohl aber *dt*, *pf*, *sp: Städ-te*, *emp-fangen*, *Knos-pe*. Das *ck* wird in zwei *k* aufgelöst: *Nak-ken*.

c) Zusammensetzungen sind nach ihren Bestandteilen zu trennen: *Diens-tag; Tür-angel*, *Ei-dechse*, *dar-auf* (vgl. darbieten), *war-um*, *wor-in*. (Vgl. *Brenn-nessel*, *den-noch*, *Drit-teil*, *Mit-tag* § 1a).

d) Fremdwörter sollen nach den für die ursprüngliche Sprache gültigen Regeln geteilt werden. Kennt man diese nicht, so verfahre man wie bei deutschen Wörtern, doch kommen die Verbindungen von *b*, *p*, *d*, *t*, *g*, *k* mit *l* und *r* sowie *gn* und *str* meist auf die folgende Zeile: *Pu-blikum*, *Fa-brik*, *Hy-drant*, *Zen-trum*, *Re-klame*, *Magnet*, *Si-gnal*, *Magi-strat*.

Auch hier werden Zusammensetzungen nach ihren Bestandteilen getrennt: *Atmo-sphäre*, *Mikro-skop*, *Mon-arch*, *Alex-ander*, *Di-phthong*, *Inter-esse*. Diese Regel ist aber bei s aufgehoben, und man trennt nach der Aussprache Epi-sode, tran-sitiv (s. § 4e); *Ab-stinenz*, *ab-strakt*, *Ab-szeß* (Ab-szeß). Das *s* von lat. *trans-* fällt vor *s* meist weg: *tran-szendent*. — Bei Zweifeln schlage man im Wörterbuch nach, wo in schwierigeren Fällen die Silbentrennung durch einen senkrechten Strich angegeben ist.

§ 10. Abkürzungen

Für die Abkürzungen gibt es keine festen Regeln. Ist kein Mißverständnis möglich, so schreibt man nur den ersten Buchstaben. Sonst bleiben von den weggelassenen Silben eines einzelnen Wortes die Anfangsmitlaute, entsprechend den Abteilungsregeln, erhalten: Abk. (Abkürzung), Konstr. (Konstruktion). I. Viele Abk. sind aber abweichend von dieser Regel festgelegt; so die Namen der Elemente: Mo (Molybdän), Te (Tellur). II. Nur zwei oder drei Buchstaben wegzulassen, lohnt sich meist nicht, doch geschieht es bei ganz kleinen, häufigen Wörtern: u. (und), Frkf. a. d. O. (Frankfurt an der Oder). III. Zuweilen bewahrt man nur einzelne auffällige Laute: Jh. (Jahrhundert), mhd. (mittelhochdeutsch), Uffz. (Unteroffizier), Wb. (Wörterbuch). Hinter die Abkürzung wird in der Regel ein Punkt gesetzt, auch wenn der letzte Buchstabe erhalten ist: Bhf. (Bahnhof), Dtzd. (Dutzend), jr. (junior), lfd. (laufend), lt. (laut), Rhld. (Rheinland), Sta. (Sancta). In Bibliotheken schreibt man jedoch Bd (Band). Bei den festgelegten Abkürzungen für die Elemente (s. o. unter I.), für Maße, Gewichte u. ä. fällt der Punkt fort: m = Meter. Mehrere Wörter werden durch deren Anfangsbuchst. wiedergegeben. Zwischen diesen stehen oft Punkte: b. a. w. (bis auf weiteres), E. V. (Eingetragener Verein), G. m. b. H. (Gesellschaft mit beschränkter Haftung; doch auch GmbH.), u. R. (unter Rückerbittung). Häufig werden aber auch keine Punkte gesetzt: BGB. (Bürgerliches Gesetzbuch), MA. (Mittelalter), NT. (Neues Testament). Dergleichen abgekürzt auch zu sprechen, ist in einzelnen Fällen allgemein üblich, wie bei Begebe und Flak, doch verunstaltet diese 'Aküsprache' (Abkürzungssprache) unser Deutsch. Vor allem tun dies Weiterbildungen wie usanisch (aus den Ver. Staaten). Sehr viele solche Aküwörter sind überdies nur in einem kleinen Kreise bekannt und bleiben daher anderen Menschen ganz unverständlich.

Die Mehrzahl kann der Deutlichkeit halber durch Zusatz der Endung ausgedrückt werden: Bde (Bände), Nrn. (Nummern), Wber (Wörterbücher). Zuweilen verdoppelt man auch die Abk.: A. H. A. H. (Alte Herren) oder den Schlußlaut: S. 35 uff. (Seite 35 und folgende; auch S. 35 ff). Vgl. auch §§ 35—37. — Eine größere Menge von Abk. aufzunehmen, erlaubt der Raum des Wb. nicht.

§ 11. Die Trennpunkte (das Trema)

Die Trennpunkte haben den Zweck, nebeneinanderstehende Selbstlaute für die Aussprache zu trennen. Sie sind nur in *Alëuten*, üblich und in Familiennamen *Schmëing* auch wohl in *Viëtor*, sonst aber überflüssig: *Dodekaeder*, *Emmaus*, *Karies*, *Triere*, *Koffein*, *die augusteische Kultur.*

§ 12. Das Auslassungszeichen

Das Auslassungszeichen (der Apostroph) steht: 1. wenn das *e* von *es* ausfällt: *wie geht's? 's ist schade.* 2. meist für ein ausgelassenes *i* der Ableitungssilbe: *Heil'ge Nacht* (neben *Heilge Nacht*). 3. für das ausgelassene *e* der ersten Person des Tätigkeitswortes: *Ich hab'. Ich hatt'. Hätt' ich.* 4. beim Wesfall von Eigennamen, die auf einen S-Laut ausgehen: *Tacitus' Germania*, *Voß' Luise* (besser: *Vossens Luise*), aber nicht nach anderen Schlußlauten: also *Goethes Werke*, *Schillers Gedichte.*

Es steht nicht: 1. wenn ein Verhältniswort mit einem Geschlechtswort verschmolzen ist: *ans*, *aufs*, *beim*, *unterm.* 2. wenn die Befehlsform ohne *-e* gebildet werden kann: *leg!* (neben *lege!*). 3. nach Eigennamen vor *sch: die Voßsche Homerübersetzung.* Man sei überhaupt sparsam im Gebrauch des Auslassungszeichens und schreibe lieber *naus*, *rein* als *'naus*, *'rein.*

§ 13. Der Bindestrich

Der Bindestrich steht u. a.: 1. In der Zusammenstellung zusammengesetzter Wörter, wenn das gemeinsame Grundwort nur einmal gesetzt wird. *Buß- und Bettag, Feld- und Wiesenblumen, lang- und kurzschädlig, vor- und zurückgehen.* (Ein gemeinsames Bestimmungswort wird gewöhnlich wiederholt: *Haushund und Hauskatze.*) 2. Um längere Zusammensetzungen übersichtlich zu gliedern: *Haftpflicht-Versicherungsgesellschaft; Räuber- und Gendarmen-Spiel.* S. auch § 8 die Straßennamen. 3. Wenn drei gleiche Selbstlaute zusammentreffen: *Kaffee-Ersatz.*

Die Hauptregeln über den Beistrich (das Komma)

§ 14. Der einfache Satz

Das Komma bezeichnet die kleinste Redepause und steht:

a) vor und nach dem nachgestellten Beisatz (der Apposition): *Prinz Eugen, der edle Ritter. Berlin, die Reichshauptstadt. Dir, meinem Retter, werde ich stets dankbar sein;*

b) bei der Anrede: *Hilf mir, Fritz!*

c) nach Ausrufen: *Oh, wie prächtig!* Das Komma fehlt aber, wenn sich *o*, *ach* u. dgl. eng an die folgenden Worte anschließen: *O Straßburg, o Straßburg! Ach geh!*

d) nach Bejahungen und Verneinungen: *Ja, du hast recht.* Aber nicht hinter dem steigernden ja: *Das ist ein Verlust, ja (sogar) ein schweres Unglück;*

e) vor ungebeugten, als Beifügung dienenden Eigenschaftswörtern: *Da tritt aus seiner Kluft hervor der Räuber, groß und wild.* So auch vor oder nach ungebeugten Mittelwörtern, die einen Nebensatz vertreten: *Von allen verlassen, kehrte er in seine Heimat zurück.* (Das gilt aber nicht bei einzelnen Wörtern: *Röslein rot. Verwundet sank er zu Boden.*) Auch sonst bei verkürzten Nebensätzen, bei denen sich Mittelwörter wie *seiend, habend, haltend* ergänzen lassen: *Vor Schrecken bleich, trat er zurück. Die Hände auf dem Rücken, Andreas Hofer ging;*

f) vor der Datumsangabe: *Dresden, den 1. 10. 1943. Sonntag, den 20. April, vormittags 11 Uhr.*

g) vor nachträglichen genaueren Bestimmungen mit *und zwar, und das, nämlich, d. h., z. B.;*

h) zuweilen, um eine Sprachpause anzudeuten. *In Leipzig, wo man so viel, und so gute Musik hören kann;*

i) zwischen nebengeordneten Satzteilen, die nicht durch *und* oder *oder* verbunden sind. *Alles rennet, rettet, flüchtet. Nach langem, heißem Kampfe.*

Bildet von mehreren Eigenschaftswörtern das letzte mit dem Hauptwort eine Einheit, so steht davor kein Komma: *echtes*

Kölnisches Wasser; eine ehemalige freie Reichsstadt; seltene altdeutsche Briefmarken.

k) Bei *sowie, sowohl — als auch, entweder — oder, weder — noch* wird kein Komma gesetzt, bei *wie* nur, wenn man auch beim Sprechen eine deutliche Pause macht.

§ 15. Die Satzreihe

a) Das Komma trennt Hauptsätze, die durch *und* oder *oder* verbunden sind. Sie haben jeder einen eigenen Satzgegenstand: *Es wird Abend, und die Sonne sinkt. Hast du das Buch mitgebracht, oder hast du es wieder vergessen?* Vor einem ganz kurzen Satz kann das Komma fehlen: *Der Wind hatte sich erhoben und es regnete.* Bleibt der Satzgegenstand derselbe, so steht kein Komma: *Die Zeit vergeht und kehrt niemals wieder.*

b) Bei Gegensätzen, Begründungen, Folgen und Einschränkungen steht vor kurzen Sätzen das Komma, vor längeren das Semikolon (der Strichpunkt). Das gilt vor *aber, allein, doch, jedoch, hingegen, denn, darum, deshalb, gleichwohl, indessen, trotzdem* u. dgl. Vor *sondern* steht das Komma: *Sie flohen nicht, sondern hielten stand.* Schwankt man, ob man das Komma oder das Semikolon setzen soll, so setze man das Semikolon.

§ 16. Das Satzgefüge

a) Nebensätze werden durch ein Komma abgetrennt. *Du hast ebensoviel, wie ich habe* (Aber: *Du hast ebensoviel wie ich*). Ist der Nebensatz durch *und* angeknüpft, so wird das Komma, entsprechend der Pause beim Sprechen, vor das *und* gesetzt. *Er rief um Hilfe, und als niemand kam, rief er nochmals.* Sind mehrere Nebensätze durch *und* oder *oder* verbunden, so steht vor den folgenden kein Komma: *Ich weiß, daß du mir geholfen hast und daß ich dir Dank schulde.*

b) Die Grundform mit *um zu, ohne zu, anstatt zu* wird stets durch ein Komma abgetrennt.

c) Die Grundform mit *zu* wird im allgemeinen nur dann durch ein Komma abgetrennt, wenn sie noch nähere Bestimmungen hat: *Ich war entschlossen, ihm tatkräftig beizustehen. Er weigerte sich, mir zu folgen.* Wenn ein Mißverständnis möglich ist, setzt man das Komma besser auch vor die nicht erweiterte Grundform. *Ich beschloß sofort, abzureisen.* (Vgl. *Ich beschloß, sofort abzureisen.*) *Ich riet ihm, zu vertrauen.* Ferner, wenn man statt *zu* auch *um zu* setzen könnte: *Und stille hält er, zu lauschen.* Auch setzt man das Komma, wenn auf die nicht erweiterte Grundform durch *das, daran, darauf* oder dgl. hingewiesen wird: *Er begnügte sich damit, zu schimpfen.*

Bei geringem Umfang des einen der beiden Satzteile verzichtet man aber auf das Komma, wenn man auch beim Sprechen keine Pause macht. Das gilt vor allem nach: *glauben, haben, hoffen, pflegen, scheinen, suchen, versuchen. Ich habe noch einen wichtigen Brief zu schreiben. Ich hoffe ihn zu treffen. Er pflegte uns das öfters zu erzählen.*

Kein Komma steht im verschränkten Satz, d. h. wenn die von der Grundform abhängige Satzergänzung vor dem regierenden Zeitwort steht: *Das Geld, das ich morgen zu bekommen hoffe, wird für die Reise genügen; Den Brief riet er mir lieber nicht zu schreiben.* Ähnlich: *Damit bitte ich zufrieden zu sein.*

Zur Einrichtung des Wörterbuches

Das Rechtschreibungswörterbuch soll kein Fremdwörterbuch und auch kein Taschen-Konversationslexikon sein. Zu den Fremdwörtern sind daher nur ganz knappe Erklärungen gesetzt. Im übrigen vermeidet man überflüssige Fremdwörter besser nicht dadurch, daß man im Wörterbuch eine Übersetzung sucht, sondern indem man von vornherein deutsch denkt. Geographische und Personennamen konnten bei dem geringen Umfang des Bändchens nur ausnahmsweise aufgenommen werden, ebenso die Namen von Markenartikeln u. dgl.

Die Umlaute ä, ö, ü, äu suche man unter a, o, u, au; ß ist als ss eingeordnet.

Die Silbentrennung (s. § 9) ist in schwierigen Fällen durch einen senkrechten Strich bezeichnet.

Was in eckigen Klammern steht, kann wegbleiben; in runden Klammern stehende Schreibweisen sind weniger zu empfehlen.

Das Wörterbuch muß manches noch anführen, was einer vergangenen Zeit angehört, z. B. Deutsch-Südwestafrika, Flak, k. k., Zisleithanien, da die Wörter eben doch noch geschrieben werden.

A

a. = am | A. = Anno (lat.): im Jahre
Aa, Aach[e], die: Flußname
Aal, der; Mz. Aale | Älchen | sich aalen: sich bequem auszuruhen
a. a. O. = am angeführten Orte
Aar; Mz. Aare: Adler
Aare, die: Schweizer Fluß | Aargau
Aaron
Aas, das; Mz. Äser und Aase | aasen: fressen, verschwenden
ab; auf und ab gehen
abäschern, sich
Abb. = Abbildung
Abbé (frz.): kath. Geistlicher
Ab|breviatur (neulat.): Abkürzung
Abc, das | Abc-Buch | Abc-Schütze | abclich, abecelich | ABC-Staaten: Argentinien, Brasilien, Chile
Abdecker: Schinder, Wasenmeister
Abdera (gr.): Narrenort | Abderit
Abdikation (lat.): Abdankung | abdizieren: abdanken
Abdominaltyphus (neulat.-gr.): Unterleibstyphus
Abend; abends, spätabends; des Abends; heute abend, Dienstag abend, am Dienstagabend, dienstags abends; diesen Abend | abendlich
Abenteuer | Abenteurer
aber: tausend und aber tausend | abermals | abermalig
Aberglaube | abergläubisch
aberkennen; ich erkannte ab; habe aberkannt
Aberration (lat.): Abweichung
Aberraute: Pflanze Stabwurz
Aberwitz: Unverstand
Abessinien: Land
Abf. = Abfahrt
abfällig; abfällig beurteilen
Abg. = Abgeordneter
Abgang | Abgangszeugnis | abgängig
Abgas, das
abgefeimt: durchtrieben
Abgeld: Disagio
Abgeordnete, der
abgeschmackt
abgespannt
Abgott | Abgötterei | abgöttisch
abhanden kommen
Abhang; Mz. Abhänge | abhängig
abhold
Abhub, der
Abiturient (neulat.): Reifeprüfling | Abiturientenexamen
abjudizieren (lat.): aberkennen
Abklatsch, der
Abkomme = Abkömmling | abkömmlich | Abkunft
Ablaß, der; Mz. Ablässe
Ablativ (lat.): sechster Fall
abluchsen

abmeiern: absetzen
abmergeln
abmurksen
abnorm (lat.): unregelmäßig | Abnormität: Mißbildung
Ab|olition (lat.): Abschaffung der Sklaverei
abonnieren (frz.): vorausbestellen | Abonnent | Abonnement, das
Ab|ortus, der (lat.): Fehlgeburt | abortieren
Abraham
abrahmen
Abrakada|bra: Zauberwort
A|braxas, der (gr.) Zauberwort, — zeichen
abreagieren (lat.) Spannungen entladen | Abreaktion
Abrechte, die: linke Tuchseite
ab|rupt (lat.): abgebrochen
Abruzzen, die: Gebirge
Abs. = Absatz, Absender
Abscheu, der | abscheulich
Abschied | Abschiedsbrief
abschlägig; abschlägige Antwort | abschläglich; abschlägliche Zahlung
Abschlag[s]zahlung
Abschuß | abschüssig
absent (lat.): abwesend | absentieren, sich: sich entfernen | Absenz, die: Abwesenheit
absichtlich | absichtslos
Absinth, der (gr.-lat.): Wermut
absolvieren: lossprechen, bestehen | Absolvent: Reifeprüfling | absolut: unbedingt, unbezüglich, unumschränkt, rein; an und für sich | Ab-|solution: Lossprechung | Absolutismus: unumschränkte Herrschaft; absolutistisch
absorbieren (lat.): aufsaugen, aufbrauchen | Absorption
abspenstig
Abstand nehmen
ab|stinent (lat.): enthaltsam | Abstinenz, die: Enthaltsamkeit | Abstinenzler
ab|strahieren (lat.): absehen (von etwas) | ab|strakt: gedanklich, begrifflich | Ab|straktion: Begriffsbildung | Ab|straktum: Mz. -ta: Begriffsname, Gedankendingwort
abstrengen, abspannen
ab|strus (lat.): verworren, unverständlich
Absud, der: Abkochung
absurd (lat.): widersinnig | Absurdität: Ungereimtheit | ad absurdum führen
Abszeß, der (lat.): Geschwür
Abszisse, die (lat.): Linienabschnitt
Abt; Mz. Äbte (syr.-gr.-lat.) | Äbtissin | Abtei
abtäufen: in die Tiefe graben
Abtrieb, der | Abtrift, die
abtrünnig
Ab|usus, der (lat.): Mißbrauch
abwärts
abwechseln | Abwechs[e]lung
abwegig
abwenden | abwendbar | abwendig
abwesend | Abwesenheit
abwickeln | Abwick[e]lung
Abziehbild | abzüglich
a. c. = anni currentis (lat.): laufenden Jahres
a cappella (it.): Gesang ohne Begleitung durch Instrumente
accelerando (it.): beschleunigend, schnell
ach! mit Ach und Krach
Achat, der (gr.): Halbedelstein
Achatius, Achaz: Name

Achel, die: Ährenspitze
acheln (Gaunersprache): essen
Achilleus (gr.), Achilles (lat.), Achill: Achillesferse, -sehne
Achim s. Joachim
achromatisch (gr.): farbenfrei
Achse | zweiachsig
Achsel | Achselträger
acht, mit achten fahren; der achte (aber: am Achten des Monats); achtens; eine achtel Sekunde; das Achtel vom Zentner; achtehalb; achtmal | achtzehn | achtzig; ein Mann über Achtzig. S. § 5d
Acht: 1. Aufmerksamkeit; außer acht lassen; in acht nehmen; achtgeben, achthaben, ich gab, hatte acht | achten | Achtung | achtungsvoll — 2. Rechtlosigkeit | ächten | Ächtung
achter (nd.): hinter | achteraus | Achterdeck
ächzen; du ächzest und ächzt
Acker | ackern
a conto (it.): auf Rechnung; aber Akontozahlung
a. d. = an dem, an der | a. D. = außer Dienst | A. D. = Anno Domini (lat.): im Jahre des Herrn
adagio (it.): sanft, langsam
Adalbert = Adelbert
Adam | Adamsapfel
adaptieren (lat.): anpassen
adäquat (lat.): ganz entsprechend
addieren (lat.): zusammenzählen | Addition
ade! (altfrz. adé) = adieu, Gott befohlen
Adebar (nordd.): Segenbringer, Storch
Adel | Adelbert, Adalbert | Adelheid; Adelaide (roman.) w. Vorn.; Stadt in Australien | ad[e]lig | adeln
Adept (lat.): Eingeweihter, Goldmacher
Ader | Äderchen | ad[e]rig, äd[e]rig | geadert, geädert | Aderlaß
adhärieren (lat.): anhaften | Adhäsion: Anhaftungskraft
Adiaphorie (gr.): Gleichgültigkeit
adieu! (frz.): „Gott befohlen!", lebe wohl!
Adjektiv[um]; Mz. Adjektive u. -va (lat.): Eigenschaftswort
Adjunkt, des Adjunkt[e]s u. -en; Mz. Adjunkte u. -en (lat.): Amtsgehilfe
adjustieren (neulat.): zurichten, eichen | Adjustierung, Dienstkleidung
Adjutant (lat.)
Adlatus (lat.): Beistand
admini|strieren (lat.): verwalten | Admini|stration | admini|strativ | Admini|strator
Admiral; Mz. Admirale (arab.) | Admiralität
ADN = Allgemeiner Deutscher Nachrichtendienst
Adolar: Vorname
Adolf | Adolfine
Adonis (gr.): schöner Mann
ad|optieren (lat.): an Kindes Statt annehmen | Adoption | Adoptivsohn
Ad|oration (lat.): Anbetung; Verehrung, Huldigung
Adrenalin: Hormon der Nebenniere
Adresse (frz.): Anschrift; Wohnungsangabe; feierliches Schreiben | Adreßbuch | adressieren: mit einer Anschrift versehen; richten (an einen) | Adressat: Empfänger
adrett (it.): gewandt, sauber
Adria = das Adriatische Meer
ad|stringieren (lat.): zusammenziehen

Advent, der (lat.): 'Ankunft' Christi, Zeit vor Weihnachten
Adverb[ium]; Mz. Adverbia u. -bien (lat.): Umstandswort
adversativ (lat.): gegensätzlich
Advokat (lat.): Rechtsanwalt
a. E.: am Ende, an der Elbe
AEG: Allgemeine Elektricitäts-Gesellschaft
Aero... (gr.): Luft... | Aeronaut: Luftschiffer | Aeronautik | Aeroplan: Flugzeug
AF = Air France, die (Französische Luftverkehrsgesellschaft)
Affäre, die (frz.): Vorfall, Angelegenheit, Streit
Affe | Affenliebe | Äffchen | Äffin | äffisch | äffen
Affekt, der (lat.): Erregung, Leidenschaft | affektieren (lat.): erkünsteln | affektiert: geziert, gesucht | Affektation: Ziererei | Affektion (lat.): Angegriffenheit, Reizung; Gewogenheit | affettuoso (it.): ergriffen
Affiche, die (frz.): Anschlagzettel | affichieren: aushängen
Affidavit, das (nlat.): eidliche Versicherung
affiliieren (lat.): anschließen | Affiliation: Aufnahme
Affinität, die (lat.): Verwandtschaft
Affirmation (lat.): Bekräftigung | affirmativ: bejahend
affizieren (lat.): angreifen, reizen
Affodill s. Asphodill
Affront, der (frz.): Schimpf
affrös (frz.): abscheulich
Afghanistan: Staat in Mittelasien
AFL = American Federation of Labour (Amerikanischer Gewerkschaftsbund)
a fresco (al fr.), (it.): Wandmalerei
Afrika | Afrikaner | Afrika[a]nder: in Südafrika geborener Weißer | Afrikaans, Afrikaansch: Burensprache, Kapholländisch
after... hinter, nach; übel | Aftermieter | afterreden | After, der
AG.: Aktiengesellschaft
Ägäis = das Ägäische Meer
Agar-Agar, der (malaiisch): Pflanzengelatine
Agathe (gr.): weibl. Name, „die Gute"
Agave, die (gr.): Pflanze
Agenda, die (lat.): Merkbuch | Agende, die: Gottesdienstordnung
Agens, das (lat.): die 'treibende' Kraft
Agent (lat.): Vertreter; Geschäftsträger | Agentur: Vertretung
Agfa: Aktiengesellschaft für Anilinfabrikation
Ag|glomerat, das (lat.): 'Zusammengeballtes', locker Verbundenes
ag|glutinieren (lat.): 'anleimen', anfugen
ag|gregieren (lat.): anhäufen | Aggregat, das: Angehäuftes, Gemenge
ag|gressiv (nlat.): angreifend | Aggressor: Angreifer
Ägide, die (gr.): Schutz
agieren (lat.): handeln; darstellen, Gebärden machen
Agio (it.): Aufgeld | Agiotage (frz.): Börsenspiel
agitieren (lat.): aufreizen, werben | Agitation | Agitator
Aglei s. Akelei
Agnat (lat.): Verwandter von Vaterseite
Agnes (gr.)
A|gnostizismus, der (gr.-lat.): Lehre von der Unerkennbarkeit der Welt | Agnostiker
Agonie, die (gr.): Todeskampf
Agraffe, die (frz.): Spange

agrarisch (lat.): Acker..., landwirtschaftlich | Agrarier: Landwirt | Agrikultur: Landbau | Agronom: Landwirtschaftskundiger
Agreement, das (engl.): Übereinkommen | Agrément (frz.): Einverständnis
ägriert (frz.): erbittert
Ägypten | Ägypter
A. H. = Alter Herr
ah! | aha!
Ahasver[us] (hebr.): der Ewige Jude
ahd.: althochdeutsch
Ahle, die; Mz. Ahlen
Ahlkirsche: Traubenkirsche
Ahn, des Ahnen, Ahns; Mz. Ahnen | Ahnherr | die Ahne
ahnden, strafen | Ahndung
ähneln | ähnlich; ähnliches tun
ahnen, es ahnt mir | Ahnung
ahoi! Boot ahoi!
Ahorn | ahornen
Ahr, rhein. Fluß | Ahrwein
Ähre | kurzährig
Ahriman, der böse Geist bei den alten Persern; Ahura Mazdah, der gute Geist
Aias (gr.), Ajax (lat.)
Air, das (frz.): Ansehen
Airedaleterrier: Hund
Aischylos (Aischylos) gr. Dichter (lat. Äschylus)
Aisne: nordfrz. Fluß
ajouriert (frz.): durchbrochen (Stickerei)
AK = Armeekorps
Akademie (gr.): Hochschule; gelehrte Gesellschaft | Akademiker | akademisch
Akajou: tropischer Baum
Akanthus (gr.): Pflanze, Ornament
akatholisch (gr.): nicht katholisch
Akazie (gr.-lat.), bei uns fälschlich statt Robinie
Akelei, Aglei (spätlat.): Pflanze
Ak|klamation, die (lat.): Zuruf
ak|klimatisieren (nlat.): an das Klima gewöhnen | Akklimatisation: Eingewöhnung
akkommodieren (lat.): anpassen | Akkommodation: Anpassung
akkompa|gnieren (frz.): begleiten | Akkompagnement, das: Begleitung
Akkord, der (frz.): Zusammenklang; Vertrag; Stücklohn | akkordieren: übereinkommen, abhandeln | Akkordeon, das: Handharmonika
akkouchieren (frz.): entbinden
ak|kreditieren (frz.): beglaubigen | Akkreditiv, das: Beglaubigungsschreiben; Kreditbrief
Akkumulator, der (lat.): 'Anhäufer', Kraftsammler; Kurzform Akku
akkurat (lat.): genau | Akkuratesse, die (frz.): Genauigkeit
Akkusativ, der (lat.): Wenfall
Akonit[in], das (gr.): Heilmittel aus der Pflanze Eisenhut
a konto s. a. conto
akquirieren (lat.): erwerben | Akquisiteur | Akquisition
Akribie, die (gr.): peinliche Genauigkeit
akroamatisch (gr.): vortragsmäßig
Akrobat (gr.): Seiltänzer
Akropolis, die (gr.): Stadtburg
Akrostichon, das; Mz. Akrosticha u. -chen (gr.): Gedicht, bei dem die Anfangsbuchstaben der Zeilen einen Sinn ergeben
Akt, der; Mz. Akte (lat.): Handlung; Aufzug | Akteur (frz.): Schauspieler, handelnde Person | Dreiakter | fünfaktig

Akte, die (auch der Akt); Mz. Akten (lat.): Urkunde
Aktie (niederl.): Anteilschein | Aktionär
Aktinometer (gr.): Strahlenmesser
Aktion (lat.): Handlung; Gebärdenspiel
aktiv (lat.): tätig | Aktiv[um]: Tätigkeitsform | Aktiva, Aktiven, Mz.: Vermögensbestand
Aktrice (frz.): Schauspielerin
Aktuar (nlat.): Gerichtsbeamter
aktuell (frz.): wirklich, gegenwärtig; brennend; lebendig | Aktualität: Gegenwärtigkeit
Aktus, der (lat.): Schulfeier
Akustik, die (gr.): Schallehre; Schallverhältnisse
akut (lat.): scharf, hitzig | Akut, der: Hochton
Akzent, der (lat.): Hauptton, Tonzeichen | akzentuieren: betonen | Akzentuation: Betonung
Akzepisse, das (lat.): Empfangsschein | Akzept, das: Annahme, Anerkennung eines Wechsels; angenommener Wechsel | akzeptieren: annehmen | Akzeptant: Bezogener | Akzeptation: Annahme | akzeptabel: annehmbar
Akzeß, der; Mz. Akzesse (lat.): Zulassung, Vorbereitungsdienst | Akzessist: Anwärter | Akzessit, das: Nebenpreis | akzessorisch: nebensächlich, zusätzlich
Akzidens, das; Mz. Akzidenzien (lat.): Hinzukommendes, Nebeneinnahme, Eigenschaft | akzidentell: zufällig, unwesentlich | Akzidenz, die; Mz. Akzidenzen: kleinere Arbeit in Druckereien
Akzise, die (nlat.): Verbrauchssteuer
Alabaster, der (gr.): feiner Gips
Aladins Wunderlampe
Aland, der: Fisch
Alant, der: Pflanze
Alarm, der (it.) | alarmieren | alarmbereit
Alaun, der (lat.)
Alb, die; Rauhe, Schwäbische Alb
Albanien, Albanier
Albano in Italien | Albaner
Alba|tros, der (span.): Vogel
Albe, die (lat.): 'weißes' Chorhemd
albern | Albernheit
Albert, Albrecht
Albino (span.): 'Weißling'
Albion: Britannien
Alboin: germ. König
Album (lat.): Mz. Alben (Albums)
Albumin, das (nlat.): Eiweißstoff
alcäisch s. alkäische Str.
Alchimie (arab.-gr.): Goldmacherkunst | Alchimist
Aldebaran, der: Stern
Aldehyd, das: chemische Verbindung
Aldermann; Mz. Aldermänner | (engl.) Alderman; Mz. Aldermen, Stadtrat
Ale, das (engl.): Bier
Alemannen | alemannisch
alert (frz.): munter
Alessan|dria in Italien
Aleuron, das (gr.): Klebermehl | | Aleuronat
Alëuten, Inselgruppe
Alex|ander (gr.) | Alex|andra | Alex|an|dria in Ägypten | Alex-an|driner | Alëxius, Alexis
Alfagras (arab.): flachsähnliche Pflanze
Alfanzerei, Gaukelei
Alfenid, das: Art Neusilber
Alfons
Alfred
Alge, die (lat.): Wasserpflanze
Alge|bra, die (arab.) | alge|braisch

Algerien, Hauptstadt Algier
Algraphie: Aluminiumplattendruck
Alham|bra (arab.): Schloß bei Granada
alias (lat.): anders (genannt)
Alibi, das (lat.): Nachweis, nicht am Tatort gewesen zu sein
Alicante: span. Provinz und Wein
Alignement, das (frz.): Baulinie
Alimente (lat.), Mz.: Unterhaltungsbeiträge
Alinea, das (lat.): Absatz
Alizarin, das (arab.): Farbe
Alk, der, Seevogel
alkäische (gr.) und alcäische Strophe
Alkalde (arab.): Ortsrichter
Alkali (arab.), das: laugenartige Verbindung
Alkazar, der (arab.-sp.): Burg, besonders von Toledo
Alkohol (arab.): Weingeist | Alkoholiker: Trinker | alkoholisch
Alkoven, der (arab.): fensterloser Schlafraum
all, alle, alles; Mz. alle; alles Gute; all das Schöne; alles andere, mögliche; das alles; wer alles; in, vor allem; trotz alledem; mein ein und mein alles; es ist alle; allabendlich | das All, Weltall
Allah (arab.): Gott
Allasch (russ.): Kümmelschnaps
Allee, die (frz.): Baumgang
Allegorie (gr.): Sinnbild
alle|gretto (it.): sehr lebhaft
alle|gro (it.): lebhaft
allein, alleinig; alleinseligmachend, alleinstehend
alleluja s. halleluja
allemal | allenfalls | allenthalben | allerdings | allerhand | allerlei (das Allerlei) | allerliebst | allerseits
Allergie (gr.): Überempfindlichkeit
Allerheiligen | Allerseelen
all[e]zeit
Allgäu, das
allgemein; im allgemeinen
Allianz, die (frz.): Bündnis
Alligator, der (sp.): amerik. Krokodil
alliieren (frz.), verbünden | Alliierte, der
Alliteration, die (nlat.): Stabreim
allmählich, eigtl. ganz gemächlich
Allmend[e], die: Gemeindebesitz
Allod, das: 'Vollbesitz', Freigut
Allongeperücke (frz.): langlockige Perücke
allons! (frz.): 'laßt uns gehen!', vorwärts!
Allopathie, die (gr.): nicht homöopathisches Heilverfahren
Allo|tria, Mz. (gr.): fremde Dinge, Unfug
alltags | Alltagskleid
Allüren, Mz. (frz.): Gepflogenheiten
Alluvium, das (nlat.): jüngste geolog. Schicht
allzu; allzulange, allzuoft, allzuviel aber: allzu viele Soldaten, allzu große Ausgaben
Alm, die: Bergweide
Alma mater, die (lat.): Hochschule
Almanach, der (kopt.): Kalender, Jahrbuch
Alm[en]rausch: Alpenrose
Almosen, das
Aloe, die (gr.): Pflanze
Alois (Aloysius)
Alp, der; Mz. Alpe; Nachtgeist | Alpdrücken
Alpaka, das (sp.): Art Lama, dessen Wolle | Alpakasilber: Art Neusilber
al pari (it.): zum Nennwert
Alp[e], die; = Alm | Alpen, Mz. Älpler | alpin

Alpha: gr. Buchstabe | Alphabet: gr. Abc
Alraun, der
als | alsbald | alsdann
also | alsobald | alsogleich
alt; älter; alt und jung (Alte und Junge); beim alten bleiben, lassen; Altes und Neues; die Alte Welt; das Alte Testament; Plinius der Ältere; der Alte Fritz; der Alte Herr; das Alte Land (bei Hamburg) | Alt-Heidelberg | Altjahresabend: Silvesterabend
Alt, der (it.): zweite Stimme
Altan, der, auch die Altane (it.): Vorbau
Altar, der; Mz. Altäre (lat.)
Alter; seit alters, von alters her
alterieren (frz.): aufregen | Alteration
alternieren (lat.): abwechseln | Alternative: Wahl zwischen zwei Möglichkeiten
Altertum | altfränkisch | altmodisch | altväterisch
Althee, die (gr.): Eibisch (Pflanze)
Altruismus (nlat.): Nächstenliebe
Altvordern, die | Altweibersommer
Aluminium, das (nlat.)
Alumne, Alumnus (lat.): Zögling Alumnat, das: Schülerheim
Alwin | Alwine
am = an dem; am besten
Amadeus, nlat. Name
Amalgam, das (gr.-arab.): Quickmetall | amalgamieren: mit Quecksilber innig verbinden
Amaler (Amelungen): got. Fürstenhaus | Amala|swintha | Amalia Amalie | Malchen
Amandus (lat.) | Amanda
Amanuensis (lat.): Gehilfe
Amarant, der (gr.): Pflanze
Amarelle, die (it.): Sauerkirsche
Amateur (frz.): Liebhaber, Kunstfreund
Amazone, die (gr.): Mannweib
Amber, der; Ambra, die (arab.): Riechmittel
Ambition, die (lat.): Ehrgeiz | ambitiös
ambivalent (lat.): doppelwertig, schwankend | Ambivalenz
Amboß, der; Mz. Ambosse
Am|brosia (gr.): Götterkost | am|brosisch
Am|brosius | Ambrosianischer Lobgesang
ambulant, (lat.): umherziehend; ambulante Behandlung, in der Sprechstunde, nicht im Krankenhaus | Ambulanz, die: Feldlazarett | ambulatorisch: in der Sprechstunde
Ameise | Ameisenhaufen
ameliorieren (nlat.): verbessern | Amelioration
amen (hebr.): wahrhaftig | Amen, das
Amendement, das (frz.): Abänderungsvorschlag
Amerika | Amerikaner
Amethyst, der (gr.): Edelstein
Ammann; Mz. -männer
Ammer, die: Vogel und Kirsche | Ämmerling
Ammoniak, das (gr.)
Ammonit, der (gr.): Ammonshorn, Versteinerung
Amnesie (gr.): Erinnerungsverlust | Amnestie: allgemeine Begnadigung
Amöbe, die (gr.): Wechseltierchen
Amokläufer (javan.): von Mordwut Besessener
Amor (lat.) | Amoretten (it.): Liebesgötter
amoralisch (gr.-lat.): kein Sittengesetz kennend

amorph (gr.): gestaltlos, nicht kristallinisch
amortisieren (frz.): allmählich tilgen | Amortisation
Amour, die (frz.): Liebschaft
Ampel, die (lat.): hängende Lampe oder Blumenschale
Ampere, das (frz.): Maßeinheit für die Stärke des elektrischen Stromes
Ampfer, der
Amphibie, die; Amphibium, das Mz. -bien (gr.): Lurch | amphibisch
Amphitheater (gr.) | amphitheatralisch
Amphora, die (gr.); Krug
Am|plitude (lat.): Schwingungsweite
Ampulle, die (lat.): Fläschchen
amputieren (lat.) | Amputation
Amsel, die
Amt; von Amts wegen | amten, amtieren | Amtmann, Mz. Amtleute u. -männer
Amulett, das (lat.): Schutzmittel gegen Zauber
amusisch (gr.): unkünstlerisch
amüsieren (frz.): sich unterhalten, sich vergnügen | amüsant: ergötzlich | Amüsement, das
Anachoret (gr.): Einsiedler
Ana|chronismus; Mz. -men (gr.): Zeitverwechslung
Ana|gramm, das (gr.): Buchstabenversetzung, z. B. Lampe — Palme
An|akoluth, das (gr.): Satzentgleisung
Ana|kreon: gr. Dichter
analog (gr.): entsprechend, ähnlich | Analogie | Analogon, das
An|alphabet (gr.): Schriftunkundiger
Ana|lyse, die (gr.): Zerlegung, Untersuchung | Analysis | analysieren | analytisch
An|ämie (gr.): Blutarmut | an|ämisch
Ananas, die (brasilian.)
Anapäst, der (gr.): Versfuß
Anapher, die (gr.): Wiederholung des Anfangswortes
An|archie (gr.): Gesetzlosigkeit | Anarchist
anastatisch (gr.): erneuernd (anastatischer Druck)
An|ästhesie (gr.): Unempfindlichkeit
An|astigmat (gr.), photograph. Objektiv | an|astigmatisch, vollscharf
Anathem[a], das (gr.): Kirchenbann
Anatom, der (gr.) | Anatomie
anbefehlen; ich befahl an; anbefohlen
Anbetracht; in Anbetracht
Anchovis s. Anschovis
Anciennität, die (frz.): Dienstalter
Andacht | andächtig
andante (it.): ruhig
and[e]re; der and[e]re; die, alle anderen; etwas anderes; unter anderem
ander[e]nfalls | ander[er]seits | ändern | Änderung | anders | der Andersgläubige | anderswo | anderthalb | anderwärts | anderweit
An|dreas (gr.): Name
an|drogyn (gr.): mannweiblich, doppelgeschlechtig
An|dromeda, gr. Name, Sternbild
aneignen | Aneignung
An|ekdote, die (gr.): Geschichtch., Witz
Anemone, die (gr.): Windröschen
anerkennen; ich erkannte an; anerkannt
Anero|idbarometer, das (gr.)
Anfang, der; Mz. Anfänge; anfangs; Anfang Januar | Anfänger | anfänglich
angängig | angeblich
angelegentlich
Angelika (lat.): Name

Angelus, der (gr.-lat.): Engl. Gruß, kath. Gebet | Angelusläuten
angenehm
Angesicht | angesichts
Angina, die (lat.): Halsentzündung, Mandelentzündung | Angina pectoris: Herzbräune, Schmerzen in der Herzgegend, verbunden mit Beklemmungsgefühlen
an|glikanisch (nlat.): zur engl. Hochkirche gehörig | anglisieren: nach engl. Weise gestalten | An|glist: Kenner der engl. Sprache | Anglistik | Anglizismus: engl. Spracheigentümlichkeit | Anglomanie: Engländerei
Angoraziege
Angst; Angst haben; in Angst sein; angst (und bange) sein, werden, machen
ängst[ig]en | ängstlich
an Hand, anhand des Buches
Anhang | anhängig (bei Gericht) | anhänglich: zugetan
anheimgeben; ich gab anheim
anheischig
Anhy|drid, das (gr.): chem. Verbindung | Anhy|drit, der: Mineral
Anilin, das (ind.): Farbstoff
animalisch (lat.): tierisch
animieren (lat.): ermuntern | Animosität: Gereiztheit
Anion, das (gr.): das positive Ion
Anis, der (gr.) | Anisette: Likör
Anker | ankern
Anklam: Stadt
Ankömmling | Ankunft
Anlaß; Mz. Anlässe | anläßlich
Anlehen | Anleihe
anmaßen
Anmut, die | anmutig | anmutsvoll
Anna | Ännchen | Anni, Änni, Änne | frz. Annette | Annemarie
Annahme | annehmlich
Annalen (lat.): Jahrbücher | Annalist
annektieren (lat.): einverleiben | Annexion | Annex, der Zubehör
Anniversarium, das; Mz. -ien (lat.): jährliche Gedächtnisfeier
Anno (lat.): „im Jahre"
Annonce, die (frz.): Anzeige | annoncieren
Annuität, die (nlat).: Jahresrente
annullieren (nlat.): für nichtig erklären
An|ode, die (gr.): Stromzuführer
an|omal (gr.): unregelmäßig | Anomalie: Ausnahme; Mißbildung
an|onym (gr.): ohne Namensnennung | An|onymus: Ungenannter | Anonymität: Namenlosigkeit
An|opheles, die (gr.): Fiebermücke
Anorak, der (eskimo): eine Art Windjacke
an|organisch (gr.): unbelebt
anormal (gr.-lat.): regelwidrig (richtiger abnorm und anomal)
anrainen | anranzen | anrempeln
anrüchig | Anrüchigkeit
ans = an das
ansässig | anschlägig
Anschovis, die (bask.): Fisch
Anseh[e]n | ansehnlich
Anselm (aus Anshelm) | Ansgar
ansiedeln | Ansied[e]lung | Ansiedler
Anspruch; in Anspruch nehmen
anstatt, anstatt daß
an Stelle, anstelle des Vaters
anstellig | anstößig
ansträngen, anschirren
anstrengen, abmühen | Anstrengung
Ant|agonismus, der (gr.): Widerstreit Feindschaft
Ant|arktis, die (gr.): Südpolgegend | antarktisch

antediluvianisch (nlat.): vorsintflutlich
Anteil, der | Anteil nehmen
Antenne, die (lat.-it.)
Antezedenzien, Mz. (lat.): Vorausgegangenes
Anthologie, die (gr.): Gedichtssammlung
An|thrazit, der (gr.): Steinkohlenart
An|thropoide (Anthropomorphe) (gr.): Menschenaffen
An|thropologie (gr.): Menschenkunde | An|thropolog | An|throposophie: Lehre Rudolf Steiners
anti... (gr.): gegen...
antichambrieren (frz.): im Vorzimmer warten
Antichrist (gr.): Widerchrist, Teufel
antik (lat.): altertümlich | Antike, die: Altertum, klassisches Kunstwerk
Antikomintern s. Komintern
Antilope, die: Hirschziege
Antimon, das (gr.): Spießglanz
Antineuralgikum (gr.-lat.): Mittel gegen Nervenschmerzen
Antinomie, die (gr.): Widerspruch zweier Gesetze
Anthipathie, die (gr.): Abneigung | antipathisch: zuwider
Antiphonie, die (gr.): Wechselgesang
Antipode, der (gr.): Bewohner der Gegenseite der Erde, Gegner
Antipyrin, das (gr.): Fiebermittel
Antiqua, die (lat.) lat. Schrift | Antiquar: Altertumskenner; Altertumshändler; Altbuchhändler | Antiquariat, das: Altbuchhandlung | antiquiert: veraltet | Antiquität: altertümliches Werk
Antisemit: Judengegner
antiseptisch (gr.): fäulnishindernd
Antithese, die (gr.): Gegensatz
Antitoxin, das (gr.): Gegengift
antizipieren (lat.): vorwegnehmen, vorauszahlen
Antlitz, das; Mz. -e
Anton[ius] (lat.) | Antonia, -ie | Toni
Antrag; Mz. Anträge
antworten
An|urie (gr.): Harnverhaltung
Anus, der (lat.): After
Anwalt; Mz. Anwalte, Anwälte
anwesend | Anwesenheit
anwidern
anziehen | anzüglich
Äolsharfe: Windharfe
Äonen (gr.): Ewigkeiten
a. o. (außerordentlicher) Professor
Aorta, die (gr.): Hauptschlagader
Apache: Indianerstamm, Gesindel
Apanage, die (frz.): Jahrgeld
apart (frz.): 'beiseite', besonders, eigen
Apathie (gr.): Teilnahmlosigkeit | apathisch
Apennin, der; die Apenninen: Gebirge
aper: schneefrei
Aperçu, das (frz.): Überblick, geistreiche Bemerkung
Aperitif, der (frz.): appetitanregendes alkoholisches Getränk
Apfel; Mz. Äpfel | Apfelmus | Apfelsine
Aphasie (gr.): Verlust der Sprache
Aphel[ium] (gr.-lat.): Sonnenferne
Aphorismus; Mz. -men (gr.-lat.): Gedankensplitter | aphoristisch, abgerissen
Aphrodite (gr.) = Venus
Aplanat, der (gr.-lat.): photographisches Objektiv
Aplomb, der (frz.): Sicherheit, Nachdruck
apodiktisch (gr.): unwiderleglich

Apogäum (gr.-lat.): Erdferne
Apokalypse (gr.): Offenbarung | apokalyptisch, geheimnisvoll; die Apokalyptischen Reiter (in der Offenb. Johannis)
apo|kryph (gr.): unecht
Apollo(n) gr.-röm. Gott
Apologie (gr.): Verteidigung | Apologet
Apo|phthegma, das (gr.): Sinnspruch
Apo|plexie (gr.): Schlagfluß | apoplektisch, Apoplektiker, dazu neigend
Apo|stasie (gr.): Abfall (vom Glauben) | Apostat: Abtrünniger
Apostel (gr.) | apostolisch | das Apost. Glaubensbekenntnis = Apostolikum | Apostolischer Stuhl = Päpstlicher Stuhl
a posteriori (lat.): 'vom Späteren', aus Erfahrung | aposteriorisch, erfahrungsgemäß
Apo|stroph, der (gr.): Auslassungszeichen, Häkchen | apo|strophieren, mit dem Häkchen versehen (auch 'anreden')
Apotheke (gr.): Apotheker
Apotheose, die (gr.): Vergötterung
Apparat, der (lat.)
Appartement, das (frz.): Gemach
Appell, der (frz.): Aufruf | appellieren (lat.): Berufung einlegen | Appellation: Berufung
Appellativ[um]; Mz. -va u. -ve (lat.): Gattungsname
Appendix, der (lat.): Anhang | Appendicitis, die: Blinddarmentzündung
Apperzeption (lat.): aufmerksame Wahrnehmung | apperzipieren
Appetit (lat.): Verlangen; Eßlust | appetitlich: einladend
ap|planieren (lat.): ebnen, ausgleichen
ap|plaudieren (lat.): Beifall klatschen | Applaus, der
ap|plizieren (lat.): anwenden, beibringen | Applikation: Anwendung; aufgesetzte Stickerei, Auflage | Applikatur: Fingersatz
Appoint, der (frz.): Stück; Wechsel
apportieren (frz.): herbeibringen | apport! = bring her!
Apposition, die (lat.): erklärender Zusatz
ap|pretieren (frz.): zurichten | Appreteur | Appretur: Glanz
ap|probieren (lat.): genehmigen | Approbation
Ap|proche, die (frz.): Laufgraben
ap|proximativ (nlat.): annähernd
Apri|kose, die (arab.-niederl.)
April (lat.): Ostermonat
a priori (lat.): von vornherein, aus Vernunftgründen | apriorisch
apropos (frz.): nebenbei bemerkt
Apsis, Apside, die (gr.): Nische (Apside auch: Wendepunkt einer Planetenbahn
aptieren (lat.): anpassen
Aquädukt, der (lat.): Wasserleitung
Aquarell, das; Mz. -e (it.): Wasserfarbenbild | aquarellieren
Aquarium; Mz. -rien (lat.)
Aquatinta, die (it.): Tuschdruck
Äquator, der (lat.): 'Gleicher'; die Linie | äquatorial
Aquavit, der (nlat.): Branntwein
Äquilibrist (nlat.), Equilibrist (frz.): Seiltänzer
Äquinoktium; Mz. -tien (lat.): Tag- und Nachtgleiche | Äquinoktial...
Äquivalent, das (lat.): 'gleichwertiger' Ersatz | Äquivalenz, die: Gegenwert
äquivok (lat.): zweideutig

Ar, das (frz.): Flächenmaß
Ära, die (lat.): Zeitraum, Zeitrechnung
Arabien | Araber | arabisch | Arabeske (frz.): Verzierung, Laubwerk
Aräometer, das (gr.): Senkwaage
Ärar[ium]; Mz. -e u. -ien (lat.): Staatskasse | ärarisch: staatlich
Araukarie (sp.): Schmucktanne
Arbeit | Arbeitgeber | Arbeitsdienst | arbeitslos | arbeitsam
Arbi|trage (frz.): Ausnutzung von Kursschwankungen | Arbitrageur
arbi|trär (frz.): schiedsrichterlich
archaisch (gr.): altertümlich | Archaismus: altertümlicher Ausdruck | archaistisch: altertümelnd
archäische (gr.) Formation: älteste Erdformation | Archaikum
Archäolog (gr.): Kenner der alten Kunst | Archäologie
Arche, die (lat. arca): Kasten
Archetypus, der (gr.-lat.): Urhandschrift, Urform, Urbild
Archidiakonus (gr.): Geistlicher
Archimandrit (gr.): Oberabt
Archipel, der (gr.): Inselmeer, -gruppe
Architekt (gr.): Baumeister | Architektur: Baukunst, Bauart | Architektonik: Wissenschaft der Baukunst | architektonisch
Archi|trav, der (it.): Tragbalken
Archiv, das (gr.-lat.): Urkundensammlung | archivalisch | Archivar: Urkundenbewahrer
Areal, das (nlat.): Flächeninhalt
Arena, die (lat.): Kampfplatz
Areopag, der: Gerichtshof in Athen
arg; ärger; im argen liegen; ohne Arg, kein Arg haben | arglos
Argentan, das (nlat.): Neusilber
Argentinien
ärgern | Ärgernis
Argon, das (gr.): Edelgas
Argonnen, Mz. (frz.): Wald
Argot, das (frz.): Gaunersprache
Argument, das (lat.): Beweismittel | argumentieren: schließen | Argumentation: Beweisführung
Argusaugen: scharfe Augen, wie sie der Riese Argus in der gr. Sage hatte
Argwohn | argwöhnen | argwöhnisch
Ariadne rettete Theseus mit Hilfe des Ariadnefadens aus dem Labyrinth
Arianer: Anhänger einer christl. Irrlehre
Arie, die (it.): Einzelgesang mit Instrumentalbegleitung | arioso: liedhaft
Arier | arisch
Arion: gr. Sänger
Aristo|kratie (gr.): Adelsherrschaft; Adel | Aristo|krat: Adliger | aristo|kratisch: vornehm
Aristoteles: gr. Philosoph | aristotelisch
Arithmetik, die (gr.): Zahlenlehre | arithmetisch
Arkade, die, und Mz. (frz.): Laubengang
Arkadien: gr. Landschaft | Arkadier
Arkanum, das; Mz. -na (lat.): Geheimmittel
Arkebuse, die: Hakenbüchse | Arkebusier
Arktis, die (gr.): Nordpolgebiet | arktisch
arm; ärmer; arm und reich | ärmlich | armselig | Armut
Arm, der | Ärmchen | Ärmel
Armada, die (sp.): Flotte, Armee
Armatur, die (lat.): Ausrüstung; Bewehrung
Armbrust, die
Armee, die; Mz. Armeen (frz.) | Armeekorps

Armgard, Name
Armin[ius]
Arnika, die (gr.): Pflanze
Arnold | Arnulf
Arom[a], das; Mz. Arome[n] (gr.): Wohlgeruch | aromatisch
Aron[s]stab: Pflanze
Arrak, der: ind. Reisschnaps
arrangieren (frz.): einrichten | Arrangement | Arrangeur
Arrest, der (nlat.): Haft; Beschlag | Arrestant: Verhafteter | arretieren (frz.): verhaften
Arrieregarde (frz.): Nachhut
arrogant (lat.): anmaßend | Arroganz
arrondieren (frz.): abrunden
Arsch, Mz. Ärsche | ärschlings
Arsenal, das (arab.-it.): Zeughaus
Arsenik, das (gr.): Gift | Arsen, das Metall | arsenig
Art; von der Art; derart, derartig, allerart | artig
Artefakt, das; Mz. -e (nlat.): Kunsterzeugnis
Arterie, die (gr.): Schlagader | arteriell | arteriös | Arterio|sklerose die: Aderverkalkung
artesischer Brunnen
Arthritis, die (gr.): Gicht, Gelenkentzündung
Arthur s. Artur
Artikel, der (lat.): Geschlechtswort; Gegenstand; Satz | artikulieren: deutlich aussprechen | Artikulation
Artillerie, die (frz.) | Artillerist
Artischocke, die (it.): Gemüse, Speisedistel
Artist (frz.): Künstler
Artur (Arthur)
Artus: brit. König
Arve, die: Zirbelkiefer
Arz[e]nei | Arzt | verarzten

As, das; Mz. Asse (lat.): die Eins
Asbest, der (gr.): Mineral (Asbest)
Asch, der; Mz. Äsche; Napf | Aschkuchen
Asche, die | Aschenbrödel, -puttel
Äsche, die: ein Flußfisch
Äschylus s. Aischylos
Ase, der: nordischer Gott | Asin | Asgard: Götterburg
Asebie, die (gr.): Gottlosigkeit
äsen: fressen (vom Wild)
Asepsis, die (gr.): keimfreie Wundbehandlung | aseptisch
Aserbeidschan: sowjetische Bundesrepublik, iranische Provinz
Asien | Asiat | asiatisch
Askanier: anhaltisches Fürstengeschlecht
Askari: schwarze Soldaten der früheren deutschen Schutztruppe in Ostafrika
Askese (gr.) (lat. Aszese; § 4d): Bußübung | Asket: Büßer | asketisch: mönchisch
Äskulap (lat.): Gott der Heilkunde (gr. Asklepios)
asozial (gr.-lat.): gesellschaftsfeindlich
Aspekt, der (lat.): Ansicht; Aussicht
Asphalt, der (gr.): Erdpech
Asphodill (gr.), Affodill, der: ein Liliengewächs
Aspik, der (frz.): Sülze
Aspirant (lat.): Bewerber
Aspirata, die (lat.): behauchter Laut | Aspiration (lat.): Ehrgeiz | Aspirin, das: Heilmittel
Assekuranz, die (it.): Versicherung
Assel, die
Assemblee, die (frz.): Gesellschaft
Assessor (lat.)
assi|gnieren (lat.): anweisen
Assi|gnaten, Mz.: Inflationsgeld der Frz. Revolution

assimilieren (lat.): angleichen | Assimilation
Assisen, Mz. (frz.): Schwurgericht
Assisi, it. Stadt
assistieren (lat.): beistehen | Assistent, Gehilfe | Assistenz, die: Beistand
Assonanz (lat.): Reim der Selbstlaute
assoziieren, sich (lat.): sich zu einem Geschäft vereinigen | Assoziation: Gesellschaft; Verbindung | Associé (frz.): Teilhaber
assortieren (frz.): mit allen Sorten ausstatten
Assyrien | Assyrier | assyrisch
Ast; Mz. Äste | ästig
Aster (gr.): 'Stern', Blume | Asteroid: kleiner Planet
Asthenie (gr.): Körperschwäche | asthenisch | Astheniker
Ästhet (gr.): Kunstgenießer | Ästhetik: Schönheitslehre | Ästhetiker | ästhetisch: schön
Asthma, das (gr.): Atemnot | asthmatisch
Astigmatismus, der (gr.-lat.): Sehstörung
ästimieren (lat.): schätzen, achten
Astrolog, der (gr.): Sterndeuter | Astrologie | Astronom: Sternkundiger | Astronomie
Ästuarium, das (lat.): Flußmündung großer Ströme
Asyl, das (gr.): Freistatt
Asymptote, die (gr.): Näherungslinie | asymptotisch
Aszendent (lat.): Verwandter in 'aufsteigender' Linie | Aszendenz: Voreltern
Aszese s. Askese
Atavismus (nlat.): Rückartung
Ataraxie (gr.): Seelenruhe
Atelier, das (frz.): Künstlerwerkstatt
Atem | atemlos | atmen
a tempo (it.): zu gleicher Zeit
Athanasianisches Glaubensbekenntnis
Atheismus (gr.): Gottesleugnung | Atheist
Athen | Athener | athenisch
Athene: gr. Göttin
Äther, der (gr.): Stoff im Weltraum; leicht verdunstende Flüssigkeit | ätherisch: zart; flüchtig
Äthiopien | Äthiopier | äthiopisch
Athlet (gr.): Kraftmensch | athletisch
Äthyl, das (gr.): flüchtiger Stoff
Atlantischer Ozean | Atlantik
Atlas: 1. (gr.): Mz. Atlasse u. Atlanten, Kartenwerk; 2. (arab.): Mz. Atlasse, Seidenstoff
Atmometer, das (gr.): Verdunstungsmesser | Atmo|sphäre
Atoll, das (mal.): Koralleninsel
Atom, das (gr.): Bestandteil der Materie
Atout, das (frz.): Trumpf
Atrophie, die (gr.): Schwund
Atropin, das (gr.): Heilmittel
ätsch! Spottruf
attachieren (frz.): beigesellen, zuteilen | Attaché: 'beigegebener' Beamter | Attachement, das: Zuneigung
Attacke (frz.): Angriff | attackieren
Attentat, das (nlat.): Anschlag, Mordversuch | Attentäter
Attest, das (nlat.): Bescheinigung
Attitüde (frz.): Haltung, Gebärde
Attraktion (lat.): Anziehung; Zugkraft
Attrappe, die (frz.): Falle; Scherzgegenstand, Schaupackung | attrappieren: ertappen

Attribut (lat.): Beifugung, Eigenschaft; Abzeichen | attributiv
atzen, ätzen = essen machen, füttern | Atzung | ätzen auch: beizen | Ätzung
Audienz, die (lat.): 'Gehör', Zutritt | Audion, das: Elektronenröhre | Auditor: Beisitzer | Auditorium; Mz. -rien; Hörsaal | Auditeur (frz.): Kriegsrichter
Au[e], die; Mz. Auen
Auerlicht (nach d. Erfinder)
Auerhahn | Auerochs
auf; auf und ab gehen; auf daß
aufbahren
auffällig | aufgedunsen
aufheben; viel Aufhebens machen
aufklaren (seem.): aufraumen, klar werden | aufklären, aufhellen, belehren
aufluven: nach der Windseite hin steuern
aufmutzen: vorwerfen
äufnen: fördern, mehren
aufrecht stehen | aufrechterhalten
Aufruhr | Aufrührer | aufrührerisch
aufs = auf das; aufs beste; aufs äußerste erschrocken: aufs Äußerste gefaßt sein
aufsässig
Aufsicht | aufsichtführend | Aufsichtsrat
aufständisch (aufständig)
auftauen
Auftrag, der; Mz. Aufträge
aufwärts
aufwiegeln
Auge; Aug und Ohr | Augapfel | Augenblick; augenblicks | Augenbraue | Augenlid | Äuglein | äugeln | äugen (vom Wilde)
Augiasstall
Augment, das (lat.): Zuwachs | Augmentation: Vermehrung, Verlängerung
Augsburg | die Augsburgische Konfession
Augurenlächeln
August[us] (lat.), das Augusteische Zeitalter | Augusta, Auguste | August, Erntemonat | Augustin[us] | Augustiner
Auktion, die (lat.)
Aula, die (lat.): Festsaal
au pair (frz.): ohne gegenseitige Vergutung
Aura, die (lat.): 'Hauch', Strahlenhülle
Aureole (lat.): Heiligenschein; Hof
Aurignacien, das (frz.): Steinzeitalter | Aurignacrasse
Aurikel, die (lat.): Blume
Auripigment, das (nlat.): Rauschgelb
Aurora (lat.): Göttin der Morgenröte
aus; aus und ein gehen
ausbaldowern (Gaunerwort): auskundschaften
ausbedingen; ich bedang aus; ausbedungen
Ausbund, der | ausbündig
Ausdruck, der; Mz. -drücke
auseinandersetzen
ausfindig
Ausflug, der, Mz. -fluge
Ausflucht, die; Mz. -fluchte
ausgefranst
ausgiebig
Ausguck, der
aushändigen
auskömmlich
auskultieren (lat.): behorchen
Auskunft; Mz. -künfte | Auskunftei
Ausland | Ausländer | ausländisch

ausmergeln
ausmerzen: aussondern
Ausnahme | Ausnahmepreis | ausnahmsweise
Au|spizien, Mz. (lat. 'Vogelschau'), Vorbedeutung; Oberleitung
ausrangieren: ausscheiden
ausreuten | ausroden | ausrotten
Aussaat
Aussatz | aussätzig
außen | außer | außerdem | außerhalb | außerstand[e] | äußerlich | äußern | äußerst, es zum Äußersten kommen lassen s. aufs
Ausspann, der
Aussig, Stadt
ausstaffiert: ausgestattet, aufgeputzt
ausständig
Auster, die
Australien | Australier | australisch
auswärts | auswärtig
auswechseln | Auswechs[e]lung
Ausweis, der
auswendig
aut|ark (gr.): sich selbst versorgend | Aut|arkie: wirtschaftliche Unabhängigkeit
authentisch (gr.): echt, glaubwürdig | Authentizität | Authentie
Autismus, der (gr.): krankhafte Selbstisolierung mit seinen Gedanken | autistisch
Auto = Automobil; Auto fahren
auto- (gr.): in Zusammensetzungen: selbst
Autobiographie (gr.): Beschreibung des eigenen Lebens
Autobus, Mz. Autobusse
Auto|chthone (gr.): Ureinwohner | auto|chthon: nicht eingewandert
Autodafé, das (port.): Ketzerverbrennung
Autodidakt (gr.): der sein eigener Lehrer (gewesen) ist | autodidaktisch
autogene Schweißung
Auto|gramm, Auto|graph (gr.): eigenhändig Geschriebenes | Autographie: Vervielfältigungsart | Autogravüre (gr.-frz.): Art Bilddruck
Auto|krat (gr.): Selbstherrscher | Auto|kratie
Automat, der (gr.) | automatisch: selbsttätig; unwillkurlich
Automobil (gr.-lat.): Kraftwagen
autonom (gr.): selbständig | Autonomie
Aut|opsie (gr.): Augenschein; Leichenschau
Autor (lat.): Urheber, Verfasser | autorisieren: ermächtigen | Autorität: Ansehen; maßgebender Fachmann | autoritativ: maßgebend
Autosuggestion (gr.-lat.): Selbstbeeinflussung
Autotypie (gr.): Druckstock
autsch | auweh!
Aval, der: Wechselbürgschaft
Avance, die (frz.): Vorteil, Vorsprung | avancieren: vorrucken | Avancement: Beförderung
Avantgarde (frz.): Vorhut
Ave Maria (lat.): „Gegrüßet seist du, Maria"; das Ave-Maria-Läuten
Avenue, die (frz.): Prachtstraße
Avers, der (frz.): Vorderseite | Aversion (lat.): Abneigung, Widerwille | Aversum (lat.): Abfindung, Pauschvergutung
avertieren (frz.): benachrichtigen, warnen | Avertissement, das
Avis, der; Mz. Avise (frz.): Ankündigung, schriftliche Mitteilung | avisieren

Aviso, der (it.): Meldeschiff
AVO = Ausführungsverordnung
Avus, die = Automobil-Verkehrs- und Übungsstraße
Awaren: Volk
Awesta: heilige Schriften der Perser
Axel: Vorname
Axenstraße in der Schweiz
axial (nlat.): achsig
Axiom, das (gr.): Grundsatz
Axminsterteppich
Axolotl, der: Art Molch
Axt, die; Mz. Äxte
Azalee (gr.): Alpenrose (Mz. Azaleen)
Azetat (nlat.): essigsaures Salz | Azeton, das: Essiggeist | Azetylsäure: Essigsäure | Azetylen, das: Gas
Azimut, der u. das (arab.): Richtungswinkel, Zenitwinkel
Azoren: Inselgruppe
Azteken: ausgestorben. mexikan. Volk
Azur, der (pers.): Blaustein; Himmelblau | azurblau

B

b. = bei, beim
Baal: semit. Gott
Baas: Meister, Vermittler
babbeln: lallen
Bäbe, die (slaw.): Napfkuchen
Babette: Vorname
Babusche, die (pers.): Hausschuh
Baby; Mz. Babys (engl.)
Babylon, Babel
Bacchus (gr.-lat.): Weingott | Bacchant: Bacchusschwärmer; fahrender Schüler | Bacchanal; Mz. -e und -ien; Gelage
Bach | Bachstelze
Bache, die: Wildsau | Bacher: junger Eber
back (niederd.): rückwärts | Back, die, auch das: hohes Vorderdeck | Backbord: linke Schiffsseite
Backe, die | Backen, der | Back[en]-zahn
backen; du bäckst; ich buk; gebacken | Bäcker
Bad; Mz. Bäder | baden | Bader
Baden | Bad[e]ner | badisch
Baedeker, der (nach dem Verleger): Reisehandbuch
Bafel, der: Ausschußware
baff | bäffen: bellen
Bagage, die (frz.): Gepäck; Gesindel
Bagatelle, die (frz.): Kleinigkeit
Bagger, der | baggern
Ba|gno, das (it.): Sklavenkerker
bähen | Bähung
Bahn | bahnbrechend | Bahnsteig
Bahre | Bahrtuch
Bahreininseln (im Persischen Golf)
Bai, die (roman.): Bucht
Baiser, der, das (frz.): Schaumgebäck
Baisse, die (frz.): das Fallen der Wertpapiere | Baissier: Flaumacher
Bajadere: indische Tänzerin
Bajazzo (it.): Possenreißer
Bajonett, das; Mz. -e
Bajuware: alter Name der Bayern
Bake, die: Seezeichen
Bakel, der (lat.): Rohrstock
Bakelit[e], das: Kunstharz
Bakkalaureus (nlat.): akadem. Titel
Bakkarat, das (frz.): Kartenglücksspiel
Bakschisch, das (türk.): Trinkgeld
Bakterie, die; Mz. Bakterien (gr.): Spaltpilz
Balalaika, russ. Saiteninstrument
Balance, die (frz.): Gleichgewicht; Abschluß | balancieren
bald | baldig, baldigst | in Bälde

Baldachin, der (it.): Bett-, Thron-, Traghimmel
Balder, Baldur: germ. Gott
Baldrian, der (nlat.)
Balg, der; Mz. Bälge | der, das: unartiges Kind
Balken | Balkon (it.)
Ballade, die (frz.)
Ballast, der (nd.): wertlose Last
Ballei, die: Ordensbezirk
Ballett, das; Mz. -e (it.) | Ballettkorps | Balletteuse
bal[l]hornisieren, verbal[l]hornen (nach dem Buchdrucker Balhorn): verschlimmbessern
Ballistik (gr.): Lehre von den Geschoßbahnen | ballistisch
Ballon; Mz. Ballone u. Ballons (frz.)
ballotieren (frz.): durch Kugelung abstimmen | Ballotage
Balneotherapie (lat.-gr.): Heilung durch Bäder
Balsam, der (hebr.-gr.): | balsamieren | Balsamine: Springkraut
Balthasar: Name
baltisch | das Baltische Meer | Baltikum = Baltenland
Balu|strade, die (frz.): Geländer
Balz, die: Begattung des Federwildes | balzen
Bambino, der (it.): Kindchen, Jesuskind
Bambus, der (mal.): Rohr
Bambuse: Neger als Diener
Ban[us] (slaw.): 'Herr' | Banat, das
banal (frz.): abgedroschen
Banane, die
Banause (gr.): Spießbürger | banausisch
Band: 1. der; Mz. Bände; Buch; 2. das Mz. -e; Fessel; 3. das; Mz. Bänder; Bindemittel
Bandage, die (frz.): Verband | bandagieren | Bandagist
Bande, die Mz. -n: Rotte; Einfassung
Bandelier, das (frz.): Wehrgehenk
Banderole, die (frz.): Steuerband
bändigen | Bändiger
Bandit (it.): Räuber
Bandonion, das (nach dem Erfinder): Handharmonika
Bandy (engl.): Eishockeystock; Eishockeyspiel
bang[e]; banger und bänger | bangen | bänglich | Bangbüx(e): Angsthase
Banjo, das: Negergitarre
Bank: 1. Mz. Bänke; zum Sitzen; 2. Mz. Banken; Geldhaus
Bänkelsänger
Bank[e]rott, der; Mz. -e (it.): 'Bankbruch' | bank[e]rott
Bankert, der: uneheliches Kind
Bankett, das; Mz. -e (frz.): Festmahl
Bankette, die (frz.): Fußsteig
Bankier; Mz. -s (frz.): Bankherr
Bann | Bannmeile | bannen
Banner, das: Fahne
Banse, die: Scheunenraum | bansen
Banus s. Ban
Baptist (gr.): Mz. -en: Anhänger einer christl. Sekte
Baptisterium: Taufkapelle
bar: bloß; bares Geld | bargeldlos | Barfrost, ohne Schnee | barfuß | Barfüßler | Barfüßer, Mönch | barhaupt | Barschaft
Bar, die (engl.): Trinkstube | Barkeeper (engl.): Ausschankkellner darin
Bär: der Große Bär: Sternbild | der braune Bär, Tier | bärbeißig | Bärenhäuter | Bärenklau | Bärlapp
Baracke, die (frz.): Hütte

Baratt, der (it.): Warenaustausch
Barbar (gr.): Unmensch | barbarisch
Barbara | Bärbel
Barbarossa (it.): Rotbart
Barbe, die (lat.): Karpfenart
Barbier (frz.) | barbieren
Barch (Mz. Bärche): verschnittener Eber
Barchent, der (arab.): Baumwollenzeug
Barde: Sänger
Barege, der (frz.): dünnes Gewebe
Barett, das; Mz. -e (frz.): schirmlose Mutze
Bariton, der (gr.): Gesangsstimme
Barium, das: chemischer Grundstoff
Bark, die: Dreimaster | Barke: Boot | Barkasse (sp.): das größte Boot bei Seeschiffen | Barkarole (it.): Gondellied
Barlauf, der: Laufspiel
Bärme, die: Hefe
Barmherzige Schwester
barock (frz.) | Barock, das (der) = Barockstil
Barometer, das (gr.)
Baron (frz.): Freiherr | Baronin Baronesse | Baronet (engl.)
Barre, die: Stange; Schranke; Untiefe | Barren, der: Turngerät; Metallstange
Barrel (engl.): Faß; Flüssigkeitsmaß
Barriere (frz.): Schranke, Schlagbaum
Barrikade (frz.): Straßensperrung
barsch; der barscheste | Barschheit
Barsch; Mz. Barsche, Bärsche
Barsoi: russ. Windhund
Bart, der; Mz. Bärte | bärtig
Barte, die: Beil; Fischbeinzahn
Bartholomäus (gr.-lat.), Barthel
Baryt, der (gr.): Schwerspat
Basalt, der (lat.) | basalten
Basar; Mz. -e (pers.): Markt, Kaufhaus
Baschlik, der (türk.): Kapuze
Base: Verwandte | Bäs|chen
Base (gr.): chem. Verbindung | basisch
Baseball: amerik. Ballspiel
Basedowsche Krankheit
Basilienkraut, Basilikum (gr.-lat.)
Basilika; Mz. -en (gr.): Kirche mit erhöhtem Mittelschiff
Basilisk, der (gr.): 1. Kroneidechse; 2. Ungeheuer
Basis, die; Mz. Basen (gr.): Grundlage, Unterbau | basieren: sich gründen auf etwas
Basken, Mz.: Pyrenäenvolk | Baskenmütze
Basrelief (frz.): flacherhabenes Bildwerk
Baß, der; Mz. Bässe (it.) | Bassist
baß: sehr (eigentl. 'besser')
Bassin, das; Mz. -s (frz.): Becken
Bast, der; Mz. Baste
basta! (it.): genug!
Bastard, der (frz.): Mischling
Bastei (it.), Bastion (frz.): Bollwerk
basteln | Bastler
Bastille (frz.): Pariser Burg
Baston[n]ade, die (frz.): Stockschläge auf die Fußsohlen
Bataille (frz.): Schlacht | Bataillon; Mz. -e (Abk. Bat.)
Batate (sp.): kartoffelartige Knolle
Batik, der: ind. Färbeverfahren | batiken
Batist, der (frz.): feines Leinenzeug | batisten
Batterie (frz.): (Abk. Batt.)
Batzen, der
Bau; Mz. Baue und Bauten | bauen
Bauch; Mz. Bäuche | bauchig

Baude, die: einzelnes Haus im Riesengebirge
Bauer: 1. der, auch das, des Bauers; Mz. Bauer; Vogelkäfig; 2. der, des Bauers und Bauern; Mz. Bauern; Landwirt | **Bauernhaus** | **Bauersleute** | **Bäu[e]rin** | **bäuerlich** | **bäu[e]risch**
Baum; Mz. Bäume | **baumen, bäumen**, auf einen Baum klettern | **bäumen**, sich
Bausch, der; in Bausch und Bogen | **Bausch-** oder **Pauschquantum** | **bauschen**
Bäuschel: s. Beuschel
Bauxit: Mineral (Stadt les Beaux bei Arles)
bauz!
Bavaria (nlat.): Bayern
b. a. w. = bis auf weiteres
Bayern | **bay[e]risch** | der **Bayrische Wald** (In der Sprachwissenschaft auch: **die bayrische Mundart**)
Bayreuth
Bayrum: Haarwaschmittel
Bazillus, der (lat.); Mz. Bazillen
BBC = British Broadcasting Corporation: britische Rundfunkgesellschaft
Bd, Bde = Band, Bände
BdL = Bank deutscher Länder
BEA = British European Airways: britische Luftverkehrsgesellschaft
Beamte, der | **beamtet**
Beauté, die (frz.): Schönheit
beben
Bechameltunke (nach einem frz. Feinschmecker)
Becquerelstrahlen
bedacht | **bedächtig** | **mit Bedacht**
bedeutend | **um ein bedeutendes**; **am bedeutendsten**
Bediente, der | **Bedienstete**, der
bedingen | **bedungen** = ausgemacht | **bedingt** = eingeschränkt
Beduine (arab.)
Beefsteak, das (engl.): Rindsstück
beeindrucken
beeinflussen | **beeinträchtigen**
Beelzebub (hebr.): Teufel
Beet, das
Beete, die: (lat.): rote Rube
Beethoven: Tondichter
befehden
befehlen; du befiehlst; ich befahl; ich beföhle; befohlen; befiehl!
Beffchen, das (nd.): Kragenläppchen
befiedern
befleißen; ich befliß; beflissen | **befleißigen**
befriedigen; befriedigt
Befugnis | **befugt**
befürworten: empfehlen
begegnen | **Begegnung**
Begehr, der u. das | **begehren** | **begehrlich**
Begier[de], die | **begierig**
Begine (frz.-nl.): Laienschwester
beginnen; ich begann; ich begönne, begänne; begonnen
begleiten | **Begleiter**
begnadigen
Begonie: Schiefblatt
Begräbnis, das
Begriff; im Begriff[e] sein
behäbig | **behaglich**
Behälter | **Behältnis**, das
behändigen
beharrlich
Behaviorismus, der (engl.): Verhaltenslehre
Behelf, der | **behelfsmäßig**

behelligen
behend[e]
behilflich
Behörde, die
behufs, zum Behuf[e]
Bei, Bey (türk.): Statthalter
bei; bei weitem; beileibe, beiseite; beizeiten
beibehalten; du behältst bei; ich behielt bei
Beichte, die | beichten | Beichtiger = Beichtvater
beide; die beiden, wir beide[n], beides; beiderseits
Beiderwand, die oder das: Gewebe
beidlebig = amphibisch
beidrehen (seem.): langsam fahren
beif. = beifolgend
Beifall | beifällig
Beifuß, der
Beige, die: Haufen
beige (frz.): naturfarben, gelbgrau
Beignet, der (frz.): Gebäck
beiläufig
beim = bei dem
Bein, das; Mz. -e | beinern | zweibeinig | Beinwell, der, das: Pflanze
beinah[e]
Beispiel | beispiellos
beißen; ich biß; gebissen
Beißker (Beizker) (slaw.): Fisch
Beitel, der: Stemmeisen
Beitrag, der; Mz. Beiträge
Beize | beizen
bejahen
bekannt | bekanntermaßen; bekanntgeben
Bekassine, die: Schnepfenart
Bekenntnis, das
Beklagte, der
bekleiden; ein Amt bekleiden
Belag, der; Mz. Beläge
Belang, der; von Belang | Belange (Mz.) = Interessen | belanglos
belästigen
Beleg, der (Mz. Belege): Beweisstück
belehnen | Belehnung
belemmern: hintergehen
Belemnit, der (gr.): Donnerkeil
Beletage, die (frz.): erster Stock
belfern: zanken, schimpfen
Belgien | Belgier | belgisch
Belieben, das | beliebig; jeder beliebige
Belladonna (it.): Tollkirsche
Belle-Alliance, Schlachtort in Belgien
Belletrist (frz.): Unterhaltungsschriftsteller | belletristisch: schönwissenschaftlich
Bellevue, die (frz.), Belvedere, das (it.): 'schöne Aussicht'
beloben | belobigen
Beluga, die (russ.): Kaviar
Belu|tschistan: Gebiet im iranischen Hochland
Bem. = Bemerkung
bemächtigen, sich
bemängeln | bemänteln
Bemme, die: Butterbrot
bemoost
bemüßigen
benedeien; benedeit
Benedikt | Benediktiner
Benefizium; | Mz. -ien (lat.): Unterstützung; geistliche Pfründe | Benefiziat, deren Empfänger | Benefiz, das: Vorstellung zum Besten eines Schauspielers
Benelux-Staaten: Belgien, Niederlande, Luxemburg
bengalisches Feuer
Bengel, der, eigentlich Prügel
Benjamin (hebr.), Name

Benno, Name
Benzin, das | Benzoe, die (arab.-it.): Harz | Benzol, das
be|ob|achten
bequem | bequemlich
berappen: bezahlen
beraten | beratschlagen
Berber | Berberei, Nordwestafrika
Berberitze, die: Pflanze
beredsam | Beredsamkeit | beredt
Bereich, der u. das; Mz. -e
bereiten: 1. ich bereitete; bereitet; fertigmachen | bereit | bereits; 2. ich beritt; beritten | Bereiter | Beritt, der
Berg | berg[e]hoch | bergig | Bergfex | Bergmann, -leute
Bergamotte, die: Birne
bergen; du birgst; ich barg; ich bärge, bürge; geborgen; birg!
Beriberi, die: Krankheit
berichten, melden | berichtigen verbessern; bezahlen
Berkan, der (arab.): gemischter Wollstoff
Berlocke, die (frz.): Uhrgehänge
Bernhard | Bernhardiner
Bernstein
Bersagliere; Mz. -eri (it.): Scharfschütze
Berserker (nord.): wilder Krieger
bersten; du birst; ich barst; ich börste; geborsten; birst!
Berta (Bertha) | Bert[h]old | Bertram
berüchtigt | berühmt
Beryll (gr.): ein Edelstein | Beryllium
bes. = besonders
besaitet
Besan(mast) (nl.)
beschaffen; ich beschaffte; beschafft | beschaffen, geartet
beschäftigen
Beschäler: Deckhengst
beschauen | beschaulich
Bescheid | bescheiden | bescheidentlich
bescheren
Beschlagnahme | beschlagnahmen
beschränken | beschränkt
beschweren | Beschwer, die, das | Beschwerde | Beschwerung | Beschwernis
beschwichtigen
beschwipsen
beseelen | beseligen
beseitigt
Besemer, der: Schnellwaage
Besing, der: Heidelbeere
Besitz | Besitznahme
besonders (Abk. bes.); im besondern; insbesondere | nichts Besonderes
besorgt | Besorgnis
Bes|sarabien
Bessemerstahl
besser; eines Besseren belehren; der Besserwisser
best, bestens, aufs beste; zum besten geben, haben, wenden; zu deinem Besten; zum Besten der Armen; sein Bestes tun; der erste beste; der Beste in der Klasse sein. Es ist das beste (= am besten) heimzugehen (§ 6b)
beständig
bestärken | bestätigen
Besteck, das; Mz -e
Bestie (lat) | bestialisch | Bestialität
bestimmt | bestrebt | bestürzt
betagt
betätigen | betäuben
Beteigeuze (arab.): Stern
beteiligen | Beteiligung
Betel, der: Pfefferart

beten | Bettag
beteuern | Beteu[e]rung
Bethanien, Bethel, Bethlehem: Ortsnamen
Beton, der (frz.) | betonieren
betören | Betörung
Betracht, der; in Betracht kommen; um ein beträchtliches
Betrag, der; Mz. Beträge
Betreff, der; in betreff | betreffs, Abk.: betr.
Betrieb | betriebsam
betrübt | Betrübnis
betrügen; ich betrog; betrogen | Betrug
Bett | Bettuch
betteln | Bettel, der | Bettler | Bettelmann, -leute
Bettina (it.), Betty (engl.)
betulich
Beuche, die· Lauge
beugen | Beuge | Beugung
Beule | beulig
beurkunden | beurteilen
Beuschel (Bäuschel), das: Tiereingeweide
Beute: 1. Kriegsgewinn; 2. Backtrog, Bienenkorb
Beutel | beuteln
Bevern, Beverungen, Ortsnamen
Bevollmächtigte, der
bewahren: behüten | bewähren: als wahr erweisen
bewältigen
bewandt | Bewandtnis
bewegen; ich bewegte u. bewog; bewegt u. bewogen
bewehren: bewaffnen
beweisen; du beweis[es]t; ich bewies; bewiesen | Beweis
bewillkomm[n]en
bewirten
bewußt | Bewußtsein
bez. = bezahlt; bezüglich | Bez. = Bezirk
bezeigen: erweisen | bezeugen: als Zeuge bestatigen
bezichtigen: beschuldigen
beziehentlich
Bezirk, der
Bezoarziege, die
Bezug, der; in bezug auf | bezüglich | Bezug nehmen | Bezugnahme
bzw. = beziehungsweise (zu meiden; dafür: oder)
BGB. = Bürgerliches Gesetzbuch
BGBl. = Bundesgesetzblatt
Bhf. = Bahnhof
bibbern (nd.): beben, zittern
Bibel | biblisch
Biber | Bibergeil
Bibernell[e]: Pflanze
Biblio|graphie (gr.): Bücherkunde | Bibliophile: Bücherliebhaber | Bibliothek: Bücherei | Bibliothekar: Bücherwart
bichromatisch (lat.): in Vierteltönen
Bickbeere: Heidelbeere
biderb = bieder | Biedermeier
Bidet, das (frz.): Stechbecken
biegen; ich bog; gebogen
Biene | Bien[en]saug
Biese, die: Schnur, Streifen
Biesfliege
Biest, das: Tier
Biestmilch: die Milch nach dem Kalben
bieten; ich bot; geboten
Bigamie (lat.-gr.): Doppelehe
bigott: frömmelnd
Bijouterie (frz.): Geschmeide
bikonkav: beiderseits hohl geschliffen | bikonvex: beiderseits gewölbt geschliffen

Bilanz, die (it.): Rechnungsabschluß
Bilch, der: Haselmaus
Bild | bildlich | Bildner | Bildnis
Bilge, die: Kielraum
Bill, die; Mz. -s (engl.): Gesetzesvorschlag
Billard; Mz. -s (frz.)
Billet, Mz. -e (-s) (frz.): Eintrittskarte; Fahrkarte, Fahrschein | Billetdoux: Liebesbriefchen
billig | Billigkeit
Billion, die
Billrothbatist: Verbandstoff
Bilsenkraut
Bilwisschnitter: Gespenst
bimbam! bimbambum!
bimmeln, Bimmelbahn
Bimsstein, der (lat.): poröses Lavagestein
binär (nlat.): aus 2 Einheiten bestehend
binden; ich band; gebunden
binnen | Binnensee
Binom, das (lat.-gr.): zweigliedrige Größe
Binse, die | Binsicht, das
Bio|graphie (gr.): Lebensbeschreibung | Bio|graph: Lebensbeschreiber
Bioklimatik, Bioklimatologie, die (gr.): Lehre vom Einfluß des Klimas auf die Lebewesen
Biologie (gr.): Lebenskunde
Birke | birken | Birkhuhn
Birne | birn[en]förmig
birschen s. pirschen
bis; bisher; bisweilen
Bisam, der (arab.): Moschus
Bischof; Mz. Bischöfe | bischöflich
Bise: scharfer Nordostwind
Bisexualität, die (lat.): Doppelgeschlechtigkeit
Biskuit, das (der) (frz.): Gebäck
Bismarck
Bison, der (gr.): Wisent
Biß; Mz. Bisse | ein bißchen = ein wenig | Bissen | bissig
Bister, der u. das (frz.): braune Wasserfarbe
Bistum, das
bitten; ich bat; gebeten
bitter | Bitt[e]re, der: ein Bitt[e]rer (Schnaps)
bituminös (lat.): erdpechhaltig
Biwak, das (frz.): Feldnachtlager | biwakieren
bizarr (frz.): seltsam | Bizarrerie
Bizeps, der: Oberarmmuskel
Bizone, die: Doppelzone
Bl. = Blatt
Blache, die = Plane
Blachfeld: Ebene
blaffen, bläffen: bellen
Blahe, die = Plane
blähen; du blähst, er bläht | Blähung
blaken (nd.): rußen
blamieren (frz.): bloßstellen, lächerlich machen | Blamage | blamabel
blank | blanko (it.): unausgefüllt, offen | Blankett, das (frz.): Vollmachtsschein mit bloßer Unterschrift | blankziehen
Blankscheit (frz.): Fischbeinstäbchen
blasen; du bläst; ich blies; geblasen | Blase | Blas[e]balg
blasiert (frz.): abgestumpft, übersättigt
blasonieren (frz.): Wappen erklären
Blas|phemie (gr.): Gotteslästerung
blaß; blasser u. blässer | Blässe
Blatt | blätt[e]rig | blättern
Blatter, die: Hitzblase, Pocke
blau; in Blau gekleidet; die Fahrt ins Blaue | Blaurake, die: Mandelkrähe | Blaustrumpf | Bläue | bläuen, blau färben | blaumachen | bläulich

Blech | blechern | blechen, zahlen
blecken: die Zähne zeigen
Blei, das | bleiern
Blei, der; Blei[h]e, die: ein Fisch
bleiben; ich blieb; geblieben | die Bleibe | bleibenlassen
bleichen: 1. bleich werden; ich blich; geblichen; meist erbleichen, verbleichen; 2. bleich machen; ich bleichte; gebleicht | Bleiche | Bleichart, Bleichert, der: blasser Rotwein
blenden | Blende | Blendling: Mischling | Blendwerk
Blennorrhöe, die (gr.): Eiterfluß
Blesse, die: weißer Stirnfleck; auch Tier | Bleßhuhn
blessiert (frz.): verwundet | Blessur, die: Wunde
bleuen: schlagen | Bleuel: Klopfholz
Blick | blicken
blind | blindlings
blinken
blinze[l]n
Blitz | blitzen
Blizzard, der: Schneesturm
Block; Mz. Blöcke (auch Abreißblocks) | blockieren (frz.) | Blockade | Blocksberg
blöde | blödsinnig
blöken
blond | Blonde, die (frz.): Weißbier; Seidenspitze | Blondine: Blondhaarige
bloß: 1. nackt | bloßstellen | Blöße; 2. nur
blubbern: glucksen
Blues, der (engl.): (Nigger-) Tanz
Bluff, der (engl.): Täuschung | bluffen
blühen | Blume | Blümchen | blumig
blümerant (frz.): blaßblau, schwindlig
Bluse, die
Blust, der = Blüte
Blut | blutig | bluten | Blutegel | blutarm | blutjung | blutrünstig | bluttriefend | heißblütig
Bö, die; Mz. Böen | böig
Boa, die: Riesenschlange; Halspelz
Bob = Bob|sleigh, der (engl.): Rennschlitten
Bobine (frz.): Garnspule, Seiltrommel
Boccia (it.): Kugelspiel auf dem Rasen
Boche: frz. Schimpfwort für den Deutschen
Bock; Mz. Böcke | bockig | bocken | Bock[bier] | Bocksbeutel | bockbeinig
Bodden, der: Bucht
Bodega (sp.): Weinschenke
Bodelschwingh: Name
Boden; Mz. Boden u. Böden | Bodmerei: Schiffsbeleihung
Bofist, Bovist, der: Pilz
Bogen, der; Mz. Bogen, Bögen
Boheme, die (frz.): zigeunerhaftes Künstlerleben | Bohemien, solcher Künstler
Bohle, die: Brett
Böhme | böhmisch | Böhmerwald
Bohne | Böhnchen
bohnen (bohnern): den Fußboden wichsen | Bohner
Bö(h)nhase: s. Bönhase
bohren | Bohrer
Boiler (engl.): Warmwasserbereiter
Bojar: slawischer Großgrundbesitzer
Boje, die
Bol[us], der (gr.-lat.): Tonerde
Boleine (engl.): Segelleine
Bolero (sp.): Tanz | Bolerojacke
Boleslaw, Boleslaus
Bolle, die: Zwiebel; Knospe
Böller | Bollwerk
Bolo|gna | bolo|gnesisch

Bolschewik, Bolschewist | Bolschewismus
Bolzen, der
Bombardement (frz.) | bombardieren
Bombardon, das (frz.): Baßtuba
Bombast, der (nlat., engl.): Wortschwall | bombastisch: schwülstig
Bombe (frz.) | bombieren: wölben
Bon, der (frz.): Gutschein
Bonbon, der, das (frz.): Zuckerzeug | Bonbonniere: Naschdöschen
Bond, der (engl.): Wertpapier
Bönhase: nichtzünftige Handwerker, Pfuscher
Bonifaz, Bonifacius, eigtl. Bonifatius (lat.)
Bonität (lat.): Güte, Wert | bonitieren (nlat.): abschätzen | Bonmot (frz.): Witzwort | Bonne (frz.): Kinderwärterin | Bonus, der (lat.): Gewinnanteil, Vergütung | Bonhomie (frz.): Gutmütigkeit | Bonvivant (frz.): Lebemann | bon sens, der (frz.): gesunder Menschenverstand
Bonze (jap.): Buddhapriester; Parteigröße
Boogi-Woogi: amerikan. Swing (Tanz)
Boom, der (nl.): das Steigen der Wertpapiere
Boonekamp, der: Bitterlikör
Boot; Mz. Boote | Bootsleute
Bo|otes: Sternbild
Böotier: gr. Volksstamm
Bootlegger, der (engl.): Alkoholschmuggler
Bor, das: chem. Grundstoff | Borax
Bora, die (it.): Nordostwind
Bord, der: Rand, Schiffsrand; das B. (auch Bort): Brett, Bordbrett
Börde, die: fruchtbare Ebene
Bordeaux, frz. Stadt, Wein
Bordell, das; Mz. -e (frz.)
bordieren (frz.): einfassen | Bordüre, die: Besatz
Borg, der | borgen
Borghesischer Fechter
Borgis, die (frz.): Schriftgrad
Borke, die: Rinde
borniert (frz.): beschränkt
Borretsch, der (frz.): Gurkenkraut
Börries, Vorname
Borromäus, Name
Borsdorfer Apfel
Börse, die (nl.)
Borste, die: steifes Haar | borstig
Bort s. Bord
Borte, die: Einfassung
Borussia (nlat.): Preußen
bös, böse | bösartig | böslich | Bösewicht; Mz. -e[r] | boshaft | Bosheit
Böschung, die
Boskett, das (frz.): kleines Gebüsch
Bosnien | Bosniak = Bosnier
Bos|porus, der (gr.)
bosseln, bossieren (frz.): formen
Boston (engl.): 1. Ortsname; 2. das: Kartenspiel; 3. der: Tanz
Botanik (gr.): Pflanzenkunde | Botaniker | botanisieren: Pflanzen sammeln
Bote | botmäßig | Botschaft
böten (nd.): Krankheiten besprechen
Botokude: Indianer; Dummkopf
Bottich | Böttcher
Bottlerei: Schiffsproviantkammer | Bottelier, Bottler
Bottnischer Meerbusen
Bouclé, der (frz.): Teppichstoff
Boudoir, das (frz.): Damenzimmer
Bougie, die (frz.): Kerze, Dehnsonde
Bouillon, die (frz.): Fleischbrühe

B[o]ulette, die (frz.): Fleischklößchen
Boulevard, der (frz.): Ringstraße
Bourgeois (frz.): wohlhabender 'Bürger' | Bourgeoisie
Bourrette, die (frz.): Flockseide
Bouteille, die (frz.): Flasche
Bouton (frz.): Knospe; Knopf, Ohrring
Bovist s. Bofist
Bowiemesser: amerik. Jagdmesser
Bowle, die (engl.): Würzwein
Box, die (engl.): Kasten, Stallabteilung
boxen (engl.) | Boxer
Boxkalf, das (engl.): Kalbleder
Boy, der (engl.): junger Diener, Bursche (Mz. Boys)
Boykott, der (engl.): Verruf | boykottieren: in Verruf erklären
brach liegen und brachliegen
Brachet, Brachmond, Juni
Brachse, die = Brachsen, der: Fisch
Brack, das: Ausschuß | bracken: ausscheiden | Bracker: Warenprüfer
Bracke, der u. die: Spürhund
brackig: salzhaltig | Brackwasser
Brägen s. Bregen
Brahmane (ind.): Brahmapriester
Brailleschrift: Blindenschrift (Erfinder: Braille)
Brakteat, der (nlat.): Blech-, Hohlmünze
Bramarbas; Mz. -basse: Großmaul | bramarbasieren: prahlen
Bramsegel (nl.)
Branche, die (frz.): Zweig, Fach
Brand: Mz. Brände | brandig | Brandmal | brandmarken | brandschatzen
Branke s. Pranke
Branntwein
Brasilien | Brasilianer, Brasilier
Brasse[n] = Brachse
Brasse, die (nl.): Segelstangenseil | brassen: die Brassen richten
braten; du brätst; ich briet; gebraten
Bratsche, die (it.): Altgeige
Bratspill, das: Welle zum Aufwickeln des Ankertaus
Brauch, der; Mz. Bräuche | brauchen | brauchbar
Braue, die
brauen | Brauer | Bräu, das
braun | bräunlich | bräunen | Bräune, braune Farbe; Halskrankheit | Braunelle, die: Vogel | Br[a]unelle, die: Pflanze
Brausche, die: Beule
brausen | Braus, der | Brause, die | Brausekopf
Braut | Bräutigam; Mz. -e
brav (frz.): tüchtig | Bravheit | Bravour, die: Tapferkeit | bravo! (it.): gut! bravissimo: sehr gut! | Bravo; Mz. Bravi (it.): Meuchelmörder
Break, der (engl.): leichter Wagen
Breccie, die (it.): Trummergestein; auch Brekzie
brechen; du brichst; ich brach; gebrochen; brich!
Breeches, Mz. (engl.): Sporthosen
Bredouille, die (frz.): Bedrängnis
Bregen (Brägen), der (nd.): Gehirn
Brei, der | breiig
Breisgau, der u. das, in Baden
Brekzie s. Breccie
breit; ein Fingerbreit, eine Handbreit, ein Haarbreit; des langen und breiten | Breite | Breitengrad
Breme, Bremse, die: Stechfliege
Bremen | Bremer | bremisch | Bremerhaven
Bremse, die | bremsen
brennen; ich brannte; ich brennte; gebrannt

Brennessel, die
brenzeln | brenzlig
Bresche, die (frz.): Mauerbruch
bresthaft: gebrechlich
Bretagne, die
Brett, das | Brett[e]l
Breve, das (lat.): päpstliches Schreiben
Brevier, das (lat.): Gebetbuch
Brezel (Prezel), die (lat.)
Bricke, Pricke, die: Neunauge
Bridge, das (engl.): Kartenspiel
Brief | brieflich
Bries, das; Brieschen, Bröschen: Brustdrüse des Kalbes
Brigade, die (frz.) | Brigadier
Brigant (it.): Straßenräuber
Brigg, die, Brigantine, die (engl.): Zweimaster
Brigitte
Brikett, das (frz.): Preßkohle
Brille, die | Brillenfutteral
brillieren (frz.): glänzen | brillant: glänzend | Brillant: Diamant
Brimborium, das: Umschweife
bringen; ich brachte; gebracht
Brink, der: erhöhter Grasplatz
brisant (frz.): sprengend | Brisanz
Brise, die (engl.): leichter Wind
Britannien | Brite | britisch
Britschka, die (poln.): leichter offener Wagen
Broccoli, Mz. (it.): braunroter Blumenkohl
Brocken | bröckeln | bröck[e]lig
brodeln | Brodem, der
Broderie, die (frz.): Stickerei
Brokat, der (frz.): durchwirkter Seidenstoff
Brom, das: Element
Brombeere, die
Bronchialkatarrh | Bronchitis | Bronchien (gr.): Luftröhrenäste
Bronn[en], der: Brunnen
Bronze, die (frz.) | bronzieren
Brosam, der; Brosame, die | Bröslein, Brösel
Brosche, die (frz.)
Bröschen s. Bries
broschieren (frz.) | Broschüre
Brot | Brötchen
Brougham (engl.): zweisitziger Wagen
brouillieren (frz.): verwirren, veruneinigen | Brouillon, das: erster Entwurf, Kladde
Browning, der (engl.): Pistole
Bruch: 1. der; Mz. Brüche; das Gebrochene | brüchig; 2. Bruch, der und das; Mz. Brüche und Brücher: Sumpfland | bruchig
Bruder | brüderlich | Brüderschaft trinken | Bruderschaft: kath. Verein
Brühe | brühen | brühheiß
Brühl, der: feuchter Platz
brummen | brummig
Brunelle s. braun
brünett (frz.): braunhaarig
Brunft, die (der Hirsche)
Brunhild[e], Name
brünieren (frz.): braun beizen
Brünne, die: Panzer
Brunnen | Brünnlein
Brunst, die; Mz. Brünste | brünstig
brüsk, (frz.): barsch, schroff | brüskieren
Brust | brüsten, sich | Brüstung
Brut, die; Mz. -en | brüten
brutal (frz.): roh | Brutalität
brutto (it.): mit Einschluß der Packung, roh, ohne Abzüge
Bruyèrepfeife (frz.)
bst!, pst!
B-Stelle = Beobachtungsstelle
BStGB. = Bundesstrafgesetzbuch

Bube | Bubi | Büberei | bübisch
Bubo, der (gr.): Mz. Bubonen: Geschwulst
Buch, das; zwei Buch Papier | buchen: eintragen
Buche, die | Buchecker | Buchstabe | buchstabieren | buchstäblich | Buchweizen | buchen, büchen: aus Buchenholz
Buchsbaum (lat.) | Büchse, die (gr.); als Hohlzylinder auch Buchse
Bucht, die | buchtig
Buchtel, die: Art Hefengebäck
Buckel, der buck[e]lig
bücken | Bückling: Verbeugung
Bücking (Bückling): geräucherter Hering
Buck|skin, der (engl.): Tuch
Buddel = Buttel
buddeln
Buddha (ind.) | Buddhist
Bude, die | Büdner
Budget, das (frz.): Voranschlag
Budike, die | Budiker
Buenretiro (sp.): Erholungsstätte
Büfett, das; Mz. -e (und -s) (frz.): Anrichteschrank; Schenktisch | Büffettier
Büffel, der | büffeln
Buffo (it.): Opernkomiker
Bug, der; Mz. Büge: Obergelenk; Schiffsvorderteil | Bugspriet
Bügel | Bügeleisen | bügeln
bugsieren (nl.): schleppen
Büh[e]l, der: Hügel
Buhle, der u. die | buhlen
Buhne, die: Damm zum Uferschutz
Bühne, die
Buhurt, der: Turnierart
Bukett, das (frz.): Strauß; Blume des Weines
bukolische Poesie (gr.): Hirtendichtung
Bukowina, die: 'Buchenland'
Bulette, die (frz.): Fleischklößchen
Bulldogge, die: Hunderasse; | Bulle: 1. der: Stier | 2. die (lat.): päpstl. Verordnung | Bullenbeißer, der: bissiger Mensch
bullern
Bulletin, das (frz.): Tagesbericht
Bullrichsalz: doppeltkohlensaures Natron
Bumbaß, der: Art Schellenbaum
Bumerang, der: Wurfholz
bummeln | Bummelei | bumm[e]lig
bums! | bumsen
Buna, der: synthetischer Kautschuk
Bund: 1. der; Mz. Bünde | Bundesgenosse | Bündnis; 2. das: Mz. -e; Gebinde; zwei Bund Stroh | Bundschuh | Bündel | bündig
Bungalow, der: indisches Haus
Bunge, die: Trommel
Bunker, der (engl.) | bunkern
bunt
Bur (nl.): Südafrikaner
Bürde | aufbürden
Burg | Burgmann, Mz. -mannen | Bürger | Bürgermeister | das Bürgerliche Gesetzbuch (BGB.)
bürgen | Bürge | Bürgschaft
Burkhard
burlesk (frz.): possenhaft | Burleske, die: Posse
Burnus, der (arab.): Kapuzenmantel
Büro, das (frz.); Mz. Büros: Schreibstube | Bürokrat: Akten-, Formenmensch | Bürokratie | bürokratisch | der heilige Bürokratius
Burse, die (nlat.): Studentenhaus
Bursch[e] | burschikos
Bürste, die | bürsten

Bürzel, der: Vogelsteiß
burzeln s. purzeln
Bus, Abk. für Autobus, Omnibus
Busch | Buschklepper | Büschel | buschig | Buschmann, -männer
Bushel, der: engl. Getreidemaß
Bussard, der (frz.): Raubvogel
Buße | büßen | Buß- und Bettag
Busse[r]l, das: Kuß | busseln
Bussole, die (it.): Kompaß
Büste, die (frz.)
buten (nd.): draußen
Butike = Budike
Butt, der: Seefisch
Butte, Bütte, die: Gefäß
Buttel, Buddel, die (nd.): Flasche
Büttel: Gerichtsbote
Butter, die | buttern | butt[e]rig
Butzen, der: Kerngehäuse; Lichtschnuppe | Butzenscheibe: kleine Fensterscheibe mit verdickter Mitte | Butzemann
Bux[e], Büx[e], die (nd).: Hose
b. w. = bitte wenden
Byzanz (gr.): Konstantinopel | Byzantiner | Byzantinismus: Fürstendienerei
bzw. = beziehungsweise

C

(Siehe auch K und Z)

ca. (Abk.) s. circa
Cab, das (engl.): Zweiradkutsche, Droschke
Cachou, das (frz.): Anislakritze
Cäcilia, Cäcilie: lat. Name
Cadix, Cadiz: span. Ort
Café, das (frz.): Kaffeehaus
Caisson, der (frz.): Senkkasten
Cake (engl.) s. Keks | Cake-Walk, der: Negertanz
Calembourg, der (frz.): Wortwitz, Kalauer
Calvin, Reformator | Calvinismus, Kalvinismus
Calw, Kalw in Württemberg
Cambridge in England
Camembert: franz. Weichkäse
Camera obscura, die (lat.): Dunkelkammer
Camposanto, der (it.): Gottesacker
Canaille, die (frz.): Gesindel, Schurke
Cancan, der (frz.): unanständiger Tanz
cand. re. min., c. r. m. = candidatus reverendi ministerii (lat.): Kandidat des Predigtamtes
Cañon, der (sp.), Kanjon: Schlucht
Cant, der (engl.): Gaunersprache, Heuchelei
Canterbury in England
cap. = caput (lat.): Kapitel
Cape, das (engl.): Umhang
Caprice (frz.), Kaprice, die: Laune | Capriccio, das (it.): launiges Musikstück
Carepaket (amerik.): Liebesgabenpaket
Carmen: 1. das, Mz. Carmina (lat.): Gedicht; 2. (sp., abgekürzt aus Maria del monte Carmen [Carmel]): weiblicher Vorname
Cäsar, lat. Name
Casus belli, der (lat.): Kriegsfall
Catboat (engl.): Boot mit einem Gaffelsegel | Catgut, Katgut: 'Katzendarm', Darmsaite, Nähfaden der Chirurgen
Causerie (frz.): Plauderei | Causeur: Plauderer | Causeuse: Plaudersofa
Cayennepfeffer aus Französisch-Guayana
CDU = Christlich-Demokratische Union

Cello, das (it.): Kniegeige | Cellist
Cellophan, das: Glas-, Zellhaut
Celsius-Thermometer
Cembalo, das (it.): Musikinstrument
Cent, der: Münze | Centesimo (it.) | Centime (frz.)
Cercle (frz.): Gesellschafts-'Kreis'
Ceres (lat.): Göttin des Ackerbaus
Cerevis, das: Studentenkappe; Ehrenwort
Ceylon, Insel
Ch... siehe auch Sch...
Chablis, der: weißer Burgunder
Chagrin der (frz.): Verdruß; das: Rauhleder | chagriniert: genarbt, rauh
Chaine, die (frz.): Kette
Chaise, die (frz.): Sessel; halbverdeckter Wagen | Chaiselongue, die: Liegesofa
Chaldäa | Chaldäer | chaldäisch
Chalet, das (frz.): Schweizer-, Gartenhäuschen
Chalzedon, der (gr.): ein Mineral
Chamäleon, das (gr.): Eidechsenart | chamäleonartig: die Farbe wechselnd
Chambre garnie, die (frz.): möbliertes Zimmer
Chamisso, deutscher Dichter
chamois (frz.): gemsfarbig, hellgelb
Champagner, der (frz.)
Champignon, der (frz.): Pilz
Champion (engl.): Preiskämpfer
Chance, die (frz.): Glücksfall, Aussicht
changieren (frz.): wechseln | changeant: schillernd
Chanson, das (frz.): Liedchen | Chansonette: Sängerin leichter Lieder
Café-chantant = Tingeltangel
Chaos, das (gr.): Wirrwarr | chaotisch: ungeordnet
Chapeau claque; Mz. Chapeaux claques (frz.): Klapphut
Charakter, der; Mz. -e (gr.): Gepräge, Eigenart; Sinnesart; Titel | charakterisieren: kennzeichnen | Charakteristik: Schilderung | charakteristisch: bezeichnend
Charge, die (frz.): Amt, Dienstgrad; Rolle | Chargierter: Vorgesetzter
Charis, die (gr.): Liebreiz | Charitas s. Karitas
Charité, die (frz.): Krankenhaus
Charkutier, Charcutier (frz.): Fleischer
Charleston, der (engl.): Tanz
Charlotte, frz. Vorname
Charme s. Scharm | (charmant) scharmant: reizend | Charmeuse, Kunstseidenstoff
Charon (gr.): Totenfährmann
Charta (lat.), Charte (frz.): freiheitliches Grundgesetz
Chartepartie (frz.), Certepartie (dän.): Frachtvertrag | chartern (engl.): ein Schiff befrachten; mieten | Charterer
Chartreuse, die (frz.): Kartäuserkloster; der: Likör
Charybdis, die (gr.): Meerungeheuer
Chassepotgewehr (frz.)
Chasseur, der (frz.): Jäger
Chassis, das (frz.): Fahrgestell, Gehäuse des Rundfunkempfängers
Chatelaine, die (frz.): Gürtel, Kette
Chaudeau, der (frz.): Eierpunsch, Weintunke
Chauffeur (frz.): Kraftwagenführer
Chaussee, die (frz.): Landstraße | chaussieren: schottern
Chauvinismus (frz.): überspannte Vaterlandsliebe | Chauvinist
Chef; Mz. -s (frz.) | Chefarzt

Chemie (gr.) | chemisch | Chemiker | Chemikalien
Chemisette, die, Chemisett, das (frz.): Vorhemd
Chemnitz in Sachsen
Chenille, die (frz.): 'Raupe'; Schnur, Raupenkette
Cheopspyramide
Cherry Brandy, der (engl.): Likör
Chersones, der, die (gr.): Halbinsel
Cherub, der; Mz. -s und -im (hebr.): Schwertengel
Cherusker, germ. Stamm
Chesterkäse (engl.)
Chevalier (frz.): Ritter | chevaleresk, ritterlich
Chevauleger (frz.): leichter Reiter
Cheviot, der (engl.): Wollstoff
Chevreau, das (frz.): Ziegenleder
Chianti, der: it. Rotwein
Chiasmus, der (gr.-lat.): Kreuzstellung von vier Satzgliedern
Chicago, Chikago
Chicorée, die (frz.): Gemüse
Chiemsee
Chiffon, der (frz.): leichter Stoff
Chiffre, die; Mz. -n (frz.): Geheimschrift, Kennwort | chiffrieren: in Geheimschrift schreiben
Chignon, der (frz.): Haarwulst
Chile | Chilesalpeter | Chilene | chilenisch
Chiliade, die (gr.): Reihe von Tausend | Chiliasmus: Lehre vom tausendjährigen Reich | Chiliast
Chimäre s. Schimäre
Chimborasso, Berg
China | Chinese | chinesisch
Chinarinde (peruanisch) | Chinin
Chinchilla, die, das (sp.): Pelz der peruanischen Wollmaus
Chippendalestil (engl.): Möbelstil
Chips, die (engl.); Mz.: geröstete Kartoffelschnitzel
Chiragra, das (gr.): Handgicht | Chiromant: Handliniendeuter | Chirurg: Wundarzt | Chirurgie
Chlodwig, Klodwig | Chlothilde, Klothilde
Chlor, das (gr.): Element | Chlorid, Chlorür | Chlorophyll, das: Blattgrün | Chloroform, das (gr.-lat.): Betäubungsmittel
Chok, der (frz.): Anprall | chokieren: verletzen. Vgl. Schock
Cholera, die (gr.): Brechruhr
Choleriker (gr.): Hitzkopf | cholerisch: jähzornig
Chor; Mz. Chöre (gr.): 1. der, Sängerkreis; 2. das, auch der, Altarraum
Choral, der; Mz. Choräle (nlat.)
Chorda, die (gr.): Saite
Chorist (frz.): Chorsänger
Chose, die (frz.): Sache
Chrestomathie (gr.): Lesebuch
Chrie, die (gr.): eine Aufsatzform
Chrisam, das (gr.): Weihöl
Christofle, der (frz.): versilbertes Neusilber
Christ[us] (gr.-lat.): 'der Gesalbte'; der Heilige Christ; nach Christi Geburt; Christo nachfolgen; Christum liebhaben | Christbescherung | Christologie: Christuslehre | Christoph[orus], 'Christusträger' | Christian | Christi[a]ne | Christa | Christ, der | christlich | Christian Science, die (engl.): Christliche Wissenschaft (Sekte)
Chrom, das (gr.): Metall | chromatisch: farbig; in Halbtönen fortschreitend | Chromodruck = Chromolithographie | Chromosom, das: Farbkörper in der Zelle

Chronik, die (gr.): Zeitbuch; Ortsgeschichte | chronisch: schleichend | Chronist = Chronograph | Chronologie: Zeitrechnung | chronologisch | Chronometer, das: Zeitmesser

Chrysantheme, die, Chrysanthemum, das (gr.) | Chrysolith, Chrysopras: Mineralien | Chrysostomus: Kirchenvater

chthonisch (gr.): unterirdisch

Chur in Graubünden | churwelsch

Chylus, der (gr.): Milch-, Speisesaft

Chymus (gr.): Speisebrei im Magen

Ciborium (gr.-lat.): Hostiengefäß

Cicero: röm. Redner; die: ein Schriftgrad | Cicerone (it.): Fremdenführer

Cicisbeo (it.): Hausfreund

Cid (arab.): 'Herr', span. Held

Cimbern = Kimbern

Cinquecento, das (it.): die Renaissance von 1500 bis 1599

CIO = Congress of Industrial Organizations: amerikan. Industriegewerkschaften

circa (lat.), zirka: ungefähr

Circe (gr.-lat.): eine Zauberin

circulus vitiosus, der (lat.): fehlerhafter Kreisschluß

cito (lat.): schnell | citissime: sehr schnell

City, die (engl.): Innenstadt

Clairobscur (frz.): 'Helldunkel'

Clairvoyance, die (frz.): Hellsehen

Clan, der (schott.): Stammverband

Claque (frz.): Klatschbande | Claqueur: bezahlter Beifallklatscher

Clearing, das (engl.): Verrechnung

Clerk (engl.): Schreiber, Kontorist

Clinch, das (engl.): Umklammerung beim Boxen

Clique, die; Mz. -n (frz.): Sippschaft, Klüngel

Clivia, die: Pflanze

Clou, der (frz.): Glanzpunkt, Zugstück

Clown (engl.): Spaßmacher

Co. = Kompagnon, Kompanie

Coach, die (engl.): Kutsche

Coca-Cola, die: Erfrischungsgetränk

Cochenille, die (frz.): roter Farbstoff

Cochonnerie, die (frz.): Schweinerei

Cockney (engl.): Spitzname des Londoners

Cocktail, der (engl.): alkoholisches Getränk

cod. = codex s. Kodex

Code, der (frz.): Gesetzbuch, Telegraphenschlüssel

Coeur, das (frz.): Herz | Coeur-As

Coiffeur (frz.): Friseur

Coldcream, das (engl.): Salbe

College, das (engl.): höhere Schule

Collie: schott. Schäferhund

Colonel, (engl.-frz.): Oberst. Vgl. Kolonel

comme il faut (frz.): „wie es sein muß"

Commis voyageur (frz.): Handlungsreisender

Commonwealth, das (engl.): Staatenbund des britischen Weltreiches

Communiqué, das (frz.): amtliche Mitteilung an Zeitungen

Compoundmaschine (engl.): Verbundmaschine

Comprette, die (frz.): kleine Tablette

Comte (frz.), it. Conte, engl. Count: Graf

Conférencier, der (frz.): Ansager

Conseil, der (frz.): Ministerrat

Consommé, das (frz.): Kraftbrühe

Copyright, das (engl.): Vervielfältigungs-, Verlagsrecht

coram publico (lat.): öffentlich

Cornedbeef (engl.): Büchsenfleisch
Corpus delicti, das (lat.): Beweisstück | Corpus iuris: Gesetzbuch
Cortes, Mz. (sp.): Ständeversammlung
Cötus, der; Mz. Cöten (lat.): Schülerschaft, Klassenabteilung
Couch (engl.) s. Kautsch
Couleur, die (frz.): Farbe
Couloir, der (frz.): Wandelgang
Coulomb, das: Amperesekunde
Coup, der (frz.): Hieb, Streich, Zug | Coupé, Kupee, das (frz.): Art Personenwagen
Couplet, das (frz.): komisches Lied
Coupon, Kupon, der (frz.): Abschnitt Zinsschein
Cour, die (frz.): Hof; die Cour machen
Courage, die (frz.): Mut
Courtage (frz.): Maklergebühr | Courtier: Makler
Courtoisie (frz.): Höflichkeit
Cousin (frz.), besser dafür: Vetter | (Cousine), Kusine = Base
Covercoat, der (engl.): Wollstoff, Überrock
Cowboy (engl.): Rinderhirt
Crack (engl.): aussichtsreicher Sportkämpfer
Crailsheim, Krailsheim
Crayon, der (frz.): Taschenbleistift
Credo, Kredo, das (lat. 'ich glaube'): Glaubensbekenntnis
Creme, die (frz.), Krem, der: Schaumspeise | creme: mattgelb
Cremor tartari, der (nlat.): Weinstein
Crêpe de Chine (frz.): Chinakrepp
crescendo (it.): anschwellend
Crew, die (engl.); Mz.-s: Mannschaft, Jahrgang (in der Marine)
Crimmitschau in Sachsen
Crimson Rambler (engl.): Rose
c. r. m. s. cand. rev. min.
Croma|gnonrasse
Croupier (frz.): Spielbankgehilfe
Croutons, Mz. (frz.): geröstete Brotkrüstchen
Crowl, besser Kraul
Cs... s. Tsch.
CSU: Christlichsoziale Union
Cumberland (engl.)
Cupido (lat.), Kupido: Liebesgott
Curaçao (frz.), Kürassao, der: Pomeranzenlikör (von der Insel C.)
Curriculum vitae, das (lat.): Lebenslauf
Curry, das (engl.): Gewürzpulver
Cutaway (Cut), der: Gesellschaftsrock
Cuxhaven, Kuxhaven
Cyclotron s. Zyklotron
Cyrena|ika, it. Kolonie in Afrika
cyrillische (slawische) Schrift
Cytisus, der (gr.-lat.): Goldregen

D

da | dabei, dabeisein | dadurch
d. Ä. = der Ältere
da capo (it.), da kapo: noch einmal Dakapo, das: Wiederholung
Dachs, der; Mz. Dachse
Dachtel, die: Ohrfeige
Dackel, der
dafür | dafürhalten = meinen
dagegen
Dagmar | Dagobert, Vornamen
Daguerreotyp (frz.-gr.): Lichtbild
daheim | daheim sein
daher | daherkommen
dahin | dahingehen | dahinaus | dahingegen
dahinten | dahinterstecken
dahlen: kindisch reden; tändeln
Dahlie, die: Blume

Daimlermotor
Daktylus; Mz. Daktylen (gr.-lat. 'Finger'), ein Versfuß (— ◡ ◡) | Daktylo|skopie, die: Fingerabdruckverfahren
Dalai-Lama: höchster Priester in Tibet
Dalles, der (hebr.): Armut
damals | damalig
Damaskus in Syrien | Damaszener | damasziert, gemustert | Damast, der (it.): Zeug mit eingewebten Figuren
Dame (frz.) | Dame[n]brett
Damhirsch | Damwild
damisch, dämisch = dämlich | Däm[e]lack
Dammar[a]harz, das
dämmern | Dämmerung
Damnum, das (lat.), Damno, der, das (it.): Schaden, Verlust
Damo|kles, gr. Name
Dämon, der (gr.): böser Geist | dämonisch: teuflisch, übernatürlich, unheimlich
Dampf, der; Mz. Dämpfe | dampfen | Dampfer | dämpfen | Dämpfer | dampfig, dämpfig
danach | daneben | danieder; auch darnach usw.
Danaergeschenk: verhängnisvolle Gabe
Däne | Dänemark | dänisch | Danebrog, der: Dänenflagge
Dana|idenarbeit: erfolglose Arbeit
Dandy (engl.): Stutzer
Daniel, hebr. Name
Dank, der; Gott sei Dank; zu Dank | Dank sagen und danksagen | danken | dankenswert
dank, Verhältniswort mit dem 3., weniger gut mit dem 2. Fall), z. B.: dank seinem Bemühen

dann | von dannen
dar | d[a]ran | d[a]rauf | d[a]raus | d[a]rein | d[a]rin[nen] | d[a]rob | d[a]rüber | d[a]rum | d[a]runter | darbieten, dar|ansetzen
darben: Mangel leiden
Dardanellen, Mz., Meerenge
Daressalam in Ostafrika
Darleh[e]n | Darleiher
Darm, der | Darmsaite
Darre, die: Dörrofen; Dörrsucht
Darwin, engl. Naturforscher | Darwinismus
das | dasjenige | dasselbe
dasein | das Dasein
daß; auf daß; so daß
datieren: ausfertigen, herrühren von
Dativ, der (lat.): Wemfall
Datowechsel: Fristwechsel
Datum, das; Mz. Data und Daten (lat.): gegeben; Ausfertigungstag; Mz. auch Angaben, Tatsachen | bis dato, bis heute
Daube, die, eines Fasses
dauern: 1. er dauert mich = er jammert mich; 2. (lat.) währen | Dauer | dauerhaft
Daumen | Däumling
Daune, Dune, die: Flaumfeder
Dauphin, frz. Thronfolger | Dauphiné, die: Landschaft
Daus: 1. der: Teufel (Ei der Daus!); 2. das; Mz. Däuser: As im Kartenspiel
David (hebr.): der Geliebte
Davit, der (das); Mz. Davits (engl.): Kran
davon | davor | davonlaufen, davorstehen usw.
dawider | dawiderhandeln
dazu | dazugehörig | dazumal
dazwischen | dazwischenkommen
DDR = Deutsche Demokratische Republik

Debakel, das (frz.): Zusammenbruch
Debatte, die (frz.): Erörterung | debattieren: mit Worten streiten, verhandeln
Debauche, die (frz.): Ausschweifung
Debet, das (lat.): das Soll, die Schuld | Debitor: Schuldner
Debit, der (frz.): Absatz, Vertrieb
debouchieren (frz.): aus einem Engpaß hervorrücken, sich entwickeln
Debüt, das (frz.): erstes Auftreten | Debütant: Neuling | debütieren
Dechant: höherer Geistlicher | Dechanat, das | Dechanei, die
Decharge, die (frz.): Entlastung
Decher, der und das: 10 Stück (Felle)
dechiffrieren (frz.): entziffern
Dechsel, der: Breitbeil
decken | Deck, das, des Schiffes | Decke, die | Deckel, der
de|crescendo (it.): abnehmend
dedizieren (lat.): widmen | Dedikation: Widmung
deduzieren (lat.): aus dem Allgemeinen herleiten, dartun | Deduktion: Darlegung, Beweis
de facto (lat.): tatsächlich
Defaitist (frz.): Flaumacher
defekt (lat.): fehlerhaft | Defekt, der: Mangel, Ausfall
defendieren (lat.): verteidigen | Defension, Defensive: Verteidigung | defensiv: verteidigungsweise
Defilee, das (frz.): Engpaß, Vorbeimarsch | defilieren: vorbeiziehen
definieren (lat.): begrifflich bestimmen, erklären | Definition: Begriffsbestimmung | definitiv: endgültig
Defizit, das (lat.): Fehlbetrag
De|flation, die: Steigerung des Geldwertes
Deformation (lat.): Verunstaltung
de|fraudieren (lat.): unterschlagen, hinterziehen | Defraudation | Defraudant
deftig (nd.): tüchtig, stark
degagieren (frz.): befreien | degagiert: ungezwungen
Degen, der
degenerieren (lat.): entarten | Degeneration
Degout, der (frz.): Ekel, Widerwille | degoutant | degoutieren
de|gradieren (nlat.): des Ranges entsetzen | Degradation
dehnen | dehnbar
Dehors, Mz. (frz.): der äußere Schein
Deich, Damm | Deichgraf
Deichsel, die | deichseln: in Ordnung bringen
dein, das Dein[ig]e = das dir Gehörende | die Dein[ig]en = deine Angehörigen | deinerseits | deinesgleichen | deinethalben; deinetwegen
De|ismus (nlat.): Gottesglaube aus Vernunftgründen | Deist
Dejeuner, das (frz.): Frühstück | dejeunieren
de jure (lat.): dem Rechte nach, rechtlich
Deka, das = Dekagramm | Dekade, die (gr.): Zehnzahl, 10 Tage | dekadisch: zehnteilig | Dekagramm: 10 Gramm | Dekalog, der: die Zehn Gebote | Dekameron, das: (it.): Novellensammlung
dekadent (lat.): herabgekommen | Dekadenz, die (frz.): Verfall
Dekan (nlat.): Vorsteher einer Fakultät, Superintendent | Dekanat, das
dekantieren (frz.): abgießen
dekatieren (frz.): Tuch krimpen, einlaufen lassen

Dekhan, Hochland von Vorderindien
de|klamieren (lat.): vortragen | Deklamation | Deklamator
de|klarieren (lat.): erklären, den Wert angeben | Deklaration
de|klassiert (frz.): heruntergekommen
de|klinieren (lat.): biegen, abweichen | Deklination
Dekokt, das (lat.): Abkochung
dekolletiert (frz.): am Halse tief ausgeschnitten
dekorieren (lat.): ausschmücken; mit einem Orden auszeichnen | Dekoration | Dekorateur (frz.) | Dekor, der (frz.): Verzierung | Dekorum, das (lat.): Anstand
Dekort (frz.): Abzug an der Zahlung
De|kret, das (lat.): Verfügung | dekretieren (frz.): verfügen
delegieren (lat.): abordnen, übertragen | Delegation: Abordnung | Delegierter: Abgeordneter | Delegat: päpstlicher Beamter
delektieren (lat.): ergötzen
Delft in Holland; Delfter Kacheln
Deliberation (lat.): Erwägung, Beratung | Deliberationsfrist: Bedenkzeit
delikat (lat.): wohlschmeckend; heikel | Delikatesse, die (frz.): Leckerbissen; Zartgefühl | Delikatessenhandlung: Feinkosthandlung
Delinquent (lat.): Rechtsverletzer | Delikt, das: strafbare Handlung
Delirium; Mz. Delirien (lat.): Irresein, Irrereden; als Delirium tremens: Säuferwahnsinn
deliziös (lat.): köstlich
Delkredere, das (it.): Bürgschaft des Kommissionärs für den Eingang der Kaufgelder
Delle, die: Vertiefung
delogieren (frz.): vertreiben
Delphin, der
Delphisches Orakel
Delta, wie das griech. D (Δ) geformtes Mündungsgebiet eines Flusses
dem | dementsprechend | demgegenüber | demgemäß | demnach | demnächst | demzufolge
Demagog (gr.): Volksverführer | Demagogie | demagogisch
Demant, s. Diamant
Demarche, die (frz.): diplomatischer Schritt
Demarkation (frz.): Abgrenzung
demaskieren (frz.): die Maske abnehmen
dementieren (frz.): Lügen strafen; für unrichtig erklären | Dementi, das: Richtigstellung
Demijohn (engl. aus dem Ind.): Korbflasche
Demimonde (frz.): 'Halbwelt'
Deminutiv[um] (lat.): Verkleinerungswort; auch Diminutiv[um]
Demission (frz.): Amtsniederlegung | demissionieren: abdanken
Demiurg, der (gr.): Weltschöpfer
Demoiselle (frz.): Fräulein
Demo|kratie: Volksherrschaft | Demokrat | demokratisch
demolieren (frz.): niederreißen; beschädigen
demon|strieren (lat.): beweisen; eine Kundgebung veranstalten, drohende Haltung annehmen | Demonstration | Demonstrant | demonstrativ: absichtlich, auffällig | Demonstrativ[um]: hinweisendes Fürwort
demontieren: abbrechen, abrüsten
demoralisieren (frz.): zucht- und mutlos machen | Demoralisation

Demosthenes, gr. Redner
Demut, die | demütig | demut[s]-voll
denaturalisieren (nlat.): das Bürgerrecht entziehen
denaturieren (nlat.): ungenießbar machen, vergällen
Den|drologie (gr.): Baumkunde
dengeln: die Sense schärfen
denken; ich dachte; gedacht
Denkmal, das; Mz. Denkmäler (z. B. Grab-D.) und Denkmale (z. B. Literatur-D., aber auch L.-Denkmäler)
denn | dennoch
Denomination (lat.): Be-, Ernennung
Dental, der (nlat.): Zahnlaut | Dentist (frz.): Zahntechniker
Denudation, die (nlat.): Bloßlegung, Abschwemmung
denunzieren (lat.): anzeigen | Denunziation | Denunziant: Angeber
Departement, das (frz.): Verwaltungsbezirk
Dependenz, die (nlat.), (Dependance) (frz.): Zubehör; Nebengebäude
Depesche, die (frz.): Telegramm, Drahtnachricht, Drahtung | depeschieren: drahten
de|plazieren (frz.): versetzen, verdrängen | deplaziert: am falschen Platz | Deplacement: Wasserverdrängung
de|ployieren (frz.): entwickeln
deponieren (lat.): hinterlegen; aussagen | Deponens, das: Zeitwort mit passiver Form und aktiver Bedeutung | Deponent: Hinterleger
deportieren (lat.): in eine Strafkolonie verbannen | Deportation
Depositum (lat.): das Hinterlegte | Depositar, Depositär: Verwahrer
depossedieren (frz.): enteignen; entthronen
Depot, das (frz.): Niederlage; Hinterlegung
Depp, der: Dummkopf, Trottel
De|pression (lat.): Unterdruck; Senkung; Niedergang; Niedergeschlagenheit
de|prezieren (lat.): Abbitte leisten | Deprekation
de|primieren (lat.): niederdrücken
deputieren (lat.): abordnen | Deputierter: Abgeordneter | Deputation: Abordnung; Ausschuß | Deputat, das: Gebühr, Anteil
derangieren (frz.): verwirren; zerrütten | Derangement, das
derart | dergestalt | dergleichen | derlei | dermaleinst | dermaßen | derzeit
derb | Derbheit
Derby, das (engl.): Pferderennen
deren: eine Mutter und deren Kinder; es gibt deren viele; die Mutter, deren Kinder verunglückt sind; die Kinder, deren Mutter untröstlich ist | derenthalben | derentwegen | um derentwillen
derer (2. Fall der Mz. des betonten hinweisenden Fürworts): die Mutter derer, welche verunglückt sind; das Geschlecht derer von Bülow
Derivation (lat.): Ableitung | Derivat, das, Mz. -e: aus verschiedenen Stoffen hergestellte chem. Verbindung
derjenige, diejenige, dasjenige
Dermatologie (gr.): Hautkunde | | Dermatolog[e]: Hautarzt
Deroute, die (frz.): Unterordnung; Niedergang, Preissturz
derselbe, dieselbe, dasselbe; desselben usw.

Derwisch (pers.): mohammedanischer Bettelmönch
derzeit | derzeitig
des | desfalls | desgleichen | deshalb | desungeachtet | deswegen
des|armieren (frz.): entwaffnen; die Waffe aus der Hand schlagen
des|avouieren (frz.): nicht anerkennen, verleugnen
Deserteur (frz.): Fahnenflüchtiger | desertieren | Desertion
desgl. = desgleichen
Desiderat[um]; Mz. -te und -ta (lat.): Gewünschtes, Vermißtes, Mangel
de|si|gnieren (lat.): bezeichnen, bestimmen | De|si|gnation
des|infizieren (nlat.): entseuchen | Des|infektion
des|inter|essiert (frz.): gleichgültig
de|skriptiv (nlat.): beschreibend
desolat (lat.): trostlos
Des|ordre, die (frz.): Unordnung
des|organisieren (nlat.): zerrütten
de|spektierlich (lat.): verächtlich
de|sperat (lat.): verzweifelt | Desperado (sp.): Umstürzler, Bandit
De|spot (gr.): Gewaltherrscher | Despotie | De|spotismus | despotisch
dessen | des[sen]ungeachtet | dessentwegen
Dessert, das (frz.): Nachtisch
Dessin, das (frz.): Muster | dessinieren: vorzeichnen | Dessinateur: Musterzeichner
Deßjatine, die: russ. Flächenmaß
destillieren (lat.): ausscheiden Destillation | Destille: Branntweinschenke | Destillateur: Branntweinbrenner
Destinatar (nlat.), Destinatär (frz.): Empfänger von Schiffsfracht | Destination (lat.): Bestimmung

desto; desto weniger; nichtsdestoweniger
de|struktiv (lat.): zerstörend, umstürzlerisch
desultorisch (lat.): abspringend, unbeständig
De|szendent (lat.): Abkömmling | De|szendenz, die: Nachkommenschaft | De|szendenztheorie: Abstammungs-, Entwicklungslehre
Detachement, das (frz.): Abteilung | detachieren: abzweigen, beauftragen
Detail, das (frz.): Einzelheit | Detailhandel: Einzelhandel | Detaillist: Einzelhändler | detaillieren: bis ins einzelne darstellen
Detektiv (engl.): Geheimpolizist
Detektor (lat.): Funkgerät
determinieren (lat.): bestimmen | Determination | determinativ | Determinante: Ausdruck der Algebra; Erbanlage
Detlef, Detlev, Vorname
detonieren (lat.): verpuffen, knallen; aus dem Tone fallen | Detonation
detto = dito (it.): desgleichen, ebenso
deucht s. unter dünken
Deut, der (nl.): kleine Münze
deuten | deuteln | deutlich | zweideutig
deutsch: die deutsche Grenze, Sprache, das deutsche Heer; der Deutsche Kaiser, das Deutsche Reich, der Deutsche Orden, die Deutsche Reichsbahn; der Deutsch-Französische Krieg; der Deutsche; alle Deutschen, wir Deutsche[n]; er lernt, versteht, schreibt, spricht Deutsch (das Deutsche); ein Werk deutsch (in deutscher Sprache) schreiben; deutsch (deutlich) mit einem reden; auf (gut) deutsch, in gutem Deutsch |

Deutschland | Deutschtum | Deutschmeister | Deutschamerikaner | deutschsprachige Bevölkerung | deutschsprachlicher Unterricht | Deutsch-Ostafrika

Devalvation (nlat.): Wertherabsetzung

Deviation (nlat.): Abweichung

Devise, die (frz.): Wahlspruch; Wechsel, ausländisches Zahlungsmittel

Devolution (nlat.): Abwälzung, Übertragung

Devon, das: geologische Formation (nach der engl. Grafschaft Devonshire | devonisch

devot (lat.): demütig, unterwürfig | Devotion: Ergebenheit | Devotionalien: Kultgegenstände der kath. Kirche (Rosenkränze, Kruzifixe, Heiligenbilder)

Dex|trin, das (nlat.): Stärkegummi | Dex|trose, die: Traubenzucker

Dezember (lat.): Christmonat

Dezemvir, röm. Beamter

Dezennium (lat.): Jahrzehnt

dezent (lat.): anständig | Dezenz, die: Anstand

dezen|tralisieren (nlat.): auseinanderlegen, aufteilen | Dezentralisation

Dezernent (lat.): Sachbearbeiter bei einer Behörde | Dezernat das: Geschäftskreis

dezidiert (lat.): entschlossen | dezisiv: entscheidend

Dezigramm, -meter: $^1/_{10}$ g, m. | Dezimale, die: Zehntelstellung | Dezimalmaß, -system, -waage | Dezime, die: Ton

dezimieren (lat.): den zehnten Mann töten; sehr vermindern, lichten

DGB = Deutscher Gewerkschaftsbund

dgl. = dergleichen

d. h. = das heißt

d. i. = das ist

Diabas, der (gr.): Gestein

Diabetes, der (gr.): Harnruhr | Diabetiker: Zuckerkranker

diabolisch (gr.): teuflisch

Diadem, das (gr.): Stirnreif, Krone

Dia|gnose (gr.): Krankheitsbestimmung

Diagonal (gr.): schräglaufend | Diagonale

Diagramm, das (gr.): Schaubild, Grundriß

Diakon[us]; Mz. Diakone n] (gr.-lat.): Hilfsprediger, Helfer | Dia-konisse, Diakonissin: Kranken-schwester

Dialekt, der (gr.): Mundart | Dialektik: Unterredungskunst, Denklehre | Dialektiker: Meister in der Unterredungskunst | dialektisch: 1. mundartlich; 2. scharf gedacht, spitzfindig

Dialog, der (gr.): Zwiegespräch

Diamant (frz.), Demant, der: Edelstein; auch (die), kleiner Schriftgrad | diamanten, demanten

Diameter (gr.): Durchmesser | diame|tral: entgegengesetzt

Diana: röm. Göttin

Diaphanie, die (gr.): durchscheinendes Bild

Diapositiv, das (gr.-lat.): Glaslichtbild

Diarium; Mz. Diarien (lat.): Tagebuch, Kladde

Diar|rhöe, die (gr.): Durchfall

Dia|skop, das (gr.): Lichtbildwerfer für Glasbilder

Dia|spora, die (gr.): zerstreute Gemeinden

Diastas, der (gr.): Ferment zur Umwandlung von Zucker in Stärke | Diastase, die (gr.): krankhafte Knochenerweichung

Diät, die (gr.): Lebensordnung; schmale Kost | diät leben: mäßig leben | Diätetik: Gesundheitslehre | diätetisch: gesundheitlich
Diäten (mlat.): Tagegelder | Diätar: Hilfsangestellter | diätarisch: gegen Tagegeld
Diathermie (gr.): Heilbehandlung mit Hochfrequenzströmen
Diatomee, die (gr.): Kieselalge
diatonisch. (gr): durch Töne fortschreitend
dibbeln: in Häufchen säen
dicht | Dichte, Dichtigkeit
dichten | Dichter | dichterisch
dick; durch dick und dünn; dick[e]tun | Dicke, die | dickfellig | Dickicht | Dickkopf
Didaktik (gr.): Lehrkunst | Didaktiker | didaktisch: lehrhaft
Dieb | Diebstahl; Mz. -stähle | diebisch
Diehard, der (engl.); Mz. -s: früh. rechter Flügel der Konservativen in England
Diele, die: Brett; Hausflur
di|elektrisch (gr.): nichtleitend
Diemen, der: Dieme, die: Getreideschober
dienen | dienlich | Dienst; zu Diensten | dienstlich | Dienstmannen: Gefolgsleute im Mittelalter; Dienstmänner, -leute: Gepäckträger
Dienstag: bis, seit Dienstag; [nächsten] Dienstag abend, aber: dienstags abends (wöchentlich); am, an einem Dienstagabend
dieser, diese, dieses und dies | diesjährig | diesmal | diesseit[s]
Dieselmotor, der
diesig: trüb, töricht
Diet[h]er, Dietrich, Namen | Diet[e]rich: Nachschlüssel
diffamieren (lat.): verleumden
differieren (lat.): verschieden sein, abweichen | Differenz, die: Unterschied, Rest; Streitigkeit | differenzieren: verschieden gestalten, unterscheiden | Differentialrechnung
diffizil (lat.): schwer zu behandeln, peinlich
Dif|fraktion (nlat.): Beugung (des Lichtes)
diffundieren (lat.): ausgießen, zerstreuen | diffus: zerstreut | Diffusion: Ausbreitung, Zerstreuung; Durchdringung
Digestion (lat.): Verdauung
Digger (engl.): Goldgräber
Digitalis (nlat.): Fingerhut, Heilmittel
Di|gnität, die (lat.): Würde
Di|gression (lat.): Abschweifung
diktieren (lat.) | Diktat | Diktator: ein unumschränkter Herrscher | diktatorisch | Diktatur | Diktion: Ausdrucksweise | Diktionär (frz.): Wörterbuch | Diktum (lat.), Mz. Dikta: Ausspruch
dilatorisch (lat.): aufschiebend
Dilemma, das (gr.): schwierige Wahl, Zwangslage
Dilettant (it.): Liebhaber, Nichtfachmann | dilettantisch: oberflächlich | Dilettantismus: Liebhaberei, Oberflachlichkeit
Dill, der: Gewurzpflanze
Diluvium (lat.): geolog. Schicht | diluvial
Dimension (lat.): Ausdehnung
diminuendo (it.): abnehmend | Diminutiv[um] (lat.) = Deminutivum
dimittieren (lat.): entlassen | Dimission

dimorph (gr.): zweigestaltig
DIN, Din = Deutsche Industrienorm
Dinar, der: Münze
Dinarische Alpen, aber die dinarische Rasse
Diner (frz.): Mittagsmahl | dinieren
Dinformat: Normalformat s. DIN
Ding; Mz. -e, auch -er | dingen; ich dang und dingte; gedungen und gedingt | dingfest | neuerdings | vgl. Thing
Dinkel, der: Getreideart
Dionysos: griech. Weingott | Dionysios, Dionysius, Dionys: Tyrann von Syrakus u. a. Männer
diophantische Gleichung
Diopter, das (gr.): Zielspalte | Dioptrik: Lehre von der Lichtbrechung
Diorama, das (gr.): Durchsichtgemälde
Diorit, der (gr.): Gestein
Dios|kuren (gr.): Zeussöhne, Kastor und Pollux
Diözese, die (gr.-lat.): Kirchensprengel, Bistum | Diözesan: Angehöriger der Diözese
Diph|therie, | Diph|theritis (gr.): Bräune
Di|phthong (gr.): Doppellaut | Diphthongierung
Di|plom, das (gr.): Urkunde | Dipl.-Ldw. = Diplom-Landwirt | Diplomat: Staatsmann | Diplomatie | Diplomatik: Urkundenlehre | Diplomatiker: Urkundenkenner | diplomatisch: urkundlich; staatsmännisch; vorsichtig
dippen (die Flagge)
Di|pteren, Mz. (gr.): Zweiflügler
Di|ptychon, das; Mz. -chen und -cha (gr.): Tafel zum Zusammenklappen
direkt (lat.): gerade, unmittelbar; unabhängig | Direktor: Vorsteher | Direktorin | Direktrice (frz.): Leiterin | Direktorium | Direktion: Leitung, Vorstand; Richtung | Direktive: Verhaltungsregel
Dirigent, der (lat.): Leiter | dirigieren
Dirne, die | Dirnd[e]l
Dis|agio, das: Abzug, Verlust
Diseur, der (frz.): Vortragskünstler | Diseuse, die
Dis|harmonie (lat.-gr.): Mißklang; Uneinigkeit | disharmonieren | disharmonisch
Dis|kant, der (it.): Oberstimme
Dis|kont[o], der (it.): Vergütung | Diskonten: Wechsel | diskontieren: gegen Abzug kaufen
dis|kreditieren (frz.): in üblen Ruf bringen
dis|krepant (lat.): abweichend | Diskrepanz, die: Zwiespalt
dis|kret (lat.): verschwiegen, geheim, rücksichtsvoll | Diskretion
dis|kriminieren (lat.): herabsetzen, ausstoßen
dis|kurrieren (lat.): erörtern, verhandeln (über) | Dis|kurs, der; Mz. Diskurse: Unterredung
Dis|kus, der (gr.-lat.): Wurfscheibe
dis|kutieren (lat.): erörtern | Diskussion | diskutabel
dis|lozieren (nlat.): verlegen, verteilen | Dislokation
dis|membrieren (nlat.): zerstückeln | Dismembration
Dis|pache (frz.): Schadenverteilung bei großer Schiffshavarie | Dis|pacheur: Sachverständiger hierfür
dis|parat (lat.): unvereinbar
dis|pensieren (lat.): befreien; Arzneien bereiten und ausgeben | Dis|pens, Dis|pension: Befreiung, Erlaß

Di|spersion: Zerstreuung (des Lichtes)
dis|ponieren (lat.): verfügen, anordnen, einteilen | Dis|ponent: Geschäftsführer | dis|poniert: aufgelegt; veranlagt, empfänglich | disponibel: verfügbar | Dis|position: Verfügung; Gliederung, Empfänglichkeit
dis|putieren (lat.): mit Worten streiten | Dis|putation: wissenschaftliches Streitgespräch | Dis|put: Wortwechsel
dis|qualifizieren (nlat.): einen Wettkämpfer ausschließen | Dis|qualifikation
dissentieren (lat.): nicht übereinstimmen | Dissens, der: Meinungsverschiedenheit | Dissenter (engl.): sich nicht zur Staatskirche Bekennender
Dissertation (lat.): Abhandlung, Doktorschrift
Dissident (lat.): ein aus der Kirche Ausgetretener
Dissimilation, die (lat.): Abbau, Zerfall
Dissimulation, die (lat.): Verheimlichung
Dissipation, die (lat.): Zerstreuung, Vergeudung
dissolut (lat.): ungebunden, ausschweifend
Dissonanz, die (lat.): Mißklang
Dissoziation (lat.): Zersetzung
Distanz (frz.): Entfernung, Abstand | Distanzritt: Dauerritt | distanzieren: überholen; sich d.: abrücken
Distel, die | Distelfink
Distichon, das; Mz. -cha und -chen (gr.): Doppelvers, Hexameter mit Pentameter
distinguieren (lat.): unterscheiden | distinguiert: vornehm | distinkt | deutlich | Distinktion: Unterscheidung; Auszeichnung, Rang | distinktiv: unterscheidend
Dis|torsion (lat.): Verrenkung, Verstauchung
Dis|tribution (lat.): Verteilung
Di|strikt, der (lat.): Bezirk
Diszi|plin, die (lat.): Mannszucht, Ordnung; Wissenszweig | Disziplinar...: Dienst..., Straf... | diszi|plinarisch: dienstlich
Dithmarschen: Landschaft | dithmarsisch
Dithyrambe, die; Mz. -ben, Dithyrambus, der (gr.): Lobgesang auf Dionysos | dithyrambisch: begeistert, schwungvoll
dito (ditto) s. detto
Diuretikum (gr.-lat.): harntreibendes Mittel | diuretisch
Diurnal[e] (nlat.): Gebetbuch der kath. Geistlichen
Diurnalist (nlat.): Tagelohnschreiber
Diva (it.): gefeierte Bühnenkünstlerin
divergieren (nlat.): auseinandergehen | divergent | Divergenz
divers (lat.): verschieden
Diversion (nlat.): Ablenkung
Divertissement, das (frz.): Vergnügung
dividieren (lat.): teilen | Dividend, der: zu teilende Zahl, Zähler des Bruches | Dividende, die: Gewinnanteil | Divis, das: Teilungszeichen, Bindestrich und Trennungszeichen | Division: das Teilen; Heeresabteilung | Divisionär: Befehlshaber einer Division | Divisor: Teiler, Nenner des Bruches | Divisorium, das: Abteiler, Zeilenweiser; Teilscheibe

Divination (lat.): Ahnung | divinatorisch
Diwan, der (pers.): früh. türk. Staats- oder Hofrat
d. J. = dieses Jahres; der Jüngere
d. M. = dieses Monats
d. O. = der Obige
Döbel, Dübel, der (nd.): Holzpflock | döbeln | dübeln
Dobermannpinscher
Dobrudscha, die: Gebiet südlich der Donaumündung
doch; jedoch
Docht, der
Dock, das (engl.) | docken: ein Schiff ins Dock bringen
Docke, die: Puppe: Bündel, Strang
Dodeka|eder (gr.): von zwölf Flächen begrenzter Körper
Dodekanes, der (gr.): Inselgruppe im Ägäischen Meer
Dogcart, die (engl.): Sportwagen
Doge (it.): Herzog
Dogge, die (engl.): Hundeart
Dogger, der: 1. (nl.) Fischerboot; 2. (engl.) mittlerer Jura
Dogma, das; Mz. Dogmen (gr.): Glaubenssatz | Dogmatik: Glaubenslehre | dogmatisch: lehrhaft
Dohle, die: Vogel
Dohne, die: Vogelschlinge
Doktor; Mz. -en (lat.): akademischer Titel; Arzt (hierzu: doktern) | Doktorand: Student in der Doktorprüfung | Doktrin: Lehre; Gelehrsamkeit | doktrinär: einseitig weltfremd
Dokument, das (lat.): Beweismittel, Urkunde | dokumentieren: beweisen, beurkunden | dokumentarisch
Dolch, der (slaw.)
Dolde, die: Wipfel, Blütenstand
Dole, die: Abzugsgraben
Doline, die (slaw.): Erdtrichter
Dollar, der (engl.)
Dolle, die: Ruderpflock | Dollbord
Dolman, der (türk.): Husarenjacke
Dolmen, der (kelt.): vorgeschichtl. Steindenkmal
Dolmetsch[er] (slaw.): Übersetzer | dolmetschen
Dolomit, der: Gesteinsart | -en (Mz.): Teil der Ostalpen
Dolus, der (lat.): böser Wille | dolos: arglistig
Dom, der (lat.): 1. Hauptkirche; 2. Kuppelgewölbe | zu 1: Domkapitel; Domkapitular | Dompfaff — s. a. Don
Domäne, die (frz.): Kron-, Kammergut; auch Arbeitsgebiet | Domanialgut
Domestik; Mz. -en (frz.): Dienstbote
domestizieren (nlat.): zu einem Haustier machen, Domestikation
Domina (lat.): Herrin, Klostervorsteherin | dominieren: herrschen, überwiegen | Dominante (it.): vorherrschendes Merkmal, der fünfte Ton in der Musik | Dominium: Herrschaftsgebiet, Rittergut
Dominikus (lat.): Heiliger | Dominikaner: Predigermönch
Dominion, das: Teil des Brit. Reiches mit Selbstregierung
Domino (it.): 1. der: Maskenmantel; 2. das: Spiel
Domizil, das (lat.): Wohnsitz; Zahlungsort | domizilieren: wohnen; (einen Wechsel) zahlbar stellen
Dompteur (frz.): Tierbändiger
Don (sp.): Herr: Don Carlos, Don Juan, Don Quijote und (frz.) Don Quichotte | Donquichotterie: abenteuerliches Beginnen, Torheit | (port.) Dom: Dom Pedro

Donar: germ. Gott ·
Donation (lat.): Schenkung | Donator: Schenker | Donatar: Beschenkter
Donna, (it.), *Donja*, doña (sp.): Herrin, Frau
Donner | donnern | Donnerstag; vgl. Dienstag
Döns, Dönz, die (nd.): Wohnstube
doof (nd.): dumm
doppelt: zweifach; das Doppelte | Doppel, das: Zweitschrift | doppeltkohlensauer | doppelzüngig | Doppelzentner
Doppik, die: doppelte Buchführung
Dorado, das (span.) Goldland, s. Eldorado
Dor[i]er: ein griech. Volksstamm | dorisch
Dormeuse, die (frz.): Schlafhaube; Schlafstuhl | Dormitorium (lat.): Schlafsaal
Dorn, der; Mz. Dornen, (Dörner), technisch: Dorne, | dornig
Dorothea, Dorothee (gr.) | davon: Dora, Dorette, Doris, Dörthe
dorren, dürr werden | dörren, dürr machen
Dorsch, der: Art Schellfisch
Dorsche, die (it.): Kohlrübe, Kohlstrunk
dort: dorther, dorthin
Dose, die: Büchse | Döschen
dösen: wachend träumen | dösig: schläfrig, dumm | Döskopf, Döskopp
Dosis, die; Mz. Dosen (gr.): Gabe, Maß | dosieren: abmessen
dossieren (frz.): abschrägen
Dost, der; Doste, die: Pflanze
dotieren (lat.): ausstatten | Dotation: Schenkung; Aussteuer
Dotter, der, das: Eigelb
Douane, die (frz.): Zollamt
Double, das (franz.): Ersatzdarsteller beim Film | Doublé s. Dublee
Douceur, das (frz.): Trinkgeld
down! (engl.): nieder!
Downing Street: Londoner Straße; das engl. Auswärtige Amt
Doxologie (gr.): Lobpreisung der göttlichen Dreifaltigkeit
Doyen (frz.): Ältester unter den Gesandten an einem Hofe
dozieren (lat.): lehren | Dozent: Hochschullehrer
DP = 1. Deutsche Partei; 2. Displaced Person (engl.): verschleppte Person | DP. = Deutsche Post
Dr. = Doktor
Drache, der (gr.): Lindwurm | Drache[n]: Windvogel
Drachme: die: gr. Münze; Apothekergewicht
Dragée, Dragee, die, das (frz.): überzuckerte Frucht oder Pille
Dragoman, der (türk.): Dolmetscher
Dragoner (frz.): leichter Reiter
Draht, der | drahten | drahtlich | starkdrähtig, aber drahtig = pfundig, tüchtig
Drain s. Drän
Draisine, die (nach dem Erfinder v. Drais): Eisenbahnfahrzeug
drakonisch (nach dem athen. Gesetzgeber Drakon): sehr streng
drall (nd.): fest gedreht; stramm | Drall, der: Drehung, Windung
Drama, das, Mz. Dramen (gr.): Schauspiel | dramatisch: bühnendichterisch; lebhaft | Dramatik | Dramatiker | dramatisieren: für die Bühne bearbeiten | Dramaturgie: Bühnenkunde | Dramaturg: Bühnenkundiger; Beirat der Bühnenleitung
dran s. daran

Drän, der (Drain) (engl.): Abflußrohr | dränieren | Dränierung, Dränage

Drang, der | Drangsal, die und das | drängen

drapieren (frz.): mit Tuch behängen, in Falten legen | Draperie: Behang, Faltenwurf

Drasch, der: (mundartl.): laute Geschäftigkeit | draschen auch stark regnen

drastisch (gr.): stark wirkend, packend, derb | Drastikum: Abführmittel

dräuen, ältere Form von drohen

drauf s. darauf | Draufgeld | drauflosgehen

draus s. daraus | draußen

drechseln | Drechsler

Dreck, der | dreckig

Dreesch, Dreisch, Driesch, der: Brachland

drehen | Dreh, der | Drehung

drei; dreimal; dreiundzwanzig | dreißig; er steht in den Dreißige[r]n; ein Dreißiger; der Dreißigjährige Krieg; der dreißigste | dreizehn

Dreikönigstag, 6. Januar

drein = darein | dreinschlagen

Dreipaß, der; Mz. -passe: dreibogiges Maßwerk

Dreisch s. Dreesch

dreist | Dreistigkeit

Drell, der = Drillich

Drempel, der: Schwelle

dreschen; du drisch[e]st; ich drasch und drosch, ich dräsche; gedroschen; drisch! | Dresche, die: Prügel

Dresden | Dresd[e]ner | dresd[e]nisch

Dreß, der (engl.): Sportkleidung

dressieren (frz.): abrichten | Dressur

DRGM. = Deutsches Reichs-Gebrauchsmuster

Driesch s. Dreesch

Drift, die: Meeresströmung

drillen: 1. drehen, bohren; plagen, einüben; 2. in Reihen säen | zu 1: Drill, der: Einübung; Drillbohrer. S. auch Drillich

Dril[li]ch, der: Gewebe, Drell, Drill

Drilling, der

drin s. darin

dringen; ich drang; gedrungen | dring[ent]lich

dritte, der; zu dritt; ein Dritter = Unbeteiligter | drittens | dritt[e]halb | Dritteil, Drittel

Driver, der (engl.): Golfschläger

drob s. darob | droben = da oben

Droge, die (arab.) | Drogist | Drogerie: Kräutergewölbe

drohen | Drohung

Drohn, der: männl. Biene. So amtlich statt Drohne, die. Dies auch Nichtstuer

dröhnen, ertönen

drollig, spaßhaft

Dromedar, das (gr.-lat.): einhöckeriges Kamel

Drommete, die Trompete

Drop, der, das (engl.): Fruchtbonbon. Meist Mz. Drops

Droschke, die (russ.)

dröseln: Fäden aufdrehen

Drossel, die: 1. ein Vogel; 2. (vgl. erdrosseln) Luftröhre des Wildes | drosseln: absperren, bremsen | Drosselung, Droßlung

Drost; Mz. -e[n] (nd.): Amtshauptmann, Vogt | Drostei

DRP. = Deutsche Reichspost; Deutsches Reichspatent

drüben | drüber s. darüber

Druck: 1. Mz. Drücke; 2. Mz. Drucke | zu 1.: drücken; Drücker; Drückeberger; drucksen | zu 2: drucken; Drucker
Drude: Zauberin; Alp | Drudenfuß: Zeichen gegen Zauber
Druide: keltischer Priester
drum s. darum | das Drum und Dran
drunten = da unten | drunter s. darunter
Druse, die: verwittertes Erz; Pferdekrankheit | drusig
Drüse, die: Organ des Körpers; Pflanzenzelle | drüsig
Druse, die Weinhefe
Dryade (gr.): Waldnymphe
Dschiu-Dschitsu, das: japan. Kunst der Selbstverteidigung
Dschungel, der, das (ind.-engl.): Sumpfdickicht
Dschonke, Dschunke, die (chines.): Schiff
Dtzd. = Dutzend
du; dein[er], dir, dich
Dual[is], der (lat.): Zweizahl | Dualismus: Zweiherrschaft, Zwiespalt | dualistisch
Dübel, dübeln s. Döbel
dubios, dubiös (lat.): zweifelhaft
Du|blee, das (frz.): mit Edelmetall überzogenes Metall; Stoß beim Billard
Du|blette, die (frz.): Doppelstück; Doppelschuß | du|blieren: verdoppeln; füttern | Du|blone, die (sp.): Goldstück
Duc (frz.): Herzog; Art Sportwagen | Duce (it.): Führer
Ducht, die: Ruderbank; Taustrang
Dückdalbe, die: Pfahlbündel in Häfen zum Festmachen der Schiffe
ducken | Duckmäuser: Schleicher
Duckstein, Tuffstein
dudeln | Dudelsack
Duell, das (lat.) | duellieren | Duellant
Duenja (sp. dueña): Anstandsdame
Duett, das (it.): Zweigesang
duff: glanzlos
Düffel, der (engl.): zottiges Wollenzeug
Duft, der | duftig
Duisburg, Ortsname
du jour (frz.): vom Tage; diensthabend
Dukaten, der (nlat.)
Düker, der: gebogenes Rohr der unterird. Wasserleitung, Tauchente
duktil (lat.): dehn-, hämmerbar | Duktilität | Duktus: Schriftzug
Dulcinea (sp.): Geliebte (eigtl. des Don Quijote)
dulden | duldsam
Dult, die: Jahrmarkt
Dumdumgeschoß
dumm; dümmer | Dummerjan, Dumm[r]ian
dumpf | dumpfig
Dumping, das (engl.): Unterbieten der Preise im Ausland
dun (nd.): betrunken
Dune s. Daune
Düne, die
Dung, Dünger | düngen
dunkel: Wir saßen im Dunkeln; etwas im dunkeln (zweifelhaft) lassen
dünken, scheinen; mich (auch mir) dünkt, deucht; dünkte, deuchte; gedünkt, gedeucht | Dünkel, der: Einbildung
dünn | Dünne, die Dünnheit
Dunst, der; Mz. Dünste | dunsten, Dunst verbreiten | dünsten: im Dunst gar werden lassen | dunstig
Dünung, die: gleichm. Wellenbewegung vor und nach dem Sturm
Duo, das (it.): Tonstück für zwei Stimmen oder Instrumente

Duodez, das (lat.): Zwölftelbogengröße (12°) | duodezimal (nlat.): zwölfteilig

düpieren (frz.): täuschen

Du|plum; Mz. Dupla (lat.): das Doppelte | duplieren, duplizieren: verdoppeln | Duplik: Gegenantwort | Duplikat, das: Abschrift, zweite Ausfertigung

Dur, das (lat.): 'harte' Tonart | durabel: dauerhaft

Duralumin, das: Aluminiumlegierung

durch | durchaus | durchgängig | durchgehends | durchschnittlich | durchweg

durchbleuen: durchhauen

durchbrechen; ich breche durch, bin durchgebrochen; ich breche das Brot durch, habe es durchgebrochen; ich durchbreche die Schranken, habe sie durchbrochen | durchbrochene Arbeit

durchdringen; ich dringe durch, bin durchgedrungen; ich durchdringe etwas, bin davon durchdrungen

durchfahren; ich fahre durch, bin durchgefahren; ich durchfahre den Ort, habe ihn durchfahren | durchfliegen | durchreisen | durchschreiten | durchwandern

durchgehen; ich gehe durch, bin durchgegangen; ich gehe das Buch durch, habe es durchgegangen; ich durchgehe das Haus, habe es durchgangen

Durchlaß, der; Mz. -lässe

Durchlaucht, die | durchlauchtig

durchlaufen, vgl. durchgehen

durchs = durch das

durchschauen; ich schaue durch, habe durchgeschaut; ich durchschaue ihn, habe ihn durchschaut

durchsetzen; ich habe meinen Willen durchgesetzt; das Gestein ist mit Kristallen durchsetzt

durchstreichen; ich habe das Wort durchgestrichen; ich habe den Wald durchstrichen

durchziehen; ich ziehe den Faden durch, habe ihn durchgezogen; ich habe das Land durchzogen

dürfen; ich darf; ich durfte, gedurft. Du hättest es nicht sagen dürfen | dürftig

dürr | Dürre, die

Durst, der | dursten, dürsten

Dusche, die (frz.): Brause | duschen; du dusch[e]st

Dusel, der: Geistesbetäubung, unverhofftes Glück | duselig | duseln: träumen | Dussel: der Dummkopf | dusselig, dußlig

Dust, der: Staub

düster: finster | Düsterheit, -keit | Düsternis

Düte s. Tüte

Dutzend, das (Abk. Dtzd.)

duzen: du nennen | Duzbruder

dwars (nl.): querab

Dyas, die (gr.): Zweiheit | dyadisch

Dyn, das: Krafteinheit | Dynamik (gr.): Bewegungslehre | dynamisch: bewegend | Dynamit, der, das: Sprengstoff | Dynamo[maschine] | Dynamometer, das: Kraftmesser

Dynast (gr.): Herrscher; kleiner Fürst | Dynastie: Herrschergeschlecht | dynastisch

Dys|enterie (gr.): Ruhr | Dyskrasie: schlechte Mischung der Säfte | Dys|pepsie: schechte Verdauung | Dys|trophie: Mangelkrankheit

D-Zug: Durchgangszug

E

Eau de Cologne, die und das (frz.): Kölnischwasser
Ebbe, die | ebben
eben | ebenderselbe | ebendeshalb
ebenbürtig | ebenfalls
Ebene, die | eb[e]nen
Ebenholz (gr.-lat.) | Ebenist: Kunsttischler
ebenso; ebenso wie | ebensosehr | ebensoviel, aber: ebenso viele Häuser, ebenso wenige
Eber, der
Eberesche, die
Eberhard: Vorname
Eberraute, die (gr.-lat.): Pflanze
Ebonit, das: Hartgummi
Ebräer s. Hebräer
Ecce-Homo, der (lat.): Seht, welch ein Mensch!; Bild Christi mit der Dornenkrone | Ecce, das (lat.): Totengedächtnisfeier
echappieren (frz.): entwischen
echauffieren (frz.): erhitzen
Echelon, der (frz.): Staffel | echelonieren: Soldaten staffelweise aufstellen
Echo, das (gr.): Widerhall
Echse, die: Kriechtier
echt | Echtheit
Eck, das | Ecke, die | eckig
Eckart, Eck[e]hard | Eckbert (Egbert): Namen
Ecker: Frucht der Eiche und der Buche; Spielkartenfarbe
Edamer [Käse]
Edda: Sammlung altnord. Lieder
edel; der Edle | Edeling | Edelmann, der; Mz. -leute | edelmütig
Eden (hebr.): Paradies
Edgar, Vorname
edieren (lat.): herausgeben | Edition: Ausgabe
Edikt, das (lat.): Erlaß, Verordnung
Edith[a] | Edmund | Eduard, Edward, Vornamen
Edukt, das (lat.): Auszug, ausgeschiedener Stoff
Efeu, der
Effeff, FF: etwas sehr gut verstehen
Effekt, der; Mz. -e (lat.): Wirkung, Erfolg | Effekten, Mz.: Habseligkeiten; Wertpapiere | effektiv: wirklich | effektuieren: ausführen | Effet, das (frz.): Wirkung] Effetstoß: Seitenstoß im Billardspiel
Ef[f]endi (türk.): Herr
E.G.m.b.H. = Eingetragene Genossenschaft mit beschränkter Haftpflicht
egal (frz.): gleich | egalisieren: gleichmachen
Egbert s. Eckbert
Egel, der
Egerling, der: Champignon
Egge, die | eggen
Egoismus (nlat.): Selbstsucht | Egoist: Selbstsüchtiger | egoistisch
E. h. = ehrenhalber
ehe; eher | ehedem | ehemals | ehemalig (Abk. ehem.) | ehestens; des ehesten
Ehe, die | ehelich | ehelichen | Ehemann; Mz. -männer | Eheleute = Mann und Frau
ehern: aus Erz
Ehre, die | ehrbar; ehrerbietig; Ehrfurcht; ehrlich; ehrlos; Ehrwürden | Ehrenmann, -männer | ehrenhaft
Ehrenbreitstein: Ortsname
ei! ei der Tausend!

Ei, das; Mz. Eier | Eichen: Mz. Eierchen
eiapopeia!
Eibe, die: Taxus
Eibisch, der: Pflanze
Eiche, die | Eichel | eichen: aus Eichenholz
eichen: das gesetzliche Maß geben | Eichamt
Eid, der | eidlich | eidgenössisch eidesstattlich = an Eides Statt|
Eidam; Mz. -e: Schwiegersohn
Eidechse, die
Eider, die = Eidergans | Eiderd[a]une
Eidos, das (gr.); Mz.-de: Urbild, Wesen | Eidetik: sinnliche Anschauungskraft | Eidetiker | eidetisch: damit begabt
Eifel, die: Gebirge
Eifer | eifrig | eifern
Eiffelturm, der, in Paris
eigen; zu eigen geben; mein eigen | eigens | eigentlich | Eigenbrötler | Eigentum | eignen; Eigner: Besitzer
eigtl. = eigentlich
Eiland, das; Mz. -e: Insel
eilen | Eile, die | eilends | eilig
Eimer, der | eimerweis[e]
ein; ein und aus
ein|ander; an-, auf-, aus-, bei-, mit-, zueinander
einäschern
einbegriffen, inbegriffen
einbleuen: einprügeln
eindringlich
einer, eine, ein[e]s; der eine, die einen; unsereiner; einerseits; einesteils; in einem fort; einmal; ein[und]einhalb; einundzwanzig; ein und derselbe, ein[e] und dieselbe, ein und dasselbe; 2. Fall: ein[es] und desselben usw. | Ein[s]er, der | einig ein[ig]en
einfach | Einfachheit
einfädeln
Einfalt | einfältig | Einfältigkeit
einflößen
einfried[ig]en: einhegen
Eingang, der; eingangs; im Eingang[e]
eingeboren | Eingebor[e]ne, der, ein Eingebor[e]ner
Eingeweide, das
Einhalt gebieten, tun
einhändigen
einhegen | einheimsen
einhellig
einher; einherfahren, einhergeh[e]n
Einherier: Helden in Walhall
einige, einiges; einigermaßen
Einjährige, Einjährig-Freiwillige, der
einkehren | Einkehr, die
Einkommen, das | Einkünfte, Mz.
Einlaß, der, des Einlasses | einläßlich
einliegend, inliegend
einmal | einmalig
Einmaleins, das
einmütig
Einnahme
Einöde, die | Einödhof
einpferchen
einquartieren
einrahmen, Bilder | einrammen, Pfähle
einrangieren: einreihen
einrenken
eins; eins ins andere; eins sein, eins werden; eins versetzen; unsereins; es schlägt eins, ein Viertel vor eins, es kommt auf eins hinaus, es ist ihm alles eins | Eins, die: Mz. Einsen
einsam | Einsamkeit

Einschiebsel
einschläf[e]rig, einschläfig
einschlägig: dazu gehörig
einschränken
einschwärzen
einsichtig | einsichtsvoll
Einsiedel, Einsiedler | einsiedlerisch | Einsiedelei
Einsiedeln, Wallfahrtsort im Schweizer Kanton Schwyz
einsilbig
Einspänner, der
einst | einstig | einstmals | einstweilen
eintönig
Eintopfessen, das
Eintracht, die | einträchtig
Eintrag, der | einträglich
einverleiben; ich verleibte ein; einverleibt
Einwaage, die: Gewichtsverlust beim Verwiegen
Einwand, der; Mz. Einwände | einwandfrei
Einwand[e]rer | Einwand[e]rung
einwärts
einwecken
einwilligen | einzäunen
Einwohner einer Stadt, eines Landes | Inwohner, Bewohner eines Hauses, Mieter
einzeln; einzelne, einzelnes; der, jeder einzelne; im einzelnen, ins einzelste, Einzelheit | der Einzelstehende
einzig; der, das einzige
Eire: der (süd-)irische Freistaat
Eis, das | eiskalt, eisig kalt
Eisbein: gepökelte Schweinshaxe
Eisen, das | Eisenbahn | eisern; das Eiserne Kreuz, der Eiserne Kanzler, das Eiserne Tor (an der Donau)
Eisenbart, Heilkünstler im späten Mittelalter
Eiß, der: Geschwür
eitel | Eitelfritz | Eitelkeit
Eiter, der | eit[e]rig | eitern
Ejektor (lat.): Strahlpumpe | ejizieren: auswerfen
Ekarté, das (frz.): Kartenspiel
Ekel, der | ek[e]lig | ekeln; es ekelt mich oder mir
Ekelname (aus nd. Ökelname): Spitzname
Ekkehard s. Eckart
Ek|lampsie (gr.): Krampfanfall
Eklat, der (frz.): Glanz, Aufsehen | eklatant: auffallend
ek|lektisch (gr.): auswählend | Eklektiker | Eklektizismus
Ek|lipse, die (gr.): Verfinsterung | Ek|liptik: scheinbare Sonnenbahn | ek|liptisch
Ek|loge, die (gr.): Hirtengedicht
ekrü (frz.): ungebleicht
Ekstase, die (gr.): Verzückung | ekstatisch | Ekstatiker
Ekzem, das (gr.): Ausschlag, nasse Flechte
Elaborat, das (nlat.): Ausarbeitung; Machwerk
Elan, der (fr.): Schwung
elastisch (gr.): federnd, geschmeidig | Elastizität: Spannkraft, Federkraft
Elch, der, Elen, der, das
Eldorado (sp.): Goldland. Da El eigtl. Geschlechtswort ist, auch Dorado
Elefant, der (gr.)
elegant (lat.): geschmackvoll | Eleganz: Feinheit
Elegie (gr.): Gedichtform, auch Klagelied | elegisch: wehmütig
elektrisch (gr.); die Elektrische (d. h. Straßenbahn), das Elektrische (d. h. Licht) | Elektrizität | elektrisie-

ren | Elektrolyse: elektrische Zersetzung | Elektron, das, negatives elektr. Elementarquantum
Element, das (lat.): Grundstoff; Mz. Elemente, auch Bestandteile, Anfangsgründe | elementar[isch] | Elementargewalt: Naturgewalt | Elementarunterricht: Anfangsunterricht
Elen, der und das: Elch | Elentier
Elend | elend | elendiglich
Eleonore; Abk. Le[o]nore, Lore; engl. Eleanor, Ellen
Elephantiasis: (gr.): unförmige Verdickung von Gliedmaßen
Elevation (lat.): Erhebung, Höhenrichtung, Polhöhe | Elevator: Aufzug
Eleve (frz.): Zögling, Schüler | Elevin
elf; der elfte, elffach
Elf, der; Elfe, die (engl.): Naturgeist | elfenhaft
Elfenbein, Elefantenzahn
Elias (hebr.), Prophet | Elisa, kath. Elisäus, Prophet | Elisabeth, Heilige und Vorname; abgek.: Elisa, Elise; Elsbeth, Else, Elsa
elidieren (lat.): ausstoßen, weglassen | Elision
eliminieren (lat.): beseitigen | Elimination
Elite, die (frz.): Auslese
Elixier, das (arab.): Heiltrank
Elle, die | Ell[en]bogen | ellenlang
Ellen s. Eleonore
Eller s. Erle
Ellerling, der: Pilz
Ellipse (gr.): Kegelschnitt | Ellipsoid, das | elliptisch: unvollständig; länglichrund
Elmsfeuer: elektr. Lichterscheinung
Eloge, die (frz.): Lobrede
Eloquenz (lat.): Beredsamkeit
Elritze, die: ein Weißfisch
Elsaß, das | Elsässer
Elsbeth s. Elisabeth
Elster, die: Vogel und Fluß
Eltern, Mz. | elternlos
Elysium (gr.-lat.), elysische Gefilde: Land der Seligen
Elzevirausgabe (nach holl. Buchdrucker), Schriftart
Email, das; Emaille, die (frz.) | emaillieren: mit Schmelz überziehen
Emanation (lat.): Ausströmung
Emanuel s. Immanuel
emanzipieren (lat.): befreien | emanzipiert: selbständig, ungebunden | Emanzipation: Verselbständigung, Gleichstellung
Emballage, die (frz.): Verpackung, Umhüllung
Embargo, das und der (sp.): Beschlagnahme von Schiffen, Hafensperrung
Emblem, das; Mz. -e (gr.): Sinnbild
Embolie (gr.): Verstopfung der Blutbahn
Embonpoint, das (frz.): Wohlbeleibtheit
Embryo, der; Mz. -s und -nen (gr.): Keim, Leibesfrucht
Emendation (lat.): Verbesserung
emeritiert (lat.): außer Dienst (Abk. em.) | Emeritus
Emetikum (gr.-lat.): Brechmittel
Emeute, die (frz.): Aufstand
emigrieren (lat.): auswandern | Emigrant
Emil | Emilie
eminent (lat.): hervorragend | Eminenz
Emir (arab.): Fürst

emittieren (lat.): aussenden, ausgeben | Emittent | Emission: Ausstrahlung; Ausgabe | Emissär (frz.) Kundschafter

Emma

Emmaus, bibl. Ort

Emmentaler Käse

Emmeram, Emmeran, Regensburger Heiliger

Emmerich in der Rheinprovinz; auch Vorname

Emolument, das (lat.): Vorteil, Nebeneinnahme

Emotion (lat.): Aufregung

emp|fangen; du empfängst; ich empfing; empfangen | Emp|fang | Emp|fängnis

emp|fehlen; du empfiehlst; ich empfahl; ich empföhle; empfohlen; empfiehl! | Emp|fehlung | empfehlenswert

emp|finden; ich empfand; empfunden | Emp|findung

Emphase, die (gr.): Nachdruck | emphatisch: nachdrücklich

Emphysem, das (gr.): Lungenerweiterung

Empire, das, 1. (frz.): frz. Kaiserreich | Empirestil: Stil der napoleon. Zeit; 2. (engl.): das Brit. Reich

Empirie (gr.): Erfahrung | Empiriker: jemand, der sich auf Erfahrungswissen stützt | empirisch: erfahrungsmäßig

Emplacement, das (frz.): Aufstellung, Baustelle

empor | emporkommen | Emporkömmling | empören | Empore, die; Emporkirche

Emporium, das; Mz. -rien (gr.-lat.): Handelsplatz

emsig | Emsigkeit

Emulsion (nlat.): milchige Flüssigkeit | emulgieren, sie herstellen

Enakskinder, Riesen

en bloc (frz.): im ganzen

en canaille (frz.) behandeln: verächtlich behandeln

Enceinte, die (frz.): Umwallung

enchantiert (frz.): entzückt

encouragieren (frz.): ermuntern

Ende, das; zu Ende bringen | endgültig | Endzweck | enden | endigen | endlich

endemisch (gr.): an einem Ort heimisch

en détail (frz.): im kleinen

Endivie (it.) | Endiviensalat

endogen (gr.): auf Vererbung beruhend

Endogamie, die (gr.): Ehe innerhalb des Stammes

End|osmose (gr.): Säfteaustausch

Energie (gr.): Kraft, Arbeitsvermögen; Tatkraft | energisch

en face (frz.): von vorn; gegenüber

en famille (frz.): in der Familie, unter uns

enfilieren (frz.): einfädeln, anreihen; (mit Geschützen) bestreichen

eng; aufs engste | Enge, die

engagieren (frz.): verpflichten, anstellen; auffordern | Engagement

Engel | der Englische Gruß

Engerling, der

England | Engländer | englisch | Englischleder

English Waltz, der: englischer Walzer

en gros (frz.): im großen | Engroshandel: Großhandel

Enkaustik (gr.): Malerei mit eingebrannten Wachsfarben | enkaustieren

Enkel, der

En|klave, die (gr.-lat.): von fremdem Lande eingeschlossener Gebietsteil
en masse (frz.): in Masse
en miniature (frz.): im kleinen
Enns, die: Fluß in Österreich
ennuyieren (frz.): langweilen
enorm (frz.): übermäßig, ungeheuer
en passant (frz.): im Vorbeigehen
Enquete (frz.): Ermittelung, Umfrage
enragiert (frz.): toll, leidenschaftlich
Ensemble, das (frz.): Gesamtheit: Zusammenspiel
entbehren | entbehrlich
entblößen; entblößt
Ente | Enterich
Entelechie (gr.): Zielgerichtetheit
Entente, die (frz.): Einvernehmen; Bündnis
Enteritis, die (gr.): Darmentzündung
entern (frz.-nl.) | Enterhaken
entgegen | entgegengehen | entgegnen
Entgelt, das | entgelten
entgleisen | Entgleisung
Enthusiasmus, der (gr.-lat.): Begeisterung | Enthusiast: Schwärmer | enthusiasmiert, enthusiastisch
Entität, die (lat.): Wesenheit
entlang; den, dem Weg entlang
entlarven
entlegen
Entlehnung | Entleihung
entnehmen | Entnahme
Entomolog (gr.): Insektenkenner | Entomologie
entoptisch (gr.): im Auge befindlich
entraten, eines Dinges
entre nous (frz.): unter uns
Entrechat, der (frz.): Kreuzsprung
Entree, das (frz.): Eintritt, Eintrittsgeld; Vorzimmer; Vorspeise
Entrefilet, das (frz.): eingeschobener kurzer Zeitungsaufsatz
Entremets (frz.): Zwischengericht
Entrepot, das (frz.): Zollniederlage
Entrepreneur (frz.): Unternehmer | Entreprise, die: Unternehmung
Entresol, das und der (frz.): Zwischen-, Halbgeschoß
Entrevue, die (frz.): Zusammenkunft
entrieren (frz.): einleiten, unternehmen
Entropie, die (gr.): Energie-, Wärmeausgleich
entscheidend | entschieden
entschließen | entschlossen | Entschluß
entseelt | entsetzlich
entseuchen
entsteh[e]n | Entstehung
enttäuschen
entthronen | entvölkern
entwähren: außer Kurs, Besitz setzen
entweder
entweihen
Entwick[e]lung
entwischen, entkommen
Entwöhnung
entziffern | entzücken
entzwei | entzweibrechen | entzweien
Enveloppe, die (frz.): Umschlag
en vogue (frz.): im Schwange, beliebt
Enz, die: Nebenfluß des Neckars
Enzian, der: Pflanze, Branntwein
enzy|klisch (gr.): im Kreise umlaufend | Enzy|klika; Mz. -ken: päpstliches Rundschreiben | Enzy|klopädie: Gesamtwissenschaft, | enzy|klopädisch: umfassend
Enzym, das (gr.): organische Verbindung, Ferment

Eolienne, die [frz.]: Halbseide
Eosin, das: roter Farbstoff | Eozän (gr.): ältestes Tertiär
Epaulett, das; Mz. -s; Epaulette, die, Mz. -n (frz.): Schulterstück
ephemer (gr.): eintägig, vorübergehend | Ephemeriden, Mz. Tageblätter; Gestirntafel
Ephesus in Kleinasien | Epheser
Ephorus; Mz. Ephoren (gr.-lat.): Aufseher | Ephorie: Kirchenaufsichtsbezirk
Ephraim, hebr. Name | Ephräm, der Syrer, Kirchenvater
Epidemie (gr.): Seuche | epidemisch: ansteckend
Epidermis, die (gr.): Oberhaut
Epidiaskop, das (gr.): Projektionsapparat
Epigone, der (gr.): Nachkomme; Nachahmer
Epigramm, das (gr.): Sinn-, Spottgedicht | Epigrammatiker | epigrammatisch: kurz und treffend | Epigraphik: Inschriftenkunde
Epik, die (gr.): erzählende Dichtkunst | Epiker | episch: erzählend
Epikureer: Anhänger des griechischen Philosophen Epikur; Genußmensch
Epilepsie (gr.): Fallsucht | epileptisch
Epilog, der (gr.): Schlußwort; Nachspiel
Epiphania, die (gr.): Erscheinung des Herrn | Epiphaniasfest
Epi|skop, das (gr.): optisches Gerät zur Bildbetrachtung
Epi|skopat, der (gr.-lat.): Gesamtheit der Bischöfe, Bischofswürde | episkopal: bischöflich
Episode (gr.): Einschaltung, Zwischenhandlung, -fall | episodisch: eingeflochten, vorübergehend
Epistel, die (gr.): Brief | epistolisch
Epistyl, das (gr.): Säulenbalken, Architrav
Epitaph, das (gr.-lat.): Grabschrift, -mal
Epithel[ium], das; Mz. -ien (gr.-lat.): oberste Zellenschicht der Haut
Epitheton, das; Mz. -ta (gr.): Beiwort
Epitome, die (gr.): Auszug | Epitomator, deren Verfasser
Epizykloide, die (gr.): Aufradlinie
Epoche, die (gr.): Zeitabschnitt; Aufsehen | epochemachend: denkwürdig
Epos, das; Mz. Epen (gr.): Heldengedicht | Epopöe, die: Heldengedicht
Eppich, der (lat.): Sellerie (Efeu)
Epsilon, das (gr.): kurzes E
Equilibrist s. Äquilibrist
equipieren (frz.): ausstatten | Equipage, die: Wagen (und Pferde), Schiffsbesatzung
er; in altertümlicher Anrede Er
Erasmus, Name
erbarmen | erbärmlich
Erbe | Erblasser | erblich
erbieten | erbötig
erblassen, blaß werden
erbleichen; ich erbleichte und erblich; erbleicht und erblichen
erbosen; erbost
Erbse | Erbsenstroh | Erbswurst
Erde; auf Erden | erdig
Erdmute, Vorname
erdrosseln (vgl. Drossel)
ereignen, sich | Ereignis, das
Eremit, Mz. -en (gr.): Einsiedler | Eremitage (frz.): Einsiedelei
erfahren | erfahrungsgemäß
erfinderisch
Erfolg, der | erfolglos
erforderlichenfalls

ergattern: erlangen
ergeben | Ergebnis, das | ergiebig
ergötzen | ergötzlich
erhalten | erhältlich
Erhard, Vorname
erheben | erheblich
Erich, Vorname
Erika, die (gr.-lat.): Heidekraut, Mädchenname | Erikazeen: Heidekrautgewächse
Erinnye (gr.): Rachegöttin
Eris, gr. Göttin der Zwietracht
erkalten, kalt werden | erkälten, kalt machen
Erkenntnis: 1. die, Einsicht; 2. das, richterliches Urteil
Erker, der
erkiesen; ich erkor und erkieste; erkoren und erkiest
erklecklich: beträchtlich
Erlaß, der; Mz. Erlasse (Erlässe) | erläßlich
erlaucht; Se. Erlaucht
erläutern | Erläuterung
Erle, nd. Eller | Erlen-, Ellernholz
erlöschen; du erlisch[e]st, er erlischt; ich erlosch; erloschen; erlisch!
erlösen | Erlöser | Erlös, der; Mz. Erlöse
Ermang[e]lung
Erm[e]land in Ostpreußen
erneue[r]n | Erneuer, Erneu[e]rer
Erniedrigung
Ernst, Vorname | Ernestinische Linie der Wettiner
Ernst, der; Ernst machen; es ist mir damit Ernst; es wurde Ernst; allen (alles) Ernstes | ernst; etwas ernst nehmen
Ernte, die | ernten
erodieren (lat.): wegnagen | Erosion: Zerklüftung des Erdbodens
Eroika: Symphonie Beethovens
Eros, gr. Liebesgott, Mz. Eroten
Erotik, die (gr.): Sinnlichkeit | Erotiker: Dichter von Liebesliedern | erotisch
Erpel: Enterich
erpicht auf etwas, versessen
erquicken
Errata, Mz. (lat.): Druckfehler | erratischer (lat.) Block: Wanderblock, Findling
erraten | erröten
ersaufen = ertrinken: er ersoff; ersoffen | ersäufen = ertränken: er ersäufte; ersäuft
erschaffen; ich erschuf; erschaffen
erschallen; es erschallte und erscholl; erschallt und erschollen
erschrecken: 1. = in Schrecken geraten: du erschrickst, er erschrickt; ich erschrak; erschrocken; erschrick! 2. = in Schrecken setzen: du erschreckst; ich erschreckte; erschreckt; erschrecke!
erschwingen | erschwinglich
Ersparnis, die und das; Mz. -nisse
ersprießlich
erst; erstens; fürs erste; zum ersten; der erste beste, erstbeste; das erste, was er tat; s. Mal; der Erste, z. B. in der Klasse; der Erste (des Monats); am Ersten; Wilhelm der Erste; der erstere | erstgeboren
Ertrag, der; Mz. Erträge | Erträgnis, das
ertrinken; er ist ertrunken | ertränken = ertrinken machen; er hat ertränkt
erübrigen; es erübrigt noch = es muß noch; es erübrigt sich = es ist überflüssig (beides besser zu meiden)
Erudition (lat.): Gelehrsamkeit

eruieren (lat.): ergründen
Eruption (lat.): Ausbruch | eruptiv
Erve, die (lat.): Saatlinse
erwägen; ich erwog; erwogen
erwähnen
erwarmen: warm werden | erwärmen: warm machen
erwehren, sich eines Dinges
erweisen; ich erwies; erwiesen | Erweis, der
Erwerb, der | erwerbsfähig
erwidern | Erwiderung
Erwin, Vorname
erwischen
Erysipel[as], das (gr.): Krankheit, Wundrose | Erythem, das (gr.): Hautrötung
Erz, das; Mz. -e; Metall | erzen (besser: ehern)
Erz... (aus gr.-lat. Archi...), Ober..., z. B. Erzbischof, Erzherzog; Erzbösewicht; erzdumm
erzählen | Erzählung
erzeigen: erweisen | erzeugen: hervorbringen
erziehen | erziehlich
es; er ist's; ich bin's zufrieden
Esaias s. Jesaias
Es|chatologie (gr.): Lehre von den letzten Dingen
Esche | eschen: aus Eschenholz
Eschscholzie, die: Blume
Esdras: s. Esra
Eskader, die; Mz. -s (frz.): Geschwader | Eskadron; Mz. -en und -s: Schwadron
Eskalade, Eskaladierwand (sp.-frz.): Hinderniswand
eskamotieren (frz.): verschwinden lassen | Eskamoteur: Taschenspieler
Eskapade, die (frz.): Durchgehen, Flucht
Eskarpe (frz.): innere Grabenböschung
Eskarpins (frz.): Tanzschuhe
Eskimo, der; Mz. -s
Eskompte, Eskont (frz.): Diskont | eskomptieren, eskontieren
Eskorte, die (frz.): Geleit | eskortieren
esoterisch (gr.): geheim | Esoteriker: Eingeweihter
Esparsette, die (frz.): Pflanze
Espartogras
Espe, die | Espenlaub
Esperanto: künstliche Sprache
Esplanade, die (frz.): ebener Platz
Esprit, der (frz.): Geist, Witz
Esra, kath. Esdras, hebr. Name
Essay, der (engl.): Versuch, Aufsatz | Essayist
Esse, die | Essenkehrer
essen; du issest und ißt, ich aß; gegessen; iß! | eßbar | Eßsaal
Essenz, die (nlat.): das Wesen, Auszug, Geist | essential, essentiell: wesentlich
Essig, der
Estafette, die (frz.): Eilbote
Ester, der: chem. Verbindung
Esther, hebr. Name
Estland | estnisch
Estomihi (lat.): letzter Sonntag vor der Passionszeit
Estrade, die (frz.): Erhöhung
Estragon, der (frz.): Gewürzpflanze
Estrich, der: Fußbodenart
Eta, das: gr. langes E
eta|blieren (frz.): errichten, einrichten | Eta|blissement: Anlage, Gastwirtschaft
Etage, die (frz.): Stockwerk, Obergeschoß | Etagere, die: Gestell; Glasschrank
Etamin, das (frz.): Gewebe

Etappe, die (nd.-frz.): Rastort; Stufe; rückwärtiges Gebiet
Etat (frz.): Haushaltplan, Voranschlag | etatmäßig: fest angestellt, haushaltmäßig
etc. = et cetera (lat.): und so weiter
etepetete: zimperlich
Ethik, die (gr.): Sittenlehre | ethisch: sittlich
Ethnographie (gr.): Völkerbeschreibung | Ethnologie: Völkerkunde | ethnisch: volklich
Ethos, das (gr.): Gesinnung
Etikett, das (frz.): Schildchen
Etikette, die (frz.): Schildchen, Aufschrift; Hofsitte | etikettieren: bezeichnen
etliche, etliches
Etmal, das (nl.): Schiffstagereise (von Mittag bis Mittag)
Etüde, die (frz.): Übungsstück
Etui, das (frz.): Gehäuse; Besteck
etwa | etwaig | etwas; etwas anderes; etwas Großes; in etwas (einigermaßen); ein gewisses Etwas
Etymon, das (gr.): Stammwort | Etymologie: Wortforschung
euch (in Briefen Euch)
Eucharistie (gr.): Abendmahl
Eudämonie (gr.): Glückseligkeit
euer (Gen. von ihr): euer sind viele; ich erinnere mich euer | euer, eu[e]re; der, die, das eu[e]re (eurige, bei Ergänzung eines Hauptwortes); das Eure = das euch Gehörende; die Eurigen = eure Angehörigen; Ew. (Euer, Eure) Exzellenz | eu[r]erseits | euresgleichen | euretwegen | um euretwillen
Eugen (gr.) | Eugenie
Eugenik, die (gr.): Erbpflege
Eukalyptus, der (gr.-lat.): Baum
Eule: Vogel und Kehrwisch | Eulenspiegel
Eumeniden (gr.) = Erinnyen
Eunuch (gr.): Verschnittener
Euphemismus, Mz. -men (gr.-lat.): verhüllende Umschreibung | euphemistisch: beschönigend
euphonisch (gr.): wohllautend
Euphorbie (gr.): Wolfsmilch, Pflanze
Eu|phorie, die (gr.): Wohlbefinden | euphorisch
Eu|phrat, Fluß in Asien
Eu|phrosyne (gr.): Name
Eur|asien, Europa mit Asien
Eu|rhythmie (gr.): schönes Ebenmaß
Euripides, gr. Dichter
Europa | Europäer | europäisch
Euryanthe | Eurydice
Eustachische Röhre
Euter, das
Euterpe (gr.): Muse der Tonkunst
Euthanasie (gr.): leichter Tod
Ev. = Evangelium | ev. = evangelisch; ev.-luth. = ev.-lutherisch
E.V. = Eingetragener Verein
Eva (hebr.) | Evastochter
evakuieren (lat.): entleeren, räumen | Evakuation
Evangelium, Mz. -ien (gr.-lat.); Abk. Ev. | Evangelist | evangelisch
evaporieren (lat.): verdampfen
eventual (lat.): möglich | Eventualantrag: Nebenantrag | Eventualität: Möglichkeit | eventuell (Abk. evtl.): eintretenden Falles; unter Umständen
evident (lat.): ersichtlich | Evidenz, die: Gewißheit
Evolution (lat.): Entwickelung
Ew.: 1. = Euer (Gnaden u. dgl.); 2. = Einwohner
Ewald, Name

Ewer, der (nd.): Fischerfahrzeug
ewig, das Ewige Licht, der Ewige Jude; das Ewigweibliche
exakt (lat.): genau | Exaktheit: Genauigkeit
exaltiert (lat.): überspannt | Exaltation
Examen, das; Mz. Examina (lat.): Prüfung | examinieren | Examinand: Prüfling | Examinator: Prüfer
Exanthem, das (gr.): Ausschlag
Exaudi: 6. Sonntag nach Ostern
Exegese, die (gr.): Auslegung | Exeget: Bibelerklärer
exekutieren (lat.): ausführen | Exekution: Vollstreckung, Pfändung | exekutiv: ausführend | Exekutive, die: vollziehende Gewalt | Exekutor: Gerichtsvollzieher | exekutorisch: zwangsweise
Exempel, das (lat.): Beispiel; Rechenaufgabe | Exem|plar: einzelnes Stück | exem|plarisch: musterhaft; abschreckend | exem|plifizieren: durch Beispiele belegen
exemt, Exemtion s. eximieren
Exequatur, das (lat.): Bestätigung
Exequien, Mz. (lat.): Totenfeier
exerzieren (lat.): üben | Exerzitium, Mz -tien: Übung
Exhaustor (nlat.): Absauger
Exhibitionismus (lat.): Entblößungssucht
Exhorte, die (nlat.): geistliche Ermahnung
exhumieren (nlat.): wieder ausgraben
Exil, das (lat.): Verbannung | exilieren: verbannen
eximieren (lat.): ausnehmen, befreien | exemt | Exemtion
existieren (lat.): bestehen | Existenz, die: Dasein; Unterhalt
Ex|klave, die (nlat.): vom Hauptlande getrennt liegender Gebietsteil
Ex|klusion (lat.): Ausschließung — ex|klusiv: sich abschließend | ex|klusive: ausschließlich
exkommunizieren (lat.): aus der Kirchengemeinschaft ausschließen | Exkommunikation: Kirchenbann
Ex|kremente, Mz. (lat): Auswurfstoffe, Kot
Exkurs, der (lat.): Abschweifung | Exkursion: Ausflug
exlex (lat.): außergesetzlich, geächtet
Exli|bris, das (lat.): Bucheignerzeichen
exma|tri|kulieren (nlat.): aus der Studentenliste streichen | Exmatrikel, die: Zeugnis über das Verlassen einer Universität
exmittieren (lat.): gerichtlich ausweisen | Exmission
Exodus, der (gr.-lat.): Auszug, das 2. Buch Mosis
Exogamie (gr.): Heirat nur mit Fremdstämmigen
exorbitant (lat.): übertrieben
Exorzismus; Mz. -men (gr.): Teufelaustreibung | Exorzist: Teufelbanner | exorz[is]ieren
Exosmose (gr.): Aussickerung
exoterisch (gr.): gemeinverständlich
exotisch (gr.): fremdländisch, fremdrassisch
expandieren (lat.): ausdehnen | expansibel: ausdehnbar | expansiv: ausdehnend | Expansion: Ausdehnung
expatriieren (nlat.): aus dem Heimatstaate ausweisen

expedieren (lat.): abfertigen, absenden | Expedient, Expeditor: Abfertigungsbeamter | Expedition: Abfertigung; Geschäftsstelle; Unternehmung, Zug

expektorieren, sich (lat.): sein Herz ausschütten | Expektoration: Herzensergießung

Expensen, Mz. (lat.): Kosten

Experiment, das (lat.): Versuch | Experimentalchemie | experimentell | experimentieren

Experte, Mz. -ten (lat.): Sachverständiger | Expertise, die (frz.): Begutachtung

ex|plizieren (lat.): auseinandersetzen | Explikation: Erklärung | explizite: deutlich, ausführlich

ex|plodieren (lat.): zerspringen, platzen | Explosion | explosiv: leicht zerspringend | Explosivstoff: Sprengstoff | Explosivlaute: Verschlußlaute

ex|ploitieren (frz.): ausbeuten

Ex|ploration (lat.): Erforschung

exponieren (lat.): aussetzen; erklären | Exponent, der: Zeiger, Gradzahl | Exponentialgröße | Exposé, das (frz.): Darlegung | Exposition (lat.): Ausstellung; Einführung, Belichtung | Expositur, die: ausw. Zweiggeschäft

exportieren (lat.): ausführen | Export, der; Mz. -e (engl.): Ausfuhr | Exporten, Mz., Ausfuhrwaren | Exporteur (frz.): Ausfuhrhändler

ex|preß (lat.): ausdrücklich, besonders | Expresse, der: Eilbote

ex|pro|priieren (nlat.): enteignen | Ex|pro|priation

exquisit (lat.): ausgesucht

Ex|spektant (lat.): Anwärter | Exspektanz, die: Anwartschaft

Ex|spiration (lat.): Ausatmung | exspiratorischer Akzent: starke Betonung

exstirpieren (lat.): ausrotten

Exsudat, das (lat.): Ausschwitzung

extemporieren (nlat.): aus dem Stegreif machen | Extemporale, das; Mz. -lia und -lien; Klassenarbeit

extensiv (lat.): umfassend

Exterieur, das (frz.): das Äußere

extern (lat.): draußen befindlich, auswärtig

Externsteine (Mz.): germ. Heiligtum im Teutoburger Wald

exterritorial (nlat.): den Landesgesetzen nicht unterworfen | Exterritorialität

ex|tra (lat.): außerdem, besonders | Extrablatt | extrafein: besonders fein | Extraordinarius (nlat.): außerordentl. Professor

ex|trahieren (lat.): ausziehen; erwirken | Extraktion: Ausziehung | Extrakt, der: Auszug

Ex|traneer, Extraneus (lat.): fremder Prüfling, auswärtiger Schüler

ex|traordinär (frz.): außerordentlich

ex|travagant (nlat.): überspannt | Extravaganz: Übertreibung

ex|trem (lat.): äußerst, übertrieben | Ex|trem, das: das Äußerste, die äußerste Grenze | Ex|tremitäten, Mz.: äußere Gliedmaßen

Exulant (lat.): Verbannter

Exvoto, das (lat.): Weihgeschenk

exzedieren (lat.): ausschreiten | Exzedent: Übertreter | Exzeß, der: Ausschreitung, Unfug

exzellieren (lat.): hervorragen | exzellent: vorzüglich | Exzellenz (Exz.): Titel

exzen|trisch (nlat.): ohne gemeinsamen Mittelpunkt; überspannt | Exzentrizität | Exzenter, der: Maschinenteil
exzeptionell (frz.): ausnahmsweise
exzerpieren (lat.): ausziehen (aus einem Buche) | Exzerpt, das: Auszug
Ezechiel s. Hesekiel

F

f. = und folgende Seite | ff. = und folgende Seiten (auch: sehr fein)
Fabel | fabeln, fabulieren
Fabier, die (Mz.): altrömisches Geschlecht; englische freie Sozialisten
Fa|brik (frz.) | fabrizieren | Fa|brikation: Herstellung im großen | Fa|brikant, Fabrikat
Face (frz.): Vorderansicht
Facette, die (frz.): Schliffläche | Facett[en]auge: Netzauge | facettiert: abgeschrägt; netzförmig
Fach, das; Mz. Fächer | Fachmänner, -leute | fachsimpeln
Fächer, der | fächeln
Fackel, die | fackeln
Façon: besser Fasson
fad[e] (frz.): abgeschmackt, albern
Faden; Mz. Fäden und (als Maß) Faden | fädeln
Fading, das (engl.): Schwund
Fagott, das; Mz. -e (it.): Holzblasinstrument
Fähe, Füchsin; auch Fehe, Fohe
fahen (oberd.): fangen | fähig | Fähigkeit
fahl | fahlgelb
fahnden
Fahne | Fahnenjunker, Fähnrich
Fährde, die: Gefahr
fahren; du fährst; ich fuhr, gefahren | fahrlässig | Fahrnis: bewegliche Habe | Fähre | Fahrt | Fährte | Fährmann, -männer, -leute
Fährlichkeit
Faible, das (frz.): Schwäche, Vorliebe
fair (engl.): ehrlich, ritterlich
Faiseur (frz.): Macher, Anstifter
Fait accompli, das (frz.): vollendete Tatsache
Fäkalien, Mz. (nlat.): Kot als Abfuhrstoff
Fakir: arab. Bettelmönch
Faksimile, das; Mz. -s (lat.): Nachbildung
Faktion (lat.): Partei | faktiös: parteisüchtig
Faktor (lat.): Werkführer; Hauptpunkt; Vervielfältigungszahl | Faktorei: Handelsniederlassung
Faktotum, das (lat.): Gehilfe für alles
Faktum, das; Mz. Fakta und Fakten (lat.): Tatsache | faktisch: tatsächlich | Faktizität: Tatsächlichkeit
Faktur[a]; Mz. -ren (it.): Warenrechnung | fakturieren: in Rechnung stellen
Fakultas (lat.): Befähigung | Fakultät: Hauptabteilung einer Hochschule | fakultativ: wahlfrei
Falange, die: span. faschistische Partei
falb, blaßgelb
Falbel, die (it.): Faltenbesatz
fälische Rasse
Falke, der | Falkner | Falkenier
Fall, der; Mz. Fälle; falls = im Fall[e], daß; besten, schlimmsten, zutreffenden Fall[e]s und besten-, schlimmsten-, zutreffendenfalls; allenfalls, jedenfalls

Fall, das (nd.); Mz. -en: Tau | Fallreep, das: Treppe außerbords
fallen; du fällst; ich fiel; gefallen | fällig
fällen = fallen machen; ich fällte; gefällt
fallieren (it.): die Zahlungen einstellen | fallit: zahlungsunfähig | Fallit: Gemeinschuldner | Falliment, Fallissement: das: Zahlungseinstellung
Fal[l]ot, Falott: Gauner, Lump
falsch; ohne Falsch | fälschen
Falsett, das; Mz. -e (it.): Fistelstimme
Falsifikat, das (nlat.): Fälschung
Falstaff, humoristische Gestalt bei Shakespeare
Falsum, das; Mz. Falsa (lat.): falsche Angabe | Falsifikat, das: Fälschung
falten; gefaltet und gefalten | fälteln | faltig
Falter, der; Schmetterling
falzen; du falzest und falzt | Falz, der | Falzbein
Fama, die (lat.): Gerücht | famos: berüchtigt; ausgezeichnet
Familie (lat.) | familiär: vertraut | Familiarität: Vertraulichkeit
Famulus; Mz. -li (lat.): Diener, Gehilfe
Fanal, das (it.): Feuerzeichen
fanatisch (lat.): glaubenswütig, übereifrig | Fanatismus | Fanatiker: Schwärmer, Eiferer | fanatisieren
Fandango, der (sp.): Tanz
Fanfare, die (frz.): Trompetengeschmetter
fangen; du fängst; ich fing; gefangen | Fang, der; Mz. Fänge
Fango, der (it.): Schlamm
Fant (nd.): junger Bursche
Faraday, engl. Physiker | Farad: elektr. Maßeinheit | Faradisation: Anwendung faradischer Ströme
Farbe | farbig (österr. färbig)
Farce, die (frz.): Füllsel; Posse | farcieren: füllen
Farinzucker (lat.): Puderzucker
Farm, die (engl.): Landgut | Farmer: Landwirt
Farn, der | Farnkraut
Fär|öer, die (Mz.): (Schaf-)Inseln
Farre: Stier | Färse: junge Kuh
Fasan, der (gr.-frz.) | Fasanerie
Fäschen = Fäserchen
Faschine, die (it.): Reisigbündel | Faschinenmesser: Seitengewehr
Fasching, der: Fastnacht
Faschismus, der (it.) | faschistisch
Fase, Faser, die; Fasen, der | faserig | Faserstoff | fasennackt, fasernackt
faseln: irre reden, Unsinn treiben | Faselhans | Faselei | faselig
Faselschwein: junges Zuchtschwein
Fa|shion, die (engl.): Mode | fa|shionabel: modisch
Faß, das | Fäßchen
Fassade, die (frz.): Vorderseite
fassen; du fassest und faßt; faß! und fasse! | faßlich
Fassion (nlat.): Steuererklärung
Fasson, die (frz.): Form | fassonieren: gestalten
fasten | Fasten, Mz. | Fasttag | Fastnacht (mundartlich: Fasnacht)
Faszes, Mz.: Rutenbündel der röm. Liktoren | Faszie, die: die Binde | Faszikel, der: Aktenbündel, Heft
faszinieren (lat.): bezaubern
Fata Morgana, die (arab.-it.): Luftspiegelung
fatigant (frz.): ermüdend
Fatum, das; Mz. Fata (lat.): Schicksal | fatal: verhängnisvoll, mißlich | Fatalismus: Glaube an Vorherbestimmung
Fatzke, Geck

fauchen, oberd. pfauchen
faul | faulig | faulen | Fäule, die | Fäulnis | faulenzen
Faun, röm. Waldgott Faunus | faunisch: lüstern | Fauna: Tierwelt
Faust, die | Fäustel, der: Bergmannsschlägel
Fauteuil, der (frz. aus dem Deutschen): Lehnsessel
Fauxpas, der (frz.): Fehltritt
favorisieren (frz.): begünstigen | Favorit (it.): Günstling | Favorite, Favoritin: Geliebte
Faxen, Mz.: Possen
Fayence, die (frz.): glasiertes Steingut
Fazit, das (lat.): Ergebnis
FDGB = Freier Deutscher Gewerkschaftsbund | FDJ = Freie Deutsche Jugend | FDP = Freie Demokratische Partei
fe|bril (lat.): fieberhaft
Fe|bruar, Feber, der (lat.): Hornung
Fechser, der: Schößling
fechten; du fichtst, er ficht; du fochtest; gefochten; ficht!
Feder | Federfuchser; nicht viel Federlesens machen | federn
Fedor s. Feodor
Fee, Mz. Fe[e]|en (frz.), Fei | fe|enhaft | Fe|erei, -rie: Märchenspiel | feien: unverwundbar machen
Fe[e]z, der: Spaß
fegen | Feg[e]feuer
Fehde, die | befehden
Feh, das (russ.): Eichhörnchen, Pelzwerk | Fehe s. Fähe
fehlen | fehl; fehltreten; er trat fehl | ohne Fehl | fehl am Platze | Fehlanzeige
Fehnkultur, Art Moorkultur
Fei, feien s. Fee
Feier, die | feiertags
feig[e] | Feigheit
Feige, die | Feigwarze
feil; feilhalten; er hält feil | feilschen
Feile, die | feilen
Feim, der; Schaum | abgefeimt
Feim[en], der; Feime, die: Kornschober
fein | Feine, die = Feinheit
feind; einem feind sein, werden | Feind, der
feist| |Feist, das (weidm.): Fett
feixen, grinsend lachen
Felbel, der, auch die (it.): Halbsamt
Felber, Felbinger: Weide
Felchen, der: Fischart
Feld, das | Feldmarschall | Feldscher[er] | Feldspat | Feldstuhl | Feldwebel
Felge, die: Teil des Radkranzes
Felix, Felizitas, lat. Namen
Fellache, Fellah, Mz. Fellachen (arab.): ägyptischer Bauer
Felleisen, das (frz.): Mantelsack
Felonie, die (frz.): Verrat
Fels, Felsen; des Felsen[s] | felsig
Feluke, die (arab.-frz.): Küstenfahrzeug
Feme, die | Femgericht
Femelbetrieb: vereinz. Holzeinschlag
Femininum; Mz. -na (lat.): weibliches Geschlecht oder Wort | feminin: weibisch
Fenchel, der
Fenier, der (engl.): irischer Geheimbündler
Fenn, das: Sumpfland
Fenz, die (engl.): Einfriedigung
Fe[o]dor (russ.) = Theodor
Ferdinand
Ferge: Fährmann
Ferien, Mz. (lat.)
Ferkel, das
ferm s. firm

Ferman, der (pers.-türk.): Erlaß des Landesherrn
Fermate, die (it.): Ruhezeichen über einer Note
Ferment, das (lat.): Gärstoff | fermentieren
Fernambukholz = Pernambukholz
fern[e]; von fern[e] | fernher | fernsprechen | fernstehen | ferner; fernerhin | Ferne, die
Ferner, Firner, der: Gletscher
Ferse (am Fuß), die | Fersengeld
fertig | fertigmachen
Fes, Feß, (Fez), der, das (türk.): Kopfbedeckung
fesch (oberd.), der fescheste
Fesen, der = Dinkel
Fessel | fesseln, ich fessele, feßle
fest|feststeh[e]n|Feste, die, vgl. Veste
Fest, das (lat.) | Festivität, Festlichkeit
Feston, der (frz.): Blumengehänge an Bauten
Fete, die (frz.): Fest | fetieren: einen feiern
Fetisch, der (port.): göttlich verehrter Gegenstand
fett | fettig | Fettheit | Fettigkeit
Fetzen, der
feucht | Feuchtigkeit
feudal (nlat.): das Lehnswesen betreffend; vornehm
Feudel, der (nd.): Scheuerlappen
Feuer, das | feurig | Feu[e]rung | feuerfest
Feuilleton, das; Mz. -s (frz.): Unterhaltungsteil in Zeitungen
Fex; Mz. -e[n]: Narr, Geck
Fez s. Feez und Fes
ff. = sehr fein. S. auch f | FF s. Effeff
Fiaker, der (frz.): Droschke
Fiale, die (it.): Spitztürmchen
Fiasco, der (it.): Flasche | Fiasko, das; Mißerfolg
Fibel, die: 1. Vorstecknadel; 2. erstes Lesebuch
Fiber, die (lat.): Faser | Fi|brin, das: Faserstoff
Fichte | fichten
Fichu (frz.): Spitzentuch, Busentuch
Fideikommiß (nlat.): Stammgut
fidel (lat.): treu, lustig | Fidelität
Fidibus, der; Mz. -se: Papierstreifen zum Anzünden
Fiduz, das (lat.): Vertrauen
Fieber, das (lat.): hitzige Krankheit | fiebern
Fiedel (mlat.): Geige | fiedeln: geigen
fiepen: schreien wie ein Reh
fieren, herablassen
Fierant (it.): Meßkrämer
Figur, die (lat.) | figürlich: bildlich | figurieren: erscheinen als etwas; mustern | Figurant: stumme Person; Nebenperson
Fiktion (lat.): Erdichtung
Filial, das (nlat.): Tochterkirche | Filiale, die: Tochteranstalt, Zweiggeschäft
filieren (frz.): zwirnen | Filet, das: Netzgewebe; Lendenstück
Fili|gran, das (it.): Geflecht aus Gold und Silberdraht
Film, der; Mz. -e (engl.) | filmen
Filou (frz.): Betrüger, Schelm
Filter, der und das (nlat.) | filtern, filtrieren: durchseihen | Filtrat, Filtricht
Filz, der | filzig
Fimmel, der: 1. Eisenkeil; Hammer; 2. Narrheit; 3. männlicher Hanf
final: (lat.): auf den Zweck, das Endziel gerichtet | Finalität

Finale, das (it.): Schlußstück
Finanz, die (frz.): Geldwesen | Finanzier: Geldmann | Finanzer: Steuer-, Zollbeamter | Finanzen, Mz.: Geldverhältnisse | finanziell: geschäftlich | finanzieren: Geld beschaffen
finden; ich fand; gefunden | findig
Finesse, die (frz.): Feinheit, Kunstgriff
Finger, | fingerdick
fingieren (lat.): erdichten, vorgeben
Finish, der und das (engl.): Endstadium eines Wettkampfes
Fink[e], der | Finkler
Finkenwärder: Elbinsel
Finne, der | Finnland | finnisch
Finne, die: Schmarotzer | finnig
Finnwal, der
finster | Finsterkeit, -heit | Finsternis
finslig, finzelig: überfein
Finte, die (it.): Scheinhieb; Vorwand
Firlefanz, der: Possen
firm (lat.), ferm (frz.): fest, sicher
Firma, die; Mz. Firmen (it.): Geschäftsname; Geschäftshaus | firmieren: unterzeichnen
Firmament (lat.): Himmelsgewölbe
Firm[el]ung, die: kath. Sakrament | firme[l]n | Firmling
firn: vorjährig, alt | Firn, der: Altschnee | Firne, die: Reife des Weines | Firner s. Ferner
Firnis (frz.) | firnissen; gefirnißt
First, der, auch die
Fisch | fischen | Fischer
Fisimatenten, Mz.: Flausen
Fiskus (lat.): Staatskasse | fiskalisch: staatlich
Fisole, die (lat.): Bohne
Fissur (lat.): Spaltung | Fissilität: Spaltbarkeit
Fistel, die (lat.): Eitergang; Kopfstimme
fit (engl.): in guter Verfassung
Fittich, der
Fitz, der: ängstliche Übereilung
Fitze, die; Faden; Gebinde Garn | Fitzchen: ein wenig | fitzen: Garn in Gebinde ordnen; runzeln; mit einer Gerte schlagen; hasten
Fitzbohne = Veitsbohne
fix (lat.): fest; gewandt | fixe Idee: Wahnvorstellung | Fixstern: fester Stern | Fixum: festes Einkommen | fixieren: festsetzen; anstarren
Fixateur (frz.): Zerstäuber | Fixativ, das: Fixiermittel | Fixation: Festsetzung | fixen: Zeitkäufe machen, ungedeckt verkaufen | Fixer: Börsenspieler
Fjäll (schwed.), Fjeld (norweg.): hohe Bergfläche
Fjord (dän.): Meerbusen
flach | Fläche | Flachheit
Flachs, der | flächse[r]n
flackern | flack[e]rig
Fladen, der: flacher Kuchen
Flader, der: Holzader, Maser | fla- d[e]rig
Flagellant (lat.): Geißler
Flageolett, das; Mz. -e (frz.): kleine Flöte; Flötenton
Flagge, die (nl.) | flaggen
fla|grant (lat.): brennend, offenkundig | in flagranti: auf frischer Tat
Flak = Fliegerabwehrkanone
Flakon, das (frz.): Fläschchen
Flamberg, der (frz.): zweihändiges Schwert
Flame: Bewohner von Flandern flämisch
Flamingo, der (sp.): Vogel
Flamme (lat.) | Flämmchen

Flammeri, der (engl.): Pudding
Flanell, der; Mz. -e (engl.): Gewebe | flanellen
flanieren (frz.): umherschlendern | Flaneur: Pflastertreter
Flanke (frz.): Seite | flankieren: von der Seite decken, einschließen | Flankierbaum im Pferdestall
Flan[t]sch, der: Verbindungsstück an Rohren
Flaps, der: Lümmel
Flasche | Fläschchen | Flaschner
Flaser, die = Flader
flattern | flatt[e]rig | flatterhaft
flattieren (frz.): schmeicheln
flau: matt | Flauheit, Flaute, die
Flaum, der (lat). | Flaumfeder | flaumweich
Flaus, Flausch, der: Wollbüschel; Wollenzeug, Rock
Flausen, Mz.: Vorspiegelung
Fläz: flegelhafter Mensch | sich fläzen
Flebbe, die (rotwelsch): Ausweispapier
Flechse, die (lat.): Sehne
flechten; du flichst, er flicht; ich flocht; geflochten; flicht! | Flechte
Fleck[en], der | fleckig
fleddern (Gaunerwort): Leichen, Schlafende bestehlen
Fledermaus | Flederwisch
Fleet, das (nd.): Kanal
Flegel, der (lat.)
flehen | flehentlich
Fleisch | fleischig | fleischlich
Fleiß, der | fleißig
flektieren (lat.): biegen, abwandeln | Flexion
flennen: weinen
fletschen: die Zähne zeigen
Flett, das: Herdraum im niedersächs. Bauernhaus
Flibustier: Seeräuber
flicken | Flicken, der
Flieder, Syringe (nd. = Holunder)
fliegen; ich flog; geflogen | Fliege | Flieger
fliehen; ich floh; geflohen; flieh[e]!
Fliese, die: Steinplatte
fließen; du fließest und fließt; ich floß; geflossen | Fließ, das: Bach | Fließpapier: Löschpapier
flimmern | Flimmer, der
flink | Flinkheit
Flint: Feuerstein | Flinte
Flip, der: Getränk
flirren: flimmern
Flirt, der (engl.): Liebelei | flirten
Flitter, der: Metallplättchen; Glitzerndes | Flitterstaat | Flitterwochen
Flitzbogen | flitzen
Flocke, die (lat.) | flockig
Floh, der; Mz. Flöhe | flöhen
Flom[en], der: Bauch- und Nierenfett
Flor, der: 1. (lat.): Blüten; 2. (nl.): feines Gewebe | Flora, die: Blumenwelt | Florfliege | florieren: blühen | Florilegium: Blumenlese
Florett: 1. das; Mz. -e (sp.): Stoßrapier; 2. der (frz.): Seidengespinst
Florin, der: Gulden
Floskel, die (lat.): Redeblüte, Redensart
Floß, das (der); Mz. Flöße | flößen | Flößer
Flosse, die, des Fisches
Flöte, die (altfrz.) | flöten
flötengehen (nd.): verlorengehen
flott (nd.): schwimmend, frei, leicht | flottweg | Flott, das: Rahm | Flotte, die | flottant, flottierend (von Schulden): schwebend, ungedeckt | Flottille, die (sp.): kleine Flotte
Flöz, das: Kohlenlager

Fluch, der | fluchen
Flucht, die | flüchten | flüchtig
Fluder, das: offene Wasserrinne
Flug | flugs | Flügel | flügge
Fluh, Flühe, die: Felswand
Fluidum, das; Mz. -da (lat.): Flüssigkeit; ausströmende Wirkung
fluktuieren (lat.): schwanken | Fluktuation
Flunder, der und die (nd.): Fischart
flunkern: aufschneiden
Flunsch, der: weinerlich verzogener Mund
Fluor, das (lat.): chem. Grundstoff | Fluoreszenz, die: Selbstleuchten eines Stoffes
Flur: 1. die, Mz. -en; Feld; 2. der und die, Mz. -e: Hausgang
Fluß; Mz. Flüsse | Flußspat | flüssig
flüstern (nd.)
Flut, die | fluten | flutschen, gut vorwärtskommen
Flysch, das: Gestein
Fock[e], die (nd.): Vordersegel | Fockmast: Vordermast
föderieren (lat.): verbünden | Föderation: Staatenbund | föderativ | Föderalismus
Fohe: Füchsin (s. Fähe)
Fohlen, Füllen, das
Föhn, der: Wind | föhnig
Föhre, die: Kiefer
Fokus, der (lat.): Brennpunkt, Herd | Fokaldistanz: Brennweite
folgen | folgendes; das Folgende; im folgenden, in folgendem | folgendermaßen | folglich | folgsam | Folge; in der Folge; Folge leisten; infolge, zufolge, infolgedessen, demzufolge | folgenschwer | folgern
Folium, Mz. -ia und -ien (lat.): Blatt | Folio (it.): Papierformat 21×33 cm, Abk. Fol. oder 2°) | Folie, die (it.): Metallblättchen; Hintergrund | folieren | Foliant, der: Buch in Folio
Folketing: dän. Abgeordnetenhaus
Folklore, die (engl.): Volkskunde
Follikel, der und das (lat.): Drüsensäckchen; Balg | follikular
Folter, die | foltern
Foment, das (lat.): warmer Umschlag | fomentieren
Fond, der (frz.): Hintergrund; Hintersitz | Fonds, der (frz.): Grundvermögen, Geldvorrat
Fondant, der (frz.): gefülltes Zuckerzeug
Fontäne, die (frz.): Springbrunnen
Fontanelle, die (it.): Schädellücke bei Neugeborenen
foppen: zum Narren haben
Force, die (frz.): Stärke, Gewalt | forcieren: erzwingen
Förde, die (nd.): Meerbusen, Fjord
fordern | Forderung, die
fördern | förderlich
Forelle, die: Fischart
forensisch (lat.): gerichtlich
Forke (lat.): Gabel, Heugabel | forkeln: mit dem Geweih verwunden
Form, die (lat.): Gestalt; Äußerliches, Schein | förmlich | formen | formieren: bilden | Formation | Format, das: Größe | formal, formell | Formalien, Mz., Förmlichkeiten | Formalität | Formalismus | Formalist
Formel, die (lat.): feststehender Ausdruck | Formular, das (nlat.): Vordruck, Formblatt | formulieren: abfassen
forsch (zu Force): kräftig, schneidig
forschen | Forschung
Forst, der | Förster | forstlich

Forsythie, die: Strauch
fort; und so fort (usf.); sofort = sogleich; in einem fort | fortan | fortgehen usw.
Fort, das (frz.): Festungswerk | Fortifikation: Befestigung | fortifikatorisch
forte (it.): stark | Fortepiano: Klavier | fortissimo: sehr stark
Fortuna (lat.): Glücksgöttin
Forum, das; Mz. Fora (lat.): Marktplatz; Gerichtsstand
fossil (lat.): versteinert | Fossil, das; Mz. -ien
Fötus, der (lat.): Leibesfrucht
foul (engl.): (im Sport) regelwidrig
Foulard, der (frz.): Seidentuch | Foulé, der: Wollengewebe
Foxterrier, der (engl.): Hunderasse
Foxtrott, der (engl.): 'Fuchsgang', Tanz
Foyer, das (frz.): Wandelhalle
fr. = frei | Fr. = Frau
Fra (it.): 'Bruder', Mönch
Fracht, die | Frachtbrief
Frack, der; Mz. Fräcke
fragen; du fragst; ich fragte (besser als frug) | in Frage kommen | fraglich | fragwürdig
fragil (lat.): zerbrechlich | Fragment: Bruchstück | fragmentarisch | Fraktion: Brechung; Parteigruppe | Fraktur: Bruchschrift
frais[efarbig] (frz.): erdbeerfarbig
Frame, die: germ. Speer
Françaisе, die (frz.): Tanz
frank (frz.), frei | franko (it.) | frankieren: freimachen | Frankatur
Franke, der | Frankreich | Franken, Land | fränkisch | Frank[en], der; 10 Frank[en]

Franktireur; Mz. -s und -e (frz.): Freischärler
Franse, die (frz.): Troddel | fransig | ausgefranst
Franz | Franziskus, Franziska | Franziskaner: Mönch
Franzbranntwein, eigtl. frz. Branntwein | Franzbrot | Franzmann
Franzose | Französin | französisch, die Französische Revolution (1789) | französieren
frappieren (frz.): überraschen; in Eis kühlen | frappant: auffallend
Fräse, die | Fräsmaschine | fräsen
Fraß, der
Frater (lat.): 'Bruder', Mönch | Fraternität: Bruderschaft | fraternisieren: brüderlich verkehren
Fratze, die (it.); fratzenhaft
Frau, die | fraulich | Frauenzimmer (urspr. Frauengemach) | Fräulein; Mz. Fräulein
frech | Frechheit
Fregatte, die (it.): Art Kriegsschiff
frei; im Freien | freigeben usw., jemanden freihalten; aber: sich von etwas frei halten, einen Platz frei lassen | Freischar | Freischärler | Freistaat: Republik; Freistadt: Stadt mit Selbstverwaltungsrecht; Freistatt, Freistätte: Asyl | Freiin | Freiheit | freilich
Freiburg in Baden, in Schlesien, in der Schweiz | Freyburg a. d. Unstrut
freien: um eine Braut werben | Freier, der | Freite, die: Brautschau
Freitag; vgl. Dienstag
fremd | fremdländisch | fremdsprachlicher Unterricht, aber: fremdsprachige Bevölkerung | Fremde, die | Fremdling
frenetisch s. phrenetisch

frequent (lat.): zahlreich, belebt | frequentieren, (häufig) besuchen | Frequenz, die: Besuch
Fresko, das; Freske, die; Mz. Fresken (it. aus d. Deutschen): Gemälde auf frischem Kalk. Vgl. a fresco
fressen; du frissest und frißt; du fraßest; gefressen; friß! | Freßsack | Fressalien, Mz.
Frett, das: Iltisart | Frettchen | frettieren, damit jagen
freuen | Freude, die; Freud und Leid
freund; einem freund sein | Freund, der
Frevel, der | freveln | freventlich | Frevler
Frhr. = Freiherr
Friede[n], der; des Friedens | Frieden[s]stifter | friedlich | friedsam | Friedrich, Fri[e]dolin, Fried[e]run, Frieda, Friederike | Fridericus, friderizianisch
Friedhof, der
Friedrichroda: Ort
frieren; ich fror; gefroren
Fries, der: Wollenzeug; Schmuckstreifen
Friese, der | Friesland | friesisch
Friesel, der, das, Hautausschlag meist Mz. Frieseln
Frigidarium (lat.): Kalthaus | Frigidaire, der (frz.): Kühlschrank
Frikandeau, das (frz.): Kalbsschnitte | Frika[n]delle, die (it. — frz.): Fleischklößchen
Frikassee, das (frz.): Schnittfleisch | frikassieren: klein schneiden
Friktion (lat.): Reibung
frisch; frischauf; von frischem | Frische, die | frischen: 1. Junge zur Welt bringen (vom Schwarzwild); 2. das Erz reinigen | Frischling, der: junges Wildschwein
frisieren (frz.) | Friseur | Friseuse | Frisur, die
Frist, die | fristen
Frithjof
Fritt, der: kleiner Bohrer
Fritte, die (it.): Glasschmelzmasse
Fritüre, die (frz.): Schmalzgebäck
frivol (frz.): leichtfertig | Frivolität
Frl. = Fräulein
froh | fröhlich | frohlocken
fromm; frommer, frömmer; zu Nutz und Frommen | frommen: nützen | Frömmigkeit | Frömmelei
Fron . . ., herrschaftlich, Herren . . . | Frondienst; Fron[e], die: dem Herrn geleisteter Dienst | Fronfeste: Staatsgefängnis | Fronleichnam: Christi Leib, kath. Feiertag | fronen, frönern: dienen
Fronde (frz.): regierungsfeindliche Partei | frondieren | Frondeur
Front, die; Mz. -en (it.) | Front machen: sich zukehren; sich widersetzen | Frontalansicht | Frontispiz, das: Vordergiebel; Titelblatt
Frosch, der | Froschlaich
Frost, der | frostig | frösteln
Frottee, das (frz.): rauhes Gewebe | frottieren: reiben | Frotteur: Bohner
Frucht, die | fruchtlos
frugal (lat.): genügsam, mäßig | Frugalität
früh[e]; früh[e]stens; zum, mit dem früh[e]sten; in der Frühe | frühmorgens | Frühling | Frühstück
fruktifizieren (lat.): nutzbar machen
Fuchs | fuchsschwänze[l]n: schmeicheln | fuchsig | fuchsen
Fuchsia: Blume | Fuchsin: Anilinrot
Fuchtel, die | fuchteln
Fuder, das | fuderweise

Fu|dschijama: heiliger Berg in Japan
Fug; mit Fug und Recht | fügen | Fuge = Verbindungsstelle | füglich
Fuge, die (it.): Tonstück
fühlen | Fühlung | fühllos
Fuhre, die | Fuhrmänner, -leute
führen = fahren machen | Führer
Fulgurit, der; Mz. -e (nlat.): Sprengmittel
füllen | Füllsel, das | Füller, der = Füll[feder]halter
Füllen, das = Fohlen
fulminant (lat.): blitzend, wetternd
Fumarole, die (it.): Dampfquelle
fummeln: abreiben, pfuschen
Fund, der | fündig: erzreich
fundieren (lat.): begründen, ausstatten | Fundation: Stiftung | Fundament, das: Grundlage | fundamental: grundlegend
fünf; der fünfte; fünfstens; fünftel; das Fünftel; fünfmal; fünfundzwanzig | fünfzehn | fünfzig
fungieren (lat.): ein Amt versehen | Funktion: Dienstleistung, Amt, Verrichtung | Funktionär: Beamter | funktionieren: sein Amt verwalten; im Gange sein
Funke[n], der | funken | funkeln | funkelnagelneu
Funse[l], Funzel, die: schlecht brennende Lampe
für; fürs erste | fürbaß: weiter | Fürbitte | fürlieb und vorlieb | Fürsprache | Fürsprech: Anwalt | fürwahr | Fürwitz und Vorwitz
Furage, die (frz.): Futter, Mundvorrat | furagieren: Lebensmittel holen
Furche, die | furchig | furchen
Furcht, die | furchtbar | fürchten | fürchterlich
fürder | fürderhin
Furie (lat.): Rachegöttin; Wut
Furier (frz.): Quartiermacher
furnieren (frz.): beblatten, mit Blättern feinen Holzes belegen | Furnier, das | Furnitur, die
Furore, das (it.): rasender Beifall, großes Aufsehen
Fürst | Fürstbischof | fürstlich
Furt, die
Furunkel, der (nlat.): Blutschwäre
fuscheln, fuschern: sich rasch bewegen
Fusel: schlechter Branntwein | fuselig
Füsilier (frz.): Fußsoldat | füsilieren: erschießen
Fusion (lat.): Verschmelzung
Fuß; zu Fuß[e] gehen | Fußgänger | fußhoch | Fußsohle | Fußstapfe und Fußtapfe | Füßling | fußen | keinen Fußbreit weichen
Fussel, die: Fädchen | fusselig, fußlig
futsch: weg, verloren
Futter, das | füttern | Futteral, das: Überzug, Behältnis
Futur[um], das; Mz. -ra (lat.): Zukunft | Futurum exactum: Vollendung in der Zukunft

G

Gabardine, der, die: Stoff
Gabbro, der: ein Gestein
Gabe, die | gäbe s. gang
Gabel, die | Gab[e]lung
Ga|briel (hebr.) | Gabriele
gackeln, gackern, gacksen
Gaden, der: Gemach, Hütte
Gaffel, die (nl.): Segelstange | Gaffelsegel
gaffen | Gaffer
Gag, der (engl.); Mz. -s: witziger Einfall

Gagat, der; Mz. -e: Pechkohle
Gage, die (frz.): Besoldung
gähnen
Gala, die (sp.): Hoftracht | Galavorstellung: Festvorstellung
Galalith, das: Kunsthorn
Galan; Mz. -e (sp.): Liebhaber | galant (frz.): höflich | Galanterie: Höflichkeit | Galanteriewaren: Schmuckwaren | Galanthomme (frz.), Galantuomo (it.): Ehrenmann
Galeasse, Galeere, Galeone, Galeote (it.): Schiffe
Galerie, die (it.): Säulenhalle, Gang, Saal, Geländer; Rang im Theater
Galgen, der | Galgenfrist
Galicien, sp. Provinz | Galizien, nördl. der Karpaten
Galiläa | Galiläer | galiläisch
Galimathias, der (mittelgr.): sinnloses Geschwätz
Galion, das (sp.): Vorbau am Schiffsbug
gälisch, keltisch (in Schottland)
Galjaß, Galjot (it.), die: kleines Schiff
Galle, die: 1. ein Körperorgan; 2. (lat.) Geschwulst | gallig
Gallert, das; Gallerte, die: sulzeartige Masse
Gallien (lat.) | Gallier | gallisch | gallikanische Kirche | Gallizismus: frz. Spracheigentümlichkeit | Gallomanie: Franzosenschwärmerei
Gallone, die: engl. Hohlmaß
Gallup-Institut: Umfragesystem zur Erforschung der Volksmeinung in USA
Galmei, der: Zinkerz
Galon, der (frz.): Streifen, Tresse | galonieren: betressen
Galopp, der (frz.) | galoppieren | Galopin: Laufbursche
Galosche, die (frz.): Überschuh
Galvani, it. Physiker | Galvanismus: el. Strom aus galvanischen Elementen | galvanisch | galvanisieren | Galvanoplastik | Galvanotypie
Gamasche, die (frz.)
Gambe, die (it.): Kniegeige
Gambrinus: sagenhafter Bierkönig
Gamet, der (gr.); Mz. -en: Fortpflanzungszelle bei einzelligen Tieren und Pflanzen
Gams s. Gemse
Ganasche, die (frz.): Kinnbacken des Pferdes
Ganeff (hebr.): Gauner
Ganerbe, Miterbe
Gang, der | gang und gäbe, gäng und gäbe | gangbar, gängig | gängeln | Gängelband
Ganglion, das; Mz. Ganglien (gr.): Nervenknoten; Überbein
Gangrän, das; Gangräne, die (gr.): Brand | gangränös: brandig
Gangspill, das: Ankerwinde
Gangster, der (engl.): Schwerverbrecher
Ganove = Ganeff
Gans, Gäns|chen | Ganser = Gänserich
Gant, die (it.): Zwangsversteigerung
Ganymed[es] (gr.): Göttermundschenk in der gr. Sage
ganz; ganz und gar; im ganzen; im großen [und] ganzen; das Ganze; das große Ganze; ein Ganzes; ein großes Ganze[s] | Gänze, die | gänzlich
gar: 1. (Adj.) eigtl. fertig | Garküche; 2. (Adv.) | gar nicht; gar sehr | den Garaus machen
Garage, die (frz.): Wagenschuppen
Garamond = Korpus: Schriftgrad
Garant (dt.-frz.): Bürge | Garantie: Gewähr | garantieren: gewährleisten

Garbe, die
gärben: schweißen | Gärbstahl
Garçon; Mz. -s (frz.): Kellner; Junggeselle
Garde (dt.-frz.): Leibwache | Gardedukorps, der | Gardekorps | Gardist | Gardedame: Schutzdame
Garderobe, die, Mz. -n (frz.): Kleiderablage; Kleidervorrat | Garderobier: Kleiderwart | Garderobiere: Kleiderbewahrerin
Gardine, die
gären; es gor und gärte; gegoren und gegärt | Gärung | untergäriges Bier | Bodengare
Garnele, die: Seekrebs
garnieren(frz.): einfassen, schmücken | Garnitur, die | Garnison, die | garnisonieren
garstig
Garten | Gärtner | gärtnern
Gas, das; Mz. Gase | Gasometer, der | gasig
gäschen: schäumen | Gäscht
Gasel, das, Gasele, die (arab.): Gedichtform
Gasse | Gassenhauer | Gäßchen
Gast; Mz. Gäste und (= Matrosen) Gasten | Gastmahl; Mz. -mahle und -mähler | gastlich | Gasterei | gastieren: Gastrollen geben
gastrisch (gr.): den Magen betreffend | Gastronom: Feinschmecker
Gatte | Gattin | gatten | Gattung
Gatter, das
Gau, der; Mz. Gaue | Gäu, das
Gauch, der; Mz. Gauche und Gäuche: Kuckuck; Narr
Gaucho (sp.): Viehhirt
Gaudieb (nd.), eigtl. schneller Dieb
Gaudium, das (lat.): Freude
gaukeln | Gaukler | Gaukelei
Gaul, der; Mz. Gäule
Gaumen, der
Gauner (hebr.): Betrüger
gautschen (obd.): Papier pressen; alter Handwerksbrauch der Buchdrucker
Gavotte, die (frz.): Tanz
Gaze, die (frz.): Gewebe
Gazelle, die (arab.)
Geäs, Geäse, das: Maul
geb. = geboren, gebunden
Gebäck, das
Gebälk, das
gebaren | Gebaren, das | Gebärde, die | gebärden
gebären; sie gebiert; sie gebar; geboren
geben; du gibst, er gibt; ich gab; gib!
Gebhard, Vorname
gebieten | gebieterisch | Gebiet
Gebirge, das | gebirgig
Gebiß, das; Mz. Gebisse
Geblöke, das
Geblüt, das
Gebot, das; zu Gebot[e] stehen
Gebräch, das: mürbes Gestein; aufgewühlter Boden; Saurüssel
Gebrauch, der | gebräuchlich
gebrechen | Gebrechen, das | gebrechlich
Gebresten, das: Gebrechen
Gebrüder, Mz. (Abk.: Gebr.)
Gebühr | gebührend | gebührlich
Geburt | Geburtstag | gebürtig
Geck: alberner Mensch, Narr
Gedächtnis, das | Gedanke, der
Gedärm, das
Gedeck, das
gedeihen; ich gedieh; gediehen | auf Gedeih und Verderb | gedeihlich | gediegen

Gedränge, das
Geduld | geduldig | gedulden
Geest, die: sandiges Küstengebiet
Gefahr, die; Gefahr bringend und gefahrbringend | gefährden | gefährlich
Gefährt, das: Fuhrwerk | Gefährte, der: Begleiter
Gefäll[e], das
gefallen | Gefallen, das; ein großes Gefallen an etwas finden | Gefalle[n], der; des Gefallens; einen Gefallen erweisen; uns etwas zu Gefallen tun | gefällig
Gefangene, der | Gefangen[en]-lager, -wärter | gefangennehmen | gefänglich | Gefängnis
Gefäß; Mz. Gefäße
Gefieder, das
Gefilde, das
geflissentlich | Geflissenheit
Gefolge, das | Gefolgsmann | Gefolgschaft
gefräßig
gefüge, gefügig
gegen | Gegend | gegensätzlich | gegenständig: gegenüberstehend | gegenständlich: sachlich | Gegenteil, das | gegenüber; gegenüberstehen | Gegner | gegnerisch
gegr. = gegründet
geh. = geheftet
gehaben; du gehabst; ich gehabte; gehabt; gehab[e] dich wohl!
Gehalt: 1. der, Inhalt, Wert; Mz. Gehalte | gehaltreich; 2. der und das; Mz. Gehälter (Gehalte): Besoldung
gehässig | Gehässigkeit
Gehäuse, das
Gehege, das
geheim; im geheimen, insgeheim | geheimhalten | der Geheime Rat, Geheimrat | die Geheime Staatspolizei (Gestapo) | Geheimnis
Geheiß: auf sein Geheiß
geh[e]n; ich ging; gegangen, geh[e]!
geheuer: heimelig
Gehilfe, der
Gehlchen, das: Pfifferling
Gehöft, das
Gehölz, das
Gehör, das | gehorsam
gehören | gehörig
Gehre, die; Gehren, der: keilförmiges Beet, Stück Zeug usw. | Gehrungswinkel
geien: die Segel zusammenschnüren | Geitau
Geier, der
Geifer, der | geifern
Geige, die | geigen | Geiger
geil | Geile, die | Geilheit
Geisel, der, auch die; Mz. Geisel und Geiseln; Leibbürge
Geiser, der: Springquelle
Geisha: japan. Sängerin, Tänzerin
Geiß: Ziege | Geißblatt
Geißel, die: Peitsche | geißeln | Geißler
Geist, der; Mz. -er | geisterhaft | geistig, Gegensatz zu: körperlich | geistlich, Gegensatz zu: weltlich
Geiz, der | geizig | geizen
Gejaid, das: Jagd
Gekröse, das
Gelag[e], das
Gelände, das | Geländer, das
Gelaß; Mz. Gelasse | Gelassenheit
Gelatine (frz.): Gallerte | gelatinös: gallertartig
geläufig
Geläut[e], das
gelb | gelbbraun | gelblich

Geld, das; Mz. Gelder
Gelee, das, die; Mz. -s und -[e]n (frz.): Gallert
gelegentlich | Gelegenheit
gelehrig | Gelehrsamkeit | Gelehrte, der
Geleise, Gleis, das
geleiten | Geleit[e], das
Gelenk | gelenk, gelenkig
Gelichter, das
gelind[e] | Gelindigkeit
gelingen; es gelang; gelungen
gellen; es gellt
geloben | das Gelobte Land | Gelöbnis
Gelse, die: Stechmücke
gelt: 1. unfruchtbar (von Tieren); 2. nicht wahr?
Gelte, die: Schöpfgefäß
gelten; du giltst; ich galt, gölte, gegolten; gilt! | gelt? | Geltung
Gelübde, das
Gelüst[e], das | gelüsten
Gelze, die: verschnittenes Schwein | gelzen: verschneiden
gemach: bequem | gemächlich | Gemach, das; Mz. Gemächer (und Gemache)
Gemächt[e], das
Gemahl, der und das | Gemahlin
Gemälde, das
gemäß; demgemäß; gemäß dem Auftrag, dem Auftrag gemäß; zeitgemäß
Gemäuer, das
gemein | Gemein[d]e, die
Gemengsel, das
Gemination (lat.): Verdoppelung
Gemme (lat.): geschnittener Stein
Gemse, bayr. Gams, Gamsbart
Gemüse, das (zu: Mus)
gemüßigt; ich sehe mich gemüßigt

Gemüt, das; Mz. -er | gemütlich
Gen, das; Mz. Gene: Erbanlagefaktor
gen: gegen; gen Himmel
gen. = genannt
genant s. Gene
genau | Genauigkeit
Gendarm; Mz -en (frz) | Gendarmerie
Gene, die (frz): Zwang | genieren: belästigen, stören | sich genieren: sich Zwang auferlegen, befangen sein | genant: lästig, peinlich
Genealog[e] (gr.): Familienforscher | Genealogie | genealogisch
genehm | genehmigen
geneigt | Geneigtheit
General (lat.); Mz. Generale, Generäle | Generalität | Generalkommando (Gen.-Kdo.) | Generalversammlung: Hauptvers. | generalisieren: verallgemeinern | generell: allgemein
Generation (lat.): Zeitgeschlecht, Menschenalter | Generator: Erzeuger von Gas u. dgl. | generisch: eine Gattung betreffend
generös (frz.): edelmütig, freigebig | Generosität
genesen; ich genas; genesen
Genesis, die (gr.): Entstehung; Schöpfung, das 1. Buch Mosis | genetisch: entwicklungsgeschichtlich
Genetiv, Genitiv (lat.): Wesfall
Genever (frz.): Wacholderschnaps
Genezareth, See
Genick, das | Genickfänger, Nickfänger: Jagdmesser | Genickstarre
Genie, das; Mz. -s (frz.) | genial: geistvoll | Genialität: Schöpferkraft
genieren s. unter Gene

genießen; du genieß[es]t; ich genoß; genossen; genieß[e]!
Genitalien, Mz. (lat.): Geschlechtsteile
Genius, der; Mz. Genien (lat.): Schutzgeist; Geist
Genosse, Genoß, der
Genoveva, Vorname
Genre, das; Mz. -s (frz.): Gattung, Art | Genrebild: Bild aus dem Kleinleben
gentil (frz.): fein, höflich
Gentleman, Mz. -men (engl.): feiner, gebildeter Mann | gentlemanlike: nach Art eines Gentlemans
genug; genug und übergenug | genugtun = Genugtuung leisten; genug tun = genügend arbeiten | genugsam, genug | genügsam: mäßig, anspruchslos | genügen | Genügen, das; Genügen finden | Genüge, die; zur Genüge; Genüge tun, leisten
Genus, das; Mz. Genera (lat.): Geschlecht, Gattung | genuin: angeboren, ursprünglich
Genuß, der; Mz. Genüsse
Geodäsie (gr.): Feldmeßkunst, Vermessungskunde | Geognosie: Erdschichtenkunde | Geographie: Erdkunde | Geograph | Geologie: Erdbildungskunde | Geometer: Feldmesser | Geometrie: Raumlehre | Geophysik | Geopolitik | Geostatik | geothermisch | geozentrisch | geozyklisch
Georg (gr.) | Georgine: Blume
Gepäck, das
Gepard, der: Jagdleopard
Gepflogenheit
Geplärr, das
Gepränge, das
Ger, der; Mz. -e: Wurfspieß
gerade (grade); fünf gerade sein lassen; gerade so viel und geradesoviel, gerade so wie; geradeaus, geradezu; geradeswegs | Gerade, die: gerade Linie | geradlinig | Geradheit
Geranium; Mz. -nien (gr.-lat.): Storchschnabel
Gerant (frz.): Geschäftsführer
Gerät, das; Mz. -e
geraten; es gerät; es geriet; es ist das geratenste = am besten; aufs Geratewohl
geraume Zeit | geräumig
Geräusch, das: 1. Rauschen; 2. tierisches Eingeweide
gerben | Gerber
gerecht | Gerechtigkeit
Gerede, das
Gerhard, abgekürzt: Gerd, Gert
Gericht | Gerichtsschreiber
gerieren (lat.): (sich) benehmen
gering; nicht im geringsten; aber: im Geringsten treu sein; kein Geringerer als ... | geringschätzen (aber: Es kostet, gering geschätzt, hundert Mark)
gerinnen | Gerinnsel
Germane | Germania, Germanien | germanisieren | Germanismus: deutsche Redewendung in fremden Sprachen | Germanist | Germanistik
gern[e] | Gernegroß
Gernot, Gerold, Vornamen
Geröll[e], das
Gerste, die | Gerstenbrot
Gerte, die
Gertraud[e], Gertraut, Gertrud[e]
Geruch, der; Mz. Gerüche
Gerücht, das
geruhen: sich bereit finden
geruhig | geruhsam
Gerümpel, das

Gerundium; Mz. -dien (lat.) | Gerundiv[um]; Mz. -ve und -va
Gerüst, das
Gervais, der (frz.): Käseart
gesamt | Gesamtheit
Gesandte, der | Gesandtschaft
Gesang, der; Mz. Gesänge
Gesäß, das; Mz. -e
Geschäft | geschäftskundig | Geschäftsschluß | geschäftlich | geschäftig: tätig
geschehen; es geschieht; es geschah; geschehen | Geschehnis, das
Gescheide, das: Magen und Gedärme des Wildes
gescheit, am gescheit[e]sten
Geschichte | Geschicht[s]schreiber | Geschichtsforscher
Geschick, das | geschickt | Geschicklichkeit
Geschirr, das
Geschlecht; Mz. -er | geschlechtlich
Geschmack, der; Mz. Geschmäcke | Geschmack[s]sache
Geschmeide, das | geschmeidig
Geschmeiß, das
Geschöpf, das
Geschoß; Mz. Geschosse | Geschütz
Geschwader, das
Geschwätz, das | geschwätzig
geschweige; zu geschweigen, daß
geschwind | Geschwindigkeit
Geschwister, Mz. | geschwisterlich
Geschwor[e]ne, der
Geschwulst, die; Mz. Geschwülste
Geschwür, das
geselcht: geräuchert
Gesell[e] | gesellen | gesellig | Gesellschaft | gesellschaftlich
Gesetz, das | Gesetzbuch | Gesetzeskraft | gesetzlich
gesetzt; gesetzt den Fall; gesetztenfalls und gesetzten Fall[e]s
Gesicht, das; Mz. -er und (-e = Erscheinungen)
Gesims, das
Gesinde, das | Gesindel, das
gesinnt; gut-, übelgesinnt; gutig gesinnt | Gesinnung
gesittet | Gesittung
gesonnen sein, etwas zu tun
Gespan, der: 1. Mz. -e[n]; Gefahrte, Mitarbeiter; 2. Mz. -e (madjar.), Bezirksvorsteher
Gespann, das: Zugtiere
gespannt | Gespanntheit
Gespenst, das; Mz. -er | gespenstisch, gespenstig
Gespinst, das: Gesponnenes
Gespons, der, das (lat.): Bräutigam, Gatte; Braut, Gattin
Gespräch, das | gesprächig
gespreizt
Gest, die (nd.): Hefe
gest. = gestorben
Gestade, das
Gestalt, die; dergestalt | gestalten | mißgestalt[et] | vielgestaltig
geständig | Geständnis
Gestänge, das
Gestank, der
Gestapo = Geheime Staatspolizei
gestatten
Geste, Gestus; Mz. Gesten (lat.): Gebärde | gestikulieren: Handbewegungen machen | Gestikulation
gesteh[e]n
gestern; gestern morgen | gestrig
Gestirn, das | gestirnt
Gestöber, das
Gestöhn[e], das
Gestör[e]: Verbindung mehrerer Stämme beim Flößen

Gesträuch | Gestrüpp
Gestüb[b]e: Gemenge aus Lehm und Kohlenstaub
Gestüt, das
gesund; gesunder und gesünder | gesunden | Gesundheit
Getäfel, das
Gethsemane, (kath.-ni:) Garten bei Jerusalem
Getöse, das
Getränk, das
Getto, das (hebr.-it.): Judenviertel
Gevatter, der; Mz. -n, -sleute
geviert | Geviert, das
Gewächs, das
gewahr werden | gewahren | Gewahrsam, der und das
gewähren | Gewähr, die; für etwas Gewähr leisten, aber: etwas gewährleisten | Gewährsmann
Gewalt, die | gewaltig | gewalttätig
Gewand; Mz. Gewänder (Gewande) | Gewandung, die
gewandt | Gewandtheit
gewärtig | gewärtigen
Geweih, das
Gewerbe, das | Gewerbetreibende | Gewerbsleute | gewerbsmäßig | gewerbtätig
Gewerk, das | Gewerkschaft
Gewerke, der, Mitglied eines Gewerks
Gewicht, das | gewichtig
gewieft: schlau
gewiegt: erfahren
gewillt sein, etwas zu tun
gewinnen; ich gewann, gewönne; gewonnen | Gewinn, der | gewinnbringend | Gewinst, der
gewiß; nichts Gewisses; am gewissesten | gewissermaßen | Gewißheit
Gewissen, das | Gewissensbisse | gewissenlos
gewogen sein
gewöhnen; an etwas gewöhnt sein | gewöhnlich | Gewohnheit | gewohnt; ich bin Arbeit gewohnt; ich habe mich an Arbeit gewöhnt
Gewölbe, das
Gewölle, das: von Raubvögeln ausgeworfenes Unverdautes
Gewühl, das
Gewürz, das | gewürzig
gez. = gezeichnet, gezählt
Gezäh[e], das: Bergmannswerkzeug
Gezeiten, Mz.: Ebbe und Flut
Ghibelline (it.): im Mittelalter Anhänger der Hohenstaufen in Italien
Giaur (türk.): Ungläubiger, Nichtmohammedaner
Gibbon, der: Affe
Gicht, die (Mz. Gichter = Krämpfe) | gichtbrüchig | gichtisch
Gickel, der: Hahn
Giebel, der
Gieksegel am Giekbaum
Gienmuschel
Gier, Gierde | gierig
gieren: vom Kurs abweichen, nach etwas verlangen
Giersch, der: Pflanze
gießen: du gieß[es]t, ich goß, gegossen
Gift, das | giftig
Gig, das (engl.): Einspänner, Ruderboot
Gigant (gr.): Riese | gigantisch
Gigerl, der: Modegeck
Gilde, die
Gilet, das (frz.): Weste
Gimpel: Dompfaff, Dummkopf
Gin, der (engl.): Wacholderschnaps
Gingan[g], der (ind.): Baumwollstoff
Ginster, der
Gipfel | gipfeln

Gips, der (gr.) | gipsen
Gipüre, die (frz.): Stickerei
Giraffe, die (arab.)
Girandole, die (it.): Feuerrad; Armleuchter
Girlande, die (frz.): Blumengewinde
Girlitz, der: Finkenart
Giro, das; Mz. Giros (Giri) (it.): Übertragung (eines Wechsels) | girieren | Girant: der Übertragende | Girat: auf den übertragen wird
girren wie eine Taube
gischen: schäumen | Gischt
Gisela | Giselher
gissen: den Schiffsort schätzen
Gitarre, die (sp.): Art Laute
glacieren (frz.): glänzend machen | Glacéhandschuh
Glacis, das (frz.): Vorfeld von Befestigungen
Gladiator (lat.): Schaufechter | Gladiole, die: Blume
Glanz | glänzen; du glänz[es]t
Glas, das | gläsern | glasig | glasieren | Glasur
glatt; glatter und glätter | Glätte | Glatze
glau (nd.): scharfsichtig, klug
Glaube[n], der; des Glaubens | glauben | glaubhaft | gläubig | Gläubige, der: der Fromme | Gläubiger, der: Darleiher
Glaubersalz
Glaukom, das (gr.); grüner Star
Glazialperiode (lat.-gr.): Eiszeit
gleich; gleich und gleich; der gleiche = derselbe; ein gleiches tun; ins gleiche bringen; Gleiches mit Gleichem vergelten; des-, meines-, ohnegleichen; gleichfalls, gleichsam, — gleichviel (aber: Wir haben gleich viel); gleichwie, gleichwohl; gleichgültig, gleichschenklig, gleichwinklig; gleichbleiben, gleichstellen; gleichermaßen, gleicherweise | gleichen; ich glich; geglichen | Gleichnis
Gleis s. Geleise
Gleisner: Heuchler | gleisnerisch
gleißen: glänzen; gleißte und gegleißt (veraltet gliß, geglissen) | Gleiße, die: Hundspetersilie
gleiten; ich glitt; geglitten
Gletscher, der
Glied, das | Gliedmaßen, Mz. | gliedweise | gliedern
glimmen; es glomm und glimmte; geglommen und geglimmt | Glimmer
Glimpf, der: Schonung, Zartheit | glimpflich
glitschen | glitsch[e]rig, glitschig
glitzern
Globus; Mz. Globusse und Globen (lat.): Erd-, Welt-, Himmelskugel | global: die ganze Erde betreffend | Globetrotter (engl.): Weltreisender
Glocke | Glöckchen | Glöckner
Gloria, das (lat.): 'Ruhm', der Engl. Lobgesang; auch Baumwollseide | Glorie, die: Ruhm, Glanz | glorreich | Gloriole, die: Heiligenschein | glorios: ruhmvoll | glorifizieren: verherrlichen | Glorifikation
Glosse, die (gr.): Randbemerkung | glossieren: mit Randbemerkungen versehen | Glossar (lat.): Wörterverzeichnis
glotzen | glotzäugig
Gloxinie, die: Blume
gluck! | Glucke | glucksen
Glück, das; Glück auf! | glücklich | glückselig | glücken
glühen | Glut
Glykose, die (gr.): Traubenzucker

Glyptothek, die (gr.): Sammlung von Bildhauerarbeiten
Glyzerin, das (gr.) | Glyzin[i]e: Blume
GmbH = Gesellschaft mit beschränkter Haftung
Gnade; Euer Gnaden | gnade dir Gott! | gnädig
Gneis, der; Mz. Gneise: Gestein
Gnitte, Gnitze, die: kleine Mucke
Gnom; Mz. -en: Berggeist, Kobold
Gnome, die (gr.): Sinnspruch
Gnosis, die (gr.): 'Erkenntnis' | Gnostiker | Gnostizismus
Gnu, das: Antilopenart
Goal (engl.): Tor beim Fußball
Gobelin, der (frz.): Bilderteppich
Gockelhahn
Godetie, die: Blume
Goi, Mz. Gojim (hebr.): Nichtjude
gokeln, kokeln: unvorsichtig mit dem Licht umgehen
Gold, das | golden; die Goldene Aue, Bulle; das Goldene Zeitalter | goldig
Golf: 1. der (frz.): Meerbusen; 2. das (engl.): Rasenspiel
Golgatha (hebr.), Golgotha
Goliath (hebr.): ein Riese
Gomorrha s. Sodom
Gondel, die (it.) | Gondelier, Gondoliere, Mz. Gondolieri: Gondelführer | gondeln
Gong, der, das (chin.): Schallbecken
gönnen | Gönner
Gonor|rhöe, die (gr.): Tripper
Göpel, der
Gör; Mz. -en (nd.): Kind
Gorale: Karpatenvolk
gordischer Knoten
Gorgonzolakäse
Gorilla, der: afrikanischer Affe
Gösch, die (der): Bugflagge (Oberecke der Flagge)
Gosche, Gusche, die: Mund
Gose, die: Art Weißbier
Gospodar = Hospodar
Gosse, die
Gote: 1. der: german. Volksstamm | 2. der und die (oberd.): Pate, Patin,
gotisch | Gotik, die: Stil
Gotha | Gothaischer Hofkalender
Goethe | Goethisch
Gott; Gott befohlen; Gott sei Dank!, gottlob! | gottbegnadet | Gottseibeiuns, der | Gottfried, Gotthard | Gotthelf, Gotthilf | göttlich
Götze, der
Gourmand (frz.): Feinschmecker
goutieren (frz.): Geschmack an etwas finden
Gouverneur (frz.): Statthalter | Gouvernante: Erzieherin | Gouvernement: Regierung; Verwaltungsbezirk
grabbeln: schnell greifen, kitzeln
graben; du gräbst; ich grub; gegraben | Graben, der; Mz. Gräben | Grab, das; Mz. Gräber | Grabmal, das; Mz. -male und -mäler
Gracchus, röm. Name; Mz. Gracchen
Gracht, die (nl.): Kanal
Grad, der (lat.): Stufe | gradieren: auf einen höhern Grad bringen, veredeln | Gradation: Abstufung, Steigerung | Graduale, das: Meßgesang | graduell: stufenweise | graduieren: in Grade teilen; mit einem akademischen Grad bekleiden
Graf | Gräfin | gräflich
Grahambrot
Gral, der (altfrz.): Schüssel mit Christi Blut
gram sein | Gram, der | grämen | grämlich

Gramm, das
Grammatik (gr.): Sprachlehre | grammat[ikal]isch | Grammophon, das
Gran, das (der) (lat.), eigtl. Korn | granieren, granulieren: körnen | Granulation | granulös: körnig | Granat: Edelstein | Granatapfel | Granate, die (it.) | Granit (it.): Gestein
Gran Chaco, der: Grenzgebiet zwischen Bolivien und Paraguay
Grand, der (nd.): Kiessand
Grand, der (frz.): Kartenspiel | Grande (sp.): Hochadliger | Grandezza (it.): Hoheit, Würde | grandios (it.): großartig
Granne, die: Ährenstachel
Graphik (gr.): 'Schreib-, Zeichenkunst', graphische (vervielfältigende) Künste | graphisch: zeichnerisch | Graphiker | Graphit, der: Mineral | Graphologie: Handschriftdeutung
grapschen, grapsen: rasch nach etwas greifen
Gras, das | grasen | grasig
graß | gräßlich
grassieren (lat.): heftig auftreten
Grat, der: scharfe Kante; Mz. Grate, Gräte | Grattier: Gemse
Gräte, die, des Fisches
Gratias, das (lat.): Dankgebet | gratis: unentgeltlich | Gratifikation: Belohnung, Vergütung | gratulieren: Glück wünschen | Gratulation | Gratulant
grätschen: die Beine spreizen | Grätsche, die
grau; grau in grau; in Grau gekleidet; die Grauen Schwestern | grauen; der Morgen graut | gräulich
grauen, grausen, sich graulen | graulich | Graus, der | grausig | grausam | Grausamkeit
Graupe: enthülstes Gerstenkorn | Graupeln: kleine Hagelkörner
gravieren (frz.): einschneiden, stechen | Graveur: Stempel-, Steinschneider, Stecher | Gravüre: Stich
gravierend (lat.): belastend | Gravität: Ernsthaftigkeit, Würde | gravitätisch: feierlich | gravitieren: nach etwas hinneigen | Gravitation: Schwerkraft
Grazie (lat.): Anmut, Göttin der Anmut | graziös: anmutig
gräzisieren (lat.): den Griechen nachahmen | Gräzismus: griechische Spracheigentümlichkeit
Greenwich in England
Gregorianischer Kalender
Greif, der; Mz. -e[n]: Fabeltier
greifen; ich griff; gegriffen
greinen: weinen
greis | Greis, der; des Greises | Greisin
Greißler (österr.): Krämer
grell: rauh, schreiend
Gremium; Mz. Gremien (lat): 'Schoß'): Körperschaft
Grenadier; Mz. -e (frz.)
Grenadine, die (frz.): Gewebe
Grendel, Grindel, der: Riegel; Pflugbaum
Grenze, die | grenzen
Grete = Margarete
Greuel, der | greulich
Grevenbroich, Stadt
Griebe, Griefe, die: Fettwürfel
Griebs, der: Obstkerngehäuse
Grieche | griechisch
grienen: grinsen, weinen
Griesgram, der | griesgrämig

Grieß, der: Kiessand; grob geschrotetes Getreide
Griff, der | Griffel, der
grifflachen: den Mund zum Lachen verziehen
Grill, der (frz.-engl.): Bratrost
Grille, die
Grimasse (frz.): Gesichtsverzerrung
Grimbart, der Dachs
grimm | Grimm, der | grimmig
Grind, der: Schorf | grindig
Grindel s. Grendel
grinsen: höhnisch lächeln
Grippe, die (russ.)
Grips, der: Verstand
Grisaille, die (frz.): Graumalerei
Grislybär, der
grob; gröber; aus dem groben arbeiten; aus dem Gröbsten heraussein | Grobian | Grobheit | gröblich
Grog, der (engl.)
grölen: schreien
Groll, der | grollen
Grönland | Grönländer
Groom (engl.): Reitknecht
Gros, das (frz.): 1. zwölf Dutzend; 2. Hauptmasse | Grossist: Großhändler
Groschen, der
groß; größer, am größten; groß und klein; im großen; im Großen wie im Kleinen treu; größtenteils; der Große Kurfürst; der Große Ozean; Friedrich der Große; das Große Los | Großeltern | Großmogul | Großmut, die | großschreiben | großtun | großziehen | Größe
grotesk (it.): wunderlich
Grotte, die (it.)
Grube | grübeln | Gruft; Mz. Grüfte
Grude, die: Heizstoff | Grudeofen
Grum[me]t, das: Nachheu
grün; in Grün gekleidet; im Grünen | Gründonnerstag | Grünspan, der: d. i. spanisches Grün | grünlich | grünen
Grund; zugrunde geh[e]n, legen, richten; auf Grund von; von Grund aus | Grundlegung | grundlos | grundsätzlich | gründlich; tiefgrundig, tiefgründig | gründen | grundieren: mit Grundfarbe anstreichen | Grundel, Gründling: Fische
grunzen
Gruppe, die (frz.) | gruppieren
Grus, der: Schutt, besonders von Kohlen | grusig
gruseln | grus[e]lig
Gruß; Mz. Grüße, der Englische Gruß: Ave Maria | grüßen
Grütze, die | Grützbeutel: Geschwulst
Gschaftlhuber (bayr.): Hans in allen Gassen
Guadeloupe: französisch-westindische Insel
Guajakholz (sp.)
Guayana: britisches, niederländisches und französisches Kolonialgebiet in Südamerika
Guano, der (sp.): Vogelkot, Düngemittel
Guardian (dt.-it.): Klostervorsteher
Guasch[e], die (frz.): Deckfarbenmalerei
Gubernium, das (nlat.): Regierung
gucken | Guckindiewelt | Guckkasten | Gucki, das, im Skat [auch kucken usw.]
Gudrun, Vorname
Guerilla, die (sp.): Kleinkrieg
Gugelhupf (oberdeutsch): Napfkuchen
Guido, it. Vorname aus dt. Wido; auch = Vitus, Veit
Guillotine, die (frz.): Fallbeil | guillotinieren

Guinea in Westafrika | Guinee (frz.): ehem. engl. Münze
Gulasch, das (madjar.): Pfefferfleisch
Gulden, der | gülden = golden
Gülle, die: Jauche
Gully, der, das (engl.): Schlammfang
gültig | Gültigkeit
Gummi, der, das (gr.-lat.): Art Baumharz | Gummiarabikum: Klebstoff | Gummielastikum: Kautschuk | Gummigutt: Farbe | gummieren
Gundelrebe, Gundermann: Pflanze
Günsel, der: Pflanze
Gunst, die, zugunsten, aber: zu meinen Gunsten | günstig
Günt[h]er
Gurgel, die | gurgeln
Gurke, die
gurren; die Taube gurrt
Gurt | gürten | Gürtel | Gürtler
Gusche s. Gosche
Guß, der; Mz. Güsse
güst: unbefruchtet (von Kühen, Stuten)
Gustav
Gusto, der (it.): Geschmack
gut; im guten und in gutem; zugute halten, kommen; Gutes und Böses; zum Guten wenden; nichts Gutes, alles Gute | gutheißen -sagen, -schreiben | Gutachten, das | gutgelaunt | gutgläubig | gütig | gütlich | Gut, das | Güte, die
Guts Muths: Mitbegründer des dt. Turnens
Guttapercha, die (mal.): Gummiart
Guttural, der (nlat.): Kehllaut
Gymnasium; Mz. -sien (gr.-lat.) | Gymnasiast
Gymnastik (gr.): Turnkunst | gymnastisch: turnerisch
Gynäkologie (gr.): Frauenheilkunde

H

ha! haha!
ha = Hektar
Haar, das; ein Haarbreit | Härchen | haarig | haarsträubend
Haarrauch s. Herauch
Habeaskorpusakte (lat.): englisches Grundgesetz zum Schutz der persönlichen Freiheit
haben; habgierig | Habenichts | Haben, das; Soll und Haben | Habe, die; Hab und Gut | Habseligkeiten, Mz.
Haber (obd.), Hafer | Haberfeldtreiben: Art Volksgericht
Habicht, der
habilitieren (nlat.), sich: die Lehrberechtigung an einer Hochschule, den Grad des Dr. habil., erwerben | Habilitation
Habitus, der (lat.): Haltung, Aussehen | Habit, der und das (frz.): Anzug, Kleidung | Habitué: regelmäßiger Besucher; Stammgast | habituell: gewohnheitsmäßig
Hachse, Haxe, Hechse, die: Kniebug
Hacke, die: 1. Werkzeug; 2. = Hacken, der: Ferse
hacken | Hack[e]brett, Hackepeter = Hackfleisch | Häckerling | Häcksel, der und das |
Hader, der: 1. Mz. -n, Lumpen; 2. Zank, Streit | hadern: zanken
Hades, der (gr.): Unterwelt
Hadschi (arab.): Mekkapilger
Hafen, der; Mz. Häfen: 1. (nd.): Landeplatz; 2. (obd.): Topf | Hafner: Töpfer
Hafer, der | Hafergrütze
Haferei = Havarie: Seeschaden

Haff, das; Mz. -e; das Frische Haff
Haft: 1. der, Band, Spange; 2. die, Gefangenschaft; — zu 1: Haftel, Häftchen; — zu 2. Häftling — haften
Hag, der: Gehege, Gebüsch | Hagebuche | hagebüchen: grob | Hagebutte, Hambutte | Hagedorn | Hagestolz: Junggeselle
Hagel | hageln; es hagelt
hager | Hagerkeit
Häher
Hahn | Hahn[en]schrei | Hahnrei
Hai, Haifisch
Haimon; die vier Haimonskinder
Hain | Hainbuche
Hairauch s. Herauch
Haiti: westindische Insel
Haken, der | häkeln | Häkelei, die
Halali (frz.): Jagdruf
halb; es schlägt halb eins; der Zeiger steht auf halb | eine Halbe (Bier) | halbmast; die Fahnen auf h. hissen | halbpart | halbwegs | halbwüchsig | Halbscheid, die = Hälfte | halbieren: hälften
halber; krankheitshalber, beispielshalber, ehrenhalber; der Ehre halber | ...halben; meinethalben, eurethalben usw.; allenthalben
Halde, die
Halfter, die: 1. (der) Zaum; 2. eigtl. Holfter: Pistolentasche | halftern
Hall, der | hallen
Halle, die
Halle an der Saale | Haller | Hallore | hallisch
halleluja[h]! (hebr.), kath alleluja! „Preiset den Herrn!" | Halleluja[h], das
Hallig, die: Nordseeinsel
Hallimasch, der: Pilz
hallo!
Halluzination (lat.): Sinnestäuschung
Halm, der | Hälmchen
Halma, das (gr.): Brettspiel
Halogene (gr.): Salzbildner | Haloidsalze
Hals, der | halsstarrig
halsen: vor dem Winde wenden
halten; du hältst; ich hielt; gehalten | halt! | haltmachen | Halt gebieten
Halunke, der (tschech.): Schurke
Hämatogen, das (gr.): Heilmittel
Hambutte s. Hagebutte
Hamen, der: Fangnetz
hämisch
Hämling: Verschnittener | Hammel, der
Hammer, der | hämmern
Hämoglobin, das (gr.-lat.): Blutfarbstoff | Hämor|rhoiden (gr.): Erweiterung der Mastdarmvene
hampeln | Hampelmann, -männer
Hampfel, die: eine Handvoll
Hamster, der | hamstern
Hand, die; linker Hand; kurzerhand; zur Hand sein; zu Handen, zu Händen und zuhanden; unterderhand = heimlich; aber: etwas unter der Hand (in Arbeit) haben; an[der]Hand, auch anhand des Buches; in aller Händen sein; vorderhand; überhand; abhanden, vorhanden; allerhand; handbreit, eine Handbreit, eine Handvoll | handgreiflich | handhaben; ich handhabte | handlich | handeln | Handel, der | Handelsmänner, -leute | Handlung | Händler | Händel, Mz.: Streitigkeiten | händelsüchtig
Handikap, das (engl.): Ausgleichrennen, Vorgaberennen

handig: behende
hanebüchen: grob, unerhört
Hanf | hanfen, hänfen | Hänfling
Hangar, der (frz.): Fliegerschuppen
hangen; du hängst; ich hing; gehangen | Hang, der
hängen = hangen machen; du hängst; ich hängte; gehängt
Hanna (hebr.), Hannchen, Hanni
Hannak[e]: tschech. Stamm
Hann. Münden = Hannoversch Münden
Hannover | Hannover[an]er | hannover[i]sch, hannöver[i]sch
Hans | Hansnarr | Hanswurst; Mz. -wurste
Hansa, Hanse | Hansestadt | Hanseat | hansisch und hanseatisch
hänseln
Hantel, der, die: Turngerät
hantieren (frz.) | Hantierung
Hapag = Hamburg-Amerikanische Paketfahrt-Aktiengesellschaft
hapern: stocken
Happen: Bissen | Häppchen
Harakiri, das (japan.): 'aufgeschlitzter Bauch', Selbstmord ehrenhalber
harangieren (frz.): anreden
Hardangerarbeit: Durchbruchstickerei
Harde, die: Gemeindebezirk in Schleswig-Holstein | Hardesvogt
Hardt, Name von Waldgebieten
Harem, der (arab.): Frauengemach
hären, von Haar | sich hären
Häresie (gr.): Ketzerei | Häretiker | häretisch
Harfe | Harfenist, Harfner
Harke, die: Rechen | harken
Harlekin (it.): Hanswurst
Harm, der | härmen
Harmonie (gr.): Einklang | harmonieren: übereinstimmen | harmonisch: übereinstimmend | Harmonik: Harmonielehre | Harmonika, Mz. Harmoniken, -kas | Harmonium, Mz. Harmonien
Harn, der | harnen
Harnisch, der
Harpune, die (nl.) | harpunieren
Harpyien (gr.): Unholdinnen
harren
Harri, Harry, engl. = Henry
harsch: rauh | Harsch, der: gefrorener Schnee
Harst, der, die: Heerhaufe
hart; härter | hartnäckig | Härte | härten | ein hartgesottener Sünder
Hartebeest, das (nl.): Antilopenart
Hartmut, Hartwig
Ha[r]tschier (it.): Leibwächter
Harvarduniversität: in Cambridge (Massachusetts, USA)
Harz, der: Gebirge; Harzer Käse
Harz, das | harzig
Hasard (Hazard), das (frz.): Glücksspiel
haschen | Häscher
Haschee, das (frz.): Hackfleisch haschieren: hacken
Haschisch, das (arab.): Rauschgift
Hase | Hasenpanier, das | Häs|chen
Hasel, die | Haselnuß
Haspe, die: Art Türangel
Haspel, der und die: Garnwinde | haspeln
Haß, der | hassen; du hassest und haßt | häßlich
Hast, die | hastig | hasten
hätscheln
hatschi! hatzi! ahmt das Niesen nach
Hatschier s. Hartschier

Hatz, die, Hetze
Haube, die | Häubchen
Haubitze, die (tschech.): Geschütz
Hauch | hauchen | hauchzart
Hauderer: Lohnkutscher
hauen; ich hieb | Hau, der: wo Holz gehauen ist | Haue, die: Hacke | Hauer: großer Zahn | Häuer: Bergarbeiter
Haufe[n]; des Haufens; zuhauf | häufig | häufen
Haupt; Mz. Häupter; zu Häupten | Hauptmann, Mz. -leute
Haus; nach, von, zu Hause. | Hausgerät, Hausrat | hausbacken | hausschlachten | haushoch Häus|chen | Häusler | häuslich | haushalten; er hält haus | hausen | hausieren | Hausierer
Hausen, der: Art Stör
Hausse, die (frz.): das Steigen der Wertpapiere | Haussier: Preistreiber
haußen = hier außen
Haut, die | häutig | häuten
Hautevolée (frz.): hohe Gesellschaft | Hautgout: Hoch-, Wildgeschmack | Hautrelief: Hochbildwerk | Haut-Sauternes: südfranzösischer Weißwein
Havannazigarre
Havarie (frz.) s. Haferei
Havelock, der (engl.): Art Mantel
Hawai-Inseln: im Stillen Ozean
Haxe = Hachse
Haydn, ein Tondichter
Hazard s. Hasard
Hazienda, die (sp.): Landgut
Heats (engl.): die einzelnen Ausscheidungsrennen
Hebbel, Dramatiker | Hebel, badischer Dichter
Hebe (gr.): Mundschenkin der Götter
heben; ich hob; gehoben | Hebamme | Hebel, der
He|bräer | he|bräisch
Hechel, die | hecheln
Hechse s. Hachse
Hecht, der | hechtblau
Heck, das: Hinterschiff
Hecke, die | Heckenschütze
hecken: fortpflanzen | Hecke von Vögeln
Hecuba (lat.), Hekabe, (gr.): Gemahlin des Priamos; nach einem Hamletzitat: es ist mir Hekuba = gleichgültig
heda!
Hede, die (nd.): Werg
Hederich, der: Pflanze
Hedonismus (gr.): Lehre vom Sinnengenuß als höchstem Gut
Hedwig, Abk. Hede
Heer, das | Heerstraße
Hefe, die | hefig
Heft, das | heften | Heftel, der und das, auch die
heftig | Heftigkeit
Hegau, der: schwäb. Landschaft
Hegemonie (gr.): Oberherrschaft
hegen | Hege, die | Heger
Hehl, das; kein Hehl machen | hehlen | Hehler
hehr: erhaben; heilig
hei! | heidi!
Heide: 1. der; 2. die; — zu 1: Heidenlärm | heidnisch; — zu 2: Heidjer | Heidschnucke: Heideschaf | Heidelbeere
Heiduck (madjar.): Läufer, Bedienter
heikel, heiklig
Heil, das | heil | heilen | Heiland | heilig; der Heilige Geist; der Heilige Vater (Papst); die Heilige Schrift; das Heilige Land; Heilige Drei Könige (Dreikönigstag); Heiligabend | heiligen | Heiligkeit | Heiligtum | Heilbutt

Heilbronn am Neckar | Heilsbronn an der Schwabach in Mittelfranken
Heim, das | heim; heimkehren, heimsuchen | heimwärts | heimisch: angesessen | heimelig: anheimelnd | heimlich: verborgen | Heimchen | Heimbürge: Dorfrichter | Heimbürgin: Totenfrau | Heimstätte | Heimtücke | Heimweh | heimleuchten | Heimat | heimatlich
Heinrich | Freund Hein, der Tod | Heinz | Heinzelmann, Mz. -männer
heint (obd.): heute nacht
Heirat, die | heiraten
heischen; du heisch[e]st
heisa, heißa!
heiser | Heiserkeit
heiß; am heißesten | Heißsporn | heißgeliebt
heißen, nennen, befehlen; du heiß[es]t; ich hieß; geheißen. Ich habe ihn dies tun heißen; — s. a. hissen
Heister, 1. der, die: (fränk.-hess.), junge Buche; 2. die (nordd.) Elster
heiter; heit[e]rer
heizen; du heiz[es]t | Heizer
Hekatombe, die (gr.): Opfer [von 100 Stieren]
Hektar, das, auch der (gr.-frz.): 100 Ar
Hektik, die (gr.): Schwindsucht | hektisch
Hektograph (gr.): Vervielfältigungsgerät | hektographieren
Hektoliter, das (gr.): 100 Liter
Hektor, trojanischer Held
Hekuba s. Hecuba
Hel, nord. Todesgöttin
Helena (gr.), Helene
helfen; du hilfst; ich half, hülfe; geholfen; hilf! | Helfershelfer
Helge, die = Helling
Heliand, der: Evangeliendichtung
Heliogravüre, die (gr.-frz.): durch Kupfertiefdruck hergestelltes Bild | Helio|trop, das: Blume; auch Sonnenspiegel | heliozentrisch (gr.-lat.): auf die Sonne als Mittelpunkt bezüglich | Helium: chem. Grundstoff
hell | Helle, die | Helligkeit | hellblau | helleuchtend | hellicht
Hellas: Griechenland | Hellene: Grieche | Hellenist: Kenner der griechischen Sprache
Hellebarde: Stielaxt | Hellebardier
Heller, der: Münze
Helles|pont, der (gr.)
Helling, die (der): Schiffsbauplatz
Helm | Helmbusch | Helmut
Helmholtz, berühmter Naturforscher
Helmstedt in Braunschweig
Helot[e] (gr.): Staatssklave (in Sparta)
Helvetia, Helvetien (lat.): die Schweiz
Hemd[e], das; Mz. Hemden | Hemd[s]ärmel | Hemdenmatz
Hemi|sphäre, die (gr.): Halbkugel
hemmen | Hemmnis, das
Hendel, das: Huhn, Henne
Hendiadyoin, das (gr.): Bezeichnung eines starken Begriffes durch zwei schwächere (bei Nacht und Nebel)
Hengst, der
henken | Henker | Henkel, der | zweihenk[e]lig
Henni, Henning, Vornamen
Henriette, frz. Vorname
Henriquatre (frz.): Spitzbart
Hephaistos (Hephästus), gr. Feuer- und Schmiedegott
her; herwärts; her|ab, her|ein, hernieder usw.; herkommen, her|abkommen usw. | herkömmlich
Heraldik: Wappenkunde

Hera|kles = Hercules
Herauch, Haarrauch, Hairauch, Höhenrauch: Lufttrübung
herb | Herbheit
Herbarium; Mz. -rien (lat.): Pflanzensammlung
Herberge, die
Herbst, der | herbstlich | Herbstzeitlose, die
Hercules (lat.), Herkules (gr. Herakles) | herkulisch: riesenstark
Herd, der
Herde, die
Heredität, die (lat.): Erblichkeit | hereditär
Hering, der
Herling, der: unreife Traube
Hermandad (sp.); die heilige H.: Polizei
Hermann
Herm|aphrodit (gr.): Zwitter
Herme, die (gr.): Büstenpfeiler
Hermelin, das (Verkleinerung von Harm 'Wiesel'; daher besser auf der ersten Silbe zu betonen)
Hermeneutik (gr.): Auslegungskunst
Hermes, gr. Gott
hermetisch (gr.): luftdicht
Hermine
Hernie, die: Leistenbruch, Pflanzenkrankheit
Herold, der
Heros; Mz. Heroen (gr.): Held | Heroin: Heldin | Heroine: Darstellerin von Heldinnen | heroisch | Heroismus: Heldenmut
Hero|strat[us] (gr.-lat.): Grieche, der den Dianatempel in Ephesus anzündete | herostratische Berühmtheit
Herpes, die (gr.): Bläschenflechte
Herr; des Herr(e)n, die Herren | Herrgott | Herrin | herrisch | Herrschaft
herrje! (aus: Herr Jesus!)
herrlich
herrschen; du herrsch[e]st
Herta
Hertz, das: Maßeinheit elektr. Schwingungen
Herz, das; des Herzens, die Herzen | Herzblut | Herzeleid | Herzensangst | herzig | herzlich | herzen | herzzerreißend
Herzog; Mz. Herzoge, Herzöge
Herzynischer Wald: dt. Waldgebirge in röm. Zeit
Hesekiel, Ezechiel: jüd. Prophet
Hesperus (gr.-lat.): Abendstern
Hesse, der | Hessen | hessisch
Hetäre (gr.): Buhlerin
heterodox (gr.): anders-, irrgläubig | heterogen: anders geartet, ungleichartig | heteronom: fremdgesetzlich | heterozygot: nicht reinrassig
Hetman (poln.): Kosakenoberhaupt
Hettiter, altes Volk in Kleinasien
hetzen; du hetz[es]t | Hetze, die
Heu, das | Heuschober | Heuschrecke | heuen
heucheln | Heuchler
heuer, 'dieses Jahr' | heurig
Heuer, die (nd.): Miete; Löhnung der Schiffsmannschaft | heuern: dingen | Heuerbaas: Stellenvermittler der Seeleute | Heuerling: Gutstagelöhner
heulen
heureka! (gr.): 'Ich hab's gefunden!' | heuristisch: zur Entdeckung, Auffindung geeignet | Heuristik
heut[e]; heute abend; heutzutage | heutig; heutigentags, heutigestags
Hexa|eder, das (gr.): 'Sechsflach', Würfel | Hexagon: Sechseck | hexagonal: sechseckig | Hexameter, der: Sechsfüßler, Vers

Hexe, die | hexen
Heydekrug bei Memel
hg.; hrsg. = herausgegeben
HGB. = Handelsgesetzbuch
Hiatus, der (lat.): Zusammentreffen zweier Selbstlaute
Hickory, amerik. Walnußbaum
Hidalgo (sp.): span. Adelstitel
Hiddensee: Ostseeinsel
Hieb, der | Hieber: Waffe
Hiefe, die: Hagebutte
hier; hier|auf, hierher, hierzulande; auch: hie: hie Welf! hie[r] und da, hienieden, hier|orts, hie[r]selbst | hiesig
Hierarchie (gr.): Priesterherrschaft | hierarchisch: der Rangordnung entsprechend | hieratische Schrift, altägyptische Priesterschrift | Hieroglyphen, Mz.: altägyptische Bilderschrift, rätselhafte Schrift | Hieronymus, Heiliger
hieven (seem.): aufwinden
Hifthorn, das: Jagdhorn
Highlife (engl.): vornehme Welt
Hildebrand | Hildegard
Hilfe (Hülfe) | Hilfeleistung | hilfreich | Hilfsarbeiter | hilfsbedürftig
Himalaja, der: Gebirge in Asien
Himbeere, die
Himmel | himmelan | Himmelreich | himmelangst | himmelschreiend | Himmelsgegend | himmlisch
hin; hin und her gehen; hin und wieder; hinwieder[um]; hin|aus, hin|ein, hinunter usw.; hinkommen, hinauskommen usw. | hinfällig | hinlänglich | hinrichten | hinsichtlich, in Hinsicht | Hinweis
hindern | hinderlich | Hindernis
Hindin (Hinde): Hirschkuh
Hindu: Inder
hinken | Hinkebein
hinnen (= von hier); von hinnen geh[e]n
hinten; hintennach | hintansetzen, -stellen | hinter; hinters = hinter das; hinterher, hinterrücks; hinterlegen, hinterlegt usw. | Hintere, der
Hinz = Heinz; Hinz und Kunz
Hiob, kath. Job | Hiobsnachricht
Hippe, die: 1. Sichelmesser; 2. Ziege
Hippo|drom, der, Mz. -e (gr.): Pferdereitbahn | Hippo|gryph: Flügelroß, Dichterroß | Hippo|krates, berühmter griech. Arzt; hippokratisches Gesicht eines Sterbenden | Hippo|krene: Dichterquelle | Hippologie: Pferdekunde | Hippolytus, Name | Hippopotamus: Flußpferd, Nilpferd
Hirn, das | Hirngespinst
Hirsch, der | Hirschfänger
Hirse, die (der) | Hirsebrei
Hirt; des Hirten | Hirtenbrief
hissen, heißen; du hissest und hißt
Histologie (gr.): Gewebelehre
Historie (gr.): Geschichte | Historiker, Historiograph: Geschichtschreiber | historisch: geschichtlich
Histrione (lat.): Schauspieler
Hitsche, Hutsche, Hütsche, die: Fußbank, kleiner Schlitten
Hitze, die | hitzig
hm! (hem!) | ho! hoho!
Hobel, der | hobeln
Hoboe, Oboe (frz.): Art Flöte | Hoboist, Oboist
hoch; höher, am höchsten; höchstens; aufs höchste; hoch und niedrig, Hohe und Niedrige | der hohe Baum | die Hohen Tauern, die Hohe Tatra, die Hohe Pforte (frühere türkische

Regierung) | Hoch, das | hochachten | hochgradig | hochtonig, hochtönig | ein hochwillkommener Gast; er ist mir hochwillkommen | höchlich | Hochmut | Hochstapler, Gauner | Hochwasser, Mz. Hochwasser | Ew. Hochwürden | Hochzeit; silberne Hochzeit | Höhe | Hoheit; Hohelied, das; des Hohenliedes | Hohepriester, der; des Hohenpriesters | Hohenzollern; hohenzoll[e]risch | Hohneujahr: der Dreikönigstag in Sachsen | Höhenrauch s. Herauch | der Höchstbietende | die Höchstleistung

Hocke, die: Turnübung; Garbenhaufen | hocken | Hockergrab

Höcker, der: Buckel | höckerig

Hockey, das (engl.): Art Ballspiel

Hode, die; auch: der Hoden

Hof, der | Hofstaat, der | hofieren: den Hof machen | Höfling | höfisch | höflich

Hoffart (aus: Hochfahrt) | hoffärtig

hoffen | hoffentlich | Hoffnung | erdölhöffig

Hofreite, die: Gutshof

hohl | Höhle, die | höhlen

Hohn, der | hohnecken = höhnen, hohnlachen; ich hohnlachte | hohnsprechen; ich sprach ihm hohn; hohngesprochen | höhnisch

Höker: Kleinhändler | Hökerin

Hokuspokus, der

hold | holdselig

Holder, der: Holunder

hol|drio!

holen | holüber!

Holismus (gr.): Ganzheitslehre

Holk s. Hulk

holla! (zu: holen)

Holland | Holländer | holländisch | Holländerei: Meierei

Holle, Frau

Hölle | höllisch | Höllenangst

Holler: s. Holunder

Holm, der: 1. Flußinsel; 2. Querstange am Barren, Leiterstange

holpern | holp[e]rig

Holsteiner, Holste

holterdiepolter!

Holunder, (obd.) Holder, Holler, der

Holz; Mz. Hölzer | hölzern | holzig | holzen

Homerule, die (engl.): Selbstregierung für Irland | Home|spun: Gewebe

Homer (gr.); die Homerischen Gedichte; ein homerisches Gelächter

Homiletik (gr.): Predigtlehre | Homilie: Predigt

homogen (gr.): gleichartig | homolog: gleichliegend, entsprechend | Homonym, das; Mz. -e: doppelsinniges Wort | homonym[isch] | Homosexualität (gr.-nlat.): gleichgeschlechtliche Liebe | homosexuell | homozygot: gleich-, reinerbig

Homöopathie, die (gr.): Heilverfahren | Homöopath, der | homöopathisch; homöopathische Dosen: winzige Mengen

Homunkulus, der (lat.): Menschlein

Honduras: mittelamerikanischer Freistaat

honett (frz.): ehrenhaft, anständig

Honig, der | honigsüß

Honneur, das; Mz. -s (frz.): Ehrenerweisung; Begrüßung

Honorar, das (lat.): Ehrensold | honorieren: vergüten; (einen Wechsel) einlösen | Honoratioren, Mz.: Standespersonen | honoris causa (h. c.): ehrenhalber

Honved, der (madjar.): Landwehr
Hoorn, Kap, Südspitze Amerikas
Hopfen, der | stark gehopftes Bier
hopp! hoppla! hops! hopsa! hopsassa! | hopsen | Hopser
Hora; Mz. Horen (gr.-lat.): Betstunde
Horatius (lat.), Horaz
horchen | Horcher
Horde, die: 1. Lattenrost; 2. (tatar.) wilder Kriegshaufe
hören | hörig | vom Hörensagen
Horizont (gr.): Gesichtskreis; Fassungsvermögen | horizontal: waagrecht
Hormon, das (gr.): Drüsenstoff
Horn | hörne[r]n | hornig | gehörnt | Hornist
Hornis, -nisse, die: Insekt
Hornung, der: Februar
Horo|skop, das: Schicksalsdeutung aus den Sternen
horrend (lat.), horribel (frz.): schauderhaft, übermäßig
Horrido, das: Jagdruf
Horror, der (lat.): Schauder
Horsd'oeuvre (frz.): Nebensache, Nebengericht
Horst, der | horsten
Hort, der | horten | Hortnerin
Hortensia, Hortensie: Blume
Hortikultur (lat.): Gartenbau
Hose, die | Hös|chen
hosianna! (hebr.), kath. hosanna! hilf doch!
Ho|spital; Mz. -tale und -täler (lat.): Krankenhaus | hospitieren: als Gast besuchen | Hospitant: Gasthörer | Hospiz, das: Herberge
Ho|spodar (slaw.): Herr, Fürst
Hostie, die (lat.): Abendmahlsbrot
Hotel (frz.): Gasthof | Hotel garni: Fremdenheim | Hotelier: Gasthofbesitzer

hott! rechts! (Zuruf an die Pferde)
Hottentott[e]
Hr. = Herr
Hradschin, der: Prager Burg
Hroswitha: s. Roswitha
hrsg., hg. = herausgeben
hu! huhu!
hü! links! auch: vorwärts! (Zuruf an die Pferde)
Hub; Mz. Hübe: Hebung
Hübel, der: Hügel
hüben und drüben
Hubert[us]
hübsch, hübschest
Hucke, die: auf dem Rücken getragene Last | huckepack
Hudel, der (obd.): Lumpen | hudeln: nachlässig arbeiten; quälen
Huf, der | Huflattich, der
Hufe, die: bäuerlicher Grundbesitz Hüfner
Hüfte, die | Hüftweh, das
Hügel, der | hüg[e]lig
Hugenotte: frz. Protestant
Hugo
Huhn, das | Hühnerauge
hui! in einem Hui
Huld, die | Hulda, Vorname | huldigen
Hülfe s. Hilfe
Hulk, Holk, die: ausgedientes Schiff
Hülle, die | hüllen
Hülse, die | Hülsenfrucht | hülsig
Hülse, die; Hulst, Hülst, der: Stechpalme
human (lat.): menschlich, wohlwollend | Humanität: Menschlichkeit, Gesittung | Humaniora, Mz.: die alten Sprachen (Latein und Griechisch) | Humanist: Kenner der alten Sprachen | humanistisch: altsprachlich | humanitär (frz.): menschenfreundlich

Humbug, der (engl.): Schwindel
Hummel, die: Insekt
Hummer, der: Seekrebs
Humor, der (lat.) | Humorist humoristisch | Humoreske
humpeln | Humpler
Humpen, der: großes Trinkgefaß
Humus (lat.): Mutterboden, Dammerde
Hund | Hundsfott; Mz. -fotter | Hundstage | Hündin | Hündchen | hündisch | hundemüde, hundsmüde
hundert; ein paar hundert Menschen; das Hundert; Hunderte von Menschen; zu Hunderten; es geht in die Hunderte; der hundertste; ein Hundertstel; hundert[und]eins
Hüne: Riese | Hünengrab
Hunger; Hungers sterben | hung[e]rig | hungern
Hunne, der
Hunsrück, der: Gebirge
Hunter (engl.): Jagdpferd, Jagdhund
hunzen: wie einen Hund behandeln
Hupe, die: Signalhorn
hüpfen
Hürde, die | Hürdenrennen
Hure, die | huren
Huri (arab.): Paradiesjungfrau
hurra!
Hurrikan (indian.): Wirbelsturm
hurtig | Hurtigkeit
Hus, tschech. Reformator | Hussit
Husar, der (madjar.)
husch! | huschen
Husten | husten | hüsteln
Hut: 1. der; — 2. die: Schutz | hüten | Hüter | Hutung
Hutsche, Hütsche s. Hitsche
Hütte, die | Hüttenkunde
Hutzel, die: getrocknetes Obst | Hutzelbrot | hutzeln: einschrumpfen
Huzule, ruthen. Volksstamm
Hyaden, Mz. (gr.): Sterngruppe
hyalin (gr.): glasig | Hyalit: Glasstein | Hyalotypie: Glasätzdruck
Hyäne, die (gr.-lat.)
Hyazinthe (gr.-lat.): Blume | Hyazinth: ein Edelstein
Hy|bride, die (gr.): Bastardpflanze | Hy|bris, die: frevelhafter Stolz
Hy|dra (gr.): Wasserschlange | Hydrant: Wasseranschluß | Hydrat, das: Wasserstoffverbindung | Hydraulik: Wasserkraftlehre | hydraulische Presse | Hydrodynamik: Wasserbewegungslehre | Hydrogen: Wasserstoff | Hydrographie: Gewässerkunde | Hydrometer, das, auch der: Wassergeschwindigkeitsmesser | Hydropathie: Wasserheilkunde | hydropisch: wassersüchtig | Hydrostatik: Wassergleichgewichtslehre, Wasserdrucklehre | Hydrotherapie: Wasserheilverfahren | Hydroxyd: chem. Verbindung
Hygiene (gr.): Gesundheitspflege | hygienisch: gesundheitlich
Hy|grometer, das; Hy|gro|skop, das (gr.): (Luft-)Feuchtigkeitsmesser | hygroskopisch: Feuchtigkeit anziehend
Hymnus, der, Hymne, die (gr.-lat.): Festgesang, Weihelied | Hymnologie: Lehre von den geistlichen Liedern
Hyperbel (gr.): Übertreibung, Kegelschnitt | hyperbolisch: übertrieben | Hyperboreer: sagenhaftes Volk des Nordens | Hypertrophie: übermäßige Vergrößerung
Hypnose, die (gr.): schlafähnl. Zustand durch Suggestion unter Ausschaltung des eigenen Willens | Hypnotismus | hypnotisch | hypnotisieren

Hypochondrie (gr.): Trübsinn, Krankheitswahn, Hypochonder, daran Leidender | Hypozykloide: geometr. Kurve | Hypophyse: Gehirndrüse | Hypotenuse: Gegenseite | Hypothek: Grundpfand | hypothekarisch | Hypothese: Voraussetzung, Annahme | hypothetisch: bloß angenommen, bedingungsweise, zweifelhaft

Hypsome|trie (gr.): Höhenmessung

Hysteresis, die (gr.): Nachwirkung magnetischer Kraft

Hysterie (gr.): Nervenleiden | hysterisch

I

i. A.; I. A. = im Auftrage

iah; der Esel iaht

i. allg. = im allgemeinen

Ibis, der, Mz. Ibisse: Vogel

ich; das liebe Ich; Ichroman | Ichsucht, ichsüchtig

Ichneumon, der und das (gr.): Raubtier

Ichthyol (gr.): Fischöl | Ichthyosaurus, der; Mz. -ier (gr.-lat.): Fischeidechse

ID = Infanteriedivision

Ida: 1. Vorname; 2. Berg

Idee, die; Mz. Ide[e]|en (gr.): Gedanke; Urbegriff | ideenreich | ideell: nur gedacht | ideal: vollkommen | Ideal: Urbild, Vorbild | idealisieren: verschönern | Idealismus | Idealist: edler Schwärmer | Ideolog: Theoretiker, Träumer

identisch (nlat.): völlig gleich | Identität | identifizieren: für ganz übereinstimmend erklären; (die Persönlichkeit) feststellen | Identifizierung, Identifikation

idg. = indogermanisch

Idiom, das (gr.): Spracheigenheit, Mundart | Idiotikon: Mundartwörterbuch | Idiosyn|krasie: eigentümliche Abneigung, Überempfindlichkeit | Idiot: Schwachsinniger

Idol (gr.-lat.): Götzenbild, Abgott | Ido[lo]la|trie: Abgötterei

Idyll, das, Idylle, die (gr.-lat.): 'Bildchen' aus dem Kleinleben; Hirtengedicht | idyllisch: natürlich, ländlich, einfach

IG. = Interessengemeinschaft

Igel, der

Igna|tius (lat.), Ignaz

igno|rieren (lat.): nicht wissen wollen, nicht beachten | Igno|rant: Unwissender | Igno|ranz: Unwissenheit

ihm; ihn; ihnen

ihr; ihre; ihr | ihresgleichen | ihretwegen | ihrzen: mit Ihr anreden

i. J. = im Jahre

Ikon[e], die (gr.): Heiligenbild | Ikonographie (gr.-lat.): Bildwerkbeschreibung | Ikono|klast: Bilderstürmer | Ikonola|trie: Bilderanbetung | Ikonostasis: in gr.-kath. Kirchen die das Allerheiligste abtrennende Bilderwand

Ikosa|eder (gr.-lat.): Zwanzigflächner

Iktus, der (lat.): Ton, Nachdruck

Iliade, Ilias (gr.): Heldengedicht von der Belagerung Ilions (d. i. Trojas)

illegal (nlat.): ungesetzlich | illegitim (lat.): unrechtmäßig; unehelich

illiberal (lat.): engherzig

illimitiert (lat.): unbegrenzt

illoyal (frz.): ungesetzlich; unlauter

illuminieren (lat.): festlich beleuchten ausmalen | Illumination

Illusion (lat.): Täuschung, eitle Hoffnung | illusorisch: eingebildet, trügerisch
illu|strieren (lat.): durch Bilder veranschaulichen | Illu|stration: Abbildung
Illyrien | Illyrier
Iltis, der; Mz. Iltisse
im = in dem; im geheimen, stillen, voraus
Imago, die (lat.): symbolhaftes Bild; ausgebildetes Insekt | imaginär (lat.): nur in der Vorstellung bestehend; unwirklich, scheinbar | Imagination: Einbildungskraft
imbezil[l] (lat.): schwachsinnig
Imbiß, der; Mz. Imbisse
imitieren (lat.): nachmachen | Imitation
Imker, der: Bienenzüchter
immanent (lat.): innewohnend, anhaftend | Immanenz, die
Immanuel (hebr.), Emanuel
immateriell (frz.): unkörperlich
imma|trikulieren (nlat.): in die Studentenliste eintragen | Immatrikulation
Imme, die: Biene
immediat (lat.): unmittelbar | Immediateingabe: Eingabe an den Landesherrn selbst oder an die höchste Behörde
immens (lat.): unermeßlich, ungeheuer | immensurabel: unmeßbar
immer; immer mehr; immerdar, immerhin, immerzu; immerwährend | Immergrün, das
imminent (lat.): bevorstehend, drohend
Immobilien, Mz. (lat.): 'Unbewegliches', Liegenschaften | Immobiliar . . .: auf Grundbesitz beruhend
Immoralität (nlat.): Sittenlosigkeit
Immortelle, die (frz.): Strohblume
immun (lat.): abgabenfrei; unantastbar; seuchenfest | immunisieren: seuchenfest machen | Immunität: Lastenfreiheit; Unverfolgbarkeit; Unempfänglichkeit
Imparität (lat.): Ungleichheit
Imperativ, der (lat.): Befehlsform | imperativ: bindend | Imperator: Oberfeldherr, Kaiser
imperfekt (lat.): unvollendet | Imperfekt[um]: Dauer in der Vergangenheit
Imperialismus: das Streben nach Weltherrschaft | Imperium: Kaiserreich, Weltreich
Impersonale, das (lat.): unpersönl. Zeitwort
impertinent (lat.): ungehörig, unverschämt | Impertinenz
impfen | Impfling
Impietät (lat.): Lieblosigkeit
im|plizieren (lat.): einbegreifen | implicite, implizite: einschließlich
Imponderabile, das (lat.): 'Unwägbares', Gefühlswert; Mz. Imponderabilien
imponieren (lat.): Eindruck machen, Achtung gebieten
importieren (lat.): einführen | Import, der (engl.): Einfuhr | Importe, die: eingeführte Ware, bes. Zigarre; Mz. Importen | Importeur (mit frz. Endung): Wareneinführer
imposant (frz.): auffallend, großartig
impotent (lat.): unvermögend | Impotenz: Schlaffheit
im|prä|gnieren (lat.): durchtränken, wasserdicht machen | Im|prä|gnierung
Im|presario (it.): Theaterunternehmer

Im|pression (lat.): Eindruck | Impressionismus: Kunstrichtung | Im|pressionist
Im|primatur, das (lat., 'es werde gedruckt'), Druckerlaubnis; druckfertig! (Abk. impr.)
Im|promptu, das (frz.): witziger Einfall
im|provisieren (ital.): aus dem Stegreif, ohne Vorbereitung machen | Im|provisation, die | Im|provisator
Impuls, der (lat.): Anstoß | impulsiv: anregend; vorwärts drängend
imputieren (lat.): zur Last legen
inaktiv (nlat.): untätig, außer Dienst | Inaktivität: Ruhestand
inaugurieren (lat.): einweihen, feierlich einsetzen | Inauguration | Inauguraldissertation: Doktorschrift
inbegriffen, einbegriffen
Inbrunst | inbrünstig
in contumaciam verurteilen (lat.): in Abwesenheit verurteilen
in corpore (lat.): als Körperschaft, insgesamt
Ind|anthren, das: Farbstoff
indelikat (nlat.): unfein
Indemnität (lat.): Straflosigkeit, Entlastung, nachträgliche Genehmigung
Independent (nlat.): 'Unabhängiger'
Inder, Indier: Bewohner von Indien | indisch | Indianer: Ureinwohner Amerikas | indianisch
indes, indessen
indeterminabel: unbestimmbar | indeterminiert (lat.): unbestimmt | Indeterminismus: Lehre von der unbedingten Willensfreiheit
Index, der; Mz. Indexe, Indizes (lat.): 'Anzeiger', Namen- und Sach-Verzeichnis | Indexziffer: statistische Zahl
indezent (lat.): unschicklich | Indezenz, die: Unanständigkeit
indifferent (lat.): gleichgültig; schwankend | Indifferentismus
Indigenat (nlat.): Heimatsrecht
Indigestion (lat.); Verdauungsstörung
indi|gnieren (lat.): entrüsten | Indignation: Unwille
Indigo (sp.): 'indischer' Farbstoff
Indikation (lat.): Krankheitsmerkmal | Indikativ[us]: Wirklichkeitsform | Indikator: Anzeiger
indirekt (lat.): mittelbar; abhängig
indis|kret (lat.): nicht verschwiegen; zudringlich | Indis|kretion: Taktlosigkeit, Vertrauensbruch
indis|kutabel (nlat.): nicht der Besprechung wert
indis|poniert (lat.): nicht aufgelegt | Indisposition: Unpäßlichkeit
indiszi|pliniert (lat.): zuchtlos
Individuum; Mz. Individuen (lat.): 'Unteilbares', Einzelwesen, Person | individuell: eigen, persönlich | Individualität: Eigenart | individualisieren, auf diese Rücksicht nehmen
indizieren (lat.: anzeigen | Indiz[ium]; Mz. Indizien; Anzeichen
indolent (nlat.): unempfindlich | Indolenz, die: Schlaffheit
Indonesien: Inselwelt („Insulinde“) zwischen Asien und Australien
indossieren (it.): einen Wechsel durch eine Erklärung 'auf der Rückseite' übertragen | Indossament, das: Übertragungsvermerk | Indossant: der Übertragende | Indossat, auf den übertragen wird
indulgent (lat.): nachsichtig | Indulgenz: Straferlaß; Nachsicht | Indult: Aufschub, Stundung

Indu|strie (lat.): Gewerbefleiß; Großgewerbe | Indu|strieritter: Schwindler | indu|striell: gewerblich | Indu|strielle, der: Inhaber oder Leiter eines industriellen Betriebes
induzieren (lat.): erregen; folgern | Induktion: Folgerung aus Einzelfällen, Erregung von Elektrizität | Induktionsstrom: Nebenstrom | induktiv: vom Besonderen auf das Allgemeine schließend
infallibel (lat.): unfehlbar | Infallibilität
infam (lat.): schändlich | Infamie: Niederträchtigkeit
Infant; Mz. -en (sp., 'Kind'), Prinz | Infanterie: Fußvolk | Infanterist: Fußsoldat | infantil: kindisch
Infektion (lat.): Ansteckung
Inferiorität (nlat.): Minderwertigkeit
infernal[isch] (lat.): höllisch, teuflisch
Infil|tration (nlat.): Einsickerung, Eindringen
Infinitesimalrechnung (nlat.): Rechnung mit unendlich kleinen Größen
Infinitiv, der (lat.): Nennform
infizieren (lat.): anstecken
in fla|granti (lat.): auf frischer Tat
In|flation (nlat.): Geldentwertung
In|fluenz, die (lat.): Einfluß | In|fluenza, die (it.): Grippe
infolge | infolgedessen
informieren (lat.): unterrichten, benachrichtigen | Information: Aufklärung; Erkundigung | Informator: Hauslehrer
in|frarote Strahlen: unsichtbare rote Strahlen mit kleinsten Wellenlängen, die Nebel und Dunst durchdringen
Inful, die (lat.): Bischofsmütze
Infusion (lat.): Eingießung | Infusionstierch., Infusorien: Aufgußtierchen
Ingenium, das: Mz. -ien (lat.): Geist, Begabung, Genie | ingeniös: sinnreich, erfinderisch | Ingenieur; Mz. -e (frz.) (Abk. Ing.)
In|grediens, das, In|gredienz, die; Mz. -ienzien (lat.): Bestandteil, Zutat
Ingwer, der
inhalieren (lat.): einatmen | Inhalation
Inhalt, der
inhärieren (lat.): anhaften, innewohnen | inhärent | Inhärenz
inhibieren (lat.): hindern
inhuman (lat.): unmenschlich, unbarmherzig | Inhumanität: Härte
Initial, das, Initiale, die (lat.): Anfangsbuchstabe | Initiative (nlat.): Anregung; selbständiges Vorgehen; Anfang
injizieren (lat.): einspritzen | Injektion | Injektor: Strahlpumpe
Injurie (lat.): Beleidigung | injuriös: beleidigend
inkarnat (it.): fleischfarben, fleischrot | Inkarnation (nlat.): Fleisch-, Menschwerdung (Christi)
Inkasso, das; Mz. Inkassos, Inkassi (it.): Gelderhebung; Einnahme
in|klinieren (lat.): zu etwas neigen | In|klination: Neigung, Zuneigung
in|klusive (nlat.): einschließlich (Abk. inkl.)
inko|gnito (it.): unerkannt | Inkognito, das: Namensverheimlichung
inkohärent (nlat.): unzusammenhängend | Inkohärenz, die: Zusammenhangslosigkeit
inkommensurabel (lat.): nicht mit gleichem Maß meßbar
inkommodieren (lat.): belästigen
Inkompatibilität (nlat.): Unverträglichkeit

inkompetent (lat.): nicht zuständig | Inkompetenz: Unzuständigkeit

inkon|gruent (lat.): sich nicht deckend | Inkon|gruenz: Mangel an Übereinstimmung

inkonsequent (lat.): folgewidrig | Inkonsequenz: Folgewidrigkeit

Inkonvenienz (lat.): Ungeschicklichkeit, Ungelegenheit

inkorporieren (lat.): einverleiben | Inkorporation

inkorrekt (lat.): unrichtig, fehlerhaft | Inkorrektheit

Inkrafttreten, das

in|kriminieren (nlat.): zur Last legen

in|krustieren (lat.): mit einer Kruste überziehen, kunstvolle Einlagen machen | Inkrustation

Inkubation (lat.): Brütezeit; Entwicklungszeit (einer Krankheit) | Inkubus: Alpdruck

inkulant (frz.): ungefällig | Inkulanz, die

Inkulpat (nlat.): Beschuldigter

Inkunabeln (lat.): Wiegen-, Erstlingsdrucke

inkurabel (lat.): unheilbar

Inland | Inländer | inländisch

Inlett, das (nd.): Stoffhülle für Bettfedern

inliegend, einliegend

inmitten

inne; mitteninne | innehaben, innewerden

innen; von innen

innere, der; der innerste; die Innere Mission | das Innere, im Inner[e]n | innerhalb | innerlich

Innervation, die (lat.): Reizübertragung durch Nerven | innervieren

innig | inniglich | Innigkeit

Innocentius (lat.), Innozenz, Vorname

inoffiziell (nlat.-frz.): außerdienstlich

innopportun (lat.): untunlich

Innung, die: Zunft

in perpetuum (lat.): auf immer

in petto (it.): 'in der Brust', in Bereitschaft

in praxi (lat.): in der Ausübung, wirklich

inquirieren (lat.): verhören | Inquirent: Untersuchungsrichter | Inquisit: Angeklagter | Inquisitor: Ketzerrichter | Inquisition: Untersuchung, Ketzergericht | inquisitorisch

ins = in das | insbesondere | insgeheim | insgesamt | Inslebentreten, das

Insasse, Insassin

Insekt; Mz. -en (lat.): Kerbtier, Kerf

Insel, die

Inselt, das: Unschlitt

inserieren (lat.): einrücken | Inserent: der Einrückende | Insertion: Einrückung | Inserat, das: Anzeige

Insiegel, das = Siegel

Insi|gnien, Mz. (lat.): Ab-, Ehrenzeichen

Insimulation (lat.): grundlose Verdächtigung

insinuieren (lat.): beibringen; behändigen; (sich) einschmeicheln | Insinuation: Einflüsterung, Zustellung

in|skribieren (lat.): einschreiben | Inskription

insofern | insoweit

Insolation (nlat.): Sonnenbestrahlung

insolent (lat.): ungebührlich | Insolenz, die: Anmaßung

insolvent (nlat.): zahlungsunfähig | Insolvenz, die

insonderheit

in spe (lat.): 'in der Hoffnung', zukünftig

In|spektor: Aufseher; Gutsverwalter | **In|spekteur** (mit frz. Endung): (Truppen)besichtiger | **In|spektion**: Aufsicht

in|spirieren (lat.): eingeben, begeistern | **In|spiration**

in|spizieren (lat.): be(auf)sichtigen | **In|spizient**: Aufseher (am Theater)

installieren (nlat.): einrichten; einsetzen | **Installation** | **Installateur** (mit frz. Endung): Einrichter

instand halten | **inständig**

Instanz, die (lat.): zuständige Behörde | **Instanzenweg**: Rechtsgang

in statu nascendi (lat.): im Entstehungszustand

Inste, Instmann (nd.): Gutstagelöhner

Inster, der, das (nd.): Gekröse

Instinkt (lat.): Naturtrieb | **instinktiv**: unwillkürlich

Institut, das (lat.): Anstalt | **Institution**: Einrichtung

in|struieren (lat.): anweisen | **Instruktion** | **instruktiv**: belehrend | **In|struktor**: Lehrer, Erzieher

In|strument, das (lat.): Werkzeug: Tonwerkzeug; Urkunde | **in|strumentieren**: ein Tonstück für Instrumente einrichten | **In|strumentation**

Insub|ordination (nlat.): Unbotmäßigkeit

Insuffizienz, die (lat.): Überschuldung, Unzulänglichkeit

Insulaner: Inselbewohner | **insular**: Insel- | **Insulinde**: siehe Indonesien

Insulin, das (lat.): Heilmittel

insultieren (lat.): gröblich beleidigen | **Insultation**, die; **Insult**, der

Insurgent (lat.): Aufständischer | **Insurrektion**: Aufruhr

in|szenieren (nlat.): in Szene setzen

Inta|glio, das; Mz. -ien (it.): vertieft geschnittener Stein

intakt (lat.): unversehrt, rein

Intarsia, die (it.); Mz. Intarsien: eingelegte Holzarbeit

inte|grieren (lat.): erneuern, ergänzen | **inte|grierend**: notwendig, wesentlich | **inte|gral**: ein Ganzes ausmachend, für sich bestehend | **Integral**, das; Mz. -e; mathem. Begriff | **Inte|grität**: Vollständigkeit; Reinheit | **Integration**: Vervollständigung, Zusammenschluß

intelligent (lat.): einsichtig, findig | **Intelligenz**, die: Einsicht | **Intellekt**, der: Verstand | **intellektuell**: verstandesmäßig, geistig | **Intellektualismus**

Intendant (lat.-frz.): Oberleiter | die **Intendantur** beim Militär | **Intendanz** beim Theater

Intensität (nlat.): Angespanntheit, Stärke; (bei Farben) Tiefe | **intensiv**: stark; tief | **Intention** (frz.): Absicht

Interdikt (lat.): Art Kirchenbann

Inter|esse, das (lat.): Teilnahme; Reiz; Vorteil, Wohl, Belang | **Inter|essen**: Zinsen, Belange | **Inter|essensphäre**: Einflußgebiet | **interessieren**: Teilnahme erregen; (sich) erwärmen | **inter|essant** (frz.): anziehend, unterhaltend | **interessiert**: beteiligt; selbstsüchtig

interferieren (lat.): überlagern | **Interferenz**, die

Interieur, das (frz.): Inneres; Innenbild

Interim, das (lat.): Zwischenzeit | **Interimistikum**: vorläufiger Zustand | **interimistisch**: einstweilig

Interjektion, die (lat.): Ausrufungswort

interlinear (nlat.): zwischenzeilig

Intermezzo; Mz. -mezzos, -mezzi (it.): Zwischenspiel, -fall

intermittierend (lat.): aussetzend

intern (lat.): innerlich; inländisch | **Interna**, Mz., innere Angelegenheiten | **Internat**, das: Erziehungsanstalt mit Wohnung und Verpflegung | **internieren** (nlat.): einschließen | **Internist**: Arzt für innere Krankheiten

international (frz.): überstaatlich, zwischenvölkisch | **Internationale**, die

interpellieren (lat.): anfragen, einsprechen | **Interpellant** | **Interpellation**

interpolieren (lat.): einschieben, | **Interpolation**

Inter|pret (lat.): Ausleger, Erklärer | **inter|pretieren** | **Inter|pretation**

interpungieren (lat.): Satzzeichen machen | **Interpunktion**: Zeichensetzung; Satzzeichen

Interre|gnum (lat.): Zwischenreich

interrogativ (lat.): fragend | **Interrogativum**, das; Mz. -va und -ve; Fragefürwort

Intervall, das (lat.): Zwischenraum, Abstand

intervenieren (lat.): dazwischentreten, sich einmischen | **Intervention**: Vermittlung; Ehrenannahme oder -bezahlung (eines Wechsels)

Interview, das (engl.): Unterredung | **interviewen**: ausfragen | **Interviewer**: Ausfrager

Interzession (lat.): Vermittlung

Intestaterbe (lat.): testamentloser, natürlicher Erbe

Inthronisation (nlat.): (Thron-) Einsetzung

intim (lat.): vertraut | **Intimus**: Busenfreund | **Intimität**: Vertraulichkeit | **intimieren**: ankündigen

intolerant (lat.): unduldsam | **Intoleranz**, die

intonieren (nlat.): anstimmen | **Intonation**

in|transigent (nlat.): unversöhnlich

in|transitiv (lat.): ziellos

in|travenös (nlat.): in die Vene

in|trigieren (frz.): Ränke schmieden | **in|trigant**: ränkevoll | **In|trige**: hinterlistiges Spiel, Mz. Ränke; Verwicklung

in|trikat (lat.): verwickelt, heikel

in|troduzieren (lat.)· einführen, einleiten | **In|troduktion**

In|tro|itus, der (lat.): Einleitung der kath. Messe | **Introspektion**, die (lat.): Innenschau | **introvertiert**: nach innen gewendet

Intuition (lat.): innere Anschauung, gefühlsmäßige Erkenntnis | **intuitiv**

intus (lat.): inwendig

Inundation (lat.): Überschwemmung

invalid (lat.): dienstunfähig | **Invalide**, der | **Invalidität**

Invarianz, die (lat.): Unveränderlichkeit

Invasion (lat.): Einfall

Invektive, die (lat.): Schmährede

Inventar[ium], das; Mz. -re und -rien (lat.): Besitzstand; Bestandsverzeichnis | **inventarisieren**: den Bestand verzeichnen | **Inventur**, die: Bestandsaufnahme

Inversion (lat.): Umkehrung, Umstellung
investieren (lat.): einsetzen; (Geld) anlegen | Investierung | Investitur: Einsetzung
invitieren (lat.): einladen
Invokavit: erster Passionssonntag
involvieren (lat.): in sich schließen, enthalten
inwendig
inwiefern | inwieweit
Inwohner s. Einwohner
Inzest, der (lat.): Blutschande
Inzicht, die: Beschuldigung
Inzision, die (lat.): Einschnitt
inzwischen
Ion, das; Mz. -en (gr.): elektrisch geladenes Massenteilchen | Ionisierung | Ionosphäre
Ionien | Ionische Inseln
Iota: der griechische Buchstabe I
Ipekakuanha (mexik.): Brechwurzel
Iper, die: Ulmenart
Iphigenia (gr.), Iphigenie
I-Punkt, der
IR. = Infanterieregiment
i. R. = im Ruhestande
Irade, der und das (arab.): Erlaß des Sultans
Irak: arabischer Staat
irden: aus Erde | irdisch: auf Erden
Ire: Irländer | irisch. Vgl. Irish
Irene (gr.: 'Friede'): Vorname
irgend, irgendeiner, irgendwer, irgends irgendwo; irgend etwas, irgend jemand
Iris, die (gr.): Regenbogen; Regenbogenhaut; Schwertlilie | irisieren: in Regenbogenfarben schillern | Iridium: ein Metall
Irish Stew, das (engl.): Weißkraut mit Hammelfleisch
IRK = Internationales Rotes Kreuz
Irminsäule, Irminsul: germanisches Heiligtum
Irmgard, Vorname
Ironie (gr.): versteckter Spott | ironisch: spöttelnd | ironisieren: bespötteln, ins Lächerliche ziehen
Irradation, die (lat.): Ausstrahlung
irrational (lat.): unberechenbar
irr[e]; irre sein; irreführen, irregehen, irreleiten, irrereden | Irre, der | Irre, die; in der (die) Irre gehen | irren | irrig | Irrsinn, irrsinnig | Irrtum, der; Mz. -tümer | irrtümlich | Irrwisch = Irrlicht
irreal (nlat.): nicht wirklich | Irrealität
Irredenta, die (it.): politische Bewegung, die Rückkehr abgetrennter Gebiete in das Mutterland erstrebt | Irredentist
irregulär (nlat.): unregelmäßig | Irregularität, auch: mangelhafte Beschaffenheit
irrelevant (nlat.): unerheblich
irreligiös (lat.): glaubenslos | Irreligiosität
irreversibel (lat.): nicht umkehrbar
Irrigator (lat.): Spülapparat
irritieren (lat.): erregen, reizen; beirren
Irvingianer: Sekte
Isaak: hebr. Name
Isabella | isabellfarben: hellgelb
Ischariot (hebr.), kath. Iskariot
Ischias, die (gr.): Hüftnervenweh | Nervus ischiadicus, daher: ischiadisch
Ise|grim: Wolf; mürrischer Mensch
Isfahan, Ispahan: Stadt in Iran
Isidor[us] (gr.-lat.): Name
Islam, der (arab.): Lehre Mohammeds | islamitisch
Island | Isländer | Isländisches Moos

Isobaren (gr.): Verbindungslinien zwischen Orten mit gleichem Luftdruck | Isobathen: Tiefengleichen | Isochimenen: Wintergleichen | isochromatisch: für alle Farben empfindlich | isochron: gleichzeitig | Isohypsen: Höhengleichen | Isotheren: Sommergleichen | Isothermen: Wärmegleichen | Isotopen, die (gr.): Abarten von chemischen Grundstoffen

Isolde, Vorname

isolieren (it.): vereinzeln, absondern; abschließen, schützen | Isolator: Nichtleiter

Israel | Israelit | israelisch: zum Staat Israel gehörig | israelitisch: jüdisch (besonders dem Glauben nach)

Istanbul, Istambul: türkisch für Konstantinopel

Ist-Bestand, Ist-Betrag

Isthmus, der; Mz. -men (gr.-lat.): Landenge

Italiener | italienisch; — aber mit Bezug auf Altitalien· Italer, Italiker | italisch

item (lat.): desgleichen, ebenso

iterativ (lat.): wiederholend

Itinerar[ium]; Mz. -ria, -rien, -re (lat.): Reisebüchlein

Itzehoe in Holstein

i. V. = in Vertretung

Iwan (russ.) = Johann

J

ja; ja sagen | jawohl | Jawort, das

Jabot, das (frz.): Busenstreif, Brustkrause

jach = jäh[e]

Jacht, die (nl.): Schnellsegler

Jacke (frz.) | Jäckchen | Jackett

Jacquardmaschine: Art Webstuhl

Jacques (frz.) = Jakob

jagen | Jagd | jagdbar | Jäger

Jagst, die: Fluß

Jaguar, der: amerik. Tiger

jäh[e] | jählings | Jähzorn. Vgl. jach

Jahr | jahraus, jahrein | jahrelang; zwei Jahre lang | Jahrzehnt; jahrzehntelang | Jahreszeit | jährig, ein Jahr alt oder dauernd | jährlich, jedes Jahr wiederkehrend | Jährling, ein Jahr altes Tier, z. B. Rennpferd | Jahrweiser: Kalender

Jahwe (hebr.): der Gott Israels

Jak, der: Grunzochse

Jakob (hebr.) | Jakobi[tag] | Jakobiner

jaloux (frz.): eifersüchtig | Jalousie, die: Brettchenvorhang, Rolladen

Jamaika, Jamaika-Rum

Jambus (gr.-lat.), Mz. Jamben: Versfuß (◡ —) | jambisch

Jammer | jammerschade | jämmerlich | jammern

Janhagel, der (nd.): Pöbel

Janitscharen, Mz.: frühere türkische Truppe

Januar (lat.), Jänner

Japan | Japaner | japanisch

Japhet (hebr.): Sohn Noahs

jappen, japsen (nd.): nach Luft schnappen

Jardiniere, die (frz.): Blumenschale; Verzierung mit Gemüsen

Jargon, der (frz.): Sondersprache, Kauderwelsch

Jasmin, der (arab.-sp.): Strauch

Ja|spis; Mz. Jaspisse (gr.): Halbedelstein

Jatagan, der (türk.): krummer Säbel

jäten: Unkraut ausziehen
Jauche, die | jauchen
jauchzen | Jauchzer
jaulen: wie ein Hund heulen
Jause, die (slowen.): Zwischenmahlzeit, Vesperbrot
Java: Sundainsel | javanisch
Jazz, der: amerik. Tanzmusik | Jazzband, die: Jazzkapelle
je; je länger, je lieber; je nachdem; jedoch; von jeher; jemals; jeweilig
Jean (frz.) = Johann | Jeannette
jeder, jede, jedes, jedes Jahr; ein jeder | jedermann; jedermanns | jederzeit | jedenfalls | jedesmal, ein jedes Mal
jeglicher; ein jeglicher
Jehovah, Umlautung von Jahwe
Jelängerjelieber, der und das: Pflanze
jemand, 2. Fall: jemandes; 3. jemand[em]; 4. jemand[en]; jemand anders; jemand Fremdes
Jemen: arabischer Staat am Roten Meer | Jemenite: Einwohner desselben
jemine! (aus lat. Jesu domine)
Jena | Jenaer | jenaisch
jener, jene, jenes | jenseit[s] | Jenseits, das
Jenny (engl.): Hannchen
Jeremias: Prophet | Jeremiade, die: Klagelied
Jerez (Xeres): sp. Stadt
Jericho in Palästina | Jerichow in Sachsen-Anhalt
Jerusalem
Jesaias, Prophet
Jesus (gr. aus dem Hebr., „Gott ist die Hilfe"); 2. und 3. Fall: Jesu; 4. Fall: Jesum; aber auch wie der 1. Fall (vgl. Christus) | Jesuit
Jett, das (engl.) = Gagat
Jette, Jettchen = Henriette
jetzt; alt: jetzo | jetzig
Jeu, das (frz.): Kartenspiel
Jeunesse dorée, die (frz.): reiche, leichtfertige Jugend
Jiddisch, jüdisch-deutsche Sprache
Jingo: engl. Bezeichnung für radikalen Nationalisten
Jiu-Jitsu, das (japan.): Art der Selbstverteidigung
Joachim (hebr.)
Job = Hiob (Jobst s. Jodokus)
Jobber (engl.): Börsenspieler
Joch, das
Jockei (engl.): Rennreiter
Jod, das: chem. Grundstoff | Jodoform
jodeln | Jodler
Jodokus, kelt. Name; Jo[b]st
Jo|ghurt, das (türk.): saure Milch
Johann[es] (hebr.-gr.) | Johannistag, Johanni | Johanniter || Johanna
johlen
John (engl.) = Johann | John Bull, der Engländer
Jokus, der (lat.): Scherz
Jolle, die (nd.): kleines Boot
Jonathan (hebr.) | Bruder J., der Nordamerikaner
Jon|gleur (frz.): Gaukler | jon|glieren
Joppe, die (arab.-it.): Männerjackett
Joseph (hebr.) | Josephine (Josef, Josefine)
Josua (hebr.), kath. Josue
Jot, das
Jourfix, der (frz.): 'bestimmter Tag' (für Gesellschaft) || Journal, das: Tagebuch; Zeitschrift | Journalist: Zeitungsschreiber
jovial (frz.): frohsinnig, leutselig

jubilieren (lat.) | jubeln | Jubilate, jubelt! 3. Sonntag nach Ostern | Jubel || Jubiläum, das; Mz. -äen (hebr.-lat.) | Jubilar: Gefeierter
Juchart, Juchert, der: Feldmaß
juchhe! | juchheirassa! | juchheisa, juchheißa!
Juchten, der, das (russ.): Leder
jucken
Jucker (madjar.): kleines Wagenpferd
Juda: 1. ein Sohn Jakobs; 2. das Judentum | Jude | Jüdin | jüdisch | jüdeln, jüdisch sprechen, mauscheln. Vgl. jiddisch
Judas: Name zweier Jünger Jesu | Judaskuß
Judika (lat.): 2. Sonntag vor Ostern
Judith (hebr.): Vorname
judizieren (lat.); urteilen | Judizium: Urteil | Judikatur, die: Rechtsprechung
Jugend | jugendlich
Jugoslawien = Südslawien
Juist, Nordseeinsel
Julfest: Wintersonnwendfest | Julklapp: Art Weihnachtsgeschenk | Julmond: Dezember
Julius (lat.) | Julia, Julie | Juli, Heumonat | Julianischer Kalender | Julienne, die (frz.): Suppe mit Gemüsestreifen
Jumper, der (engl.): Schlupfjacke
jung; jünger, am jüngsten; jung und alt; von jung auf; Jung Siegfried; Plinius der Jüngere; der Jüngste Tag, das Jüngste Gericht | Junge, der | Junge, das | Junggeselle | Jünger, der | Jüngling | Junker | Jungfrau, Jungfer | jungfräulich, jüngferlich
Juni (lat.): Brachmonat
junior (lat.): der Jüngere (jun., jr.)
Junktur (lat.): Verbindung; Gelenk
junonisch (lat.): nach Art der Göttin Juno, stolz
Jüpchen, das: Säuglingsjäckchen
Jupiter, röm. Gott; Planet (als Gott richtiger: Juppiter) | J. pluvius: Regengott; J. tonans: Donnergott
Jupon, der (frz.): Unterrock
Jura, der: Gebirge; Erdschicht | jurassisch. (S. auch Jus)
Jurat (lat.): Beeidigter
Jürgen (nd.) = Georg
Jurisdiktion: Rechtsprechung, Rechtspflege | Juris|prudenz: Rechtswissenschaft | Jurist: Rechtskundiger | juristisch: rechtswissenschaftlich | juridisch: rechtlich; rechtskräftig
Jurte, die (russ.): Nomadenzelt
Jury, die (engl.); Mz. Jurys, Juries: Schwurgericht, Preisgericht
Jus, das; Mz. Jura (lat.): Recht; Jura studieren
Jus, die (das) (frz. gesprochen): Bratensaucengallert
Justus (lat.), 'der Gerechte' | just: gerade, eben | justieren: richtig machen; eichen | justifizieren: rechtfertigen, feststellen | Justitiar: Rechtsbeistand | Justiz: Rechtspflege
Jute, die: ind. Bastfaser
Jüterbog, Stadt
Jütland | jütisch; die Jütische Halbinsel
Jutta, Mädchenname
juvivallera!
Juwel, das; Mz.-en, auch (übertr.) -e (nl.): Kostbarkeit, Edelstein | Juwelier
Jux (aus lat. iocus): Scherz
Juxta, Juxte, die (lat.): Stammleiste von Wertpapieren u. dgl.

K

(Siehe auch C.)

Ka|aba, die: arab. Heiligtum in Mekka
Kabache, Kabacke, die (slaw.): Hütte
Kabale, die (hebr.): Ränke
Kabarett, das (frz.): Speiseplatte, Kleinkunstbühne
Kabbala, die (hebr.): Geheimlehre
kabbeln: zanken | kabbelig: unruhig
Kabel, das (frz.): Tauwerk; elektr. Leitungsstrang | kabeln: über See drahten
Kabeljau, der (nl.): Fisch
Kabine, die (frz.): Schiffskammer; Badezelle | Kabinett, das; Mz. -e; kleines Gemach; Geheime Kanzlei eines Fürsten; Sammlung | Kabinettstück: Perle einer Sammlung, Prachtstück
Kabis = Kappes
Ka|briolett, das (frz.): Einspänner; Art Auto
Kabuse (nd.): Verschlag, Hüttchen
Kabyle (arab.): Berber in Algerien
Kachel, die | Kachelofen
Kadaver, der (lat.): Aas, Tierleiche
Kadenz, die (it.): Tonfall, Tonschluß
Kader, der (frz.): Rahmen, Truppenstamm
Kadett (frz.): Zögling einer Offizierserziehungsanstalt | Kadettenkorps
Kadi (arab.): Richter
Kadmium, ein Metall
kaduk (lat.): hinfällig; kleinlaut; verfallen | kaduzieren: für heimgefallen erklären
Käfer, der
Kaff, das: 1. Spreu; wertloses Zeug; 2. (Gaunerspr. aus dem Hebr.) Dorf
Kaffee, der (arab.) | Kaffe|in, Koffein, das
Kaffer: 1. (arab., 'Ungläubiger') in Südafrika; 2. Bauer, dummer Mensch. Vgl. Kaff 2
Käfig, der
Kafiller (hebr.): Abdecker
Kaftan, der (türk.): Obergewand
Käfterchen: Kämmerchen, Verschlag
kahl | kahlköpfig
Kahm, der: Art Schimmel | kahmig
Kahn, der
Kai, der (nl.): Uferstraße
Kaiman, der: amerikan. Krokodil
Kain | Kainszeichen
Kairo | Kairoer
Kairos, der (gr.): rechter Zeitpunkt
Kaiser | kaiserlich; in Titeln (aber nicht in Österreich!): Kaiserlich
Kajak, der, das: Eskimo-Ruderboot
Kajüte, die (nl.): Schiffszimmer
Kakadu, der (mal.)
Kakao, der (mexikan.)
Kakerlak, der: Küchenschabe; Albino
Kakophonie (gr.): Übellaut
Kaktus, der; Mz. Kakteen und Kaktus, Kaktusse (gr.-lat.)
Kala|brien in Süditalien | Kalabreser: breitkrempiger Hut
Kalaharisteppe, die
Kalamität (lat.): Verlegenheit, Unglück
Kalander, der (frz.): Glättwalze
Kalasche, die (russ.): Prügel | kalaschen
Kalauer (dt.-frz.): fauler (Wort-)Witz
Kalb, das Goldene Kalb | kalben | kalbern, kälbern
Kaldaunen, Mz. (nlat.): Eingeweide
Kalebasse, die (sp.): Flaschenkürbis
Kal[e]faktor (lat.): Heizer, Aufwarter

Kaleido|skop, das (gr.): optisches Spielzeug | kaleido|skopisch: in buntem Wechsel
Kalender, der (lat.) | Kalendarium
Kalesche, die (slaw.): leichte Kutsche
kalfatern (nl.): Schiffe dicht machen
Kali, das: ein Salz | Kalium: chem. Grundstoff
Kaliber, das (frz.): Seelendurchmesser der Feuerwaffen; Art, Schlag
Kalif (arab.): 'Nachfolger' Mohammeds | Kalifat, das
Kalifornien in Amerika
Kaliko, der: Baumwollgewebe
Kalk (lat.) | kalkig | kalken
Kalkül, der (frz.): Rechnung, Überschlag | kalkulieren: berechnen, erwägen | Kalkulation | Kalkulator: Rechnungsprüfer | kalkulatorisch: rechnungsmäßig
Kalla, die (nlat.): Pflanze
Kalligraphie (gr.): Schönschreibkunst
Kallus, der (lat.): Knorpelsubstanz
Kalmäuser: Stubenhocker, Kopfhänger
Kalmen (roman.): windstille Gegenden
Kalmuck, der: langhaariges Wollenzeug | Kalmück[e], der: mongolisch. Volk
Kalmus, der: Pflanze | Kalmüser: Kalmuslikör
Kalomel, das (gr.): Quecksilberchlorür
Kalorie (frz.): Wärmeeinheit | Kalorimeter, das: Heizwertmesser
Kalotte, die (frz.): Käppchen; Kugelhaube
Kalpak, Kolpak, der (türk.): Pelzmütze; [Tuchzipfel an der] Husarenmütze
kalt; kälter, am kältesten | Kaltschale, die | Kälte
Kalvarienberg (lat.): Golgatha; (Leidens-)Stationsweg
Kalvill, der; Mz. -en: Apfelsorte
Kalvinismus | Kalvinist
kalzinieren (nlat.): verkalken
Kalzium: Metall
Kamaldulenser, Mönchsorden
Kamarilla, die (sp.): einflußreiche Hofpartei
Kambrik, der: Gewebe von Cambrai
Kambrium: geolog. Schicht
Kambüse s. Kombüse
Kamee, die (it.): erhaben geschnittener Stein
Kamel, das (gr.)
Kamelie, die: Blume
Kamerad | kameradschaftlich
Kameralien (Cameralia) (nlat.): Staatswissenschaften | Kameralist
Kamerun | Kameruner
Kamille, die (gr.): Pflanze
Kamin, der (lat.): Feuerstätte; Schornstein
Kamisol, das (frz.): Wams
Kamm | Kammacher | Kammrad | kämmen | Kämmerei | kämmeln: die Wolle fein kämmen; Käm[m]elgarn | Kämmling: Kammgarnabfall
Kammer, die (lat.) | Kammerrat (Titel) | Kämmerlein | Kämmerei | Kämmerer
Kamöne, die (lat.): Muse
Kamp, der; Mz. Kampe (lat.): eingefriedigtes Feldstück
Kampa|gne, die (frz.): Feldzug, Betriebsdauer
Kampanien in Italien
Kampanile, der (it.): Glockenturm
Kämpe, der: Kämpfer, Zuchteber | kampeln: sich streiten
Kampescheholz: Färbeholz
Kampf | kämpfen | Kämpfer | kämpferisch
Kampfer, der

kampieren (frz.): lagern
Kamposanto, der (it.): Gottesacker
Kana[an, Palästina | Kana[a]niter
Kanake: Südsee-Insulaner
Kanal, der; Mz. Kanäle (lat.) | kanalisieren | Kanalisation
Kanapee, das (gr.-frz.): Ruhebett
Kanarische Inseln | Kanarienvogel
Kanaster (gr.-sp.), Knaster (nl.): schlechter Tabak
Kandare, die (madjar.): Gebißstange
Kandelaber, der (lat.): Gestell für Lampen oder Kerzen
Kandelzucker = Kandis
Kandidat (lat.): Amtsbewerber | kandidieren
Kandis (arab.): kristallisierter Zucker | kandieren: verzuckern
Kaneel, der (it.): Zimt
Kanevas, der (frz.): Gittergewebe
Känguruh, das: Beuteltier
Kaninchen, das | Kanin, das: Kaninchenfell
Kanister, der (lat.): blechernes Versandgefäß
Kanjon s. Cañon
Kanker, der: 1. (lat.) Krebs an Pflanzen; 2. Spinne
Kanne | Kännchen | kannegießern politisieren
kannelieren (frz.): mit Riefen versehen | Kannelüre, die: Rille am Säulenschaft
Kannibale (sp.): Menschenfresser
Kanon, der (gr.): Richtschnur, Regel; mustergültige Auswahl; Grundzins | Kanonikus, Kanoniker; Mz. Kanoniker; Dom-, Stiftsherr | kanonisch: den [kirchl.] Regeln entsprechend, mustergültig | kanonisieren: ins Verzeichnis der Heiligen aufnehmen | Kanonisation: Heiligsprechung
Kanone, die (it.) | Kanonier | Kanonade: Geschützfeuer
Kanossa: it. Burg Canossa
Kantate: 1. (lat.): 'singet!', 4. Sonntag nach Ostern; 2. die (it.), Dichtung und Tonstück
Kante, die: Rand, Ecke; Spitze | kantig | Kantel, der, das: vierkantiges Lineal | kanten | Kanthaken
Kanter, (engl.): langsamer Galopp
Kantharide, die (gr.): span. Fliege
Kantine, die (it.): Speiseraum in Kasernen und Fabriken
Kanton, der; Mz. -e (frz.): Bezirk | kantonal | kantonieren: (die Truppen) unterbringen; in Unterkunft liegen | Kantonnement: Unterkunftsort | Kantonist: Militärpflichtiger (unsicherer K.)
Kantor; Mz. -en (lat.): 'Sänger', Leiter der Kirchenmusik
Kantschu, der (slaw.): kurze Peitsche
Kantus, der (lat.): Gesang
Kanu, das (indian.): Boot
Kanüle, die (frz.): Röhrchen
Kanzel, die (lat.) | Kanzlei: Schreibstube | Kanzler | Kanzlist: Schreiber
Kanzone, die (it.): Gedichtform
Kaolin, das (chin.): Porzellanerde
Kap, das (it.): Vorgebirge
Kap. = Kapitel
kapabel (nlat.): fähig
Kapaun, der (frz.): verschnittener, gemästeter Hahn
Kapazität (lat.): Fassungsvermögen, bedeutender Fachmann
Kapelle, die (nlat.): 1. Schmelztiegel; 2. kleine Kirche; Musikchor | Kapellmeister

Kaper: 1. die (lat.): Blütenknospe des Kapernstrauches; 2. der (nl.), Seeräuber, Freibeuter | kapern: wegnehmen

Kapernaum, kath. Kapharnaum

kapieren (lat.): fassen, begreifen

kapillar (lat.): haarartig, haarfein | Kapillarität: Ansaugekraft

kapital (lat.): hauptsächlich, sehr stark | Kapital, das; Mz. -e u. -ien; Hauptgeld, Stammvermögen | Kapitale, die: Hauptstadt | kapitalisieren: anlegen | Kapitalismus | Kapitalist: Geldmann

Kapitäl, Kapitell, das; Mz. -e (it.): Säulenknauf

Kapitän (frz.): Hauptmann; Schiffsbefehlshaber

Kapitel, das (lat.): Hauptstück, Abschnitt (Abk. Kap.); feierliche Versammlung | kapitelfest: bibelfest, sicher im Wissen

Kapitell s. Kapitäl

Kapitol, das (lat.): die Burg Roms

Kapitular (nlat.): Stiftsherr

kapitulieren (nlat.): einen Vertrag abschließen; sich ergeben; sich zu längerem Dienst verpflichten | Kapitulation | Kapitulant

Kaplaken, das: Sondervergütung für den Schiffer

Ka|plan, der: kath. Hilfsgeistlicher

Kapok, der (mal.): Pflanzenwolle für Polster

kapores gehen (jüdisch): zugrunde gehen

Kapotte, die (frz.) | Kapotthut: Frauenhütchen

Kappe (nlat.) | Käppchen | Käppi

kappen (nl.): abschneiden

Kappes, Kappus (it.): Kopfkohl

Kapphahn = Kapaun

Ka|pric|cio, das (it.): launiges Musikstück | Kaprice, die (frz.): Laune | kaprizieren: (sich auf etwas) versteifen | kapriziös: eigensinnig

Ka|priole, die (it.): 'Bock-', Luftsprung

Kapsel, die (lat.)

Kapsikum, das: span. Pfeffer

kaputt (frz.): entzwei, zerbrochen

Kapuze, die (it.): Mantelhaube | Kapuziner: Mönch | Kapuzinade: Strafpredigt

Kar, das: Gebirgskessel; halbkreisförmiges Felsental

Karabiner, der (fr.): kurzes Gewehr | Karabinerhaken | Karabinier (fr.), Karabiniere (it.)

Karaffe, die (arab.-frz.): geschliffene Flasche

Karakul, der (türk.): Schafsart

Karambole, die (frz.): Art Billardspiel | karambolieren: auf dem Billard zwei Bälle mit dem Spielball treffen; zusammenstoßen | Karambolage: Zusammenstoß

Karamel, der (sp.): gebrannter Zucker | Karamelle, die: Art Zuckerzeug

Karat, das (it.): Gewicht für Gold und Edelsteine | karätig

Karausche, die (slaw.): Karpfenart

Karavelle, die (roman.): Segelschiff

Karawane (pers.): Reisegesellschaft von Kaufleuten oder Pilgern | Karawanserai, -serei, die: Karawanenherberge

Karbatsche, die (poln.): Leder-, Hetzpeitsche

Karbid, das, Karbol, Karbolineum: Kohlenstoffverbindungen

Karbon, das (nlat.): Steinkohlenformation | Karbonade, die (frz.): gebratenes Rippenstück | Karbonat (nlat.): kohlensaures Salz | karbonisieren (frz.): ver-, auskohlen
Karborund, der: Schleifmittel
Karbunkel, der (lat.): Geschwür
Kardamom, der und das (gr.): Gewürz
Kardätsche, die (it.): Wollkratze, Pferdebürste
Karde, die (lat.): Weberdistel
kardinal (lat.): Haupt..., Grund... | Kardinal, der; Mz. -äle
Kardiogramm, das (gr.): Kurve der Herzschläge
Karenzzeit (lat.): Wartezeit
karessieren (frz.): liebkosen
Karettschildkröte
Karfiol, der (it.): Blumenkohl
Karfreitag in der Karwoche
Karfunkel, der: Edelstein
karg; karger und kärger | kärglich
Kargo, der (sp.): Schiffsladung; Frachtverzeichnis | Kargadeur: Schiffsmakler
Kariben: ein Indianerstamm | Karibisches Meer
karieren (frz.): kästeln
Karies, die (lat.): Knochenfraß, Zahnfäule | kariös
karikieren (it.): übertreiben, verzerren | Karikatur, die: Spottbild
Karitas, die (lat.): Nächstenliebe | karitativ: wohltatig
Karkasse, die (it.): Gerippe
Karl | Kar[o]la (nlat.), Karoline | Karolinger: Nachkommen Karls des Großen | karolingisch, kärlingisch
Karma, das (sanskr.): Schicksal
Karmeliter: Mönchsorden
Karmin, das (der) (it.): rote Farbe | Karmesin, das, desgl.
Karnation, die (nlat.): Fleischton, -farbe
Karneol, der: Halbedelstein
Karneval, der (it.): Fasching
Karnickel, das: Kaninchen
Karnies, das und der; Mz. -iese (roman.): Simsleiste
Kärnten | Kärntner | kärnt[ner]isch
Karo, das (frz.): Raute, schiefwinkliges Parallelogramm
Karola, Karolinger s. Karl
Karosse (frz.): Staatskutsche | Karosserie: Oberbau von Kraftwagen | Karossier: Kutschpferd
Karotte, die (frz.): kurze Mohrrube
Karpaten, Mz.: Gebirge
Karpfen, ein Fisch
karrarischer Marmor
Karree, das (frz.): Viereck
Karren, der, Karre, die, karren | Kärrner: Fuhrmann | Karriere, die (frz.): schneller Lauf, Laufbahn | Karriol, das: leichter Wagen; Briefpostwagen
Karst, der: 1. zweizinkige Hacke; 2. Gebirgsland
Kartätsche, die (it.): Geschoß
Kartaune, die (it.): Geschutz
Kartause, die: Kartäuserkloster (frz. Chartreuse bei Grenoble)
Karte, die (frz.) | Kartei, die, Zettelkatalog | kartieren: aufzeichnen, eintragen | Kartothek, die = Kartei
Kartell, das (frz.): Herausforderung; Vertrag; Vereinigung, Ring
Karthago | Karthager
Kartoffel, die
Kartograph (gr.): Landkartenzeichner | Kartogramm

Karton, der (frz.): feine Pappe; Pappschachtel; Bildentwurf | kartonieren: steif heften | Kartonage: Pappware

Kartusche, die (frz.): Pulverladung, Patronentasche; Barockverzierung

Karussell, das (frz.)

Karwoche, die

Karyatide (gr.): Gebälkträgerin

Karzer, der (das) (lat.): Schulgefängnis

Karzinom, das (gr.): Krebsgeschwür

Kasak, der; 1. = Kosak; 2. (frz.): Blusenart

Kaschelott, der: Walfischart

Kaschemme (Gaunersprache): Verbrecherkneipe

kaschieren (frz.): verdecken, verhüllen

Kaschmir, der (ind.) (Kasimir): Wollgewebe

Kaschube, Kassube, westslaw. Stamm | Kaschubei, Kassubei

Käse (lat.) | käsig | Kase|in, (Kaseïn) Käsestoff | käsen | Kaser, Käser: Senn

Kasel, die (lat.): Meßwand

Kasematte, die (it.): Wallgewölbe, Geschützstand

Kaserne, die (it.) | kasernieren

Kasimir: 1. slaw. Name; 2. (= Kaschmir)

Kasino, das (it.)

Kaskade, die (frz.): Wasserfall

Kaskett, das (frz.): Mütze

Kasko, der (sp.): Schiffsrumpf | Kaskoversicherung: Versicherung des Schiffes, Kraftwagens

Kaspar (pers.) | Kasperle | kaspern

Kaspisches Meer

Kassa (it.), Kasse; per cassa: gegen bar | Kassette (frz.): Geldkästchen, Lade; Deckenfeld | kassieren: einziehen | Kassier[er]: Kassenwart, Geldeinnehmer, Säckler

Kassation, die (nlat.): Ungültigmachung, Urteilsaufhebung, Dienstentlassung | kassieren

Kasserolle, die (frz.): Schmortiegel

Kassia, Kassie (lat.): Gewürzpflanze

Kassiber, der (hebr.): Zettelchen, wodurch sich Gefangene verständigen

kassieren s. Kassation und Kassa

Kassiopeia (gr.): ein Sternbild

Kassube, Kassubei s. Kaschube

Kasta|gnette: sp. Handklapper

Kastalische Quelle (gr.): Musenquelle

Kastanie, die (gr.)

Kaste, die (port.-frz.): sich streng abschließender Stand | Kastengeist

kasteien (lat.): (sich) Entbehrungen auferlegen und Schmerzen zufügen

Kastell, das (lat.): Burg, Feste | Kastellan: Schloßvogt; Hausmeister

Kasten | Kästchen

Kastor und Pollux, die Dioskuren, Zwillinge, Sterne

Kastor, der (gr.-lat.): 'Biber'-Fell

ka|strieren (lat.): verschneiden | Kastration | Ka|strat

Kasuar: Art Strauß

Kasus (lat.): Fall | Kasualien: gelegentliche Amtshandlungen | Kasualreden: Tauf-, Trau-, Begräbnisreden | Kasualität: Zufälligkeit | Kasuistik: Sammlung von Einzelfallen; Lehre von den Gewissensfallen | Kasuist: Gewissensrat | kasuistisch: spitzfindig.

Katafalk, der (it.): Trauergerüst

Katakomben, Mz. (gr.): unterirdische Grabgewölbe

Katalepsie (gr.): Starrsucht

Katalog, der (gr.): Verzeichnis | katalogisieren

Katalyse (gr.): Beschleunigung eines chem. Vorganges durch einen Katalysator
Kataplasma, das; Mz. -men (gr.): Breiumschlag
Katapult, der, das: Wurfmaschine
Katarakt, der (gr.): Wasserfall
Katarrh, der (gr.): Schleimhautentzündung, Schnupfen | katar|rhalisch
Kataster, der, das (it.): Flur-, Grundbuch
Kata|strophe, die (gr.): Entscheidung, Schicksalsschlag, Zusammenbruch | kata|strophal
Kate, die, Katen, der: Häuslerwohnung | Kätner: Kleinhäusler
Kat|echese, die (gr.): Religionsunterricht in Frage und Antwort | Kat-|echet: Religionslehrer | Kat|echetik: Lehre von der Katechese | kat-|echetisch: fragend | kat|echisieren: | Katechisation | Kat|echismus; Mz, -men: Lehrbuch für den Religionsunterricht | Kat|echumen[e]: Religionsschüler
Katechu, das (ind.): Gerbstoff
Kat|egorie, die (gr.): Grundbegriff, fundamentale Aussage, Gattung | kat|egorisch: bestimmt, unbedingt
Kater: 1. männl. Katze; 2. Katzenjammer
kat|exochen (gr.): vorzugsweise
Katgut s. Catgut
Katharina, Katharine (gr.) (Kathi, Käthe, slaw. Kathinka)
Katharsis, die (gr.): Läuterung
Katheder, der, das (gr.): Lehrstuhl | Kathe|drale: Hauptkirche
Kathete, die (gr.): Dreieckseite
Katheter, der (gr.): Sonde | kathetern, katheterisieren
Kathode, die (gr.): negative Elektrode
katholisch (gr.) | Katholik | Katholizismus
katilinarische Existenzen, heruntergekommene Menschen
Kat|ion (gr.): elektr. geladenes Teilchen
katonisch: sittenstreng wie Cato
Kat|optrik (gr.): Spiegellehre
Kattun, der (arab.): Baumwollstoff
kattunen
Katze | katzbalgen: sich | katzbuckeln | Katzenjammer
Kauderwelsch, das: verworrenes Deutsch | kauderwelschen
Kaudinisches Joch: Demütigung, wie die der Römer bei Caudium
Kaue, die (lat.): Schachthäuschen
kauen: mit den Zähnen zerkleinern; benagen
kauern: hocken
kaufen | Kauf, Mz. Käufe | Kauffahrteischiff | Kaufmann, -leute | kaufmännisch | Käufer | käuflich
Kaule, die, Grube | Kaulbarsch | Kaulquappe
Kaumazit, der (gr.): Braunkohlenkoks
Kaurischnecke
kausal (lat.): ursächlich, begründend | Kausalnexus: ursächlicher Zusammenhang | Kausalität: Ursächlichkeit
Kausche, die: Ring mit Hohlrand
kaustisch (gr.): ätzend | Kauterisation: Ätzung zu Heilzwecken
Kautel, die (lat.): Vorsichtsmaßregel; Vorbehalt | Kaution: Sicherheit
Kautsch, die (engl.): Ruhebett
Kautschuk, der und das (indian.): eingetrockneter Saft der Hevea

Kauz, der
Kavalier (frz.): Ritter | Kavalkade, die: Reiteraufzug | Kavallerie | Kavallerist
Kavatine, die (it.): lyrischer Sologesang
Kaviar, der (türk. — frz.): Rogen des Störs
Kavent (lat.): Bürge | Kavetschein: Bürgschaftsschein | kavieren: bürgen
Kaverne, die (lat.): Höhlung
Kawaß, Kawasse (arab.): türkischer Polizist
Kayenne in Frz. Guayana | Kayennepfeffer
Kazike (indian.): Häuptling
Kebse, Kebsweib: Nebenfrau
keck | Keckheit
Kees, das: Gletscher
Kefir, der: Milchwein
Kegel, der; auch uneheliches Kind | kegeln | Kegler
Kehle, die | Kehlleiste
kehren: 1. wenden; 2. fegen; — zu 1: kehrt! kehrtmachen (Kehrt machen) (§ 7) Kehre: Turnübung, gekrümmte Straßenkurve im Gebirge; zu 2: Kehraus: letzter Tanz | Kehricht, der, das
keifen: zanken
Keil, der: Pflock | keilen
Keiler: Wildeber
Keim, der | keimen
keiner, keine, kein | keinesfalls | keineswegs | keinerlei | keinmal, kein einziges Mal
Keks, der, das (engl.): Gebäck
Kelch, der (lat.)
Kelim, der (pers.): Teppich
Keller (lat.) | Kellner | Kellerwechsel: betrügerischer Wechsel
Kelloggpakt: Kriegsächtungspakt
Kelte | keltisch
Kelter, die (lat.): Weinpresse | keltern
Kem[e]nate, die (nlat.): mit Kamin versehenes (Frauen)gemach
Kennel, der (engl.): Hundezwinger
kennen; ich kannte, kennte; gekannt | kennzeichnen | kennbar | Kenner | kenntlich | Kenntnis
Kenotaph (gr.), Zenotaph (lat.): Grabmal ohne die Gebeine
Kentaur, siehe Zentaur
kentern: umschlagen
Keramik, die (gr.): Töpferkunst, Tonware | keramisch
Kerbe, die: Einschnitt | kerben | Kerbtier, Kerf, der
Kerbel, der (lat.): Pflanze
Kerker, der (lat.): Gefängnis
Kermes, der (arab.): eine Schildlaus, Farbstoff
Kern, der | kernig
Kerner, der (lat.): Beinhaus
Kerze, die | kerzeng[e]rade
Kescher, der (engl.): Fangnetz
keß (hebr.): schneidigfrech, flott
Kessel, der (lat.)
Kette: 1. (lat.) Metallkette; 2. (mundartl. Kitte, Kütte) Schar, Rebhühnerfamilie
Ketzer, der | ketzerisch
keuchen | Keuchhusten
Keuper, der: oberste Triasschicht
keusch | Keuschheit
Kevelaer, rhein. Stadt
Kgl. = Königlich
Khaki, das (pers.): Erdfarbe
Khan: asiat. Fürst | Khanat, das
Khedive, früher: Vizekönig von Ägypten
Kiautschou
Kichererbse (lat.)

kichern: lachen
Kickelhahn, thüring. Berg
kicken (engl.): stoßen | Kicks, der: Fehlstoß | kicksen
Kid (engl.): Ziegen- oder Kalbleder
Kiebitz, der | kiebitzen: beim Kartenspiel zuschauen
Kiefer: 1. der, Kinnbacken; 2. die, Baum
Kieke, die (nd.): Kohlenbecken zum Fußwärmen
kieken (nd.): sehen | Kieker: Fernglas | Kiekindiewelt
Kiel, der: 1. Federspule; 2. (nd.) Grundbalken des Schiffs | Kielschwein: Block über dem Kiel | Kielwasser: Wasserstrudel hinter dem Schiff | kielholen: das Schiff umlegen | kieloben
Kieme, die
Kien, der | Kienspan | kienig
Kiepe, die (nd.): Rückenkorb
Kies, der | Kiesel, der | Kieselgur, die: Infusorienerde
kiesen s. erkiesen
Kikeriki, das: Hahnenschrei
Kilima|ndscharo
killen (engl.): töten. Das Segel killt, flattert
Kiln, der (engl.): Kiesbrenner (Ofen)
Kilo[gramm] (gr.): 1000 Gramm | Kilohertz: 1000 Hertz | Kilometer: 1000 Meter | Kilowatt: 1000 Watt
Kilt[gang]: (schweiz.) abendliches Zusammentreffen der Burschen und Mädchen
Kimbern, Zimbern: germ. Volk
Kimm, die: Sehkreis | Kimme, die: Rand; Einschnitt | Kimming, Kimmung, die: Sehkreis, Luftspiegelung
Kimono, der: japan. Gewand
Kind; an Kindes Statt | kinderlieb | kindlich, (tadelnd) kindisch
Kinetik (gr.): Bewegungslehre | kinetisch | Kinematik: Getriebelehre | Kinematograph: Lichtspielgerät | Kino, das: Lichtspielhaus
Kinkerlitzchen, Mz.: Firlefanz
Kiosk, der (türk.): Gartenhaus, Verkaufshäuschen
Kipf, der, Kipfel, das: Hörnchen
Kippe, die: gefährliche Lage; Turnübung | kippen: umstürzen | kipp[e]lig: wacklig
Kipse: ostind. Rindshäute
Kirche (gr.) | Kirchspiel | kirchlich | Kirmes (Kirmeß, Kirmse): Kirchweih
kirnen: buttern
kirre: zahm | kirren | Kirrung: Lockfutter
Kirsche, die (lat.) | Kirsch, der: Schnaps
Kismet, das (arab.): Schicksal
Kissen, das (spätlat.): Kißchen
Kiste, die (lat.) | Kistchen
Kitsch, der: Schund | kitschig
Kitt, der | kitten
Kittchen, das: Gefängnis
Kitte s. Kette
Kittel, der
Kitz, das: junges Reh | Kitze, die: Zicklein
Kitzel, der | kitz[e]lig | kitzeln
k. k. in Österreich = kaiserlich-königlich
klabastern (nd.): schwerfällig gehen
Klabautermann: Schiffskobold
klackern | klacks!
Kladde, die (nl.): Geschäftsbuch | kladdern
kladderadatsch! | Kladderadatsch, der

klaffen: offenstehen
kläffen: bellen | Kläffer
Klafter, die | klaftern
Klage | klagen | Kläger | kläglich
Klamauk, der: Lärm, Unfug
klamm: knapp, steif | Klamm, die: Felsenenge | Klammer, die
Klamotte, die: Ziegelbrocken, Mz. auch Kleider, Hausrat
Klampe, die: Holz- oder Metallstück zum Befestigen der Taue
Klampfe, die: Zupfgeige
klamüsern: austüfteln
Klang, der; Mz. Klänge
klapp! | Klappe | klappen | klappern | klapp[e]rig | Klapper, die | Klaps, der; Mz. Klapse u. Kläpse
klar (lat.): hell, deutlich; (seemänn.) fertig; im klaren sein; ins klare kommen | klarlegen usw. | Klara | Klariss[inn]en: Nonnen | Klarheit | klären | klarieren: verzollen | Klarinette, die (frz.)
Klasse (lat.) | klassifizieren: einordnen | Klassifikation | Klassiker: Musterschriftsteller | klassisch | Klassizität: Mustergültigkeit | klassizistisch
klastisch (gr.): zerbrechlich, Trümmergestein
klat[e]rig: schmutzig, schlimm | kläternaß
klatsch! | Klatsch, der | Klatsche, die | klatschen | klatschig | Klatschbase
klauben: auslesen
Klaue, die | klauen: stehlen
Klaus = Nikolaus
Klause (nlat.): Einsiedelei; Engpaß | Klausner | Klausel, die, Schlußsatz; Einschränkung | Klausur, die: Absperrung

Klavier, das (frz.) | Klaviatur, die: Tastenwerk, Griffbrett | Klavichord, das | Klavizimbel, das
kleben | kleb[e]rig
Klecks | klecksen
Kledasche, die: Kleidung
Klee, der
Klei, der (nd.): fette Erde
Kleid | kleiden | kleidsam
Kleie, die: Kleienbrot
klein; von klein auf; um ein kleines; im kleinen (vgl. groß!); bis ins kleinste | Kleinigkeit | kleinlich | Kleinlichkeit | Kleinod; Mz. -e und -ien
Kleister | kleist[e]rig | kleistern
Klematis, die: Waldrebe
Klemens, Klementine
klemmen | Klemme | Klemmer
Klempner, der
Klepper, der: schlechtes Pferd
Kleptomanie (gr.): Stehlsucht
Klerus (gr.-lat.), Klerisei: Geistlichkeit | klerikal: päpstlich gesinnt | Kleriker: kathol. Geistlicher
Klette, die: Pflanze
klettern
Kleve, Stadt
klieben: spalten; ich klob und kliebte; gekloben und gekliebt
Klient (lat.): Schützling, Auftraggeber | Klientel, die: Schutzverhältnis; die Auftraggeber
Klima, das; Mz. -te (gr.): Witterungsverhältnisse eines Ortes | klimatisch
Klimax, die (gr.): Steigerung
Klimakterium, das: die Wechseljahre
Klimbim, der: nebensächliches Drum und Dran
klimmen; ich klomm und klimmte; geklommen und geklimmt

klimpern | Klimperei
klingen; es klang; geklungen | Klinge des Schwertes | Klingel, die | klingeln | Klinke, die | Klinker, der: hartgebrannter Ziegel
Klinik, die (gr.) | Kliniker | klinisch
Klinse, Klunse, die: Spalte
klipp!; klippklapp!; klipp! klapp! klipp und klar
Klipp, der (engl.): Klammer
Klippe, die | Klippfisch
Klipper, der: Segelschiff
klirren
Klischee, das (frz.): Druckstock, Abklatsch | klischieren
Klistier, das (gr.): Einlauf
KLM = Koninklijke Luchtvaart Maatschapij: Königlich Niederländische Luftverkehrsgesellschaft
Kloake, die (lat.)
Kloben | klobig
Klodwig (Chlodwig), Name
klönen: plaudern, jammern
klopfen | Klopfer | Klöpfel | Klöppel | klöppeln | Klops, der
Klopstock, ein Dichter
Klosett, das (engl.)
Kloß, der; Mz. Klöße
Kloster, das (lat.)
Klothilde (Chlothilde), Name
Klotz, der | klotzig
Klub (engl.): geschlossene Gesellschaft
Kluft, die | kluftig, klüftig
Kluft, die (hebr.): Kleidung
klug | Klugheit | klüglich | klügeln
Klumpen | klumpig | klumpfüßig
Klüngel, der: Knäuel; Clique
Kluniazenser: mittelalterlicher Mönchsorden
Klunker, der und die: Troddel
Klunse s. Klinse
Kluppe, die: Zange
Klus, die: Engpaß
Klüse, die: Loch für die Ankerkette
Klüver, der: Vorsegel
knabbern, knappern
Knabe | Knäblein
knacken | Knacks | knacksen | Knäcke[brot]
Knagge, die; Knaggen, der: Knorren, Pflock, Leiste
Knall, der; Mz. -e und Knälle | knallen
knapp: eng; genau
Knappe, der | Knappschaft der Bergleute
Knappsack (nl.): Speisesack
knapsen, abbrechen
Knarre, die | knarren
Knaster (nl.) s. Kanaster
knastern | knattern
Knäuel, das und der (Knaul) | Knäulchen
Knauf, der; Mz. Knäufe
knaupeln; benagen
Knauser | knauserig | knausern
knautschen = knutschen
Knebel, der | knebeln
Knecht | knechtisch | knechten
Kneif, Kneip, der: Schustermesser
kneifen; ich kniff; gekniffen; nd. kneipen (kneipte, gekneipt) | Kneif-, Kneipzange | Kneifer
Kneipe: Schenke | Kneiperei
Kneippkur (nach Pfarrer Kneipp)
kneten | Knetkur
Knick, der | knicken | Knickebein
Knicker: Geizhalz; kleine Spielkugel | knick[e]rig: geizig | knickern
Knickerbocker, Mz. (engl.): Pumphosen
Knicks, der | knicksen
Knie; Mz. Knie | knien
Kniebis, der, im Schwarzwald
Kniff | kniffen | kniff[e]lig
Knips | knipsen

Knirps, der | knirpsig
knirschen; du knirsch[e]st
knistern | knittern
Knittelvers = Knüttelvers
Knobel, der: Knöchel, Würfel | knobeln
Knoblauch, der
Knochen | knöchern | knochig | Knöchel
Knock|out, der (engl.): Niederschlagen beim Boxen, knockout schlagen
Knödel, der
Knolle, die, Knollen, der | knollig
Knopf, der | knöpfen
Knopper, die: Gallapfel
Knorpel, der | knorp[e]lig
Knorren, der | knorrig | Knorz
Knospe, die | knospen
Knote, der: ungebildeter Mensch
Knoten | knotig | Knöterich
Knubben, der (nd.): Knorren
Knuff, der, Mz. Knüffe | knuffen
knüllen: zerknittern
knüpfen (zu: Knopf)
Knüppel, der
knurren | knurrig
knuspern | knusp[e]rig
Knust, der (nd.): Brotranft
Knute, die (russ.): Peitsche
knutschen (nd.): drücken
Knüttel, der | Knüttelvers, Knittelvers
Koadjutor (lat.): 'Helfer'
koagulieren (lat.): gerinnen
Koalition (nlat.): Vereinigung
Kobalt, der: Mineral
Koben (obd. Kobel), der: Hütte; Stall
Kober, der: Korb
Kobold: neckischer Geist; Berggeist
Kobolz, der: Purzelbaum
Kobra, die (port.): Schlange
Koch, der (lat.) | kochen
Köcher, der: Pfeilbehälter
Koda, die (it.): Schlußtakte eines Musikstückes
Kodak, der: photogr. Apparat
Kode, der (frz.): Geheimschrift, Telegraphenschlüssel
Kode|in, das: Beruhigungsmittel
Köder, der | ködern
Kodex, der (lat.), Mz. Kodizes (Kodexe): Handschrift, Gesetzbuch | Kodizill: Nachtrag zum Testament | kodifizieren: in das Gesetzbuch einordnen | Kodifikation
Ko|edukation (nlat.): Gemeinschaftserziehung für beide Geschlechter
Ko|effizient, der (nlat.): Verhältniszahl
ko|erzibel (nlat.): verdichtbar | Ko-erzitivkraft
Koesfeld (Coesfeld), Stadt
ko|existierend (nlat.): zugleich bestehend | Ko|existenz, die
Kofen = Koben
Kofent, der: Dünnbier
Koffe|in s. Kaffee
Koffer, der (frz.)
Kog = Koog
Kogel, der (obd.): Bergkuppe
Kogge, die: Hanseschiff
Ko|gnak, der (frz.): Weinbrand
Ko|gnat (lat.): Verwandter von weiblicher Seite
Ko|gnition (lat.): Kenntnis; Beurteilung
kohärent (lat.): zusammenhängend | Kohärenz, Kohäsion: Bindekraft
Kohl, der: 1. (lat.): Pflanze | Kohlrabi, der; 2. (hebr.): Gerede, Unsinn | kohlen: schwatzen
Kohle, die | Kohlweißling | kohlrabenschwarz | Kohlengrus | Köhler

Koinzidenz, die (nlat.): Zusammentreffen
Koitus, der (lat.): Beischlaf
Koje, die (nl.): Schlafstelle auf Schiffen
Koka|in, das: Betäubungsmittel
Kokarde, die (frz.): Hoheitsabzeichen
kokeln s. gokeln
koken: Koks herstellen | Kokerei
kokett (frz.): gefallsüchtig | Koketterie | kokettieren
Kokke, die: Kugelbakterie
Kokon, der (frz.), Mz. Kokons: Raupengespinst
Kokosnuß, die
Kokotte, die (frz.): feinere Dirne
Koks, der (engl.)
Kola, die: Anregungsmittel
Kolben, der
Kolchose, die (russ.): genossenschaftlicher Gutsbetrieb
Kolibri, der (sp.)
kolieren (lat.): durchseihen
Kolik, die (gr.): Leibschmerz
Kolk, der (nd.): Wasserloch
Kolkrabe
Kollaborator (nlat.): Mitarbeiter | Kollaborateur: Mitarbeiter des Landesfeindes
Kollaps (lat.): Zusammenbruch, Verfall
kollateral (nlat.): zur Seite stehend
Kollation (lat.): Übertragung; Vergleichung, Durchsicht; Ausgleichung; Imbiß | Kollator: Verleiher einer Pfründe | Kollatur: Verleihungsrecht | kollationieren: vergleichen
Kollege (lat.): Amtsgenosse | kollegial[isch]: amtsbrüderlich | Kollegialität: Eintracht | Kolleg[ium], das: Amtsgenossenschaft, Behörde | Kolleg, das: Vorlesung
Kollekte (lat.): Sammlung für milde Zwecke; Altargebet | kollektieren: milde Gaben sammeln | Kollekteur (frz.): Lotterie-Einnehmer | Kollektion: Sammlung | Kollektaneen, Mz. (lat.), Sammelhefte, Lesefrüchte | kollektiv: zusammenfassend; Gesamt... | Kollektivismus
Koller: 1. das und der (frz.): Kragen; Wams; 2. der (gr.-lat.), Wut | kollerig | kollern: wütend sein
kollern: kugeln, rollen
Kollett, das (frz.): Reitjacke
kollidieren (lat.): zusammenstoßen | Kollision, die: Widerstreit
Kollier, das (frz.): Halsschmuck
Kollo; Mz. Kolli (it.): Frachtstück
Kollodium, das (nlat.): Klebäther
kolloid[al] (gr.-lat.): gallertartig
Kolloquium; Mz. -quien (lat.): Gespräch
Köln | Kölnisches Wasser, Kölnischwasser
Kolon, das; Mz. Kola (gr.): Doppelpunkt
Kolonie (lat.) | kolonial | Kolonist | kolonisieren: besiedeln | Kolonisation | Kolone: Erbzinsbauer
Kolonel, die (frz.): Schriftgrad; vgl. Colonel
Kolonnade, die (frz.): Säulenhalle
Kolonne, die: Heeresabteilung; Tabellenspalte
Kolophonium (gr.-lat.): Geigenharz
Koloquinte, die (gr.-lat.): Kürbisart
kolorieren (lat.): färben, ausmalen | Koloratur (it.): Gesangsverzierung; Läufer | Kolorit, das: Farbengebung, Ton
Koloß, der; Mz. -osse (gr.): Riesenbildwerk; Riese | kolassal: riesig | Kolosseum (gr.-lat.)

Kolpak s. Kalpak
kolportieren (frz.): mit Büchern hausieren | Kolportage, die | Kolporteur
Kolter: 1. der (frz.), Steppdecke; 2. das (lat.), Pflugmesser
Kolumbarium, das; Mz. -ien (lat.): Urnenhalle
Kolumbus, lat. für it. Colombo und sp. Colon
Kolumne, die (lat.): senkrechte Reihe; Druckseite
Kombattant (frz.): Mitkämpfer
kombinieren (lat.): vereinigen; berechnen | Kombination | Kombinat, das: Wirtschaftseinheit
Kombüse (Kambüse), die: Schiffsküche
Komet, der (gr.): Haarstern
Komfort, der (engl.): reiche Ausstattung, Behaglichkeit | komfortabel
Kom|inform, das: Internationales kommunistisches Informationsbüro | Kom|intern, die: Kommunistische Internationale | Antikomintern: Gegenbewegung dazu
komisch (gr.): scherzhaft, spaßig; lächerlich | Komik, die | Komiker, der
Komitat, der, das (lat.): Geleit; ungarische Grafschaft
Komitee, das (frz.): leitender Ausschuß
Komma, das (gr.); Mz. Kommata, Kommas: Beistrich
kommandieren (frz.): befehligen | Kommandeur, der | Kommandant: Befehlshaber in einer Festung | Kommandantur, die | Kommando, das (it.): Befehl; Entsendung, Abteilung
Kommandite, die (frz.): Zweigniederlassung | Kommanditist, Kommanditär: stiller Teilhaber
Kommassation (nlat.): Zusammenlegung
kommen; ich kam; gekommen
Kommende, die (nlat.): Ordensbezirk; Pfründe
kommensurabel (lat.): mit gleichem Maße meßbar
Komment, der (frz.): studentischer Brauch
kommentieren (lat.): erläutern | Kommentar, der: Erläuterung | Kommentator: Erklärer
Kommers, der: Festkneipe | kommersieren
Kommerz (frz.): Handel | kommerziell | Kommerzienrat
Kommilitone (lat.): Kamerad
Kommis, der (frz.): Handlungsgehilfe. Vgl. Commis
Kommiß, der: Soldatenstand | Kommißbrot
Kommission (lat.): Abordnung, Ausschuß; Auftrag; Gebühr | Kommissionär (frz.): Vermittler | Kommissar (nlat.), Kommissär (frz.): Beauftragter | Kommissariat | kommissarisch: auftragsweise | kommissorisch: auftragsweise verliehen | Kommissorium; Mz. -ien; Auftrag, Vertretung
Kommittent (lat.): Auftraggeber
kommod (lat.): bequem | Kommode: Truhe mit Schubfächern | Kommodität: Bequemlichkeit
kommun (lat.): gemeinschaftlich, gemein | Kommune: Gemeinde | kommunal | Kommunion: Abendmahl | Kommunismus: Gütergemeinschaft | Kommunist | kommunizieren: mitteilen; in Verbindung stehen; am Abendmahl teilnehmen | Kommunikant: Abendmahlsgast |

Kommunikation: Mitteilung; Verbindung, Verkehr | Kommuniqué, das (frz.): amtliche Mitteilung
Komödie, die (gr.-lat.): Lustspiel | Komödiant: Schauspieler
Kompa|gnon (frz.): Teilhaber
Kompanie, die (frz.): Truppe (Abk. Komp.), Handelsgemeinschaft (Abk. meist Co.)
kompakt (lat.): fest, dicht
komparieren (lat.): steigern | Komparation | Komparativ, der: Steigerungsstufe
Komparse, der (it.): Statist auf der Bühne und im Film
Kompaß; Mz. -passe
Kompendium; Mz. -ien (lat.): Handbuch | kompendiös: gedrängt, kurz gefaßt
kompensieren (lat.): ausgleichen, aufrechnen | Kompensation
kompetent (lat.): zuständig, maßgebend |Kompetenz, die: Zuständigkeit; Geschäftskreis; Mz. Bezüge
kompilieren (lat.): zusammenstoppeln, ausschreiben | Kompilation | Kompilator
Kom|plement, das (lat.): Ergänzung | Kom|plet, die: Art Gebet; das (frz.): Damenkleidung | komplett (lat.-frz.): vollständig | komplettieren: vervollständigen
Kom|plex, der (lat.): Zusammenfassung, Gruppe: Vorstellungsverbindung, Zwangsvorstellung
Kom|pliment, das (frz.): Gruß; Artigkeit | kom|plimentieren
kom|plizieren (lat.): verwickeln | kom|pliziert: schwierig, verwickelt | Kom|plikation: Verwicklung | Kom|plize, der: Genosse
Kom|plott, das (frz.): Verschwörung
komponieren (lat.): zusammensetzen, vertonen | Komponente: Bestandteil | Komponist: Tondichter, -setzer | Komposition: Zusammenstellung, Mischung; Aufbau; Tondichtung | Kompositum; Mz. -ta: zusammengesetztes Wort | Kompost, der (it.): Dünger | Kompott (frz.): gekochtes Obst
kom|primieren (lat.): zusammendrücken | Kom|presse: Umschlag, Bausche | Kom|pression: Verdichtung | Kom|pressibilität: Zusammendrückbarkeit | Kompressor: Verdichter
Kom|prette, die: Art Tablette
Kom|promiß, der und das; Mz. -isse (lat.): Übereinkunft, Ausgleich | kom|promittieren: bloßstellen
Komsomolz: Angehöriger des russ. kommunistischen Jugendverbandes
Komteß, Komtesse (frz.): unverheiratete Gräfin
Komtur (nlat.): urspr. Vorsteher eines Ordensbezirks
Konak, der (türk.): Palast, Schloß
Koncha, die (gr.): Nischenwölbung | Konchylie, die (gr.-lat.): Muschel, Schnecke | Konche, die: halbrunder Raum | Konchoide: Schneckenlinie
kondensieren (nlat.): verdichten, verflüssigen, eindampfen | Kondensation | Kondensator, Kondensor | Kondensmilch
Kondition (lat.): Bedingung; Zustand; Stellung | konditional: bedingend | konditionieren: in Stellung sein; den Feuchtigkeitsgehalt von Faserstoffen ermitteln
Konditor (lat.) | Konditorei

kondolieren (nlat.): sein Beileid bezeigen | Kondolenz: Beileidsbezeigung
Kondominat, der, das (nlat.): gemeinsame Herrschaft
Kondor, der (sp.): Geierart
Kondottiere, der (it.): Söldnerführer
Konduite, die (frz.): Führung, Verhalten
Kondukt, der (lat.): Geleite, Leichenzug | Konduktor: Leiter | Kondukteur (frz.): Schaffner
Konfekt, das (lat.): Zuckerwerk | Konfektion: Anfertigung, Bekleidung
konferieren (lat.): beraten | Konferenz: Sitzung
Konfession, die (lat.): Bekenntnis, Religionsgesellschaft | konfessionell
Konfetti, Mz. (it.): Zuckerwerk; Papierschnitzel
konfidentiell (frz.): vertraulich
Konfiguration (lat.): Gestaltung; Stellung
konfirmieren (lat.): bestätigen; im Glauben befestigen, einsegnen | Konfirmand | Konfirmation
konfis|zieren (lat.): einziehen | Konfis|kation: Beschlagnahme
Konfitüre, die (frz.): Eingemachtes; Zuckerwerk
Konflikt, der (lat.): Zusammenstoß, Widerstreit
konföderiert (lat.): verbündet | Konföderation, die: Staatenbund
konform (lat.): gleichförmig, gleichlaufend; konform gehen: übereinstimmen | Konformität
kon|frontieren (nlat.): gegenüberstellen | Konfrontation
konfundieren (lat.): vermengen, verwechseln | konfus: verwirrt | Konfusion: Unordnung
Konfuzius (lat.): chines. Philosoph Kungfutse
kongenial (nlat.): geistesverwandt | Kongenialität
Kongestion, die (lat.): Blutandrang
Kon|glomerat (lat.): Gesteinsart
Kon|gregation (lat.): religiöse Gemeinschaft
Kon|greß, der; Mz. -esse (lat.): Versammlung
kon|gruent (lat.): sich deckend | Kon|gruenz: Übereinstimmung
Konifere, die (lat.): Nadelbaum
König | Königin | königlich, in Titeln: Königlich (Abk. Kgl.) | Königreich | Königtum
konisch (gr.): kegelförmig
Konjektur (lat.): Vermutung | konjizieren
konjugieren (lat.): abwandeln | Konjugation | Konjunktion, die: Bindewort | Konjunktiv, der: Möglichkeitsform | Konjunktur, die: Wirtschaftslage
konkav (lat.): gehöhlt
Kon|klave, das (lat.): Versammlung der Kardinäle zur Papstwahl
Kon|klusion, die (lat.): Schluß | konklusiv: folgernd
Konkordanz, die (lat.): Verzeichnis der 'übereinstimmenden' Ausdrücke | Konkordat: 'Übereinkommen' zwischen Staat und Kirche | Konkordia: 'Eintracht'
kon|kret (lat.): dicht; körperlich, wirklich, greifbar | Konkretion: Verdichtung | Konkretum, das; Mz. -ta: gegenständliches Hauptwort
Konkubinat, der und das (lat.): wilde Ehe | Konkubine: Beischläferin
konkurrieren (lat.): zusammentreffen; sich mitbewerben | Konkurrent:

Mitbewerber, Geschäftsgegner | Konkurrenz: Zusammentreffen; Wettbewerb | Konkurs, der: Zahlungseinstellung
können; ich kann; ich konnte; gekonnt
Konnetabel, Kronfeldherr der frz. Könige
Konnex, der (lat.): Zusammenhang | Konnexion: (einflußreiche) Verbindung
Konnivenz, die (lat.): Nachsicht
Konossement, das (it.): Seefracht-, Ladeschein
Konquistador (sp.): Eroberer
Konrad, Vorname
Konrektor (nlat.): Mitrektor
Konseil = Conseil
konse|krieren (lat.): weihen | Konsekration
konsekutiv (lat.): eine Folge bezeichnend
Konsens, der (lat.): Genehmigung
konsequent (lat.): folgerichtig; beharrlich | Konsequenz, die
konservieren (lat.): erhalten, aufbewahren | Konserve (frz.): Dauerspeise | konservativ (lat.): erhaltend | Konservator: Bewahrer | Konservatorium; Mz. -ien; höhere Lehranstalt für Musik
konsi|gnieren (lat.): beglaubigen; zum Verkauf überweisen, hinterlegen; marschbereit halten | Konsi|gnation
Konsilium (lat.): Rat, Gutachten; aber Consilium abeundi 'Rat abzugehen'
konsistent (lat.): dickflüssig | Konsistenz, die; Dichte, Beständigkeit
Konsistorium; Mz. -ien (lat.); Kirchenbehörde | Konsistorialrat
kon|skribieren (lat.): ausheben | Kon|skription
Konsol, der (engl.): Staatsschuldschein | Konsole, die (frz.): Kragstein; Pfeilertisch
konsolidieren (lat.): sichern, befestigen | Konsolidation
Konsommee, die (frz.); Kraftbrühe
Konsonant (lat.): Mitlaut | Konsonanz, die: harm. Zusammenklang
Konsorte (lat.): Genosse, Teilnehmer | Konsortium, das; Mz. -ien: Genossenschaft
konspirieren (lat.): sich verschwören | Konspiration
Konstabler (engl.): Schutzmann
konstant (lat.): feststehend | Konstante; Mz. -n; die: feste Größe | Konstanz: Beständigkeit | Konstanze: weiblicher Vorname | konstatieren: feststellen | Konstantin | Konstantinopel = Istanbul
Konstellation, die (lat.): Stand der Gestirne; Zusammentreffen
konsterniert (lat.): bestürzt | Konsternation
konstituieren (lat.): festsetzen; (sich) zusammentun | Konstitution: Verfassung; Leibesbeschaffenheit | konstitutionell | Konstituante, die: verfassunggebende Versammlung
kon|struieren (lat.): aufbauen; entwerfen; entwickeln, gliedern | Konstruktion, die: Aufbau, Bauart: Zeichnung; Satzbau, Wortfügung | Konstrukteur
Konsul, der (lat.) | Konsulat, das | Konsulent: Berater | konsultieren: zu Rate ziehen | Konsultation: Beratung
konsumieren (lat.): verbrauchen | Konsum, der, Konsumtion, die: Verbrauch | Konsument: Abnehmer

Kontagion, das; Mz. -ien (lat.): Ansteckungsstoff | kontagiös: ansteckend

Kontakt, der (lat.): Berührung; Stromschluß

Kontamination (lat.): Verschmelzung

kontant (frz.): bar | Kontanten: Bargeld (auch Edelmetall) als Schiffsladung

kontem|plativ (lat.): beschaulich

Kontenance, die (frz.): Haltung

Konterbande (frz.): Schmuggelware | Konterfei: Bildnis | Konterorder: Gegenbefehl | Kontertanz aus engl. country dance

Kontext, der (lat.): Zusammenhang; Wortlaut

Kontinent, der (lat.): Festland | kontinental: festländisch

Kontingent, das (lat.): Beitrag; Heeresteil; Höchstmenge | kontingentieren: zumessen

Kontingenz, die: Zufälligkeit | kontingent: benachbart, zufällig

kontinuieren (lat.): fortsetzen | Kontinuation: Fortsetzung | kontinuierlich: stetig | Kontinuität: Stetigkeit

Kon o, das (it.), Mz. Konten, Kontos, Konti; Rechnung | Kontokorrent, das: laufende Rechnung | Kontor, das (frz.): Geschäftszimmer | Kontorist: Handlungsgehilfe

Kontorsion (lat.): Verrenkung

kon|tradiktorisch (lat.): widersprechend

kon|trahieren (lat.): zusammenziehen; (Schulden) machen; einen Vertrag schließen; einen Zweikampf verabreden | Kon|trahent: Vertragschließender | Kon|trahage: Forderung zum Zweikampf

kon|trakt (lat.): gelähmt | Kontrakt: Vertrag | kon|traktlich: vertragsmäßig | Kon|traktion: Zusammenziehung

kon|trär (frz.): entgegengesetzt, widrig

kon|trasi|gnieren (nlat.): gegenzeichnen

Kon|trast (it.): Gegensatz | kontrastieren: abstechen

kon|travenieren (nlat.): zuwiderhandeln | Kon|travenient | Kontravention: Übertretung

kon|tribuieren (lat.): beisteuern | Kon|tribuent: Steuerpflichtiger | Kon|tribution: Kriegssteuer

Kon|trolle (frz.): Überwachung | kontrollieren | Kontrolleur | Kontroller, der (engl.): Fahrschalter

kon|trovers (lat.): streitig | Kontroverse, die: Streitfrage

Kontumaz, die (lat.): Versäumnis, Abwesenheit | Kontumazialverfahren

Kontur, die; Mz. -en (frz.): Umriß

Kontusion (lat.): Quetschung

konvenieren (lat.): passen | Konvenienz: Bequemlichkeit; Schicklichkeit | Konvent, der: Versammlung, Kloster | Konventual[e]: Klostermitglied | Konventikel, das: Winkelversammlung einer Sekte | Konvention: Übereinkunft | Konventionalstrafe: Vertragsstrafe | konventionell: herkömmlich

konvergieren (nlat.): sich nähern | konvergent: zusammenlaufend | Konvergenz: Annäherung

konversieren (frz.): sich unterhalten | Konversation | Konversationslexikon

konvertieren (lat.): umwandeln; den Zinsfuß herabsetzen; den Glauben

wechseln | Konversion | Konvertit: Übergetretener
konvex (lat.): erhaben, gewölbt
Konvikt, das (lat.): Stift, gemeinsamer Freitisch | Konviktuale: Stiftsinsasse
Konvoi, der (frz.): Geleitzug, Schutzbegleitung
Konvolut, das (lat.): Rolle, Pack, Bündel von Schriften
Konvulsion (lat.): Zuckung | konvulsivisch: krampfhaft
konzedieren (lat.): zugestehen
konzen|trieren (nlat.): nach dem Mittelpunkt zusammenziehen; vereinigen, sammeln; verdichten, sättigen | Konzen|tration | konzentrisch: mit gemeins. Mittelpunkt
Konzept, das (lat.): Entwurf, das Unreine | Konzeption: Abfassung; Erfindungskraft; Empfängnis
Konzern, der (engl.): Fabrikantengruppe, Ring
Konzert, das (it.) | konzertieren
Konzession, die (lat.): Zugeständnis; Genehmigung|konzessionieren: genehmigen | konzessiv: einräumend
Konzil, das; Mz. -e und -ien (lat.): Kirchenversammlung | konziliant: verbindlich, entgegenkommend
konzinn (lat.): wohlgefügt, ebenmäßig
konzipieren (lat.): verfassen, entwerfen | Konzipient | Konzipist
konzis (lat.): kurz, knapp
Ko[o]g, der; Mz. Köge: eingedeichtes Land
ko|operieren (nlat.): zusammenwirken | Ko|operation | Ko|operator: Hilfsgeistlicher | ko|operativ: gemeinschaftlich
ko|optieren (lat.): hinzuwählen | Kooptation: Ergänzungswahl
ko|ordinieren (nlat.): beiordnen, gleichstellen | Koordination | •Koordinaten: Achsenabstand
Kopal, der (mexik.): Harz | Kopallack
Kopeke, die (russ.): Münze
Köper, der (nl.): Gewebe
Kopernikus (Coppernicus) | kopernikanisch, Kopernikanisch
Kopf|kopfüber|köpfen|kopfstehen
Kopie (lat.): Abschrift; Abzug; Nachbildung | kopieren (frz.) | Kopist | Kopialien (nlat.): Abschreibegebühren
Koppe s. Kuppe
Koppel, die: Gruppe Hunde oder Pferde, Weide; das: Wehrgehenk | koppeln: zusammenbinden
koppen: rülpsen (vom Pferd)
Kopra, die (ind.): getrocknetes Kokosnußfleisch
Kopte: christl. Nachkomme der alten Ägypter
Kopula (lat.): Hilfszeitwort 'sein' | kopulieren: verbinden, trauen | Kopulation | kopulativ: anreihend
Korah (hebr.), kathol. Kore; die Rotte K.
Koralle, die (gr.-lat.)
koram (lat.): von Angesicht zu Angesicht | koramieren: unter vier Augen zur Rede stellen
Koran, der (arab.): Religionsbuch der Mohammedaner
Kord, der (engl.): geripptes Gewebe
Korde (frz.), Kordel: Schnur
kordial (frz.): herzlich, vertraulich | Kordialität
Kordilleren, Mz. (sp.): Gebirge
Kordon, der (frz.): Schnur; Absperrung; Postenkette
Korduan, das (sp.): Leder aus Cordova

Körhengst: ausgewählter Beschäler
Koriander, der (gr.-lat.): Gewürz
Korinth | **Korinther** | **Korinthe**: kleine Rosine
Kork; Mz. -e (sp.-nl.) | **korken**
Kormoran, der (frz.): Vogel (Scharbe, Scholver, Wasserrabe)
Korn, das | **Korn**, der = Kornbranntwein | **Körnchen** | **körnig**
Kornelkirsche (lat.)
Kornett (frz.): Reiterfähnrich
Korona, die (lat.): 'Kranz', Zuhörerkreis, Tafelrunde
Körper (lat.) | **körperlich**
Korporal, der (frz.)
Korporation (nlat.): Körperschaft | **korporativ**
Korps, das (frz.): Heeresabteilung, Verbindung | **Korpsgeist**: Standesbewußtsein (vgl. Chor; das Musikkorps, aber der Posaunenchor)
korpulent (lat.): beleibt | **Korpulenz**
Korpus (lat.): 1. das: Körper, Gesamtheit; 2. die: Schriftgrad. Vgl. Corpus | **Korpuskel**, das: Körperchen | **Korpuskularstrahlen**
Korreferent (nlat.): Mitberichterstatter | **Korreferat**, das: zweiter Bericht
Korrektheit | **Korrektion**: Regelung, Besserung | **Korrektiv**, das: Besserungs-, Gegenmittel | **Korrektor**: Beschäftigter in Druckereien, der Fehler im Satz verbessert.
Korrelat, das (nlat.): Wechselbegriff, Gegenstück | **Korrelation**: Wechselbeziehung | **korrelativ**: entsprechend
korre|spondieren (nlat.): Briefe wechseln; entsprechen | **Korrespondent**: Briefschreiber; Berichterstatter | **Korre|spondenz**, die: Briefwechsel; Bericht
Korridor, der (it.): Flur, Gang
korrigieren (lat.): berichtigen, verbessern
korrodieren (lat.): zernagen | **Korrosion**: Auflösung | **korrosiv**: ätzend
korrumpieren (lat.): verderben, bestechen | **korrupt**: verderbt, verkommen | **Korruption**: Verderbnis, Bestechlichkeit
Korsar (it.): Seeräuber
Korselett, Korsett, das (frz.): Schnürleib
Korso, der (it.): Fahrt geschmückter Wagen; Prachtstraße
Korund, der: Mineral
Korvei (Corvey) bei Höxter
Korvette, die (frz.): leichtes Kriegsschiff
Koryphäe, der (gr.): Führer, Berühmtheit
Kosak, der (türk.)
Koschenille, die (frz.): Scharlachlaus, Scharlachrot
koscher (hebr.): rein (dem Speisegesetz nach)
Kosekante | **Kosinus**: Winkelfunktionen; Abk. cosec., cos.
kosen
Kosmetik (gr.): Schönheitspflege | **Kosmetikum**, Mz. -ka: Schönheitsmittel | **kosmetisch**
Kosmos, der (gr.): Weltall | **kosmisch**: das Weltall betreffend | **Kosmopolit**: Weltbürger | **kosmopolitisch** | **Kosmogonie**: Lehre von der Entstehung des Weltalls
Kossat, Kossäte: Tagelöhner
kosten: 1. schmeckend prüfen | **Kost**, die | **Kostgänger**; 2. (lat.) zu stehen kommen | **Kosten**, Mz. | **kostbar** | **kostspielig** | **köstlich**
Kostüm, das (frz.) | **kostümieren**

Kot, der | kotig
Kotangente: Winkelfunktion, Abk. cotg.
Kotau, der: chines. Ehrenbezeigung
Kote, die, Kotten, der (nd.): kleines Bauerngehöft | Kötner, Kötter: Kleinbauer
Köte, die: Fußgelenk der Huftiere
Kotelett, das, Kotelette, die (frz.): Rippenstück
Köter, der, Hund
Koterie (frz.): Partei, Sippschaft
Kothurn (gr.): Fußbekleidung der alten griechischen Schauspieler
kotieren (frz.): bewerten
Kotillon, der (frz.): Gabentanz
Kotter, der, (obd.): Hutte, Gefängnis
Kotze, die: grobes Wollzeug
kotzen: sich erbrechen
KPD: Kommunist. Partei Deutschlands
Kra(a)l, der: südafrikan. Eingeborenendorf
Krabbe, die | krabbeln
Krach | krachen | krächzen
Kracke, die: schlechtes Pferd
Krad, Kurzwort f. Kraftrad; Mz. Kräder
Kraft; kraft meines Amtes | kräftig
Kragen; Mz. Kragen | Krägelchen | Kragstein: als Träger dienender Stein
krähen | Krähe | Krähwinkel: Sitz der Kleinstädterei
Kraichgau, der: Landschaft
Krake, der: Tintenfisch, Seeungeheuer
Krakeel, der (nl.): Streit
Kral: s. Kraal
Kralle, die | krallen | krallig
Kram, der; Mz. Kräme | kramen | Krämer
Krambambuli, der: Schnaps
Kram[me]tsvogel
Krampe, die (nd.): Haken
Krampf, der; Mz. Krämpfe
Kran, der; Mz. -e und Kräne
krängen (seem.): überliegen
Kranich, der
Kraniologie (gr.): Schädelkunde
krank; kränker, am kränk[e]sten | kränklich | kranken | kränkeln | kränken | Kränkung
Krapfen, der: Backwerk | Kräpfel, Kräppel, der
Krapp, der: Färberröte
Krapüle, die (frz.): Gesindel
kraß (lat.): dick, grob
Krater, der (gr.): Vulkanöffnung
kratzen | Kratze, die: Werkzeug | Krätze, die: Krankheit, Metallabfall | Krätzer: schlechter Wein
kraueln, krauen, zart kratzen
Kraul, das (amerik.): Kriechstoßschwimmen | kraulen
kraus | Krause, die | Krauseminze | kräuseln
Krawall, der: Lärm, Aufruhr
Krawatte, die (frz.): Halsbinde
Kraxe, die (bayr.-österr.): Tragreff | kraxeln: klettern | Kraxler
Krayon, der (frz.): Bleistift
Kreatur, die (lat.): Geschöpf
Krebs | Krebsgang | krebsen
kredenzen (it.): anbieten | Kredenz, die: Schenktisch, Anrichte
Kredit (letzte Silbe betont), der (frz.): Glauben, Vertrauen; Borg; (erste Silbe betont), das: Guthaben | kreditieren: borgen | Kreditor (lat.): Gläubiger | Kreditiv (nlat.): Beglaubigungsschreiben | Kredo s. Credo
Kreide, die | kreidig
kre|ieren (lat.): hervorbringen, erstmalig herstellen
Kreis | kreisen | Kreisel

kreischen; du kreisch[e]st
kreißen: in Geburtswehen liegen
Krem s. Creme
Krematorium, das; Mz. -ien (nlat.): Einäscherungsstätte
Kreml, der (tatar.): Burg in Moskau
Kremortartari s. Cremor Tartari
Krempe, die: Hutrand | krempen, krempeln: aufschlagen | Krempling: Pilz
Krempel, der: Trödel; die: Wollkamm | krempeln: kämmen
Kremser: Gesellschaftswagen | Kremser Weiß: Bleiweiß
Kren, der (slaw.): Meerrettich
Kreole (frz.): Nachkomme roman. Einwanderer in Iberoamerika
Kreosot, das (gr.): fäulniswidriges Mittel
krepieren (it.): bersten; verenden
Krepp, der (frz.): krauses Seidengewebe | Krepon, der: Kreppart | Kreppapier
Kresse, die | kreß: orangefarben
Kreszenz (lat.): 1. Vorname; 2. die: Herkunft eines Weines, 'Wachstum'
Krethi und Plethi (hebr.): allerlei Gesindel
Kretin, der (frz.): Schwachsinniger | Kretine, die
Kretonne, die (der) (frz.): Leinwandart
Kretscham, der (slaw.): Dorfschenke | Kretschmer: Schankwirt
Kreuz, das; Mz. -e (lat.); in die Kreuz und Quere, kreuz und quer; das Eiserne, Rote Kreuz | kreuzen | Kreuzer: kleines Geldstück; schnelles Kriegsschiff | kreuzigen | kreuzlahm
kribbeln: jucken | kribb[e]lig
Krickel, der, das: Gemsengehörn
Kricket, das (engl.): Ballspiel
Krida, die (it.): Zahlungsunfähigkeit
Krieche, die: Pflaumenschlehe
kriechen; ich kroch; gekrochen
Krieg, der | kriegen; bekommen und Krieg führen | Krieger | kriegerisch
Kriekente, die
Kriemhild[e], Krimhilt
Krim, die | Krimmer, der: Lammfell | Krimstecher: Feldstecher
kriminal (lat.), kriminell (frz.): strafrechtlich; strafbar
krimpen (nd.): gekrumpen; einlaufen; einlaufen lassen
Krimskram[s]: Trödel
Kringel, der: Kreis, Brezel
Krinoline, die (frz.): Reifrock
Krippe, die
Krise, Krisis, die; Mz. Krisen (gr.): Wendepunkt, Entscheidung | kriseln
Kristall (gr.) | kristallen | kristallinisch | kristallisieren: sich ansetzen | Kristallisation
Kriterium; Mz. -ien (gr.-lat.): Merkmal, Prüfstein | Kritik (gr.): Beurteilung | Kritiker: gibt in Zeitungen usw. seine Ansicht über Kunst, Theater, Musik, kund. Kritikaster: kleinlicher Kritiker = Kritt[e]ler | kritisch: prüfend; bedenklich | kritisieren: beurteilen, tadeln | Kritizismus (gr.-lat.) | kritteln (an „Kritik" angelehnt), eigtl. zanken
kritzeln | Kritzelei
Kroate | Kroatien
Krocket (engl.): Kugelspiel | krockieren
Krokant, der (frz.): Naschwerk | Kroketten, Kroketts, Mz., gebackene Klößchen, z. B. Kartoffel-, Fleisch-K.
Kroki, das (frz.): Riß, Geländezeichnung | krokieren
Krokodil, das (gr.-lat.)

Krokus, der (gr.-lat.); Mz. Krokusse: Pflanze
krollen: kräuseln | Krollhaar
Kromlech, der (kelt.): vorgeschichtl. Steinkreis als Grab- oder Kultstätte
Krone, die (lat.) | krönen
Kronsbeere: Preiselbeere
Kropf, der | kropfig | kröpfen
kroß: knusperig
Krösus: sehr reicher Mann
Kröte, die
Krucke, die = Krickel
Krücke, die
Krug, der; Mz. Krüge: 1. irdenes Trinkgefäß; 2. (nd.) Dorfschenke; zu 2: Krüger; zu 1: Kruke: irdene Flasche
Krüllschnitt, Krülltabak
Krume | krümeln | krüm[e]lig
krumm; krummer und krümmer
Krümperpferde: überzählige Pferde
Krupp, der (engl.): Halsbräune
Kruppe, die (frz.): Kreuz des Pferdes
Krüppel | krüpp[e]lig
Kruste (lat.): Rinde | krustig | Krustazee, die: Krebstier
Kruzifix, das (lat.)
Krypta (gr.): unterirdische Kapelle | Kryptogamen: blütenlose Pflanzen
Kubebe, die: asiatische Gewürzpflanze
Kübel, der
Kubus, der (lat.): Würfel | kubisch | Kubikmaß
Küchlein, nd. Kü[c]ken: junges Huhn
kucken s. gucken
Kuckuck, der
Kuddelmuddel, der (nd.): Wirrwarr
Kufe, die: 1. Schlittenschiene; 2. (lat.) hölzernes Gefäß | Küfer: Böttcher; Kellermeister
Kuff, das (nl.): Art Schiff
Kugel | kug[e]lig | kugeln

kühl | Kühle, die | kühlen
Ku[h]le, die (nd.): Grube
kühn | Kühnheit
Kuhnhahn (nd.): Truthahn
Kujon (frz.): Schuft | kujonieren: niederträchtig behandeln
Küken s. Küchlein
Ku-Klux-Klan, der: amerik. Geheimbund
Kukumer, die (lat.): Gurke
Kukuruz, der (slaw.): Mais
Kulak: russ. Großbauer
kulant (frz.): entgegenkommend | Kulanz, die: Gefälligkeit
Kule: s. Kuhle
Kuli, chinesischer Tagelöhner
kulinarisch (lat.): auf die Küche bezüglich; Tafel...
Kulisse, die (frz.): Bühnenwand
kullern
Kulm (lat., slaw.): Berggipfel; eine Erdschicht | kulminieren: den Höhepunkt erreichen | Kulmination: höchster Stand eines Sterns
Kult[us], der; Mz. Kulte (lat.): Verehrung, besonders Gottesverehrung | Kultur, die: Anbau; Gesittung, Bildung | kulturhistorisch: geistesentwicklungsgeschichtlich | kultivieren (nlat.): pflegen; anbauen | kultiviert: gesittet | Kultivator: Bodenbearbeitungsgerät
Kumm[e] s. Kump
Kümmel, der (lat.)
Kümmelblättchen (Gaunerwort aus dem Hebräischen): Glücksspiel
Kummer, der | kümmerlich | kümmern | Kümmerer: krankes Wild | Kümmernis
Kum[me]t: Halsjoch der Zugtiere
Kumpan (altfrz.): Genosse | Kumpel: Bergmann

Kump, der (Mz. Kümpe); Kumpen, der, Kumm, der; Kumme, die (nd.), Schüssel | obd. Kumpf, Mz. Kumpfe, Kümpfe
Kumulus, der (lat.): 'Haufen'wolke | kumulieren: anhäufen | Kumulation
Kumyß (russ.): Pferdemilchwein
kund; kundtun; kund und zu wissen tun | Kunde, die | Kunde, der | kundig | künden, kundtun | kündigen: aufsagen | Kundmachung | Kundschaft | Kundschafter
künftig | künftighin
Kunigunde
Kunkel, die: Spinnrocken | Kunkellehen: Weiberlehen
Kuno, Kunz = Konrad
Kunst | Kunststück | künstlich | künsteln | Künstler | künstlerisch
kunterbunt
Kuo Min Tang (Kuomintang): chinesische Partei
Küpe, die: Färbebad | Küper (nd.): Küfer
Kupfer (lat.) | kupf[e]rig | kupfern
Kupee, das (frz.): Abteil, Art Kutsche | kupieren: abtrennen, stutzen, durchlochen | kupiertes Gelände: von Gräben durchzogen | Kupon, der: Abschnitt, Zinsschein
Kupido: röm. Liebesgott
Kupolofen, Kuppelofen
Kuppe, die
Kuppel, die (it.)
kuppeln (lat.) | Kuppler
Kur, die (lat.) | kurieren
kurant (frz.): gangbar, gültig
kuranzen (nlat.): quälen
Küraß; Mz. -asse (frz.) | Kürassier
Kürassao: Pomeranzenlikör von der Insel Curaçao
Kurat (nlat.): Seelsorger | Kuratel, die: Vormundschaft | Kurator: Verwalter, Vormund | Kuratorium: Aufsichtsbehörde
Kurbel, die (frz.)
Kurbette, die (frz.): kurzer Galopp
Kürbis; Mz. -isse (lat.)
küren: wählen | Kurfürst | Kurhessen, Kurmark | Kürturnen
Kurie, die (lat.): Gerichtshof; päpstliche Regierung | kurial: kanzleimäßig
Kurier; Mz. -e (frz.): Eilbote
kurios (lat.): seltsam, wunderlich | Kuriosum, das; Mz. Kuriosa | Kuriosität, die
kurisch, das Kurische Haff, die Kurische Nehrung
kurpfuschen
Kurrentschrift (lat.): die 'laufende', liegende Schrift, Schreibschrift | Kurrende, die: Knabenchor | Kursus: Lehrgang, Abteilung | Kurs, der; Mz. Kurse; Lauf, Fahrt, Umlauf; Börsenpreis, Geldstand | kursieren: umlaufen | Kursiv, die: schräge Druckschrift | kursorisch: beschleunigt
Kürschner: Pelzmacher
Kurtine, die (frz.): Wall zwischen zwei Bastionen; Bühnenvorhang
Kurtisane (frz.): Buhlerin
Kurve, die (lat.): Krümmung
kurz (lat.): über kurz oder lang; in, seit, vor kurzem; zu kurz kommen; den kürzer[e]n ziehen; aufs kürzeste | Kurzwaren | kurzerhand | kürzlich | Kürze | kürzen
kuschen (frz.): (sich) niederlegen

Küsel (nd.), meist Brummküsel: Kreisel | Küselwind: Wirbelwind | küseln: im Kreise herumdrehen
Kusin, siehe Cousin
Kuß | küssen; du küssest und kußt
Küste, die (lat.)
Küster (nlat.): Kirchendiener
Kustos; Mz. Kustoden (lat.): Wächter, Aufseher
Kutsche, die (madj.) | Kutscher | kutschieren
Kutte, die (mlat.)
Kütte s. Kette
Kutteln, Mz., Eingeweide der Schlachttiere
Kutter, der (engl.): Schnellsegler
Küvee, die (frz.): Schaumweinmischung
Kuvert, das (frz.); Mz. -e und -s; Gedeck, Briefumschlag | kuvertieren: mit Umschlag versehen
Küvette, die (frz.): kleines Gefäß; Innendeckel der Taschenuhr
Kux, der (slaw.): Bergwerksanteil
Kuxhaven: Ortsname
kW = Kilowatt
Kwaß, der (russ.): gegorenes Getränk
Kyffhäuser
Kykladen s. Zykladen | Kyklop s. Zyklop | Kyniker s. Zyniker
Kyrie eleison! (gr.): 'Herr, erbarme dich!'
KZ = Konzentrationslager

L

l. = lies!, links
Lab, das: Milchgerinnungsstoff | Labkraut | Labmagen
labberig (nd.): fade, weichlich
Laberdan, der (nl.): Fisch
laben (lat.) | Labe | Labsal
labern: schwatzen
labet (frz.) sein: verloren haben
Labial, der (nlat.): Lippenlaut
labil (lat.): schwankend, unsicher
laborieren (lat.): leiden an etwas | Laboratorium, das; Mz. -ien; auch Labor
Labskaus, das: Seemannsgericht aus Kartoffelbrei, Gurken und Pökelfleisch
Labyrinth, das (gr.): Irrgarten, Wirrsal | labyrinthisch: unentwirrbar
Lachbaum: Grenzbaum | Lachstein: Grenzstein
Lache, die (lat.): Pfütze
lachen | Lache, die, Gelächter | lächeln | lächerlich
Lachs, der; Mz. Lachse
Lachter, die und das: unbestimmtes Hohlmaß im Bergbau
Lack, der (it.) | lackieren
Lackel (obd.): Flegel, Tölpel
Lackmus, das (nl.): Farbstoff
Lade, die· Mz. Laden
Laden, der; Mz. Läden (Laden); aber Fensterladen, -läden
laden: 1. beschweren; du lädst, er lädt; ich lud; geladen; 2. berufen; du ladest und lädst; ich lud; geladen
lädieren (lat.): beschädigen
Ladiner: roman. Volksstamm in Graubünden
Lady; Mz. Ladies (engl.)
Lafette, die (frz.): Geschützgestell
Laffe, der: einfältiger Mensch
Lage, die | Lager, das | lagern
Lägel, 1. das (lat.): Fäßchen, 2. der = Stück Schiffstau
Lagune, die (it.): Küstensee
lahm | lahmlegen | lahmen, lahm sein | lähmen, lahm machen
Lahn: 1. der (frz.) Metalldraht; 2. die = Lawine

Laib, der, Brot, Käse
Laich, der, Fisch-, Froschlaich | laichen | Laichkraut
Laie (gr.-lat.): Nichtgeistlicher; Nichtfachmann | laienhaft | Laienhelfer
Laisser-aller: (frz.): das Sichgehenlassen | laisser faire: tun, treiben lassen
Lakai; Mz. -en (frz.): Diener
Lake, die (nd.): Salzbrühe
Laken, das (nd.): Bett-Tuch
lakonisch (nach der gr. Landschaft Lakonien): kurz und treffend | Lakonismus: Kürze des Ausdrucks, Bündigkeit
La|kritze, die (gr.-lat.)
Laktoskop, das (lat.-gr.): Milchprüfer
lallen, wie ein Kind sprechen
Lama: 1. der, buddhistischer Priester; 2. das, peruan. Schafkamel; flanellartiger Stoff
Lambertsnuß: 'lombardische' Nuß
Lambeth-Walk, der: englischer Tanz
Lambrequin (frz.): Fensterbehang
Lambris, der (frz.): Wandtäfelung
Lamelle (lat.): dünnes Plättchen
lamentieren (lat.): jammern | Lamentation, die, Lamento, das (it.): Wehklage
Lametta, die: Christbaumschmuck
Lamm, das
Lampe: 1. der: Hase; 2. die (gr.-frz.) | Lämpchen | Lampion, der und das: Papierlaterne
Lamprete, die (nlat.): Fisch
lancieren (frz.): werfen; in Gang, in die Öffentlichkeit bringen
Land; Mz. Länder und (dichterisch) Lande; aus aller Herren Ländern; hierzulande, bei uns zulande; zu Lande und zu Wasser | landläufig | Landmann; Mz. -leute; Bauer | Landsmann; Mz. -leute; der mit einem aus demselben Lande stammt | Landsknecht | landesherrlich | Landeskunde | Ländchen | Länderei | Ländler: ländlicher Tanz | Landschaft | Landwehr | landen | länden (von Leichen)
Landauer: Wagen | Landaulet, das (Mz. -s), Landaulett, das (Mz. -e): Art Landauer, auch Kraftwagen
Landeshut in Schlesien | Landshut in Bayern
Landser, der: Landsmann, Soldat
lang; länger, am längsten; tagelang, zwei Tage lang; es ist lange her; des langen und breiten; des länger[e]n; seit langem; langhin | Langmut, die | Lang[e]weile; der Lang[en]weile; aus Lang[er]weile | langweilig | langweilen | langwierig | langsam | Länge | länglich | längs, entlang | längst, seit langer Zeit | langen: nach etwas reichen; ausreichen | längen: länger machen; länger werden
Langemarck in Flandern
Langobarde
langettieren (frz.): ausbogen bei Handarbeiten
Languste, die (frz.): Krebs
Lanze, die (afrz.) | Lanzette, die (frz.): Wund-, Impfmesser
Laokoon, trojan. Priester
lapidar (lat.): in Stein gehauen, inschriftenartig; kurz und bündig
La Plata: Meerbusen in Südamerika | La-Plata-Staaten
Lappe | Lappland
Lappen, der | Läppchen | Lapperei, Läpperei, die | Lappalie (mit lat. Endung): Kleinigkeit | lappig | läppern

läppisch: albern, kindisch
Lapsus, der (lat.): Irrtum, Fehler
Lärche, die (lat.): Nadelbaum
largo (it.): feierlich langsam | larghetto: etwas langsam
Larifari: Geschwätz, Unsinn
Lärm, der (it.) | lärmen
larmoyant (frz.): weinerlich
Larve, die (lat.): Gespenst; Maske; Puppe der Insekten
lasch: schlaff
Lasche, die: Verbindungsstück
lasieren s. Lasur
Läsion (lat.): Verletzung
lassen; du lässest und läßt; ich ließ; gelassen; laß! | laß: matt, träge | lässig: saumselig | läßlich
Lasso, der (sp.): Wurfschlinge
Last; zu meinen Lasten | lasten | lästig | Lastadie, die: Schiffsladeplatz | Laster, der: Lastkraftwagen
Laster, das | lasterhaft | lästern
Lasting, der (engl.): Gewebe
Lasur (pers.): 1. der, blauer Stein; 2. die, durchsichtige Farbe | lasieren, damit überziehen
lasziv (lat.): schlüpfrig
Lätare (lat.): 'freue dich!', der vierte Fastensonntag
Latein, das | lateinisch
La-Tène-Periode
latent (lat.): versteckt, gebunden
lateral (lat.): seitlich | laterieren: seitenweise aufrechnen
Laterit, der: Gestein
Laterne, die (lat.) | Laterna magica: Zauberlaterne
Latifundien, Mz. (lat.): Großgrundbesitz
latinisieren: lateinisch umgestalten | Latinismus | Latinität, latein. Schreibweise
Latitüde, die (frz.): Breite, Spielraum | latitudinal (nlat.): den Breitengrad betreffend
La|trine, die (lat.): Senkgrube, Abort
Latsche: 1. niedrige Föhre; 2. niedergetretener Pantoffel | latschen: schleppend gehen | latschig
Latte, die: schmales Brett
Lattich, der (lat.): Pflanze
Latus, das (lat.): 'Seite', Seitenbetrag
Latwerge, die (nlat.): Arzneiart Fruchtmus
Latz, der (afrz.) | Lätzchen
lau | Lauheit, Lauigkeit
Laub, das
Laube, die; Mz.: auch überdeckter Gang = Laubengang
Lauch, der
Laudanum (nlat.): Opium
Lauer, die | lauern
laufen; du läufst; ich lief; gelaufen; auf dem laufenden sein | Lauf, der | Läufer | läufig, läufisch | Lauffeuer
Lauge, die | laugen
Laune (lat.) | launisch: veränderlich gestimmt | launig: heiter
Laura (it.), Laurentius (nlat.), Namen
Laus, die | lausen | lausig
lauschen | Lauscher | lauschig
Lausitz, die
laut | Laut, der; laut des Befehls, laut Befehl; Mz. laut Befehlen | lautlos | lauten | lautieren | läuten
Laute, die (roman.); Laute spielen
lauter, rein | Lauterkeit | läutern
Lava, die (it.)
Lavendel, der (mlat.)
lavieren (nl.): im Zickzack segeln; kreuzen; zaudern

Lavoir (frz.), oberd. Lavor, das: Waschbecken
Lawine, die (lat.)
Lawn-Tennis (engl.): Netzballspiel
lax (lat.): schlaff, locker | Laxheit | laxieren: abführen, Durchfall haben
Layout, das (engl.): Bildentwurf für die Werbung
Lazarett, das (it.) | Lazzarone; Mz. -oni; Bettler in Neapel
Lazedämonier, gr. Stamm
l. c. = loco citato, an der angeführten Stelle
leben | Lebtag; mein Lebtag; meiner Lebtage; bei Lebzeiten | Lebehoch | Lebewohl | Leben, das; mein Leben lang und lebelang | Lebenszeit | lebenslänglich | lebendig | lebhaft | leblos
Leber, die | Lebertran
Lebkuchen
lechzen; du lechz[es]t
leck: undicht | Leck, das |Leckage (mit frz. Endung), Leckverlust | lecken: herauströpfeln, leck sein
lecken: 1. s. leck; 2. mit der Zunge bestreichen | Lecke, die: Stelle, wo das Vieh Salz leckt | lecker | Lecker, der: Feinschmecker; Zunge des Wildes; 3. mit den Füßen ausschlagen (wider den Stachel); auch löcken
Leder, das | ledern
ledig | lediglich
LDP = Liberal-Demokratische Partei
Lee, die (nl.): vom Winde abgekehrte Seite | Leeseite | leewärts
leer | Leere, die | leeren
Lefze, die: Lippe des Tieres
legal (lat.): gesetzlich | legalisieren: beglaubigen | Legalität: Gesetzlichkeit
Legat, 1. der (lat.): päpstl. Gesandter; 2. das: Vermächtnis | Legatar: Vermächtnisnehmer; | Legation: Gesandtschaft
legen
Legende, die (lat.): Heiligengeschichte; Umschrift (von Münzen) | legendarisch, legendenhaft
leger (frz.): ungezwungen
Leghorn (engl.): Hühnerrasse
legieren: 1. (von lat. legare), letztwillig vermachen; 2. (aus lat. ligare), verschmelzen; mit Ei abziehen | Legierung
Legion, die (lat.): Truppenverband; große Menge | Legionär (frz.): Legionssoldat
Legislative (nlat.): gesetzgebende Versammlung | legislatorisch: gesetzgeberisch | Legislatur: Gesetzgebung || legitim (lat.): gesetzlich; echt, ehelich | Legitimität | legitimieren: (sich) ausweisen; für ehelich erklären | Legitimation: Ausweis
Leguminose (lat.): Pflanze
Lehde (nd.): unbebaute Niederung
Leh[e]n, das | Leh[e]nseid | Lehensmannen, männer, -leute
Lehm, der | lehmig
lehnen: anlegen, stützen | Lehne
Lehnwort: entlehntes Wort (Mz. -wörter)
lehren | Lehre | Lehrer | Lehrling
Lei, die: Fels, Schiefer
Leib, Körper, früher auch 'Leben' (so noch in Leibrente, lebenslängliche Rente); gut bei Leibe sein; beileibe nicht | Leibeigene, der | leiblich | leibhaftig | wie er leibt und lebt
Leibniz, Philosoph

Leibung, die: innere Mauerfläche bei Fenstern und Türen
Leica, die: Photoapparat
Leich, der: mittelalterl. Gedichtform
Leiche, urspr. 'Leib' (so noch in Leichdorn; Mz. -dorne, -dörner | Leichnam | Leichenfledderer (Gaunerwort): der einen Schlafenden bestiehlt
leicht; es ist mir ein leichtes, nichts Leichtes; etwas leichtnehmen, leicht verwundet und leichtverwundet | leichtfertig | leichthin | Leichtigkeit
leichten, ein Schiff entladen, auch leichtern, lichtern mit dem Leichter, Lichter (Fahrzeug zum Entladen der Schiffe)
leid; leid sein, tun, werden | leider | Leid, das; ein Leid[s] tun; zuleide; Leid tragen, die Leidtragenden | leidig: unangenehm | leiden; ich litt; gelitten | leidlich: erträglich, ziemlich gut | Leiden, das | Leidensgefährte, der | Leidenschaft
Leiendecker: Schiefer-, Dachdecker
Leier, die (gr.) | leiern
leihen; du leihst; ich lieh; geliehen | Leihhaus | leihweise
Leikauf: Kauftrunk
Leilach[en], das: Bettuch
Leim, der | leimen | leimig
Lein, Flachs | Leinöl | Leinsamen | Leinwand | Lein[e]weber | leinen | linnen | Leinen, Linnen, das | Leine, die: Seil | Leinpfad
leise, leis | Leisetreter
Leiste, die | Leistengegend: die Weichen | Leistenbruch
leisten | Leistung, die
Leisten, der: Fußform
Leite, die: Bergabhang
Leiter, die
leiten | Leiter, der
Lektor (lat.): Vorleser, Lehrer neuerer Sprachen an einer Hochschule, Verlagsmitarbeiter der Mskr. prüft | Lektion: Unterrichtsstunde; Aufgabe: Zurechtweisung | Lektüre (frz.): Lesung; Lesestoff
Lemming, der: Wandermaus
Lemniskate (gr.-lat.): Schleifenlinie
Lemuren, Mz. (lat.): Gespenster
Lende, die | lendenlahm
Lene, Lenchen, Name
lenken | Lenker | lenksam
lento (it.): langsam, gedehnt
Lenz, der: Frühling | es lenzt
lenzen: vor dem Winde ohne Segel laufen
Leo (lat.): 'Löwe' | Leonhard (lat.-dtsch.) | Leonardo und Lionardo da Vinci, ital. Maler | Leopold | Leopard, 'Löwenpanther'
Le[o]nore = Eleonore
Leporelloalbum: in Buchform zusammengefaltete Bilderreihe
Le|pra, die (gr.): Aussatz | Le|prose: Aussätziger
leptosom: (gr.): schlankwüchsig
Lerche, die: Singvogel
lernen | Lernbegier[de]
lesen; du lies[es]t; ich las; gelesen; lies! | Lesart | Leser | leserlich
letal (lat.): tödlich
Lethe, die (gr.): (der Strom der) Vergessenheit | Leth|argie: Schlafsucht; geistige Trägheit | leth|argisch
Lette, der | Lettland | lettisch
Letten, der: Schieferton | lettig
Letter, die (frz.): Druckbuchstabe
Lettner, der (mlat.): Lesepult, Trennwand zwischen Kirchenschiff und Chor; Emporkirche
letzen: erquicken

letzt; letztens; der letzte; am, zum letzten; der Letzte, z. B. in der Klasse; der Letzte (des Monats); der Letzte Wille, die Letzte Ölung; zu guter Letzt (aus 'Letzte' d. i. Abschiedsmahl, an 'letzt' nur angelehnt); der letztere
Leu, der = Löwe
leuchten | **Leuchte** | **Leuchter**
leugnen | **Leugnung**
Leuk|ämie (gr.): Weißblütigkeit (eine Krankheit)
Leumund, der: Ruf
Leute | **Leutpriester**: Weltgeistlicher | **leutselig**
Leutnant, der (frz.)
Leuzit, der (gr.): 'weißes' Mineral
Levante, die (it.): Morgenland | **levant[in]isch**
Levi (hebr.) | **Levit**; einem die Leviten lesen
Levkoje (Levkoie), die (gr.)
Lexikon; Mz. -ka und -ken (gr.): Nachschlagewerk | **Lexiko|graph** | **lexikalisch**
Lezithin, das: chemische Verbindung
lfd. = laufend
L'hombre s. Lomber
Liaison (frz.): Liebschaft, Verhältnis
Liane, die (sp.): Schlinggewächs
Lias, der und die (engl.): unterste Juraformation | **liassisch**
Libell, das (lat.): Schmähschrift
Libelle (lat.): Wasserwaage; Wasserjungfer
liberal (lat.): freiheitlich; freigebig | **Liberalismus**: Freisinn | **Liberalität**: Freigebigkeit
Libertin (frz.): Freigeist, Wüstling
Libido, die (lat.): Trieb, Begierde
Li|bration (lat.): scheinbare Schwankung des Mondes
Li|bretto, das (it.): Operntext
Libyen in Nordafrika; die Libysche Wüste
Lic. theol. = Licentiatus theologiae. Vgl. Lizentiat
licht; es wird licht | **lichterloh** (aus: lichter Lohe) | **Licht**, das; Mz. Lichter (auch Augen des Wildes, und Lichte (Kerzen) | **Lichtmeß**; **Lichtmesse** | **lichten** | **Lichtung**
lichten: die Anker heben | **Lichter**, **lichtern** s. leichten
Lichtenhainer (nach einem Dorf bei, jetzt Teil von Jena): Weißbier
Lichtenstein: Burg in Württemberg
Lid, das; Mz. -er; Deckel
Liderung, die: Abdichtung
lieb; lieb sein | **liebäugeln** | **liebedienern** | **liebhaben** | **liebkosen** | [ge]liebkost | **Liebfrauenkirche** **Liebfrauenmilch** | **Lieb**, das; mein Lieb | **Liebchen** | **Liebe**, die; mir zulieb[e]; einem etwas zuliebe tun | **lieben** | **liebeln** | **lieblich** | **Liebling** | **Liebschaft**
Liebstöckel, der, das (mlat.): Pflanze
Liechtenstein: Fürstentum
Lied, das | **Liederbuch**
liederlich | **Liderjan, Liedrian**
Li[e]dlohn: Gesindelohn
liefern (frz.) | **Lieferant** = **Lieferer**
liegen; ich lag; gelegen | **Liegenschaft**
Liek, das: Taueinfassung eines Segels
Lienhard = Leonhard
Liesch, das: Riedgras
Liese, Lieselotte
Liesen, Mz., Eingeweidefett
Lift, der (engl.), Mz. Lifte, Lifts: Fahrstuhl, Aufzug

Liga (it.), Ligue (frz.), die: Bündnis | Lig[u]ist | Ligatur, die (lat.): Buchstabenverbindung | ligieren (lat.): beim Stoßfechten dem Gegner die Waffe aus der Hand winden; dazu Ligade, die (sp.)

Li|groin, das: Brennstoff, Fleckenwasser

Liguster, der (lat.): Strauch

liieren (frz.): verbinden

Likör (frz.): süßer Branntwein

Liktor: altröm. Amtsdiener

Lila[k] (pers.): spanischer Flieder | lila: fliederfarbig; ein lila Band

Lilie, die (lat.)

Liliput[an]er: Bewohner des Märchenlandes Liliput, Zwerg

Lilli, Mädchenname

Limes, der (lat.): römischer Grenzwall | limitieren: begrenzen, beschränken | Limitation | Limit, das (engl.): Preisvorschrift, äußerster Preis, Grenzwert | limited (engl.): mit beschränkter Haftung (bei Firmen)

Limone, die (it.): Zitrone | Limonade: Fruchttrank

Limousine, die (frz.): gedeckter Personenkraftwagen, -flugzeug

Lina, Line, Mädchenname

lind | lindern

Linde, die | linden, aus Lindenholz

Lindwurm, der: Drache

Lineal, das (mlat.) | linear: geradlinig | Linearzeichnung: Umriß

Linguist (nlat.): Sprachforscher | Linguistik: Sprachwissenschaft

Linie (lat.) | lin[i]ieren: Linien ziehen | g[e]radlinig

Liniment, das (lat.): Salbe

link, linker Hand | Linke, die | linkisch | links; linksum; von, nach links

Linné, schwed. Naturforscher; Linnésches System

linnen s. leinen

Linoleum, das (nlat.) | Linolschnitt

Linon, der, das (frz.): Gewebe

Linotype (engl.): Setzmaschine

Linse, die | linsenförmig

Lionardo s. u. Leo

Lippe, die

Liptauer: slowak. Schafkäse

liquid (lat.), flüssig; fällig | Liquida; Mz. -dae: die Laute l, r | liquidieren: als Gebühren berechnen; (ein Geschäft) auflösen | Liquidation | Liquidator: Verwalter einer Masse

Lisbeth = Elisabeth

Lisene, die (frz.): senkrechter Wandstreifen | Lisi|ere, die: Rand

lispeln

List, die | listig

Liste, die (frz.): Verzeichnis

Liszt, Tondichter

Litanei, die (gr.): Bittgebet

Litauen | litauisch

Liter, das (der) (gr.-frz.)

Literar..., literarisch (lat.): das Schriftum betreffend, schriftstellerisch | Literat: Schriftsteller | Literatur: Schrifttum, die Schriftwerke; Quellenverzeichnis

Litewka, die; Mz. -ken (poln.): blusenartiger Waffenrock

Litfaßsäule (nach dem Berliner Buchdrucker Litfaß): Anschlagsäule

Lithium, das: Metall

Litho|graphie, die (gr.): Steindruck

Litorale, das (it.): Küstenland

Litotes, die (gr.): Bejahung durch doppelte Verneinung; z. B. nicht ungern

Liturgie (gr.): Gottesdienstordnung | liturgisch

Litze, die (lat.)
Livland | livländisch
Li|vree, die (frz.): Dienertracht
Lizentiat, das: akademische Würde der theologischen Fakultät
Lizenz (lat.): Erlaubnis; Freiheit
lizitieren (lat.): versteigern | Lizitation
Lloyd (nach einem Londoner Kaffeewirt)
Lob | loben | lobhudeln | löblich
Lobelie, die: Blume
Loch | lochen | löch[e]rig
Locke | locken | lockig
locken | Lockruf | Lockspitzel
löcken s. lecken
locker | lockern
Lode, die: Schößling
Loden, der: Wollgewebe
lodern, emporflammen
Löffel, der | löffeln
Log, das (schwed.): Fahrtgeschwindigkeitsmesser | Logbuch | loggen
Log|arithmus, der; Mz. -men (gr.)
Loge (frz.): Zelle, Abteil; Geheimbund
Logger, Lugger, der (nl.): kleines Küstenfahrzeug
Loggia; Mz. Loggien (it.): Bogenhalle, offener Vorbau
logieren (frz.) wohnen; beherbergen | Logis, das: Wohnung
Logik (gr.): Denklehre | Logiker | logisch: folgerichtig | Logo|griph, der: Buchstabenrätsel
Lohe: 1. Flamme, Glut | lohen; 2. Gerbrinde | lohgar: mit Lohe gegerbt | Lohgerber
Lohengrin, Sagenheld
lokal (lat.): örtlich | Lokal, das, Lokalität, die: Örtlichkeit, Raum; Geschäft, Wirtschaft | lokalisieren: örtlich beschränken
Lokus (lat.): Ort, Stelle, Platz; Abort (hierzu Mz. Lokusse) | Lokomobile: fahrbahre Dampfmaschine | Lokomotive
Lolch, der (aus lat. lolium): eine Pflanze
Lombarde (aus Langobarde) | Lombard, der und das: Leihbank; Pfand | lombardieren: beleihen
Lomber (L'hombre), das (sp.-frz.): Kartenspiel
Lommatzsch in Sachsen
Lompenzucker (engl.): Hutzucker
Longe (frz.): lange Leine, Leitseil
longitudinal (nlat.): Länge betreffend
Looping, der (engl.): Schleifenflug
Lorbeer, der (lat.)
Lorchel, die: Pilz
Lord, der (engl.) | Lord-Mayor, Oberbürgermeister von London
Lore = Eleonore
Lore, Lori, die (Mz. Loren, Loris): offener Güterwagen, Feldbahnwagen
Lorelei (Loreley, Lurlei), die. Vgl. Lei
Lorenz = Laurentinus
Loreto: Wallfahrtsort in Italien | Lorettohöhe bei Arras
Lorgnette, die (frz.): Stielbrille | Lorgnon, das: Stieleinglas, -brille
Lori s. Lore
los; dort kann nicht viel los sein | lossagen | lose || lösen | löslich | Lösung
Los, das | losen
löschen; du lösch[e]st
Loser, Luser: Ohren des Wildes
Löß, der; des Lösses; fruchtbare Erde
Losung, die: Erkennungsruf; Kot des Wildes
Lot, das | lotrecht: senkrecht | loten: das Senkblei anwenden | löten: durch Lötmetall verbinden

Lothar | Lothringen
Lotos, Lotus, der (gr.-lat.): ägypt. Seerose
Lotse (engl.) | lotsen
Lotte = Charlotte
Lotterie, die (frz.)
lotterig: liederlich | Lotterbube
Lotto, das (it.): Spiel
Louis (frz.) = Ludwig | Louisdor, der
Lourdes, frz. Wallfahrtsort
Louvre, der, das: Palast, Museum in Paris
Löwe, der
loyal (frz.): gesetzlich, treu, redlich | Loyalität
lt. = laut
Lübeck | lübisch
Luch, das (slaw.): Sumpfland
Luchs, der | luchsen
Lücke, die | Lückenbüßer
Luder, das
Ludolf, Ludwig, Vornamen
Lues, die (lat.): Syphilis
Luffa, die: Kürbisart | Luffaschwamm
Luft | lüften | luftig | Luftikus
lugen: spähen | Luginsland
lügen; ich log; gelogen | Lüge, die, Lug, der; Lug und Trug | Lügner | lügnerisch
Lugger, der = Logger
Luise, Luitgard, Luitpold
Lukas; das Evangelium Lucä
Luke, die
lu|krativ (lat.): einträglich
lukullisch (nach dem Römer Lucullus): üppig
Lulatsch: langer, schlaksiger Bengel
lullen
Lummel, der (lat.): Lendenfleisch
Lümmel, der | sich lümmeln
Lump, der | Lumpen, der | lumpen | Lumperei | lumpig | Lumpazivagabundus: Landstreicher
Luna (lat.): Mond | lunarisch
Lunch, der (engl.): zweites Frühstück | lunchen
Lünette, die (frz.): Bogen über Türen und Fenstern; Schanze
Lunge, die
lungern | Lungerer
Lünse, die: Achsennagel
Lunte, die: Zündmittel; Schwanz des Fuchses
Lupe, die (frz.), Vergrößerungsglas
lüpfen, lupfen: heben
Lupine, die (lat.): Pflanze
Luppe, die: Eisenklumpen
Lupulin (lat.): Hopfenmehl
Lupus, der (lat.): fressende Flechte
Lurch, der: Amphibie
Lure, die: vorgeschichtl. germ. Blasinstrument
Luser = Loser
Lust; Lust haben | lustwandeln | lustig | lüsten; es lüstet mich | lüstern
Lüster, der (frz.): Glanz; Glanzstoff; Kronleuchter
Lu|stration, die (lat.): Reinigung, Weihe
Lu|strum, das; Mz. Lustra und Lustren (lat.): Zeitraum von fünf Jahren
Luther; die Luthersche Bibel; eine lutherische Gemeinde | Lutheraner
lutschen | Lutschbeutel
Luv (nl.): dem Winde zugekehrte Seite | Luvseite | luven
Luxation (lat.): Verrenkung
Luxemburg (dt. Lützelburg)
Luxus (lat.): Verschwendung, Prunk · luxuriös: verschwenderisch

Luzerne, die (frz.): Pflanze
Luzifer (lat.): Morgenstern, Teufel
Lydia, Mädchenname
Lykurgische Gesetzgebung
Lymphe, die (gr.): Körpersaft; Impfstoff
lynchen (amerikan.): Volksjustiz üben
Lyra; Mz. Lyren (gr.), Leier; Gasampel | lyrisch: liedartig, empfindungsvoll | Lyrik, die: Dichtungsart | Lyriker
Lysoform, Lysol (gr.): Desinfektionsmittel
Lyzeum (gr.-lat.): höhere Lehranstalt für Mädchen

M

MA. = Mittelalter
Mäander: kleinasiat. Fluß, Zierlinie
Maar, das: wassergefüllter Krater eines erloschenen Vulkans
Maas, die: Fluß
Maat (nl.): Schiffskamerad; Marine-Unteroffizier
Macbeth: schottischer König
Macchia, die (it.): Buschwald
Machandel, der (nd.): Wacholder
Maecenas: reicher Römer | Mäzen: Kunstgönner
machen | Mache | Machenschaft
Machiavelli, it. Staatsmann | machiavellistisch
Machination, die (lat): listiger Anschlag
Macht | mächtig
Madam[e] (frz.)
Madapolam, der, das (ind.): Gewebe
Mädchen, das
Made, die | madig
Madeira, Insel und Wein
Mademoiselle (frz.): Fräulein
Mädesüß, das: Pflanze
Madjar (Magyar): Ungar
Madonna; Mz. -donnen (it.): die Heilige Jungfrau
Ma|drigal (it.): Hirtenlied
maestoso (it.): feierlich, mit Würde
Mae|stro (it.): 'Meister' der Tonkunst
Magazin (arab.-it.): Speicher, Lager
Magd | Mägdlein
Magda[lene], Vorname
Magellanstraße (Magalhãesstraße) (nach dem Entdecker Magalhães)
Magen; Mz. Magen, Mägen
mager | Magerkeit
Maggi, das: Suppenwürze
Magier (pers.-lat.): Priester; Zauberer | Magie: Zauberkunst | magisch: zauberhaft
Maginotlinie: frz. Befestigung
Magister (lat.): Lehrer | Magi|strat, der: Stadtobrigkeit
Magma, das (gr.): glutflüssige Masse im Erdinnern
Magna Charta, die (lat.): älteste englische Verfassung
Ma|gnat (nlat.): reicher Edelmann
Ma|gnesia (nlat.): Bittererde | Magnesium: Metall | Ma|gnet, der (gr.) | ma|gnetisch | ma|gnetisieren | Ma|gnetismus | Magnetopath, der mit Lebensmagnetismus heilt | Ma|gnetiseur
ma|gnifik (lat.-frz.): großartig | Magnifikat, das: Lobgesang der Maria | Ma|gnifizenz: 'Herrlichkeit', Titel von Hochschulrektoren usw.
Ma|gnolie, die: Zierbaum
Ma|gnus (lat.): 'der Große'
Magyar s. Madjar
Mahagoni, das (indian.): Holz
Mahara|dscha: ind. Großfürst
Mahdi, mohammedanischer Prophet

mähen | Mäher | Mahd, die | Mähder
Mahl; Mz. Mahle und Mähler: Essen | Mahlzeit, die
mahlen; gemahlen; Korn und dgl. zerkleinern
Mahlschatz: Brautgabe | Mahlstatt: Versammlungsort, Gerichtsstätte
Mahlstrom: Meeresstrudel
Mähne, die
mahnen | Mahnmal, das
Mahonie, die: Pflanze
Mahr, der: Alp, Nachtgeist
Mähre: 1. die, schlechtes Pferd; 2. der, Bewohner von Mähren
mä[h]ren: trödeln, faseln, wühlen
Mai (lat.) | Maie, die, Maibaum; Birkenzweig | es mait
Maid, die, Mz. Maide[n]
Mailand
Main, der: Fluß | Mainfranken
Mainz
Maire, der (frz.): Bürgermeister | Mairie, die: Bürgermeisteramt
Mais, der (indian.): Pflanze
maischen: Braumalz wässern | Maische, die
Majestät (lat.): Erhabenheit | majestätisch
Majolika, die (it.): feines Tongeschirr
Majonäse s. Mayonnaise
Major, der (lat.) | Majorat, das: Erbfolgerecht des Ältesten; auf den Ältesten übergehendes Erbgut | Majordomus: Hausmeier | majorenn: volljährig | Majorität: (Stimmen-) Mehrheit | majorisieren: überstimmen
Majoran, Meiran, der: Pflanze
Majuskel, die (lat.): Großbuchstabe
makaber (frz.): dem Tode verfallen, gespenstisch | danse macabre: Totentanz
makadamisieren (engl.): Straße schottern (nach MacAdam)
Makedonien, Mazedonien
Makel, der (lat.): Fleck, Fehler | makellos
Makkabäer, jüd. Geschlecht
Makkaroni, Mz. (it.): Röhrennudeln
Makler, Mäkler: Handelsvermittler | makeln | mäkeln: nörgeln; dazu mäk[e]lig
Mako, die: ägypt. Baumwolle
Ma|krele, die: Seefisch
ma|kro... (gr.): 'groß' | Ma|krokosmos, der: Weltall
Ma|krone, die (it.): Gebäck
Makulatur, die (lat.): unbrauchbare Druckbogen | makulieren: einstampfen
Mal, das: 1. Mz. Male und Mäler; Zeichen (Denkmal, Muttermal) — 2. Mz. Male; Zeitpunkt; dieses Mal; das erste Mal und das erstemal; zum zweiten Male und zum zweitenmal; ein anderes Mal und ein andermal; ein paarmal; ein für allemal; mehrere Male und mehrmals; zweimal, jedesmal; auf einmal; wievielmal, wie viele Male | malnehmen: vervielfältigen
Malachit, der (gr.): Gestein
malade (frz.): krank, unwohl
Malaga, sp. Stadt und Wein
Malaie, der | malaiisch
Malakka: Halbinsel Hinterindiens
Malaria, die (it.): Sumpffieber
Malaya: engl. Besitzung in Südostasien
Malefikant (lat.): Missetäter | Malefizkerl
malen; gemalt | Maler | Malerei | malerisch
Malepartus: Wohnung Reinekes in der Tiersage

Malheur, das (frz.): Unglück, Unfall
Malice, die (frz.): Bosheit | **maliziös**: boshaft
Mallung, die: häufiges Wechseln des Windes
Mal|occhio, der (it.): böser Blick
malpropre (frz.): unsauber
Malta | **Maltakartoffeln** | **Malteser**: Johanniter
Maltose, die: Malzzucker
mal|trätieren (frz.): schlecht behandeln, quälen
Malvasier, der: gr. Süßwein
Malve, die (lat.): Pflanze
Malz, das | **malzen, mälzen**
Mama (frz.)
Mameluck (arab.): ehem. Sklaven, später ägyptische Herrscher
Mammon (gr.-hebr.): Reichtum
Mammut, das: ausgestorbene Elefantenart
Mamsell (frz.): Jungfer
m. A. n. = meiner Ansicht nach
Mänade, die (gr.): rasendes Weib
Manager (engl.): Leiter, Geschäftsführer
mancher, manche, manches; manches gute Buch und manch gutes Buch; mancherlei; manchmal, manches Mal; mancherorts, mancherorten
Manchester (engl.): Baumwollsamt
Mandant (lat.): Vollmachtgeber
Mandarin; Mz. -e[n] (portug.): hoher chinesischer Beamter
Mandarine: kleine Apfelsine
Mandat, das (lat.): Auftrag, Vollmacht | **Mandatar**: Bevollmächtigter, Sachwalter
Mandel, die: 1. Haufen von 15 Garben; überhaupt 15 Stück; 2. (lat.) Frucht; Drüse
Mandoline, die (it.): kleine Laute
Mandorla, die; Mz. -en: mandelförmiger Heiligenschein
Mandrill, der: eine Affenart
Man|dschukuo, Staat | **Man|dschurei**, Land
Manege, die (frz.): Reitbahn im Zirkus
Manen, Mz. (lat.): Seelen der Toten
Mange[l], die; Mz. -n; Wäscherolle | **mange[l]n**: rollen
mangeln: fehlen | **Mangel**, der | **mangels**
Mangold, der: Pflanze
Mangrove[n]baum
Manichäer: Anhänger des Mani; Gläubiger
Manie, die (gr.): Sucht, Wahnsinn
Manier, die (frz.): Art, Weise, Verfahren; Mz.: Benehmen, Umgangsformen | **manierlich**: artig, wohlgesittet | **manieriert**: gekünstelt
Manifest, das (lat.): Kundgebung | **manifestieren**: offenbaren | **Manifestation**
Maniküre, die (frz.): Handpflege[rin]
Manilahanf
manipulieren (nlat.): handhaben, verfahren | **Manipulation**, die: Handgriff; Kunstgriff, Machenschaft
manisch (gr.): irrsinnig
Manko, das (it.): Fehlbetrag, Mangel; Ausfall
Mann; Mz. Männer und (Dienst-) Mannen (= Vasallen); 3 Mann hoch; 100 Mann | **Mannsen**, das = **Mannsbild, Mannsperson** | **Manneszucht** | **mannbar** | **mannhaft** | **Mannheit** | **männiglich**: eigtl. der Männer jeder | **männlich** | **Mannschaft**
Manna, das (hebr.): 'Gabe'

Mannequin, der (nl.-frz.): Gliederpuppe, Vorfuhrdame
mannigfach, mannigfaltig
Manometer, das (gr.): Dampfdruckmesser
Manöver, das (frz.): Kunstgriff; Truppenübung | manö|vrieren: verfahren; Kriegsübungen machen
Mansarde, die (frz.): Dachzimmer
Mansch = Mantsch
Manschester s. Manchester
Manschette, die (frz.): Handstulpe; Blumentopfumhüllung
Mantel, der (lat.) | Mantille, die (sp.): Frauenumhang
Mantik, die (gr.): Wahrsagekunst
Man[t]sch: Gemenge | man[t]schen
Manual, das (lat.): Handbuch; Tastenreihe | manuell (frz.): mit der Hand | Manufaktur, die (nlat.): Fabrik von Geweben | Manufakturist: Schnittwarenhändler | Manuskript (Abk. Ms., Mskr.), das: Handschrift, Druckvorlage
Mappe (lat.), die | mappieren: Landkarten zeichnen
Marabu, der (arab.): Storchart
Marabut, der (arab.): moham. Einsiedler
Maräne, die (mlat.): Fisch
Maraschino, der (it.): Likör
Marasmus, der (gr.): Altersschwäche
Marathon, gr. Ort | Marathonlauf
Marbel s. Marmel
Marchese (it.) s. v. w. Marquis
Marder, der
Mär[e], die | Märchen
Marelle, die: Sauerkirsche, Aprikose
Margarete (gr.): it. Margherita, frz. Marguerite, Margot, Name; als Blume Margerite
Margarine, die: Kunstbutter
Margell, Marjell, Mädchen
Marginale, das; Mz. -lien (lat.): Randbemerkung
Maria (hebr.-gr.), Marie | Mariä Verkündigung | Marienbild | Marianische Kon|gregation | Marianne
Mariage, die (frz.): Heirat
Marille, die: siehe Marelle
Marine, die (frz.): Seewesen, Flotte | marinieren: in Marinade einlegen | maritim (lat.): zur See gehörig
Marionette, die (frz.): Gliederpuppe
Mark: 1. das, Knocheninhalt u. dgl. | markig; 2. die, Grenzland 3. die, Geldmünze | Markgraf | Markscheider: Grubenvermesser | Märker: Bewohner der Mark Brandenburg | Markung
Marke, die: Zeichen | markieren (frz.): bezeichnen | markant: hervorstechend, ausgeprägt
Marketender (it.): Soldatenkrämer
Marketerie (frz.): eingelegte Holzarbeit
Markise, die (frz.): aufrollbares Sonnendach
Markt (lat.) | markten: feilschen
Markus, das Evangelium Marci
Marmel, der: Marmor; die (Marbel): Spielkügelchen
Marmelade, die (frz.): Obstmus
Marmor, der (lat.) | marmorieren: marmorartig bemalen
marode (frz.): marschunfähig, matt | Marodeur: plündernder Nachzügler | marodieren
Marokko | Maroquin, der (frz.): feines Ziegenleder
Marone (it.): eßbare Kastanie; Pilz
Marotte, die (frz.): Grille, Schrulle
Marquis (frz. u. engl.): Adelstitel | Marquise, die

Mars: 1. (lat.), Kriegsgott; Planet | martialisch: kriegerisch; 2. Mastkorb

Marsch: 1. der; Mz. Märsche (frz.) | Marschroute | marschieren | marsch! 2. die; Mz. -en (nd.): Niederung

Marschall; Mz. -schälle (dt.-frz.)

Marshallplan

Marstall, der

Marseille, frz. Stadt | Marseillaise: französisches Nationallied

Mars-la-Tour, Schlachtort

Marter, Marterl s. Martyrium

Martin (lat.) | Martini, Martinstag

Martyrium; Mz. -rien (gr.-lat.): Blutzeugnis, Opfertod; schweres Leiden | Marter, die: Folterung, Qual | Märtyrer, Märterer: Blutzeuge | Märtyr[er]in | Marterl, das: Bildstock zur Erinnerung an Verunglückte | martern

Marunke, die (ostmd.) Pflaume

Marxismus: sozialist. Lehre von Karl Marx

März (lat.) | Märzenbier

Marzipan, der, das (it.)

Masche, die | maschig

Maschine (frz.): Triebwerk; maschineschreiben (§ 6c), maschinegeschrieben | Maschinerie: Getriebe, Einrichtung

Maser, die (der): Knorren, Zeichnung im Holz | masern | maserig | Maserung | Masern, Mz.: Krankheit

Maske, die (frz.): Larve | Maskerade, die | maskieren

Mas|kotte, die, Mas|kottchen (provenz.): [Puppe als] Talisman

Mas|kulinum, das (lat.), Mz. -na: Wort männlichen Geschlechts

Masochismus, der: Schmerzsucht (nach dem Schriftsteller Sacher-Masoch)

Maß: 1. die; 2 Maß Bier; 2. das; maßhalten, das rechte Maß halten; maßgebend, nach Maßgabe; Maß nehmen, Maßnahme; maßregeln, Maßregel; mit Maßen; ohne Maßen; über die Maßen; dermaßen; gewisser-, bekanntermaßen | mäßig | mäßigen

Massage (frz.): Knetkur | Masseur | Masseuse | massieren

Massaker, das (frz.): Gemetzel, massa|krieren

Masse, die (lat.): ungestalteter Stoff | Menge | massenhaft | massig | massiv: fest, gediegen: grob | Massiv, das: Gebirgsstock

Maßholder, der: Feldahorn

Maßlieb[chen], das: Gänseblümchen

Mast: 1. der | Mastbaum; 2. die | Mastochse | mastig | mästen | Mästung, Mastung

Master (engl.): Meister, Herr; Jagdleiter

Mastix, der (gr.): Harz

Masuren: Landschaft | Masurka (Mazurka): polnischer Tanz

Masut, das: Braunkohlenteeröl

Matador (sp.): Stiertöter; Hauptkerl

Match, der, das (engl.): Wettspiel

Mate, der: südamerik. Tee

Mater, die (lat.): Schriftgießform

Materie (lat.): Stoff, Urstoff· Gegenstand; Gebiet; Eiter | materiell: stofflich, äußerlich; sachlich | Material, das; Mz. -lien; Rohstoff; Gerät, Bedarf | materialisieren: verkörpern | Materialismus: Stoffglaube | Materialist

Mathematik (gr.) | mathematisch

Mat|hilde

Matinee, die (frz.): Morgenunterhaltung; Morgenjacke
Matjeshering (nl.): junger Hering
Ma|tratze, die (arab.-roman.)
Mä|tresse (frz.): Geliebte
Ma|trikel (Matrik), die (lat.): Stammliste | Ma|trize: Schriftgießform, Stanzform
Ma|trone (lat.): ältere Frau, Greisin
Ma|trose, der (nl.)
Matsch, der: 1. Straßenschmutz | matschen | matschig: breiig, weich; 2. Verlust des Spieles
matt (arab. 'tot' im Schachspiel) | Mattigkeit
Matte, die: 1. Wiese; 2. Decke
Matthäus (hebr.); das Evangelium Matthäi; Matthäi am letzten | Matthias | Koseform: Matz | Mätzchen machen
Maturität (lat.): Reife | Matura, die; Matur[um], das: Reifeprüfung
Mauer, die (lat.) | mauern | Maurer | Mau[r]ermeister | Mau[r]erpolier | maurerisch, freimaurerisch
Mauke, die: Fußkrankheit des Pferdes
Maul, das | maulen | Maulaffe
Maulbeere, die
Maultier, das
Maulwurf, der
Maure, der, in Nordafrika | maurisch
Maus | Mäuschen | mäuschenstill | maus[e]tot | mausen: Mäuse fangen; stehlen
Mauschel (= Moses) | mauscheln: jüdisch sprechen
Mause[r], die (lat.): Federwechsel des Vogels | [sich] mausern | sich mausig machen; übermütig sein
Mausoleum, das; Mz. -leen (gr.-lat.): prächtige Grabstätte
Maut, die (bayr.): Zoll | Mautner
m. A. n. = meiner Ansicht nach
mauve (frz.): malvenfarbig
m. a. W. = mit anderen Worten
Maximilian (nlat.), Max
Maximum; Mz. -ma (lat.): das Größte, Höchste; Höhepunkt | Maximal..., Höchst... | Maxime, die: Grundsatz
Maya (indisch): Zauber, Täuschung
Mayakultur: altindianische Hochkultur in Mittelamerika
Mayonnaise (frz.), Majonäse: würzige Ölsoße
Mazedonien (gr. Makedonien)
Mäzen s. Maecenas
mazerieren (lat.): erweichen, auslaugen
Mazurka s. Masuren
md. = mitteldeutsch
M. d. R. = Mitglied des Reichstages
m. E. = meines Erachtens
Mechanik, die (gr.): Kräfte-, Maschinenlehre; Einrichtung | Mechanismus: Getriebe, Einrichtung | mechanisch: maschinenmäßig; gedankenlos | Mechaniker, -kus: Feinwerker
Mecht|hild[e] = Mathilde
meckern | Meckerer
Mecklenburg
Medaille, die (frz.): Denkmünze | Medaillon, das: Rundbild; Bildkapsel
Media, die (lat.): 'Mittel'-Laut, stimmhafter Verschlußlaut | Mediane: Mittellinie | Mediante (it.): Mittelton | mediatisieren (frz.): 'mittelbar machen', der Landeshoheit unterwerfen
Medici, Mediceer: it. Herrschergeschlecht | Mediceische Venus

Medikament, das (lat.): Heilmittel | Medizin: Heilkunde; Arznei | medizinisch: heilkundlich
Medisance, die (frz.): Schmähsucht | medisant: schmähsuchtig
mediterran (lat.): mittelländisch
meditieren (lat.): nachdenken | Meditation
Medium (lat.); Mz. Medien: Mittelglied, Hilfsmittel, Mittelsperson
Medoc, frz. Landschaft, Wein
Medusa (gr.): Ungeheuer | Meduse: Qualle
Meer | Meerkatze | Meerrettich | Meerschaum
Meerane in Sachsen
Meeting, das (engl.): Versammlung
mefitisch (lat.): übelriechend
megalithisch (gr.): aus großen Steinblöcken | Megaphon: Sprachrohr
Megäre (gr.): eine der drei Furien, böses Weib
Mehl | mehlig
Mehltau, der: Pflanzenkrankheit (vgl. Meltau)
mehr | mehrfach | mehrmals | Mehrheit | mehren | mehrere = einige
meiden; ich mied; gemieden
Meier (lat.): Gutsverwalter | Meierhof | Meierei, die
Meile (lat.) | meilenweit
Meiler, der
mein; das Mein und Dein; — vgl. dein!
Meineid | meineidig
Meiran s. Majoran
Meise, die: Singvogel
Meißel, der | meißeln
meist; meistens; die meisten; das meiste; am meisten | meistenteils
Meister (lat.) | meisterhaft, meisterlich | Meisterschaft | meistern
Méjico s. Mexiko
Mekka in Arabien
Melancholie (gr.): Schwermut | melancholisch | Melancholiker
Melanchthon, Reformator
Melange (frz.): Mischung, Milchkaffee
Melanie (gr.), Mädchenname
Melasse, die (sp.): Futtermittel
Melber (bayr.): Mehlhändler
melieren (frz.): mischen, sprenkeln
Melinit, der: Sprengstoff
Melioration (lat.): 'Verbesserung' des Bodens
Melis, der (frz.): Zuckersorte
Melisse, die (gr.): Pflanze
Melitta (gr. 'Biene'), Name
melken; du melkst (und milkst); ich melkte und molk; ich habe gemelkt und gemolken; die Milch ist gemolken
Melodie (gr.): Sing-, Tonweise | melodiös, melodisch: singbar, wohltönend | Melodik: Lehre von den Tonweisen | Melodrama: Singspiel
Melone, die (it.): Frucht
Melpomene (gr.): Muse der Tragödie
Meltau, der: Blattlaushonig (vgl. Mehltau)
Membran[e], die (lat.): Häutchen
Memme, die: Feigling
memorieren (lat.): auswendig lernen | Memorandum (lat.), Memoire (frz.), das: Denkschrift | Memorabilien (lat.), Memoiren (frz.): Denkwürdigkeiten | Memorial[e]: Merkbuch; Erinnerungsschreiben
Menage, die (frz.): Haushaltung, Beköstigung; Schüsselkorb, Gewürzständer | Menagerie: Tierbude | menagieren: (sich) mäßigen
Mendel, Naturforscher | mendeln: sich nach den Mendelschen Gesetzen vererben

Menetekel, das: Warnungszeichen
Menge, die: Vielheit
mengen: mischen | Mengsel, das
Menhir, der (kelt.): vorgeschichtliche Steinsäule
Meningitis (gr.): Hirnhautentzündung
Meniskus, der (gr.-lat.): Linse; Kniegelenkknorpel
Mennig, der, Mennige, die: Bleirot
Mennoniten, Mz., Sekte
Mensa, die (lat.): Mittagstisch
Mensch, der, Mz. Menschen (das = schlechtes Frauenzimmer; Mz. Menscher)
Men|struation (nlat.): Monatsfluß, Regel
Mensur, die (lat.): 1. Maß; 2. studentischer Zweikampf
Mentalität (nlat.): Denkart, Sinnesweise
Menthol, das (gr.): Bestandteil des Pfefferminzöls
Mentor (gr.): Erzieher •
Menü, das (frz.): Speisenfolge
Menuett, das (frz.): Tanz
Mephisto[pheles], Teufel | mephistophelisch
Meran an der Etsch
Mercatorprojektion, Erdkarte
Mergel, der (lat.)
Meridian, der (lat.): Mittagslinie, Längenkreis | meridional: mittägig, südlich
Merino, der (sp.): Schafrasse
merkantil[isch] (it.): kaufmännisch, Handels... •
merken | merklich | Merkmal
Merkur (lat.): Gott des Handels; Planet
Merlan, der: Fisch
Merowinger: fränk. Königsgeschlecht
merzerisieren (engl.): Baumwolle seidig laugen

Mes|alliance, die (frz.): Mißheirat
meschant (frz.): ungezogen, garstig
meschugge (jüd.): verrückt
Mesmerismus: Heilmagnetismus (nach dem Arzt Mesmer)
Mesner: Kirchendiener
Mesotron, das (gr.): schweres Elektron
Messe, die: 1. (lat.): kath. Gottesdienst; Jahrmarkt, Großmarkt; 2. auch Meß (engl.): Tischgenossenschaft auf Kriegsschiffen
messen; du missest und mißt; ich maß; gemessen; miß! | meßbar
Messias (hebr.): der 'Gesalbte' | messianisch | Messiade, die: Gedicht vom Messias
Messieurs: Mz. von Monsieur
Messing, das | messingen: aus Messing
Meste, die: kleines Gefäß
Mestize (sp.): Mischling von Weißen und Indianern
Met, der: Honigbier
Metall (gr.) | metallen | metallisch | Metallurgie: Hüttenkunde
Metamorphose (gr.): Verwandlung | Metapher, die: bildlicher Ausdruck | metaphorisch: bildlich | Metaphrase: Umschreibung, besonders eines Gedichtes in Prosa | Metaphysik, die: eigtl. das 'nach der Physik' Kommende; Lehre vom Übersinnlichen | metaphysisch: übersinnlich | Metastase, die: Wanderung der Krankheit in einen anderen Körperteil | Metathesis: Buchstabenumstellung | Metazentrum (gr.-lat.): Schwankpunkt
Meteor, das (gr.): Sternschnuppe | Meteorit: Meteorstein | Meteorologie: Wetterkunde
Meter, das (der) (frz. aus d. Griech.)
Methan, das (gr.): Grubengas

Methode, die (gr.): Verfahren; Unterrichtsweise, Lehrgang; Planmäßigkeit | Methodik: Lehranweisung | methodisch: planmäßig | Methodisten: Religionsgemeinschaft
Methusalem (Methusala, Mathusala) (hebr.): ein sehr alter Mann
Methyl, das (gr.): Atomgruppe
Metier, das (frz.): Handwerk, Beruf
Met|onymie (gr.): Vertauschung sachverwandter Begriffe
Met|ope, die (gr.): Zwischenfeld; Füllplatte
Me|trik, die (gr.): Verslehre | metrisch: 1. in Versen; 2. nach dem Meter
Me|trologie (gr.): Maß- und Gewichtskunde | Me|tronom, das: Taktmesser
Me|tropole (gr.): 'Mutterstadt', Hauptstadt, -sitz | Me|tropolit: Erzbischof
Me|trum; Mz. Metra und Metren (gr.-lat.): Versmaß
Mette, die (lat.): Frühgottesdienst
Metteur (frz.): Schriftsetzer, der den Umbruch besorgt
Mettwurst
Metze: 1. Getreidemaß; 2. Dirne
Metzger (lat.): Schlachter | metzgen
Metzler (lat.): Fleischwarenhändler | metzeln
Meublement, das (frz.): die Möbel
meucheln | meuchlerisch | meuchlings
Meute, die (frz.): Haufen Hunde
Meuterei (frz.): Aufstand
Mexiko, ältere sp. Schreibung von Méjico | Mexikaner
Mezzanin, das (it.): Zwischen-, Halbgeschoß
MEZ. = mitteleuropäische Zeit
MG. = Maschinengewehr
mhd. = mittelhochdeutsch
Miasma; Mz. -men (gr.): schädliche Ausdünstung
miauen
Mich[a]el (hebr.) | Michaeli[s] = Michaelistag | Michel|angelo: ital. Bildhauer und Maler
mick[e]rig: schwächlich
Midder, die: Kalbsmilch
Midgard (nord.): Menschenwelt
Mieder, das: Leibchen
Mief, der: dumpfer Geruch
Miene, die (frz.): Gesichtsausdruck
Miere, die (nd.): Pflanze
mies (jüd.): schlimm | miesepet[e]rig | Miesmacher
Mies, das (obd.): Moos
Miesmuschel
Miete, die: 1. (lat.): Heuschober, Feldfruchtgrube; 2. Entgelt | einmieten | Mietvertrag | Mietstruppen | mieten | Mieter
Miez[e], Katze
Mi|gnon (frz.): Gestalt in Goethes 'Wilhelm Meister'
Mi|gräne, die (gr.-frz.): halbseitiges Kopfweh
Mijnheer (nl.): 'mein Herr', Holländer
Mikado = Tenno
Mi|kroben (Mikrobien) (gr.): kleinste Lebewesen | Mi|krokosmos: Kleinwelt | Mi|krologie: Kleinigkeitskrämerei | Mi|krometer: Klein-, Feinmesser | Mi|krophon, das: Schallverstärker | Mi|kro|skop: Vergrößerungglas | mi|kro|skopisch: äußerst klein
Milbe, die
Milch | milchig | milchen: Milch geben | Milch[n]er: Fischmännchen
mild[e] | Milde, die | mildtätig | mildern | Milderung

Milieu, das (frz.): Umwelt
Militär, das (frz.) | militärisch | Militarismus | Miliz (lat.): Bürgerwehr
Mille (lat.): das Tausend | Mill|ennium Jahrtausend | Mil|liarde (frz.): 1000 Millionen | Milli|bar (lat.-gr.): Luftdruckeinheit | Milli|gramm: $^1/_{1000}$ g | Mil|limeter: $^1/_{1000}$ m | Mil|lion (frz.) (Abk. Mill.) | million[s]tel | Millionär
Milz, die
Mime (gr.): Schauspieler | Mimik, die: Gebärdenkunst, -spiel | Mimi|kry, die (engl.): Schutzfärbung
Mimose (nlat.): Sinnpflanze
Minarett, das (arab.): Moscheenturm
Minden in Westfalen
minder | minderjährig | minderwertig | mindern || mindestens; zum mindesten; nicht im mindesten; das mindeste
Mine: 1. Abkürzung von Wilhelmine; 2. (frz.): unterirdischer Gang, Bergwerk, Sprenggrube; Sprengkörper, Bleistifteinsatz | minieren: unterwühlen
Mineral, das; Mz. -e und -ien (nlat.) | Mineralogie: Steinkunde
Minerva (lat.): Göttin
Minette, die (frz.): Eisenerz
Miniatur, die (lat.): gemalter Anfangsbuchstabe; Kleinmalerei
minimal (lat.): sehr klein; Mindest... | Minimum; Mz. -ma: das mindeste
Minister (lat.) | ministeriell | Ministerium | Ministerialrat | Ministrant: Meßdiener
Minne, die | Minnesänger | minnen | minniglich
Minorat (nlat.): Erbfolgerecht des Jüngsten; auf den Jüngsten übergehendes Erbgut | minorenn: minderjährig | Minorennität | Minorit: minderer Bruder, Franziskaner | Minorität: Minderheit
Minorka, sp. Insel; Hühnerrasse
Min|strel (engl.): Spielmann
minus (lat.): weniger | Minus, das: Fehlbetrag, Verlust | Minuskel, die: Kleinbuchstabe | Minuend, der: zu vermindernde Zahl | Minute: sechzigstel Grad, Stunde | minutiös, minuziös: kleinlich, genau
Minze, die (lat.): Pflanze
Miozän, das (gr.): jüngeres Tertiär
Mirabelle, die (sp.): Art Pflaume
Mirakel, das (lat.): Wunder
Mis|anthrop (gr.): Menschenfeind
mischen; du misch[e]st | Mischmasch
Mischpoche, -poke (jüd.): Familie, Gesellschaft
Misdroy, Ostseebad
miserabel (lat.): erbärmlich | Miserere, das: 'erbarme' dich!', kathol. Kirchengesang | Misere, die (frz.): Jammer, Elend
Misogyn (gr.): Weiberfeind
Mispel, die (lat.): Rosengewächs
Miß (engl.): Fräulein
Missal[e], das (nlat.): Meßbuch | Missal, die: ein Schriftgrad
mißbrauchen; ich mißbrauchte; mißbraucht | mißhandeln | mißlingen; es mißlang; mißlungen | mißfällig | mißgestaltet | mißhellig | mißlich | Mißmut | Mißton | Missetat | Missetäter | missen; du missest und mißt: entbehren
Missing[i]sch, das: dem Hochdeutsch. angenäherte plattdeutsche Mundart

Mission, die (lat.): Sendung, Heidenbekehrung; Äußere, Innere Mission | Missionar (-när): Send-, Glaubensbote
Mississippi, Missouri: amerik. Flüsse
Mistel, die: Schmarotzerpflanze
Mi|stral (frz.): trockener Wind in der Provence
Miszelle, die (lat.): Vermischtes
mit; mitgehen usw.; mit ansehen; mithin; mitnichten | Mitgift, die | Mitleid[en] | mitsamt | Mittäter | mitverantwortlich
Mi|thras: arischer Lichtgott
Mitose, die (gr.): Zellkernteilung
Mi|tra; Mz. Mitren (gr.): Bischofsmütze
Mi|trailleuse (frz.): Kugelspritze
Mitropa, die: Mitteleuropaische Schlaf- und Speisewagen-Aktiengesellschäft
Mitte, die | mitten; mitten durch den Saal; er ging mittendurch, mittenhindurch | Mittag; mittags; des Mittags; heute mittag; zu Mittag essen (vgl. Abend) | mittägig, mittäglich | Mittfasten | Mittsommer | Mittwoch (vgl. Dienstag) | Mitternacht; um Mitternacht; mitternachts
mittel | mittlerweile | Mittel, das | mittels, mittelst | mitteleuropäische Zeit (MEZ.) | das Mittelländische Meer = Mittelmeer
mittschiffs | mittwegs
mitunter
Mixed Pickles, Mixpickles (engl.): Essiggemüse | mixen: mischen | Mixer | Mixtur (lat.): Mischarznei
Mnemonik, Mnemotechnik (gr.): Gedächtniskunst
Mob, der (engl.): Pöbel
Möbel (frz.) | möblieren: einrichten
mobil (lat.): beweglich; kriegsbereit | Mobiliar, das; Mobilien, Mz.: Fahrnis, Hausgerät, Einrichtung | mobilisieren, mobil machen: auf den Kriegsfuß setzen
Mockturtlesuppe (engl.): nachgemachte Schildkrötensuppe
Modalität (nlat.): Seins-, Ausführungsweise
Modder, der: Schlamm
Mode, die (frz.) | modisch | Modistin | modern | Moderne, die | modernisieren
Model, Modul, der (lat.): Maß; Form | modeln: gestalten | modulieren: abmessen, regelmäßig wechseln im Vortrag | Modulation: Tonwechsel
Modell, das (it.) | modellieren
Moder, der | mod[e]rig | modern
moderieren (lat.): mäßigen, mildern | Moderation
modifizieren (nlat.): abändern, einschränken | Modifikation
Modus, der; Mz. Modi (lat.): Art und Weise; Aussageform | Modus vivendi: Lebensweise | Modus procedendi: Verfahrensweise
Mofette, die (frz.): Kohlensäurequelle
mogeln (hebr.), eigtl. (die Karten) beschneiden, betrügen
mögen; ich mag; ich mochte, möchte; gemocht | möglich; womöglich: alles mögliche, sein möglichstes tun; das menschenmögliche tun; möglichenfalls; möglicherweise; möglichst groß; bestmöglich (lieber: möglichst gut)
Mohair (engl.), Mohär, der: Angorawolle
Mohammed (arab.) | Mohammedaner | Mohammedanismus

Mohikaner, Indianerstamm
Mohn | Mohnblume
Mohr, der (lat.)
Möhre, Mohrrübe
Moiré, der und das (frz.): geflammtes Gewebe
Mokett, der; Mokette, die (frz.): Plüschgewebe
mokant (frz.): spöttisch | mokieren (frz.): (sich) aufhalten über, spötteln
Mokka in Arabien | Mokka[kaffee]
Molarzahn (lat.): Mahlzahn
Molasse, die: Sandsteinart
Molch, der: Schwanzlurch
Mole, die, Molo, der (it.): Hafendamm
Molekel, die; Molekül, das (frz.): Atomgruppe | Molekularkräfte
Mole|skin, der, das (engl.): Englischleder
molestieren (lat.): belästigen
Molke | molkig | Molkerei
Moll, das (lat.): 'weiche' Tonart | Molluske, die: Weichtier
Molle, die: Mulde, Glas Bier
mollig: behaglich
Moloch (hebr.): Götze
Molton, der (sp.): weicher Wollstoff
Molukken, Gewurzinseln
Moly|b|dän, das (gr.): Metall
Moment (lat.): 1. das, (ausschlaggebender) Umstand, Merkmal; — 2. der, Augenblick | momentan: vorübergehend
Monade (gr.): Einheit, Urkörperchen
Mon|arch (gr.): Alleinherrscher | Mon-archie | mon|archisch
Monat | zweimonatig, 2 Monate alt oder dauernd | zweimonatlich, jeden 2. Monat wiederkehrend
Mönch (gr.-lat.) | mönchisch
Mond, der | mondsüchtig
Mondamin, das: Maisstärke
Moneten, Mz. (lat.): Geld
Mongole | Mongolei
monieren (lat.): erinnern, mahnen, rügen | Monitum; Mz. -ta; Rüge, Ausstellung | Monitor: Kanonenboot | Moniteur (frz.): Zeitung
Monismus (gr.-lat.): Einheitslehre
Monochord, das (gr.): einsaitiges Musikinstrument | mono|chrom: einfarbig | Monogamie: Einehe | Mono|gramm, das: Buchstabenverschlingung | Mono|graphie: Einzeldarstellung | Monokel (frz.): Einglas | Monolog, der: Selbstgespräch | Monomanie: einseitige Seelenstörung | Monopol, das: Alleinverkauf, Vorrecht | Monotheismus: Glaube an einen Gott | monoton: eintönig, ermüdend | Monotype: Buchstaben-Setzmaschine
Monroedoktrin (nach einem Präsidenten der Vereinigten Staaten)
Monsalvatsch: Gralsburg
Monsei|gneur (frz.), Monsi|gnore (it.) | Monsieur (frz.)
Monster... (engl.): Riesen..., Massen...
Mon|stranz, die (nlat.): Hostiengefäß
Mon|strum; Mz. -stra (lat.): Ungeheuer | mon|strös: mißgestaltet | Mon|strosität: Mißbildung
Monsum, der (arab.): Halbjahrswind
Mont (frz.), Monte (it.), Mount (engl.): Berg | Montblanc | Mont Cenis | Monte Cassino, Kloster | Mount Everest
Montag; vgl. Dienstag
Montage, die (frz.): Aufstellung
montan[istisch] (lat.): den Bergbau betreffend, bergmännisch

Monteur (frz.): technischer Arbeiter
montieren (frz.): ausrüsten, bekleiden; (Maschinen) aufstellen | Montur, die: Dienstkleidung
Monument (lat.): Denkmal | monumental: großartig
Moor, das | moorig
Moos, das: 1. Mz. Moose, Pflanze; — 2. (bayr.), Mz. Möser, sumpfiges Land; 3. (hebr.) Geld
Mop, der: Reinigungsgerät
Mops, der | mopsen | mopsig
Moral, die (lat.). Sittenlehre; Sittlichkeit; Nutzanwendung | moralisch: sittlich | moralisieren: eine Sittenpredigt halten | Moralität: Sittlichkeit
Moräne, die (frz.): Gletschergeröll
Morast, der; Mz. -e und Moräste (afrz.) | morastig
Moratorium, das; Mz. -ien (lat.): Stundung
Morbidität (nlat.): Krankheitszustand, Zahl der Erkrankungen
Morchel, die: Pilz
Mord | morden | Mörder
Morelle, die (rom.): Kirschenart
Mores, Mz. (lat.): Sitten, Anstand
morganatisch: unebenburtig, Ehe zur linken Hand
Morgen, der: 1. Feldmaß; — 2. Tageszeit; Osten. Vgl. Abend | morgenländisch | morgendlich | morgen; morgen abend
Morgue, die (frz.): Leichenschaustätte
Moritat, die: Abbildung einer Mordtat und Gesang dazu
morksen: ungeschickt arbeiten; vgl. murksen
Mormonen, amerikan. Sekte
moros (lat.): mürrisch
Morpheus (gr.): Gott des Schlafes | Morphium: Arzneimittel | Morphinismus: Morphiumsucht | Morphinist
Morphologie (gr.): Formenbildungslehre | Morphogenese, die (gr.): Gestaltwerdung
Morseapparat (nach dem amerikan. Erfinder) | Morse-Abc | morsen
Mörser, der
morsch
Mortadella, die (it.): Art Wurst
Mortalität (lat.): Sterblichkeit
Mörtel, der (lat.): Maurerkalk
Mortifikationserklärung (lat.): Kraftloserklärung
Mosaik, das und die (frz.); Mz. -en, -s
mosaisch, von Moses herrührend, jüdisch
Moschee, die (arab.): 'Bethaus'
Moschus, der (gr.-lat.): Bisam
Moses (hebr.-lat.): die fünf Bücher Mosis oder Mose
Moskito, der (sp.): Stechmücke
Moskowiter, Moskauer, Großrusse
Moslem; Mz. Moslemin, Moslems: Anhänger des Islam
Most, der (lat.) | Mostrich, Mostert: Senf
Motette, die (it.): Gesang
Motion (lat.): Bewegung; Anregung; Antrag | Motiv, das: Beweggrund; Vorwurf, Gegenstand | motivieren: begrunden | Motor | motorisch: bewegend
Motte, die
Motto, das (it.): Leitspruch, Kennwort
Mouches volantes (frz.): 'fliegende Mücken', Sehstörung
mouillieren (frz.): erweichen
Mouliné, der (frz.): Gewebe

Mount s. Mont
Mousseux (frz.): Schaumwein | moussieren (frz.): schäumen
Möwe, die
Ms., Mskr. s. Manuskript
Muck[s], der | mucken | Mucker | mucksen
Mücke, die | Mucken: Launen
müd[e] | Müdigkeit
Muff, der: 1. Handwärmer; Muff[e], die; — 2. Schimmel, dumpfer Geruch | muffig | muffen | müffen
muff[e]lig: mürrisch | muffeln
Mufflon, der (frz.): Gebirgsschaf
Mufti (arab.): islam. Gesetzeskundiger
Mühe; Müh und Not | mühen | mühsam | Mühsal | mühselig
Mühle, die (lat.)
Mühlhausen in Thüringen und Ostpreußen | Mülhausen im Elsaß
Mühlheim an der Donau | Mülheim (Eifel, Mosel, Ruhr), Köln-Mülheim | Müllheim in Baden
Muhme, urspr. Mutterschwester
Mulatte (sp.): Mischling von Schwarzen und Weißen
Mulde, die (lat.)
Mull, der und das: feines Gewebe | Müll, der: Schutt, Kehricht, aber Torfmull
Mulm, der: lockere Erde: faules Holz | mulmig
multi|plizieren (lat.): vervielfachen | Multi|plikand: Grundzahl | Multiplikator: Vervielfacher | Multiplikation: Vervielfachung
Mumie, die (pers.): einbalsamierter Leichnam
Mumme, die: Bierart
Mummel, die: Seerose
mummeln, mümmeln: umständlich kauen | Mummelgreis
Mummenschanz, der: Vermummung, Maskentreiben | Mumpitz: Unsinn
Mumps, der (engl.): Ziegenpeter (Krankheit)
München | Münch[e]ner
Mund; Mz. ungebräuchlich: Munde, Münde[r] | mündlich | munden: gut schmecken | münden: hineinfließen | Mündung | Han-n[oversch] Münden
Mündel, der, die und das: unter Vormundschaft stehende Person | mündig, mündig sprechen
Munifizenz, die (lat.): Freigebigkeit
Munition, die (lat.): Schießbedarf
munizipal (lat.): städtisch
munkeln: heimlich reden
Münster, das, der (lat.): Dom
munter | Munterkeit
Münze, die (lat.) | münzen
Muräne, die (lat.): Fisch
mürbe | Mürb[e]braten
Mur[e], die: niederrollende Schuttmasse
murksen: langsam arbeiten; vgl. morksen
murmeln
Murmeltier (lat.)
murren | mürrisch
Mus, das, Mz. Muse | musig
Muschel, die (lat.) | musch[e]lig
Muschik, russischer Bauer
Muse (gr.): Göttin der Künste | musisch | Museum | Musik | Musikkorps | Musikalien: Tonstücke, Noten | musikalisch: musikverständig, -liebend | Musiker, Musikus; Mz. Musiker (Musici) | Musikant | musizieren
Muselman[n]; Mz. -männer und -manen
musiert, musivisch (lat.): eingelegt, mosaikartig verziert

Muskat, der, Muskate, die (lat.): Gewürz | Muskateller: Wein
Muskel, der und die (lat.) | muskulös, muskelig | Muskulatur: Muskelbau
Muskete, die (frz.), Musketier
Müsli, das: Rohkostgericht
Musselin, der (frz.): Gewebe
müssen; ich muß, du mußt; ich mußte; gemußt | Muß, das: Zwang
Muße, die: freie Zeit | müßig | Müßiggänger
Musteil (zu: Mus = Speisevorrat): Witwenteil
Muster, das (it.) | mustern
Mut; zumute (zu Mute) sein; guten, gutes Mut[e]s | Mütchen; sein M. kühlen | mutmaßen; ich mutmaßte; gemutmaßt | mutig || muten: begehren | Mutjahr
Muta, die; Mz. Mutä (lat.): 'stummer', Verschlußlaut
mutieren (lat.): 'die Stimme' wechseln | Mutation: Abwandlung
Mutter; Mz. Mütter und (zu Schraubenmutter) Muttern | Muttermal | mutterseelenallein | mütterlich
mutuell (frz.): wechselseitig
Mütze, die (mlat.)
m. W. = meines Wissens
Mylady (engl.): gnädige Frau | Mylord: gnädiger Herr
Mynheer, alt statt Mijnheer
Myopie (gr.): Kurzsichtigkeit | myopisch
Myriade (gr.): Menge von 10000, große Menge
Myrrhe, die (gr.): Harz
Myrte, die (gr.) | Myrtenkranz
Mysterium; Mz. -ien (gr.-lat.): Geheimgottesdienst; Geheimnis | mysteriös: geheimnisvoll | mystifizieren: täuschen, anführen | Mystifikation: Täuschung | Mystik, die: Gefühlsglaube | Mystiker: Glaubensschwärmer | mystisch: schwärmerisch | Mystizismus: Hang zum Gefühlsglauben
Mythe, die, Mythus, der; Mz. Mythen (gr.-lat.): Sage | Mythologie: Sagenkunde, Götter- und Heldenlehre | mythisch: sagenhaft

N

Na, na ja!, nanu!
Nab, Fluß | Nabburg
Nabe, die | Nabel, der
Nabob (arab.): reicher Mann
nach; nach wie vor; nachdem; nachgerade; nachher; nachmals | nachäffen; nachgeäfft | nachahmen | nachdrücklich | nachfolgendes; vgl. nachstehendes | Nachfolger (Nachf.) | nachgiebig | nachhaltig | Nachhut, die | Nachkömmling | Nachlaß; Mz. -lasse und -lässe | Nachlässigkeit | Nachmittag; vgl. Abend | Nachnahme | nachsichtig | nachstehendes = folgendes; das Nachstehende; im nachstehenden | Nachteil | nachteilig | Nachtrab | Nachtrag; Mz. -träge | nachträglich | Nachweis | nachweislich | Nachzügler
Nachbar; 2. Fall -s und -n; Mz. -n
Nachen, der
N[a]chf. = Nachfolger
nächst; am nächsten; der nächste, der nächste beste; aber der Nächste = Mitmensch; nächstdem; furs nächste; nächstens; nächstfolgend

Nacht, die; vgl. Abend; nächtelang, drei Nächte lang | nächtig | nächtigen | nächtlich; nächtlicherweile | Nachtigall | Nachtviole
Nackedei, der, das: nacktes kleines Kind
Nacken, der
nackend | nackt | Nacktheit
Nadel | Nadelöhr | Nadler
Nadir, der (arab.): Fußpunkt
Nagaika, die: Kosakenpeitsche
Nagel, der | Nagelfluh, die: Gestein | nageln
nagen | Nagetier
nah[e]; näher, am nächsten; von nah und fern; nahebei; nahezu; ein naheliegender Gedanke, ein nahe liegendes Dorf | nahen | Nähe, die | Näheres; Näheres folgt; ein Näheres, das Nähere findet sich; des näher[e]n erörtern; sich des Näheren entsinnen | nähern | nächst siehe oben!
nähen | Näherin | Naht; Mz. Nähte | Nähterin
nähren | Nahrung
naiv (frz.): natürlich, unbefangen; einfältig | Naivität
Najade, gr. Quellgöttin
Name(n); namens = im Namen und mit Namen | Namenstag | Namenverzeichnis | namhaft | namentlich | nämlich; der, die, das nämliche
Nanking, chines. Stadt; Stoff
Napf, der | Näpfchen
Naphtha, das und die (gr.): Erdöl | Naphthalin, das: Kohlenwasserstoff
Nappahandschuhe
Narbe, die | narbig
Narde (gr.-lat.): Pflanze
Nargileh (pers.): Wasserpfeife
Narkose (gr.): Betäubung | Narkotikum; Mz. -ka; Betäubungsmittel | narkotisch | narkotisieren
Narr | Narretei = Narrheit | närrisch; närrisch[e]ste | narren
Narwal, der: Seesäugetier
Narzisse, die (gr.-lat.): Blume
Narzißmus: Selbstverliebtsein
Nasal, der (nlat.): Nasenlaut
naschen; du nasch[e]st | Nascher, Näscher
Nase; alle nase[n]lang | Nashorn | nasführen; genasführt | Nasenstüber | naseweis | näseln
naß; nässer, auch nasser | Naß, das | nässen | Nässe
Nassau | nassauern
Natalie (lat.): Vorname
Nathan[ael]: hebr. Namen
Nation, die (lat.): Volk, Volksstamm | national | Nationalhymne (lat.-gr.) | Nationalökonomie (lat.-gr.): Volkswirtschaft | Nationalität: Volkstum, Volkszugehörigkeit
Native, die (engl.): Auster
Nativität, die (lat.): Stand der Gestirne in der Geburtsstunde
Na|trium, das (nlat.): chemischer Grundstoff | Na|tron
Natter, die | Natternbrut
Natur (lat.): Schöpfung, Welt; Wesen, Art | Naturalien: Bodenerzeugnisse | naturalisieren: einbürgern | Naturalismus: Naturglaube; Naturnachahmung | Naturell, das (frz.): Gemütsart | natürlich
Naue, die, Nauen, der (schweiz.): Schiff, Boot
Nautik (gr.): Schiffahrtskunde | nautisch: zum Seewesen gehörig | Nautilus, der (gr.-lat.): Muschelart

Navigationsschule (lat.): Seemannsschule
Nazareth | Nazarener
n. Br. = nördlicher Breite
Nchf. = Nachfolger
n. Chr. = nach Christo | n. Chr. Geb. = nach Christi Geburt
nd. = niederdeutsch
Neapel | Neapeler, Neapolitaner
Nebel, der | neb[e]lig
neben; nebenan; nebenbei | Nebenbuhler | nebst
Nebukadnezar, babylon. König
Necessaire, das (frz.): Besteck, Reisekästchen
Neck, Nöck: Nix, Wassermann
Neckar | Neckar|sulm, Stadt
necken | neckisch
Neer, die (nl.): rückläufige Gegenströmung
Neger, der (frz.)
negieren (lat.): verneinen | Negation | negativ: ablehnend; entgegengesetzt | Negativ, das: Kehrbild
Ne|gligé, das (frz.); Morgenanzug
negoziieren (lat.): Handel betreiben | Negoziant: Handelsherr, Unterhändler
ne'gr[o]id, negerisch | Ne'grito, negerähnlicher Volksstamm
Negus: Herrscher von Abessinien
nehmen; du nimmst; ich nahm; genommen; nimm!
Nehrung, die: Landzunge
Neid | Neidhart, Neidhard: 1. Vorname (aber Neithart von Gneisenau); 2. Neider | neidisch | Neidnagel s. Niednagel
neigen | Neige, die
nein; nein sagen; mit Nein antworten
Ne|krolog (gr.): Lebensbeschreibung eines eben Verstorbenen, Nachruf | Ne|kromant: Totenbeschwörer | Ne|kropole: Totenstadt | Nekrose, die: das Absterben
Nektar, der (gr.): Göttertrank
Nelke, die
Nemesis (gr.): die strafende Gerechtigkeit
nennen; ich nannte, nennte; genannt | Nennwert | Nenner
Neologie (gr.): Neuerung | Neologismus: neugebildeter Ausdruck | Neon: Gas | Neophyt: Neubekehrter, Neuling
Nephelin, der (gr.): Mineral
Ne|phrit, der (gr.) Mineral | Ne'phritis, die: Nierenentzündung
Nepomuk: Heiliger
Nepotismus (nlat.): Vetternwirtschaft
neppen (Gaunerwort): betrugen
Neptun (lat.): Gott des Meeres; Planet
Nere|ide (gr.): Meeresnymphe
nergeln s. nörgeln
Nero; die Neronische Christenverfolgung; eine neronische Grausamkeit
Nerv, der (lat.), eigtl. Sehne | nervig: sehnig, stark | nervös: reizbar | Nervosität
Nerz, Nörz (russ.): Pelztier
Nessel, die | Nesselfieber
Nest, das | Nesthäkchen
Nestel, die: Band, Schnur | nesteln
Nestor (gr.): Ältester
nett (frz.): hübsch, artig | Nettigkeit
netto (it.): nach Abzug der Packung oder der Unkosten, rein
Netz, das
netzen = naß machen
neu; etwas Neues; von neuem; aufs neue; die Neue Welt; das Neue Testament | neugeboren | neueröffnet | Neugier[de] | Neujahr;

zum neuen Jahre | Neuyork, (engl. New York) | Neue, die: frisch gefallener Schnee | neuerdings | neulich | Neuheit | Neuigkeit | Neuling | neuern | Neu[e]rer | Neu[e]rung

Neuchâtel (frz.) = Neuenburg in der Schweiz

neun: alle neun[e] werfen; der neunte; neuntens; neuntel; das Neuntel; neunundzwanzig | neunzehn | neunzig

Neur|algie (gr.): Nervenschmerz | Neur|asthenie: Nervenschwäche | Neuritis, die: Nervenentzündung | Neurose: Nervenkrankheit

Neu|trum; Mz. -tra und -tren (lat.): sächliches Geschlecht (oder Wort) | neutral: sächlich; unparteiisch; unwirksam | neutralisieren: unwirksam machen | Neutralität | Neutron, das: Materieteilchen

New Deal (engl.): Neuverteilung (Sozialpolitik Roosevelts)

Nexus, der (lat.): Zusammenhang

nhd. = neuhochdeutsch

Nibelungenlied, das

Nicäa in Kleinasien | das Nicä(n)ische, Nizä(n)ische Bekenntnis

nicht; mitnichten (mit nichten); zunichte machen | nichtig | nichts; für, um nichts; nichts and[e]res; nichts Neues; nichtsdestoweniger; das Nichts | Nichtsnutz | nichtsnutzig | nichtssagend

Nichte, die

Nickel, das (der); als Münze der

nicken | Nickhaut

Nickfänger s. Genickfänger

nid (schweiz.): unterhalb; nid dem Walde

nie = niemals

nieder | Niederkunft | Niederlande, Mz. | niederländisch | niederträchtig | niederwärts | Niederung | niedrig

niedlich

Niednagel (Neidnagel)

Niello, das; Mz. Niellen, Niellos, Nielli (it.): 'schwärzliche' Schmelzverzierung auf Silber und Gold

niemand: Ich bin niemand[e]s Feind, traue niemand[em], fürchte niemand[en]; niemand anders, niemand Fremdes | Niemandsland

Niere, die | nierenkrank

nieseln: sanft regnen

niesen | Nieswurz

Nießbrauch (zu: genießen)

Niet, der, das; Niete, die | niet- und nagelfest | nieten

Niete, die: Fehllos

Nietzsche, Philosoph

Nigger (engl.): Neger

Nihilismus | Nihilist: Umstürzler

Nikolaus (gr.); Kurzform: Klaus

Nikotin, das: Tabaksgift

Nil, der | Nilpferd

Nimbus, der, Mz. Nimben (lat.): Heiligenschein, Ruhmesglanz

nimmer; nimmermehr

Nimrod (hebr.): leidenschaftlicher Jäger

Nimwegen (nl. Nijmegen)

Ninive, assyr. Stadt

nippen | Nippflut, geringe Flut

Nippes (frz.), Nippsachen: kleine Ziersachen

nirgend[s] | nirgend[s]wo

Nirwana, das (ind.): 'Verlöschen', selige Ruhe

...nis, ...nisse, z. B. in: Bildnis, Bildnisse

Nische, die (frz.)

Niß, die; Mz. Nisse: Ei der Laus

nisten | Nistkasten
Ni|trat (nlat.): salpetersaures Salz | nitrieren | Ni|tro|glyzerin: Sprengöl
nitschewo (russ.): das hat nichts zu bedeuten
Niveau, das (frz.): waagerechter Stand, Höhe; Wasserspiegel; Preisstand | nivellieren: Höhenunterschiede bestimmen, einebnen
Nix, der, Nixe, die
nizä[n]isch s. Nicäa
Nizza in Frankreich
NKWD: russ. geheime Staatspolizei
n. M. = nächsten Monats
Noah (hebr.), kath. Noe
nobel (frz.): vornehm, freigebig | Nobilität, die (lat.): Adel | Noblesse, die (frz.): Adel, vornehmes Wesen
noch, noch einmal | nochmals
Nock, der (obd.): Felskopf; das, die (nl.): Ende der Rahe
Nöck s. Neck
Nocke, die (südd.): Kloß | Nockerl
Noëtik, die (gr.): Denk-, Erkenntnislehre
Nofretete: altägyptische Königin
Nokturne, das; Mz. -nen (frz.); Notturno (it.): Nachtstück
nölen (nd.): langsam sein
Nomade (gr.): Wanderhirt | nomadisch: unstet | nomadisieren: ohne festen Wohnsitz umherschweifen
Nomen, das; Mz. Nomina (lat.): Nennwort | Nomen proprium: Eigenname | Nomenklatur, die: Namengebung, -verzeichnis; die Fachausdrücke | nominell: dem Namen nach, angeblich | Nominalwert: Nennwert | Nominativ: Werfall | nominieren: namhaft machen
Nomos, der; Mz. -oi (gr.): Sitte, Ordnung, Gesetz
nonchalant (frz.): nachlässig, rücksichtslos, formlos | Nonchalance, die
None (lat.): die 'neunte' Stunde des Tages; der neunte Ton vom Grundton aus
Nonius, der: Meßwerkzeug
Nonne (gr.): Klosterfrau; Schmetterling
Nonpareille, die (frz.): Schriftgrad
Nonplusultra (lat.): Unübertreffliches
Nonsens, der (nlat.): Unsinn
Noppe, die: Knoten in Wolle | noppen: Knoten entfernen
Nord[en], der; Nord auch 'Nordwind' | nordwärts | nordisch; die nordische Rasse; der Nordische Krieg | norddeutsch; die Norddeutsche Tiefebene, norddeutsche Städte | nördlich; das Nördliche Eismeer | Nordkap | Nordnordost | Nordostseekanal
nörgeln (nergeln) | Nörgler
Norm, die (lat.): Richtschnur, Regel | normal: regelrecht | Normale, die: Senkrechte | normen, normieren: regeln, festsetzen
Normandie | Normanne | normannisch, -männisch
Norne, nord. Schicksalsgöttin
Norwegen | norwegisch
Nörz s. Nerz
Nößel, der, das: Flüssigkeitsmaß
no|strifizieren (nlat.): einbürgern | No|strifikation
Not; in Not, in Nöten sein; not sein, tun, werden; vonnöten sein | notdürftig | notlanden, genotlandet | notwendig; notwendigerweise | nötig; nötigenfalls | nötigen | Nötigung

Nota, die (lat.): Zeichen; Rechnung; Schein, Verzeichnis | Note: Zeichen; Tonzeichen; Bemerkung; Zuschrift | Notabeln: Standespersonen | nota bene: 'merke wohl' (Abk. NB.) | Notabilität: vornehme Persönlichkeit | Notar | notariell: beurkundet | notieren: vormerken, anschreiben | notifizieren: anzeigen, bekanntmachen | Notifikation | Notiz, die: Vermerk; Kenntnis | Notizbuch: Merkbuch | notorisch: offenkundig

No|tre-Dame (frz.): 'Unsere Frau' (Maria); Kirche

Notturno s. Nokturne

N[o]ugat, der: Zuckerware

No|umenon, das (gr.): Gedankending, übersinnl. Gegenstand

Nouveauté, die (frz.): Neuheit, neueste Mode

Novelle, die (it.): 'Neuigkeit', kurze Prosaerzählung; Nachtragsgesetz | Novellette: kleine Novelle | Novellist: Novellenschreiber

November (lat.), Nebelmond

Novum, Mz. Nova (lat.): Neues | Novität: Neuheit, Neuerscheinung

Novize, der und die (nlat.): Mönch und Nonne während des Probejahrs | Noviziat, das

Nr. = Nummer | Nrn. = Nummern

N.T. = Neues Testament

nu = nun; im Nu, in einem Nu

Nuance, die (frz.): Abstufung | nuancieren: abtönen

nüchtern | Nüchternheit

Nucke, Nücke, die: Laune, Tücke

Nudel, die | nudeln

Nudität, die (lat.): Schlüpfrigkeit

Nugat s. Nougat

Nukleus, der; Mz. -ei (lat.): Kern, Zellkern

null (lat., 'kein'); null und nichtig; null Grad; das Thermometer steht auf Null | Null, die | Null ouvert (frz.): = offenes Nullspiel im Skat

Numerus, der; Mz. -ri (lat.): Zahl, Takt, Ebenmaß | Numero (it.): Zahl | numerisch: zahlenmäßig | Numerale; Mz. -alien: Zahlwort | numerieren: zählen, beziffern | Nummer, die: Zahl

Numismatik (lat.-gr.): Münzkunde

nun; nunmehr; von nun an

Nuntius, Nunzius, Mz. -tien, -zien (lat.): 'Bote'; päpstlicher Gesandter | Nuntiatur Nunziatur

nur; nur noch; nicht nur

Nuß; Mz. Nüsse | Nüßchen

Nüster, die: Nasenloch

Nutation (lat.): Schwankung der Erdachse

Nut[e], die: Fuge, Falz

Nu|tria, die: Pelztier

nutschen = lutschen, abfiltrieren

nutz[e], nütze; zu Nutz und Frommen; zunutze machen; nichts nutz sein | Nutznießer | nutzbar | nutzen, nützen; du nutz[es]t, nutz[e]st | Nutzen, der

NWDR = Nordwestdeutscher Rundfunk

Nymphe, die (gr.): Naturgottheit | Nymphomanie: Mannstollheit

O

o, alleinstehend oh; o daß doch; o ja, o weh; oha, oje

Oase, die (kopt.-gr.)

ob | Ob|acht; in Obacht; Obacht geben | Obdach

Obduktion (lat.): Leichenöffnung | obduzieren
O-Beine: Säbelbeine
Obelisk, der (gr.): Spitzsäule
oben; von oben; das oben Gesagte; obenan; obendrein; es ist oben erwähnt, aber: das obenerwähnte Dorf
ober | Obere, der: Vorgesetzte | Oberin, die | Oberleutnant (Abk. Oblt.) | Oberteil, der und das | oberflächlich | obergärig | oberschlächtig | oberständig | oberhalb
Obers, das: Sahne
oberst; zuoberst; das Oberste zuunterst kehren (zu oberst, zu unterst) | Oberst, der
obgleich
Obhut, die
obig; obiges; im obigen; aus dem Obigen ergibt sich; der Obige
Objekt, das (lat.): Gegenstand, Satzergänzung | objektiv: gegenständlich, sachlich, unparteiisch | Objektiv: Vorderlinse | Objektivität: Sachlichkeit
Oblate, die (lat.)
obliegen, es liegt mir ob (obliegt mir) | Obliegenheit
obligieren (lat.): verpflichten | Obligation: Schuldverschreibung | obligat: unerläßlich, unvermeidlich | obligatorisch: verpflichtend, pflichtmäßig || Obligo, das (it.): Verbindlichkeit
oblong (lat.): länglich | Oblong[um], das; Mz. -ga und -gen; Rechteck
Oboe s. Hoboe
Obolus, der; Mz. -len, -lusse (gr.): Scherflein
Obo|triten: frühere Slawen im heutigen Mecklenburg
Obrigkeit, die | Obrist, der = Oberst
obschon
Obsequien, Mz. (lat.): Totenfeier
observieren (lat.): beobachten | Observation | Observanz, die: Gewohnheitsrecht, Brauch | Observatorium: Sternwarte
Obsidian, der (lat.): Lavaglas
obsiegen; ich siege ob, obsiege
ob|skur (lat.): dunkel, unbekannt | Ob|skurant: Finsterling
obsolet (lat.): veraltet
Obst, das | Obstler, Öbstler: Obsthändler
obstinat (lat.): hartnäckig, widerspenstig
Ob|struktion (lat.): Verstopfung; Verhinderung der Beschlußfassung
ob|szön (lat.): unanständig
Obus, der: Kurzform für Oberleitungsomnibus
obwalten; er waltet ob
Ochlokratie (gr.): Pöbelherrschaft
Ochs, Ochse | ochsen
Ocker, der: Mineral, Farbe
Odal, das: Erbgut
Odaliske (türk.): Haremsdienerin
Oddfellows, Mz. (engl.): geheime Gesellschaft
Odds, Mz. (engl.): Art Wette
Ode, die (gr.): feierliches lyrisches Gedicht
öd[e]: leer, unbebaut | Öde, die
Odem, der, mitteld. = Atem
Ödem, das (gr.): Geschwulst
Odeon, Odeum; Mz. Odeen (gr.-lat.): Tonhalle
Odermennig, der: Pflanze
Odeur, das (der) (frz.): Wohlgeruch
Odin (nord.) = Wodan
Ödipus, König von Theben
Odium, das (lat.): Haß | odiös: gehässig

Odol, das: ein Mundwasser
Odyssee, Heldengedicht von den Irrfahrten des Odysseus
OEEC = Organization for European Economic Cooperation: Organisation für wirtschaftliche Zusammenarbeit Europas
Oeynhausen: Badeort
Ofen, der
offen; offen stehen; offenstehen = freistehen | offenbar | offenbaren; geoffenbart | öffentlich | öffnen | Öffnung
offensiv (lat.): angreifend | Offensivkrieg | Offensive, die: Angriff
offerieren (lat.): anbieten | Offerte, die, Offert, das (frz.): Anerbieten, Angebot
Offizium, das; Mz. Offizien (lat.): Pflicht, Amt | Offizial: bischöflicher Beamter | Offizialsache: Dienstsache | Offizialverteidiger: amtlich bestellter Verteidiger | Offiziant: Unterbeamter bei Hofe | offiziell (frz.): amtlich | offiziös: halbamtlich | Offizier (frz.) | Offizin |(lat.): Werkstätte, Apotheke, Druckerei | offiziell: amtlich, verbürgt
Offsetdruck, der (engl.): indirektes Druckverfahren
oft; öfter, des öfter[e]n | oftmals
oh! s. o
Oheim, Ohm, der, eigtl. Mutterbruder
Ohm: 1. der, die, das, ein Weinmaß | ohmweise; — 2. das (nach dem Physiker O.), Maßeinheit fur den elektrischen Widerstand
Öhmd, Ohmet, das: Nachschur des Grases, Grummet
ohne; ohnedies, ohnehin, ohne weiteres
Ohnmacht, die
Ohr | Ohrfeige | Ohrring | Ohrenbeichte | Öhr, das: Öffnung
o. J. = ohne Jahr(esangabe)
Okarina, die (it.): Blasinstrument aus Ton
Ökelname s. Ekelname
Okkasion (frz.): Gelegenheit[skauf]
okkult (lat.): geheim | Okkultismus: Geheimwissenschaft
okkupieren (lat.): besetzen | Okkupation: Besitzergreifung
Ökologie (gr.): Umweltlehre (bei Organismen)
Ökonom (gr.): Wirtschafter; Landwirt | Ökonomie | ökonomisch: haushälterisch, wirtschaftlich
Okta|eder, das (gr.): 'Achtflach' | Oktant, der (lat.): Achtelkreis; Winkelmeßgerät | Oktav, das: Papierformat in Achtelbogengröße | Oktave, die: Bereich von acht Tönen | Oktober
Oktroi, der und das (frz.): Stadtsteuer | oktroyieren: aufnötigen
Okular, das (lat.): Augenlinse | Okularinspektion: Besichtigung | Okuli: der 3. Fastensonntag | okulieren: impfen, veredeln | Okulist: Augenarzt
ökumenisch (gr.): allgemein
Okzident, der (lat.): Westen, Abendland | okzidentalisch
Öl (lat.) | ölig | ölen | die Letzte Ölung | Oleander, der (frz.): Lorbeerrose | Olein, das: Ölstoff
Olig|archie (gr.): Herrschaft weniger | Oligo|zän: Teil des Tertiärs
Olims Zeiten (lat. olim, 'ehemals')
Olive (lat.): Frucht des Ölbaums | Olivenöl | Olivin, der: Mineral
Olla podrida, die: sp. Gericht
Olm, der: Molchart

Olymp, der (gr.): Götterberg | Olympia: gr. Ort | Olympische Spiele | Olympiade: Zeitraum von vier Jahren (zwischen zwei Ol. Spielen), die Spiele selbst
Omega, das: gr. langes O
Omelett, das (Omelette, die) (frz.): Eierkuchen
Omen; Mz. Omina (lat.): Vorzeichen | ominös: bedeutungsvoll, unheilvoll
Omi|kron, das: gr. kurzes O
Omnibus, der; Mz. -usse (lat.)
Omnipotenz, die (lat.): Allmacht | Omnivore: Allesfresser
Onanie (hebr.): Selbstbefleckung
ondulieren (frz.): das Haar wellen | Ondulation
Onestep, der (engl.): Tanz
Onkel (frz.): Oheim
Onomatopöie (gr.): Tonmalerei | onomatopöetisch
Ontogenese, die (gr.): Weltentstehungslehre
Ontologie (gr.): Lehre vom Sein
Onyx (gr.): Halbedelstein
Oolith, der (gr.): Gestein
o. O. u. J. = ohne Ort und Jahr
o. P. = ordentlicher Professor
opak (lat.): undurchsichtig
Opal, der (lat.): Halbedelstein | opaleszieren: schillern
Opanke, die (slaw.): Sandale
Oper, die (it.) | Operngucker | Operette
operieren (lat.): vorgehen, verfahren, eingreifen; schneiden | Operation | Operateur (frz.): Wundarzt | operativ
Operment, das (lat.): Mineral
opfern (lat.) | Opfer, das
Ophir (hebr.): Goldland
Oph|thalmologie (gr.): Augenheilkunde
Opium, das (gr.-lat.) | Opiat: opiumhaltiges Mittel
Opodeldok, der und das (willkürliche Wortbildung des Paracelsus): Mittel zum Einreiben | Opopanax, der (gr.): heilsames Gummiharz
Opossum, das: eine Beutelratte
opponieren (lat.): entgegentreten, widersprechen | Opponent: Gegner | Opposition: Widerspruch, Widerstand; Gegenpartei; Gegenstellung | oppositionell: gegnerisch; regierungsfeindlich
opportun (lat.): passend, zweckmäßig | Opportunität
Optativ, der (lat.): Wunschform | optieren: sich für etwas entscheiden, besonders für eine Staatsangehörigkeit | Optant | Option
Optik, die (gr.): Lehre vom Lichte, vom Sehen | Optiker | optisch: Seh...; Augen...
Optimaten (lat.): die Vornehmen
Optimismus, der (nlat.): Schönseherei, Vertrauensseligkeit | Optimist | optimistisch: hoffnungsfreudig
opulent (lat.): reich, üppig | Opulenz
Opuntie, die (gr.-lat.): Art Kaktus
Opus; Mz. Opera (lat.): Werk, Arbeit
Orakel, das (lat.): Weissagestätte; Weissagung
Orange (frz.): Apfelsine | orange | Orangerie: Gewächshaus
Orang-Utan (mal.): Affe
Oranien; Fürstenhaus | Oranje: Fluß
oratorisch (lat.): rednerisch | Oratorium; Mz. -rien: Bethaus; geistliches Tonstück

Orchester, das (gr.): Platz für Musiker im Theater; Gesamtheit der gemeinsam spielenden Musiker | Orche|strion: mechan. Musikwerk

Orchidee, Orchis: Pflanze

Ordal, das (mlat.): Gottesurteil

Orden, der (lat.) | ordentlich | Order (Ordre), die (frz.): Befehl, Auftrag | Ordinarius; Mz. -rien (lat.): ordentlicher Professor; Klassenlehrer | Ordinarium, das: etwas Ordnungsmäßiges | Ordinariat: Amt eines Ordinarius; bischöfliche Behörde | ordinär (frz.): gewöhnlich, gemein | Ordinate, die (lat.): Höhenabstand, Höhenzahl | ordinieren: ordnungsgemäß einsetzen (in ein geistliches Amt); ärztlich verordnen | Ordination | ordnen | Ordnung | Ordonnanz, die (frz.): Meldegänger

Organ (gr.): Werkzeug; Teil, Glied; Stimme, Zeitung; Vertreter | organisieren: einrichten | Organisation: Einrichtung, Verfassung | organisatorisch: anordnend, schaffend | Organismus; Mz. -men; ein gegliedertes Ganzes; Lebewesen | organisch: gegliedert, belebt | Organist: Orgelspieler

Organdy, der: ein Gewebe

Orgasmus, der; Mz. -en (gr.): Lustrausch

Orgel, die (gr.-lat.) | orgeln

Orgie, die (gr.): wüstes Gelage | orgiastisch

Orient (lat.): Osten, Morgenland | Orientale: der Morgenländer | orientalisch | Orientalist: Kenner der morgenländ. Sprachen | orientieren: orten, nach Osten einstellen oder richten; aufklären, unterrichten; (sich) zurechtfinden | Orientierung

Oriflamme (altfrz.): Kriegsbanner

original (lat.): ursprünglich, eigen; urschriftlich | Original, das: Urbild, Urschrift; Sonderling | Originalität: Ursprünglichkeit; Sonderbarkeit | originell (frz.): eigenartig, sonderbar

Orion, der (gr.): Sternbild

Orkan (karibisch): starker Sturm

Orkus, der (lat.): Unterwelt

Orlog, der (nl.): Krieg

Ormuzd = Ahura Mazda, der höchste Gott nach der Lehre des Zoroaster

Ornament, das (lat.): Verzierung | ornamentieren | Ornamentik | Ornat, der: Amtstracht

Ornithologie (gr.): Vogelkunde

Oro|gnosie (gr.): Gebirgskunde | Orographie: Gebirgsbeschreibung

Orpheus: sagenhafter gr. Sänger | Orpheum: Tonhalle; Vergnügungsort

Orpingtons: Enten- und Hühnerrasse

Or|plid: Wunderland in Mörikes Dichtungen

Orseille, die (frz.): Flechtenart; violetter Farbstoff

Ort (eigtl. Spitze, Ecke); Mz. Orte und Örter; allerorten, allerorts, höher[e]n Ort[e]s | Ortband: Spitze der Degenscheide | Ortscheit am Wagen | Ortskenntnis | örtlich | Örtlichkeit | Ortlieb, Ortrud, Ortwin

orthodox (gr.): 'recht'-, strenggläubig | Orthodoxie | Ortho|epie: Lehre von der richtigen Aussprache | Orthogenese: gerichtete Entwicklung | Ortho|graphie: Rechtschreibung | ortho|graphisch | Orthopädie: Heilung von Körperverkrümmungen | Orthopäd, Arzt dafür

Ortolan, der (it.): Vogel
Öse, die
Oskar, Vorname
Osmane (Mz. auch Osmanli): Türke
Osmose, die: Durchgang von Stoffen durch eine Scheidewand | osmotisch
Ostara, altdt. Frühlingsgöttin
Ost[en], der; (Ost auch 'Ostwind') | ostwärts | östlich | ostisch, die ostische Rasse | ostbaltisch | ostelbisch, Ostelbier, der | osten: orientieren | Ostung
ostensibel (nlat.): vorzeigbar, offenkundig | ostensiv: herausfordernd, anschaulich | Ostentation (lat.): Prahlerei
Osteologie (gr.): Knochenlehre
Osteria, die (it.): Wirtshaus
Osterluzei, die (gr.-lat.): Pflanze
Ostern, das oder Mz. | österlich
Österreich | Österreicher | österreichisch
Ostrakismos (gr.), (Ostrazismus (lat.): Scherbengericht, athenisches Volksgericht
Oswald, Vorname
oszillieren (lat.): schwingen, schwanken | Oszillation
Otalgie, die (gr.): Ohrenschmerz
Otfried, Otmar, Vornamen
Othello, der Mohr von Venedig
Ottaverime (it.): achtzeilige Strophe
Otter: 1. der, Fischotter, Raubtier; — 2. die, Schlange | Otterngezücht
Ottilie, Otto, Ottokar
Ottomane, die (arab.-frz.): Sofa
outrieren (frz.): übertreiben
Outsider (engl.): 'Außenseiter'
Ouvertüre (frz.): Einleitungsmusik
oval (nlat.): eirund | Oval, das
Ovation (lat.): Ehrung, Huldigung
Overall, der (engl.): Schutzanzug
Oxalsäure (gr.): Kleesäure | Oxalit, der: Mineral
Oxhoft, das (nl.): Flüssigkeitsmaß
Oxygen, das (gr.): Sauerstoff | Oxyd, das: Sauerstoffverbindung | oxydieren | Oxydation
Oxymoron, das (gr.): Vereinigung widerstreitender Begriffe wie glänzendes Elend
Ozean, der (gr.-lat.) | Ozeanien | ozeanisch
Ozon, das (gr.): 'riechender' Sauerstoff

P

P. = Pater; Pastor
PAA = Pan American Airways: amerikanische Luftverkehrsgesellschaft
Päan, der (gr.): Festgesang
Paar, das (lat.); ein Paar Schuhe; ein paar = einige; ein paar Leute; ein paarmal | paarweise | Pärchen | paaren | zu Paaren treiben
Pace, die (engl.): Gangart
Pacht, die | pachten | Pachter, Pächter | Pachtung
Pachulke (slaw.): Knecht, Lümmel
Pack, der und (= Pöbel) das; Mz. -e und Päcke | Packen, der | Päckchen | packen
Päd|agog (gr.): Schulmann | Pädagogik: Erziehungskunst | pädagogisch | Pädagogium; Mz. -gien: Erziehungsanstalt
Padde, die (nd.): Kröte
Paddel, die, ds: Art Ruder | paddeln
Paddock, der (engl.): Gehege
Paddy (engl.): Patrick, Spottname der Irländer
Päd|erastie (gr.): Knabenliebe | Pädiatrie: Kinderheilkunde

Padischah (pers.): Großherr
paff! | paffen
Paganismus (nlat.): Heidentum
Page (frz.): Edelknabe
Pagina, die (lat.): Seite, Seitenzahl (Abk. p. oder pag.) | paginieren: mit Seitenzahlen versehen
Pagode, die (ind.): Götzentempel, -bild
paille (frz.): strohfarben
Pair (frz.): Standesherr
Pak = Panzerabwehrkanone
Paket, das (frz.) | Paketboot
Pakistan: indischer Staat
Pakt; Mz. -e[n] (lat.): Vertrag | paktieren: vereinbaren
Paladin, treuer Gefolgsmann
Palankin, der (ind.): Sänfte
Paläo|graphie (gr.): Altschriftenkunde | paläolithisch: altsteinzeitlich | Paläontologie: Versteinerungslehre
Paläozoikum: Urzeit
Palas, der (afrz.): Hauptgebäude der Burg | Palast (Mz. Paläste) (afrz.) | Palais (frz.) | Palazzo (it.)
Palästina | palästin(ens)isch
Palä|stra, die (gr.): Ringschule
Palatal, der (nlat.): Gaumenlaut
Palatschinke, die (österr.): gefüllter Eierkuchen
Palaver, das (port.): Negerversammlung, Gerede
palen (nd.): Erbsen enthülsen
Paletot, der (frz.): Überzieher
Palette, die (frz.)
Palier s. Polier
Palim|psest, der, das (gr.): zweimal beschriebenes Pergament
Palingenesie (gr.): Wiedergeburt | Palin|odie, die: dichterischer Widerruf, Gesangswiederholung
Palisade, die (frz.): Schanzpfahl
Palisander, der: Holzart
Palladium; Mz. -dien (gr.-lat.): Bild der Göttin Pallas; schützendes Heiligtum
Pallasch, der (slaw.): Reitersäbel
Palliativ (nlat.): Hilfe für den Augenblick
Pallium, das (lat.): Umhang des Erzbischofs
Palme (lat.) | Palmarum (Tag 'der Palmen'), Palmsonntag | Palmette (frz.): Palmblattverzierung | Palmin: Kokosfett | Palmitin, das: fester Stoff im Palmöl
Pampas, Mz. (sp.): Steppen Südamerikas
Pampelmuse, Pompelmuse (nl.): apfelsinenähnliche Frucht
Pam|phlet, das (frz. aus dem Engl.): Schmähschrift | Pamphletist
Pan: 1. (gr.) Waldgott | Panik, panischer Schreck[en]; — 2. (slaw.) Herr. Dazu Panje, Panjepferd
Pan... (gr.), All... | Panazee, die: Allheilmittel | panchromatisch: lichtempfindlich | Pandekten, Mz., 'allumfassende' Gesetzsammlung des Justinian | Pandorabüchse (Pandora, eine Unheilbringerin in der gr. Sage) | Pan|egyrikus, der: Lobrede | Panegyriker: Lobredner | Pan|optikum, das: Schauhalle | Pan|orama, das: Rundgemälde | Pantheismus, der: Weltgottglaube | Pantheist | Pantheon, das: Tempel für alle Götter; Ehrenhalle | Panvitalismus: Lehre von der Allbelebtheit des Seienden
Panaché, Panaschee (frz.): gemischtes Gefrorenes
Panaritium (gr.-lat.): Fingerentzündung
Pandschab, das Fünfstromland in Vorderindien

Pandur: ungar. Soldat
Paneel, das (nl.): Wandbrett, -bekleidung
Panier s. v. w. Banner
panieren (frz.): mit geriebenem Brot oder Mehl umhüllen | **Paniermehl**
Panik, Panje- s. Pan
Panne, die (frz.): Unfall
Panneau, der und das (frz.): Wandfüllung, -teppich
panschen s. pantschen
Pansen, Panzen, der (roman.): der erste Magen der Wiederkäuer; Bauch
Pantalons, Mz. (frz.): Beinkleider
Panther, der (gr.-lat.)
Pantine, die (frz.): Holzschuh
Pantoffel, der (it.)
Panto|graph (gr. 'Allzeichner'): Storchschnabel | **Pantomime**, die (gr.): Gebärdenspiel
Pantry, die (engl.): Speisekammer auf Schiffen
pan[t]schen: mischen, verfälschen
Panzen s. Pansen
Panzer (it.): eigtl. 'Bauch'-Harnisch
Päonie, die (gr.): Pfingstrose
Papa (frz.)
Papagei, der; Mz. -e[n] (afrz.)
papal (lat.): päpstlich
Papeterie, die (frz.): Papierwaren
Papier (gr.-lat.) | **Papiermaché**, das (frz.): Papiermasse | **papieren**
Papille, die (lat.): Wärzchen
Papillote, die (frz.): Haarwickel
Papiros = Papyros
Papist: Anhänger des Papsttums
Pappe (it.): Brei; Kleister; dickes Papier | **Papp[en]deckel** | **pappen**: Brei essen; kleben | **pappig**: breiig | **Pappschnee** | **päppeln**: mit Brei füttern
Pappel, die (lat.)
pappeln: schwatzen | **papperlapapp!**
Pappus, der (lat.): Federkrone von Samen | **Pappenstiel**: Löwenzahnstengel; Wertloses
Pa|prika, der (madj.): span. Pfeffer
Papst (lat.) | **päpstlich** | **Papsttum**
Papyrus, der (gr.-lat.): Schreibmaterial aus der Papyrusstaude | **Papyros, Papiros**, die: russ. Zigarette
Parabel, die (gr.): Gleichnis; Kegelschnitt | **parabolisch**
Parade, die (sp.-frz.): Schaustellung, Heerschau; Abwehr (eines Hiebes), Deckung; Anhalten des Reitpferdes | **paradieren**: prunken
Paradentose, die (gr.-lat.): Zahnfleischschwund
Paradies, das (pers.-gr.) | **paradiesisch** | **Paradiesapfel**: Tomate
Paradigma; Mz. -men und -mata (gr.): Musterbeispiel
paradox (gr.): widersinnig | **Paradoxie**
Paraffin, das (nlat.): wachsähnlicher Stoff
Para|graph, der (gr.): Absatz
Paraguay: südamerikanischer Freistaat
Para|klet (gr.): Tröster, Heil. Geist
Paralipomena, Mz. (gr.): Nachträge
Par|allaxe, die (gr.): Verschiebung der Gesichtslinie
par|allel (gr.): gleichlaufend | **Parallele**, die: gleichlaufende Linie; Vergleichung | **Par|allel|epiped(on)**, das: Parallelflächner | **Par|allelogramm**: Gleiseck | **par|allelisieren**: nebeneinanderstellen | **Parallelismus**
Paralyse, die (gr.): Lähmung; Gehirnerweichung | **paralysieren**: unwirksam machen | **paralytisch**: gelähmt
Parament, das (nlat.): Kirchenschmuck

Parameter (gr.): Bestimmungsgröße
par|änetisch (gr.): ermahnend
Paranoia, die (gr.): Verrücktheit
paraphieren (frz.): unterzeichnen
Para|phrase (gr.): umschreibende Erklärung
Para|psychologie (gr.): Seelenkunde des Okkulten
Para|pluie, der und das (frz.): Regenschirm
Parasit, der (gr.): Schmarotzer
Parasol, der (frz.): Sonnenschirm | Parasolpilz
parat (lat.): bereit
Paratyphus (gr.): typhusähnliche Krankheit
Paravent, der, das (frz.): Windschirm
pardauz!
Pardel, Parder, der (gr.-lat.)
par distance (frz.): aus der Ferne
Pardon, der (frz.): Verzeihung, Begnadigung | pardonieren
Pardune, die: starkes Tau
Parentation (lat.): Leichenrede
Par|enthese (gr.): Einschaltung | par|enthetisch
Par|ergon: Mz. -ga (gr.): Nebenwerk
par excellence (frz.): vor anderen, schlechthin | par force: mit Gewalt | Parforcejagd: Hetzjagd
Parfüm, das (frz.): Duft, Riechstoff | Parfümerie | parfümieren
Pari, das (it.): Nennwert
Paria, der (ind.): rechtloser Mensch
parieren: 1. (lat.) gehorchen; 2. (frz.) einen Hieb abwehren; das Pferd anhalten; 3. (frz.) wetten
parischer Marmor (von Paros)
Parität (lat.): Gleichberechtigung
Park, der (frz.): großer Garten; Wagenpark | parken | Parkett, das: Sperrsitz; getäfelter Fußboden
parlando (it.): mehr gesprochen als gesungen | parlieren (frz.): reden, plaudern | Parlament, das (nlat.): Reichstag, Landtag | Parlamentarier: Abgeordneter | Parlamentär (frz.): Unterhändler | parlamentieren: verhandeln
Parmesankäse (aus Parma)
Parnaß, des Parnasses (gr.): Musenberg
Par|ochie (gr.): Pfarrei | Par|ochialkirche
Par|odie (gr.): komische Umbildung einer ernsten Dichtung unter Beibehaltung der Form | par|odieren: scherzhaft nachahmen
Parole, die (frz.): Losung
Paroli, das (it.-frz.): Verdoppelung des Einsatzes; ein Paroli bieten: heimzahlen
Par|oxysmus; Mz. -men (gr.-lat.): heftiger Anfall
Parseval, Parsival s. Parzival
Part, der und das (lat.): Anteil | Partei, die (frz.) | parteiisch | parteilich | Partie, die (frz.): Teil; Ausflug; Spiel; Rolle; Heirat | partiell (frz.): teilweise vorhanden
Parterre, das (frz.): 1. Erdgeschoß; 2. Theatersitz | parterre wohnen
Parthenogenese, die (gr.): Fortpflanzung ohne Zeugung
Parthenon, der (gr.): Tempel der 'Jungfrau' Athene
Partikel, die (lat.): 'Teilchen' | Partikularismus (nlat.): Sonderbestrebungen | Partikulier (frz.): Privatmann, Rentner
Partisan(e), (frz.): Parteigänger, Freischärler | Partisane, die: Art Hellebarde | Partition (lat.): Zerteilung | Partitur, die (it.): Stimmenbuch | Partner (engl.): Teilhaber

partizipieren (lat.): teilnehmen, Anteil haben | Partizip[ium], das: Mz. -zipe und -zipien: Mittelwort | Partizipialkonstruktion
partout (frz.): durchaus
Par|usie (gr.): Wiederkehr Christi
Parvenu (frz.): Emporkömmling
Parze (lat.): Schicksalsgöttin
Parzelle, die (frz.): Teilchen, Flurstück | parzellieren: aufteilen
Parzival, Dichtung Wolframs v. Eschenbach; aber: Richard Wagners Parsifal | Parseval, Luftschiff-Erfinder
Pas, der (frz.): Schritt, Tanz
Pasch, der: Mz. -e und Päsche (frz.): Wurf von gleichen Augen
Pascha, der (türk.) | Paschalik, das: Amtsbereich des Paschas
paschen: schmuggeln
pascholl! (russ.): marsch!
Paspel, der, die (frz.): Vorstoß, Litze
Pasquill, das (it.): Schmähschrift | Pasquillant: deren Verfasser
Paß; Mz. Pässe (nl.): Schritt-Gang des Pferdes; Bergübergang; Reiseausweis; zupaß und zupasse kommen | Paßgänger: Pferd | passabel (frz.): erträglich, leidlich | Passage, die (frz.): Durchgang, -fahrt, Tonfolge | Passagier: Reisender | Passant: Vorübergänger
Passah, das: jüd. Osterfest
Passatwind (it.): Tropenwind
Passe, die (frz.): Besatz
passé (frz.): veraltet, unmodern
passen (frz.): angemessen sein; nicht spielen
Passepartout, der (frz.): Hauptschlüssel; Freikarte; Wechselrahmen
passieren (frz.): durchgehen, durchreisen, vorbeikommen; geschehen; angehen, erträglich sein
passim (lat.): vereinzelt, hier und da
Passion, die (lat.): Leiden; Leidenschaft | passioniert: leidenschaftlich | passiv: leidend; untätig, abwartend | Passiv[um], das: Leideform | Passiva, Passiven, Mz.: Schulden | Passivität: Untätigkeit
Passus, der (lat.): Stelle, Schriftstelle
Pasta, Paste, die (it.): Teig; Abdruck | Pastell, der: Farbstift; das: Farbstiftbild | Pastete: in Teig gehüllte Fleisch- oder Fischspeise
pasteurisieren (nach einem frz. Chemiker: entkeimen
Pastille, die (lat.): Kügelchen, Plätzchen
Pastinak, der, Pastinake, die (lat.): Pflanze
Pastor; Mz. -en (lat., 'Hirt'): Seelsorger, Pfarrer | pastoral | Pastorale (it.): Hirtenlied
pastos (it.): mit dick aufgetragenen Farben
Pate, der, auch die (= Patin): Taufzeuge; auch Taufkind
Patene, die (lat.): Hostienteller
Patent, das (lat.): Bestallung; Schutzbrief | patent: fein, geschniegelt | patentieren: gesetzlich schützen
Pater; Mz. Patres (lat.): 'Vater', Klostergeistlicher | Paternoster: Vaterunser (Rosenkranz) | Paternosterwerk: Aufzug am laufenden Band, Bagger
Pathos, das (gr.): Erregung, Schwung | pathetisch: ausdrucksvoll, feierlich | Pathologie: Krankheitslehre | pathologisch: krankhaft
Patience, die (frz.): Geduldspiel
Patient (lat.): Leidender, Kranker
Patina, die (it.): Edelrost
Patois, das (frz.): Bauernsprache

Pa|triarch (gr.): Erzvater; Oberbischof | pa|triarchalisch: altväterlich | Pa|triarchat, das,

Pa|trimonium (lat.): väterliches Erbgut | Pa|trimonialgericht

Pa|triot (gr.): Vaterlandsfreund | patriotisch: vaterlandsliebend | Patriotismus: Vaterlandsliebe

Pa|tristik: Kirchenväterkunde

Pa|trizier (lat.): Angehöriger eines angesehenen Geschlechts | Patriziat: Stadtadel | pa|trizisch

Pa|tron (lat.): Schutzherr; Schutzheiliger | Patronat, das: Schutzrecht, Pfarrbesetzungsrecht | Patrozinium, das: Rechtsbeistand

Pa|trone, die (frz.): Muster; Gewehrladung

Patronymikon, -kum (gr.-lat.): nach dem Vatersnamen abgeleiteter Name

Pa|trouille (frz.): Spähtrupp, Streife | patrouillieren

Patsche, die: 1. Hand; 2. Schlamm: in der Patsche stecken; 3. Feuerpatsche | patschen

Patschuli, das (ind.): Riechstoff

Patt, das (frz.): Stellung im Schachspiel | patt

Patte, die (frz.): Aufschlag am Rock

patzen: schlecht arbeiten | Patzerei | patzig: aufgeblasen, frech

Pauke | pauken | Pauker | Paukant: Mensurfechter

Paulus (lat. 'der Kleine') | Paulinische Briefe | Pauliner, Paulaner, Mönchsorden

Pauperismus (nlat.): Massenarmut

Pausbacken, Mz. | pausbackig, -bäckig

Pauschale, das; Pauschalsumme: runde Summe, Abfindung | Pauschquantum

Pause, die (it.): Ruhepunkt, Unterbrechung, Zwischenstunde | pausieren: einhalten

Pause, die (frz.): Durchzeichnung pausen | Pauspapier

Pavian, der (nl.): Affe

Pavillon, der (frz.): Gartenhaus

Pazifik, der (engl.): Stiller Ozean | pazifizieren (lat.): in den Friedenszustand zurückführen | Pazifist: Friedensschwärmer | paziszieren: einen Vergleich schließen | Paziszent

p. Chr. [n.] = post Christum [natum] = n. Chr. [G.]

Pedal, das (nlat.): Fußhebel

Pedant (it.): Kleinigkeitskrämer | pedantisch | Pedanterie

Peddigrohr, das

Pedell (nlat.): Schuldiener, Hochschulbeamter

Pedest = Podest

Pedi|gree, der (engl.): Stammbaum (von Pferden)

Pediküre, die (frz.): Fußpflege

Pedometer, das (gr.): Schrittzähler

Peer (engl.): Standesherr

Pegasus, der (gr.-lat.): Dichterroß

Pegel, der: Wasserstandmesser | peilen: Wassertiefe, Richtung bestimmen

Pein (lat.) | peinlich | peinigen.

Peiping = Peking

Peitsche, die (slaw.) | peitschen

Peizker = Beißker

Pekesche, die (poln.): Schnürenrock

pekuniär (lat.): geldlich

pekzieren (lat.): sündigen

Pelargonie, die (gr.): Blume

Pelerine, die (frz.): Umhang

Pelikan, der (gr.-lat.): Vogel

Pelle, die (nd.): Schale

Peloponnes, der, auch die (gr.) | der Peloponnesische Krieg
Peloton, das (frz.): Zug Soldaten
Peluschke, die (slaw.): Hülsenfrucht
Pelz, der (nlat.) | pelzig
Penchant, der (frz.): Neigung
Pendant, das (frz.): Gegenstück
Pendel, der, das (lat.) | Pendüle, die (frz.): Stutzuhr
pene|trant (lat.): durchdringend
Pengö, ungar. Münze
penibel (frz.): peinlich
Penicillin, das: Heilmittel
pen|insular (nlat.): halbinsel-
Pennal, das (nlat.): Federbüchse, höhere Schule | Penne | Pennäler
Penne (Gaunersprache): Herberge
pensee (frz.): dunkellila
Pension, die (frz.): Ruhegehalt; Kostgeld; Kost und Wohnung | Pensionär | Pensionat, das | pensionieren
Pensum; Mz. -sa und -sen (lat.): Aufgabe. Lehrstoff
Penta|gramm, das (gr.): Drudenfuß | Pentameter, der: Fünffüßler, Vers | Pentateuch, der: die fünf Bücher Mosis | Pent|athlon, das: Fünfkampf
Pepiniere, die (frz.): militärärztliche Bildungsanstalt
Pepsin, das (gr.-nlat.): Verdauungsstoff | Pepton: Eiweißstoff
per (lat.): durch, mit, gegen
pereat! (lat.): 'er gehe zugrunde!'
perem[p]torisch (lat.): endgültig
per|ennierend (lat.): ausdauernd, überwinternd
Perfekt[um], das; Mz. -kte und -kta (lat.): abgeschlossene Vergangenheit, Vollendung in der Gegenwart | perfekt: vollendet; vollkommen, gültig | Perfektion: Vollendung
perfid[e] (frz.): treulos, tückisch | Perfidie
perforieren, das (lat.): durchlöchern, lochen
Pergament, das: Schreibleder, Lederpapier | pergamenten
Pergola, die (it.): Laubengang
perhorreszieren (lat.): verabscheuen
Perigäum, das (gr.-lat.): Erdnähe eines Planeten | Perihel[ium], das: Sonnennähe eines Planeten
Perikope, die (gr.): Bibelabschnitt
Perimeter, der (gr.): Umfang
Periode, die (gr.): Zeitabschnitt; Satzgefüge | periodisch: regelmäßig wiederkehrend; vorübergehend
Peripatetiker (gr.): Anhänger der Lehre des Aristoteles
Peripetie, die (gr.): Umschwung
Peripherie, die (gr.): Umkreis, Umfang | peripherisch: am Rand liegend
Peri|phrase (gr.): Umschreibung | peri|phrasieren | peri|phrastisch
Peri|skop, das (gr.): Sehrohr
peristaltisch (gr.): wurmförmig | Peristaltik, die = Darmbewegung
Peristase, die (gr.): Umwelt, Lebenslage | peristatisch: umweltbedingt
Peristyl[ium] (gr.-lat.): Säulengang um einen Hof
Perkal, der: Baumwollenstoff
Perkussion (lat.): Schlag; Beklopfen perkutieren
Perle (frz.) | Perlmutter | perlmuttern | perlen
permanent (lat.): dauernd | Permanenz, die: Dauer
Permiß, der, Permission (lat.): Erlaubnis
Permutation (lat.): Vertauschung
Pernambukholz, Fernambukholz: Rotholz

perniziös (lat.): verderblich, bösartig
Perpendikel, der und das (lat.): Lot Senkblei, Pendel | perpendikulär: senkrecht
Perpetuum mobile (lat.): 'ein beständig Bewegliches' | perpetuierlich, perpetuell: fortwährend
per|plex (lat.): bestürzt
Perron, der (frz.): Bahnsteig
Persenning, die (nl.): imprägniertes Segeltuch. Auch Presenning
Perseveration, die (lat.): Beharrung
Persien | Perser | persisch | Persianer: Lammfell
persi|flieren (frz.): lächerlich machen | Persi|flage: Verspottung
Persiko, der (savoyisch): Pfirsichlikör
persistent (lat.): dauernd, verharrend
Person, die (lat.) | Personal, das: die Angestellten | Personalien: Lebensumstände | Personifikation: Verkörperung | persönlich
Per|spektiv, das (nlat.): Fernrohr | Per|spektive, die: Raumblick; Aussicht auf eine Gegend usw.
Pertinens; Mz. -enzien (lat.): Zugehöriges | Pertinenz; Mz. -en: Zugehörigkeit
Peru: südamerikanischer Freistaat
Perücke, die (frz.)
pervers (lat.): verkehrt, widernatürlich | Perversität
Perzeption (lat.): Wahrnehmung | perzipieren: empfangen, wahrnehmen
Pesel, der (nd.): Wohnraum im niedersächsischen Bauernhaus
Pessimismus, der (nlat.): Schwarzseherei | Pessimist | pessimistisch
Pest, Pestilenz, die (lat.): Seuche | pestilenzialisch
Petarde, die (frz.): Sprenggeschoß
Petent (lat.): Bittsteller
Peter | Peter-und-Pauls-Fest
Petersilie, die (gr.-lat.) (der Petersil)
Petit, die (frz., 'klein'): ein Schriftgrad
Petition (lat.): Bittschrift, Gesuch | petitionieren
Pe|trefakt, das (gr.-lat.): Versteinerung | Pe|tro|graphie (gr.): Gesteinskunde | Pe|troleum (gr.-lat.)
Petschaft, das (tschech.): Stempel zum Siegeln | petschieren
Petunie, die: Zierpflanze
Petz: Bär | Petze: Bärin, Hündin
petzen: heimlich angeben
peu à peu (frz.): nach u. nach
Pfad, der | Pfadfinder
Pfaffe, der (gr.) | pfäffisch
Pfahl, der (lat.) | pfählen
Pfalz, die (lat.) | Pfälzer
Pfand, das (roman.) | pfänden
Pfanne | Pfannkuchen
Pfarre, die | Pfarrer | Pfarrei
Pfau, der (lat.)
pfauchen s. fauchen
Pfebe, die (gr.-lat.): Melonenart
Pfeffer (lat.) | Pfefferminze: Pflanze; Pfefferminz: Likör | pfeffern
Pfeife, die | pfeifen
Pfeil, der (lat.)
Pfeiler, der (lat.)
Pfennig | Pfennigfuchser
Pferch, der: Einhegung
Pfette, die: Dachbalken
pfetzen: zwicken
Pfiff | pfiffig | Pfiffikus: Schlaukopf
Pfifferling, der: Pilz
Pfingsten, Mz.; auch das, die
Pfirsich, der (lat.)
Pfister (lat.); (obd.) Bäcker
Pflanze, die (lat.) | pflanzen
Pflaster, das (gr.-lat.)
Pflaume, die (lat.) | pflaum[en]weich (Entstellung von flaumweich, s. Flaum(

pflegen; ich pflegte; gepflegt; auch: (z. B. Rat) ich pflog; gepflogen | Pflege, die | Pflicht, die | pflichtig | Pflichtteil | pflichtwidrig
Pflock, der | pflöcken
pflücken (lat.)
Pflug | Pflugschar | pflügen
Pfnüsel, der (obd.): Schnupfen
Pforte (lat.) | Pförtner | Pforzheim
Pfosten, der (lat.)
Pfote, die | Pfötchen
Pfriem[en], der; Pfrieme, die
pfropfen (lat.) | Propf[en], der
Pfründe (nlat.) | Pfründ[n]er
Pfuhl, der: Sumpf
Pfühl, der, das (Pfülbe, Pfülm, die; schweiz. Pfulmen, der) (lat.): Kissen
pfui!
Pfund (lat.) | dreipfündig | pfundig: tüchtig
pfuschen; du pfusch[e]st | Pfuscher
Pfütze, die (lat.)
Phaethon (gr.): Sohn des Sonnengottes; Zweispänner; offener Personenkraftwagen
Phalanx, die; Mz. -angen (gr): geschlossene Schlachtreihe
Phallus, der (gr.-lat.): männl. Glied
Phanerogame (gr.): Blütenpflanze
Phänomen, das, Mz. -na, -ne (gr.): Erscheinung, Wunder | phänomenal (gr.-lat.): erstaunlich | Phänotypus, der: Erscheinungsbild
Phantasie (gr.): Einbildung(skraft) | phantasieren: schwärmen; irre reden; aus dem Stegreif spielen | Phantasma; Mz. Phantasmen: Trugbild | Phantast: Schwärmer | phantastisch: märchenhaft | Phantom: Trugbild; nachgebildeter Körperteil
Pharao: ägypt. König
Pharisäer: altjüd. Schriftgelehrte; Scheinheiliger
Pharmakolog[e], Pharmazeut (gr.-lat.): Heilmittel-, Arzneikundiger | Pharmazeutik, Pharmazie: Heilmittelkunde | Pharmakopöe, die: Arzneibuch
Pharo: ein Glücksspiel
Pharus: Insel bei Alexandria; Leuchtturm
Phase, die (gr.): Erscheinungsform; Entwicklungsstufe
Phenazetin (gr.-lat.): Heilmittel | Phenol, das: Karbolsäure
Phil|an|throp (gr.): Menschenfreund | Phil|atelist: Briefmarkensammler | philharmonisch: musikliebend | Philhellene: Griechenfreund | Philipp | Philippika: Rede gegen Philipp von Mazedonien; Kampfrede | Philolog[e]: Sprach- und Literaturkenner, höherer Lehrer, Sprachforscher | Philologie | Philosoph: Weltweiser | Philosophie | philosophieren
Philister: 1. Volk in Palästina; 2. Spießbürger, Nichtstudent | zu 2: philiströs
Phiole, die (gr.): Art Flasche
Phlebitis (gr.): Venenentzündung
Phlegma, das (gr.): Trägheit | Phlegmatiker | phlegmatisch
Phlegmone, die (gr.): Zellgewebsentzündung
Phlox, die, der (gr.): Blume
Phobie, die (gr.): krankhafte Angst
Phon, das (gr.): Maß für die Lautstärke
Phonetik (gr.): Lautbildungslehre | Phonetiker | phonetisch: lautgetreu
Phönix (gr.): sagenhafter Vogel, Symbol für Unsterblichkeit
Phönizien | phönizisch

Phono|graph (gr.): Sprechmaschine
Phonolith (gr.): 'Klingstein'
Phoronomie, die (gr.): Lehre von den Bewegungsgesetzen
Phosgen (gr.): Kampfgas | Phosphat: Phosphorsäuresalz | Phosphor | phosphoreszieren: im Dunkeln, von selbst leuchten | Phosphoreszenz | Photograph | Photographie | photographieren | Photogravüre, Phototypie, die: Lichtbilddruck | Photosphäre: die Lichthülle der Sonne | Photon: Lichtquant | Phot, das (Abk. ph): Lichteinheit
Phrase, die (gr.): Redensart | Phraseologie: Redensartensammlung
phrenetisch (gr.) (frenetisch): rasend
Phrenologie (gr.): Schädellehre
Phthalsäure (gr.-dt.) chem. Verbindung
Phthisis, die (gr.): Schwindsucht
Phylax (gr.): 'Wächter'
Phylloxera, die (gr.): Reblaus
physisch (gr.): natürlich, körperlich, sinnlich | Physik: Naturlehre | physikalisch: naturkundlich | Physiker | Physikus: Bezirksarzt | Physikum: ärztliche Vorprüfung | Physio|gnomie: Gesichtsausdruck | Physio|gnomik: Gesichtsdeutung | Physiologie: Lehre von den Lebenserscheinungen
Phytognosie, die (gr.): Pflanzenkunde
piano (it.): leise | pianissimo: sehr leise | Piano[forte], Pianino: Klavier | Pianist
Piaristen: geistl. Orden
Piazza, die (it.): Platz | Piazetta: kleiner Platz
picheln: stark trinken
pichen: mit Pech verschmieren
Picke: Spitzhacke | picken | Pickel
Pickelhaube: Helm
Pickelflöte: kleine Flöte
Pickelhering (engl.): Hanswurst
Picknick, das (frz.): Mahl im Freien von beigesteuerten Lebensmitteln
Pidgin-Englisch: Chinesen-Englisch
Piece, die (frz.): Stück
Piedestal, das (frz.): Fußgestell
piekfein (nl.): hochfein
piepen | piepsen
Pier, der: Landungsstelle
Pierrot (frz.): Hanswurst
pi[e]sacken (nd.): plagen, quälen
Piesporter: Moselwein
Pietät (lat.): fromme Scheu, Rücksicht, Anhänglichkeit | Pietist (nlat.): frommer Schwärmer | Pietà (it.): Maria mit Christi Leichnam
piff, paff, puff!
Pigment, das (lat.): Farbstoff
Pik (frz.): 1. der, Bergspitze; 2. das, Spielkarte — s. a. Pike | pikant (frz.): scharf, prickelnd | Pikanterie | Pike, Spieß: von der Pike auf dienen; eine Pike und einen Pik auf jemand haben | Pikee, der, das: Gewebe | Pikett, das: Feldwache; ein Kartenspiel | pikieren: reizen; Pflänzchen umsetzen
Pikkolo (it.): Kellnerlehrling
Pikör (frz.): Jagdreiter
Pi|krat, Pi|krinsäure (gr.)
Pilaster (frz.): Wandpfeiler
Pilau, Pilaw, der: türk. Reisgericht
Pilger, Pil|grim | pilgern
Pille, die (lat.): Kügelchen
Pilot (frz.): Lotse, Steuermann
Pilsen | Pils[e]ner [Bier]
Pilz, der (lat.) | pilzig
Piment, der, das (lat.): Nelkenpfeffer

pimpeln: weinerlich tun, kränkeln | Pimpelei | pimp[e]lig
Pimpernuß: Pistazienfrucht
Pimpernell, Pimpinelle = Bibernelle
Pinakothek, die (gr.): Gemäldesammlung
Pinasse, die (frz.): Beiboot
Ping-Pong, das: Tischtennis
Pinguin, der: Vogel
Pinie, die (lat.): Kiefernart
Pinne, die (lat.): hölzerner Nagel; Arm am Steuer
Pinscher, der (engl.)
Pinsel, der (lat.)
Pinte, die (frz.): Flüssigkeitsmaß
Pinzette, die (frz.): Federzange
Pionier, der (frz.)
Pipe, die (nd.): Faßhahn
Pipeline, die (engl.): Rohrleitung
Pipette (frz.): Stechheber; Saugröhre
Pippau, der: Pflanze
Pips, der (lat.): Geflügelkrankheit
Pirat (gr.): Seeräuber
Piroge, die (indian.): Kahn
Pirogge, die (Pirog, der) (russ.): Art Pastete
Pirol, der: Goldamsel
Pirouette, die (frz.): Kreiselsprung
pirschen (birschen) | Pirsch, die
pisacken s. piesacken
Pisang, der (mal.): Banane
pissen (frz.) | Pissoir, das: Bedürfnisanstalt
Pistazie (gr.-lat.): Gewürzstrauch
Piste, die: Rand der Zirkusmanege; Rennbahn, Schispur
Pistill, das (lat.): Stampfer; Blutenstempel
Pistole, die (Pistol, das)
Piston, das (frz.): Kolbenstange; Musikinstrument
Pitchpine, die: amerik. Kiefernholz
Pithek|an|thropus (gr.): vorgeschichtlicher Mensch aus dem Diluvium
pittoresk (it.): malerisch
Pivot, der und das (frz.): Drehzapfen
pizzikato (it.): gezupft
placieren: aufstellen, unterbringen
placken | pladdern
plädieren (frz.): als Verteidiger auftreten | Plädoyer, das: Verteidigungsrede
Plafond, der (frz.): Zimmerdecke
Plage, die (lat.) | plagen
Plagge, die (nd.): Rasenstück
Plagiat, das (lat.): Aneignung fremder Geisteserzeugnisse | Plagiator
Plaid, der, das (engl.): Umschlagetuch
Plakat, das (frz.): öffentlicher Anschlag | Plakette, die: Bildplatte
plan (lat.): eben; deutlich | Plan, der (Pläne, die): Ebene, freier Platz | planieren: ebenen | Planime|trie (lat.-gr.): Geometrie der Ebene
Plan; Mz. Pläne (frz.): Grundriß; Absicht | planzeichnen | planen
Plane, die: Wagendecke, Zeltleinwand
Planet (gr.): Wandelstern
Planke, die (lat.-frz.)
plänkeln | Plänkler
Plankton, das (gr.): Treibendes, niedere Lebewesen im Wasser
Plantage, die (frz.): Pflanzung
plan[t]schen: im Wasser rühren
plappern
plärren
Pläsier, das (frz.): Vergnügen
Plasma, das (gr.): organische Substanz; Halbedelstein
Plastik, die (gr.): Bildhauerei | plastisch: bildsam; deutlich hervortretend | Plastizität | Pla|stron, der und das: Binde

Platane, die (gr.): ein Baum
Plateau, das (frz.): Hochebene
Platin, das; Platina, die (sp.): Metall
Platitüde, die (frz.): Plattheit im Ausdruck
Plato, gr. Philosoph | platonisch: geistig, unsinnlich
platsch! | platschen | plätschern
platt (frz.): flach | Plattform | platterdings | Platte, die | Plattheit | plätten: glatt machen | Plätteisen | plattieren: mit einer Metallschicht überziehen
Platz (gr.-lat.): Platz machen, nehmen
Plätzchen, das
platzen: zerspringen
plätzen: Laub u. dgl. vom Boden wegschlagen (vom Wilde)
plauschen (obd.): plaudern
plausibel (frz.): annehmbar, einleuchtend
plauz!
Plauze, die (slaw.): Lunge
Plazet, das (lat.): Genehmigung
Plebs, die (der) (lat.): niederes Volk | Plebejer | plebejisch: pöbelhaft | Plebi|szit, das: Volksbeschluß
Pleinair (frz.): Freilicht | Pleinpouvoir, das: unbeschränkte Vollmacht
Pleistozän (gr.-lat.) = Diluvium
Pleite, die (jüd.): Bankerott | pleite: zahlungsunfähig; pleite gehen
Plejaden, Mz. (gr.): Siebengestirn
Plempe, die: breiter Säbel; schales Getränk | plempern
plentern: auslichten (des Waldes)
Plenum, das (lat.): Gesamtheit | Plenarsitzung: Gesamtsitzung
Pleonasmus (gr.): unnötiger Zusatz | pleonastisch: gehäuft, überflüssig
Pleuelstange, die
Pleureuse, die (frz.): Trauerrand, Straußenfeder
Pleuritis (gr.): Brustfellentzündung
Plexiglas, das: splittersicheres Glas
Pli, der (frz.): Schliff, gewandtes Benehmen
Plicht, die: Sitzraum hinten im Boot
Plinse, die (slaw.): Pfannkuchen
Plinthe, die (gr.): Säulenplatte
Pliozän (gr.): jüngstes Tertiär
Plissee, das (frz.): gefältelter Stoff
Plombe, die (frz.): Bleiverschluß; Zahnfüllung | plombieren
Plötze, die: ein Fisch
plötzlich
pludern | Pluderhose
Plumeau, das (frz.): Federdeckbett
plump | Plumpheit | plumpsen
Plumpudding (engl.)
Plunder, der | plündern
Plural[is], der; Mz. -rale (lat.): Mehrzahl
plus (lat.): mehr | Plus, das: Überschuß
Plüsch, der (frz.): Gewebe
Plusquamperfekt[um], das (lat.): Vollendung in der Vergangenheit
Pluto (gr.-lat.): Gott der Unterwelt
Pluto|kratie: Geldherrschaft
Pluvial[e] (lat.): großes Meßgewand
Pneumatik, der (die) (gr.): Luftreifen; Abk. Pneu | pneumatisch: Luftdruck... | Pneumonie: Lungenentzündung | Pneumothorax, der: Lufteinblasung in die Brustfellhöhle
Pöbel, der (frz.): gemeines Volk
pochen | Pochbrett
Pocke, die | pockig
Poda|gra, das (gr.): Fußgicht
Podest, der, das (nlat.): Treppenabsatz. Auch Pedest
Podex, der (lat.): Gesäß
Podium, das (gr.-lat.): Tritt, Erhöhung

Po|em, das (gr.): 'Gedicht | Po|esie: Dichtung | Po|et: Dichter | Po|etik, Dichtkunst | po|etisch: dichterisch
Po|grom, der (russ.): Verwüstung, Judenverfolgung
Poilu: Spitzname des frz. Soldaten
Point, der (frz.): Punkt, Stich, Auge (Gewinneinheit) | Pointe, die: Spitze, Hauptpunkt | pointieren: betonen | Pointillismus: Malweise
Pointer (engl.): Hühnerhund
Pokal, der (it.)
Pökel, der: Salzbrühe | Pökelfleisch | pökeln
Pökling (mundartl.): Bückling
pokulieren (lat.): 'bechern'
Pol (gr.): Drehpunkt | polar (nlat.): an einem Pole befindlich; entgegengesetzt | Polarstern: Nordstern | Polarität: entgegengesetztes Verhalten | Polarisation: Licht-, Strahlendrehung
Polder, der (niederl.): eingedeichtes Land
Pole, Polack | Polen | polnisch
Polemik (gr.): Streitkunst; Federkrieg | polemisch | polemisieren
Polenta, die (it.): Maisspeise
Polente, die (Gaunerwort): Polizei
Police (Polizze), die (frz.): Versicherungsschein
Policinell[o], Pulcinell (it.): Hanswurst
Polier, obd. Palier: Obergeselle (aus frz. parlier 'Sprecher')
polieren (lat.): glätten | Politur
Poli|klinik (gr.): städtisches Krankenhaus mit ambulanter Behandlung
Politik (gr.): Wissenschaft von den Mitteln der Staatskunst; | Politiker | politisch: staatlich; staatsmännisch, | politisieren | Polizei | polizeilich | Polizist
Polizze s. Police
Polka, die (tschech.): Tanz
Poll (engl.): Schopf; Abstimmung
Pollen, der und das (lat.): Blütenstaub
Pollution (lat.): Befleckung
Polo, das (ind.): Ballspiel zu Pferde
Polonäse, die (frz.): Tanz
polonisieren (nlat.): polnisch machen
Polster, das (der) | polstern
poltern | Polterabend
Pol|tron (frz.): Maulheld
poly|chrom (gr.): vielfarbig | Polyeder, das: 'Vielflach' | Polygamie: Vielweiberei | Polyglotte: vielsprachiges Buch | Polygon: Vieleck | Polyhistor: Vielwisser | Polyhymnia: die Muse des Gesanges | polymorph: vielgestaltig | Polynesien: Vielinselland | Polynom, das: vielteilige Größe | Polyp, der: Tintenfisch, Nasenwucherung | Polyphem: einäugiger Riese | polyphon: vielstimmig | Polyphon, das: mech. Musikinstrument | Polytechnikum, das: höhere techn. Lehranstalt | Polytheismus, der: Vielgötterei
Pomade, die (frz.): Haarsalbe
pomadig (poln.): gemächlich
Pomeranze, die (nlat.)
Pommer | Pommern | pommer[i]sch
Pomolog[e] (lat.-gr.): Obstzüchter
Pomp, der (gr.): Gepränge | pompös: prunkhaft
Pompadour, der: Arbeitsbeutel
Pompeji | pompejanisch
Pompelmuse s. Pampelmuse
Pompon, der (frz.): Quaste
Pön, die (lat.): Strafe, Buße
ponceau (frz.): hochrot
Pönitenz (lat.): Buße, Bußübung

Pontifex (lat.): röm. Priester; Papst | Pontifikat, der, das: Papsttum
Pontius Pilatus
Ponton, der (frz.): Brückenkahn
Pony, der und das; Mz. Ponys u. Ponies (engl.): kleines Pferd
Pool, der (engl.): Vereinigung zur Marktbeherrschung
Popanz, der (tschech.): Schreckgestalt
Pope (slaw.): Priester
Popeline, die (frz.): Gewebe
Popo, der
populär (lat.): volkstümlich; gemeinverständlich | popularisieren | Popularität: Beliebtheit | Population: Bevölkerung
Pore, die (gr.): kleine Hautöffnung | porös: löcherig | Porosität: Durchlässigkeit
Porno|graphie (gr.): unzüchtige Schrift
Porphyr, der (gr.): Gestein
Porree, der (lat.-frz.): Lauch
Porridge, das (engl.): Haferbrei
Port, der (lat.): Hafen
Portal, das (nlat.): Haupteingang
Portechaise, die (frz.): Tragsessel, Sänfte | Portefeuille, das: Brieftasche, Mappe; Ministerstelle | Portemonnaie, das: Geldtäschchen | Portepee, das: Degenquaste
Porter, der (engl.): ein Bier
Portier (frz.): Pförtner | Portiere, die: Türvorhang
Portikus, der (lat.): Säulenhalle
Portion, die (lat.): Teil, Gabe; Gericht
Portiunkulaablaß
Porto; Mz. -s und Porti (it.): Postgeld
Portorikotabak
Porträt, das; Mz. -e und -s (frz.): Bildnis | porträtieren
Portugal | Portugiese | portugiesisch

Portulak, der (lat.): Pflanze
Portwein
Porzellan, das (it.) | porzellanen
Posamentier (frz.)
Posaune, die (altfrz.)
Pose, die: 1. (nd.) Federkiel; 2. (frz.) Stellung, Haltung | Poseur: Wichtigtuer | posieren
Position (lat.): Stellung, Lage; Ansatz, Angabe | positiv: bestimmt, bejahend | Positiv, der: Grundform der Steigerung | Positiv, das: fertiges Lichtbild | Positivismus: auf dem unmittelbar Wahrgenommenen fußende Weltanschauung | Positron, das: kleinstes positives Elektron | Positur: Haltung, Verteidigungsstellung
Posse, die | Possen, der | possierlich
Possessiv[um]; Mz. -va und -ve (lat.): besitzanzeigendes Fürwort
Post, die (it.) | postalisch
Postament, das (nlat.): Fußgestell, Sockel
Posten, der (it.) | Posten oder Posto fassen: Stellung nehmen | postieren: aufstellen
postum (lat.): nachgeboren; nachgelassen
Postille, die (lat.): Predigtbuch
Postillion (Postillon) (frz.): Postkutscher
postnumerando (nlat.): nachher zahlbar
Post|skript[um], das (lat.): Nachschrift
postulieren (lat.): fordern | Postulat, das: Forderung, Voraussetzung
Potator, der (lat.): Säufer
Potemkinsche Dörfer: Vorspiegelungen, Blendwerk, leerer Schein
potent (lat.): vermögend, leistungsfähig | Potentat: Machthaber | potential, -tiell: möglich | Potential, das: Leistungsfähigkeit

Potential[is], der: Möglichkeitsform | Potenz, die: Steigerung, Verstärkung, Macht | potenzieren: mit sich selbst vervielfachen; erhöhen
Potpourri (frz.): musikalisches Allerlei
Potsdam, Ortsname
Pottasche|Pottfisch|Pott|ha[r]st: westfäl. Gericht | Pottlot: Graphit | Pottwal
potztausend!
Poularde, die (frz.): Masthuhn
Poule, die (frz.): Art Billardspiel
Pour le mérite, der: Orden
Pourparler, das (frz.): unverbindliche Vorbesprechung
poussieren (frz.): fördern; liebeln
power (frz.): armselig
Powidel, der, das (tschech.): Pflaumenmus
Pozz[u]olanerde
p. p., ppa. = per procura
Prä, das (lat.): Vorrang, Vorzug
Präambel,, die (lat.): Einleitung
Präbende, die (lat.): Pfründe | Präbendar: Pfründner
Pracher (md., nd.): Bettler | prachern
Pracht, die | prächtig
prädestinieren (lat.): vorherbestimmen | Prädestination: Gnadenwahl, Vorherbestimmung
Prädikant (lat.): Prediger
Prädikat, das (lat.): Aussage; Bezeichnung, Titel | prädikativ: aussagend
prädis|poniert (nlat.): vorherbestimmt, anfällig
prädominieren (nlat.): vorherrschen
Präfekt, der (lat.): 'Vorgesetzter'
Präfix, das (lat.): Vorsilbe
prägen | Prägung
pragmatisch (gr.): nach dem ursächlichen Zusammenhang | Pragmatismus: philosophische Lehre
prä|gnant (lat.): bedeutungsvoll | Prä|gnanz: Gedrängtheit des Ausdrucks
prähistorisch (nlat.): vorgeschichtlich
prahlen | Prahlerei
Prahm, der (tschech.): flaches Fährboot
präjudizieren (lat.): vorher entscheiden | präjudizierlich: vorgreifend | Präjudiz, das: Vorentscheidung; vorgefaßte Meinung
Prä|klusion (lat.): Ausschließung, Sperre | Präklusivfrist
Präkonisation (nlat.): Bestätigung eines Bischofs
Praktik (gr.): Ausübung; Kunstgriff | Praktikant: im Vorbereitungsdienst Stehender | Praktiker: erfahrener Mann | Praktikus: gewandter Mensch | praktisch: ausübend; geschickt; zweckmäßig | praktizieren: ausüben
Prälat (lat.): geistlicher Würdenträger
Präliminarien (nlat.): Vorverhandlungen
Praline, die (Praliné, das) (frz.)
prall | Prall, der | prallen
präludieren (lat.): einleitend spielen
Präludium
Prämie, die (lat.): Belohnung; Versicherungsgebühr | prämiieren
Prämisse, die (lat.): Voraussetzung
Prämon|stratenser: Mönchsorden
prangen: glänzen
Pranger, der: Schandpfahl
Pranke (Branke), die: Tatze
pränumerando (nlat.): im voraus zahlbar | pränumerieren | Pränumeration
präparieren (lat.): vorbereiten | Präparand: Vorbereitungsschüler | Präparat, das: Zubereitetes | Präparation: Vorbereitung

Präponderanz, die (nlat.): Übergewicht
Präposition, die (lat.): Verhältniswort
Prärie, die (frz.): Grasebene, Steppe
Prärogativ, das; Prärogative, die (lat.): Vorrecht
Präsens, das (lat.): Gegenwart | präsent: bei der Hand | Präsenz, die: Anwesenheit
Präsent, das (frz.): Geschenk
präsentieren (lat.): vorzeigen; überreichen, anbieten; (sich) darstellen | Präsentation: Vorzeigung usw.
Präservativ (nlat.): Schutzmittel
präsidieren (lat.): den Vorsitz führen, etwas leiten | Präses; Mz. Präsiden; Präsident | Präsidium, das; Mz. -ien: Vorsitz, Vorstand
prasseln
prassen; du prassest und praßt
prästieren (lat.): leisten; für etwas haften
präsumieren (lat.): annehmen | Präsum[p]tion: Voraussetzung | präsum[p]tiv: mutmaßlich
prätendieren (lat.): beanspruchen | Prätendent: Thronbewerber |
Prätension, Prätention: Anspruch | prätentiös: anspruchsvoll
Präteritum, das; Mz. -ita (lat.): Vergangenheit
Prätor (lat.): Richter | Prätur | Prätorianer: kaiserlicher Leibwächter
prävenieren (lat.): zuvorkommen | Prävenire, das | präventiv: vorbeugend
Praxis, die (gr.): Ausübung, Brauch, Wirklichkeit; Geschäftskreis
Präzedenzfall (lat.): früherer Fall
Präzeptor (lat.): Lehrer
Präzipitat, das (nlat.): Niederschlag

präzis (lat.): genau, pünktlich | präzisieren: genau bestimmen | Präzision: Genauigkeit
Predella, die (it.): Altarstufe
predigen (lat.): | Predigt
Preis, der (frz.) | preisen; ich pries; gepriesen
Preisel-, (Preißel)beere
preisgeben; ich gab preis
prekär (frz.): unsicher, schwankend
prellen: 1. schleudern | Prellstein; 2. betrügen | Prellerei
Premier (frz.): Erster | Premiere: Erst-, Uraufführung | Premierminister: Ministerpräsident
Presbyter (gr.): Ältester
preschen: eilen
Presenning s. Persenning
pressen (lat.); du pressest und preßt | Presse, die | Pression, Druck | pressieren (frz.): drängen | pressant: eilig
Prestidigitateur (it.-frz.): Taschenspieler
Prestige, das (frz.): Zauber, Ansehen
presto (it.): schnell
Pretiosen (lat.): Kostbarkeiten | preziös (frz.): kostbar
Prezel s. Brezel
Preuße | Preußen | preußisch
Priamel, die, das (lat.): Spruchgedicht
Pricke s. Bricke
prickeln
Priel, der: Rinne im Wattenmeer
Priem, der: Stück Kautabak
Prießnitzumschlag
Priester, der (gr.-lat.)
Prignitz, die: Landschaft
Prima; Mz. -men (lat.): 'die erste' Klasse; prima Qualität, erste Güte | Prim[e], die: erster Stoß oder Hieb|

Primzahl: nicht teilbare Zahl | Primadonna (it.): erste Opernsängerin | Primaner: Schüler der Prima | primär: ursprünglich; Haupt... | Primas: erster Bischof des Reiches | Primat, der und das: Vorrang | Primel: Blume | primitiv: urzuständlich, einfach | Primiz: erste Messe eines Neupriesters | Primogenitur, die: Erstgeburtsrecht | Primus: der Erste in der Klasse
Printe, die: Auchener Gebäck
Prinz (frz.) | Prinzessin, Prinzeß
Prinzip, das; Mz. -e und -ien (lat.): Grundursache; Grundsatz | prinzipiell: grundsätzlich | Prinzipal: Lehrherr, Geschäftsinhaber | Prinzipat, der, das: Vorrang
Prior (lat.): Klosteroberer
Priorität, die (nlat.): Vorrecht, Vorzug
Prise, die (frz.): Fang; erbeutetes Schiff; Griff mit zwei Fingern
Prisma, das; Mz. Prismen (gr.) | prismatisch
Pritsche (Britsche), die
privat (lat.): persönlich, nichtamtlich, nichtöffentlich | privatim: außeramtlich, für sich | Privatier (frz.): Privatmann | privatisieren, als solcher leben
Privileg[ium]; Mz. -gien (lat.): Sonderrecht; Vorrecht | privilegieren: bevorrechten, begünstigen
pro (lat.): für
probabel (lat.): wahrscheinlich | Proband, der: dessen Ahnentafel aufgestellt wird | probat: erprobt, bewährt | probieren | Probe, die | proben | probeweise
Pro|blem, das (gr.): Aufgabe, schwierige Frage | pro|blematisch
produzieren (lat.): vorführen, vorzeigen, (sich) sehen lassen; hervorbringen | Produzent: Erzeuger | Produkt: Erzeugnis; Ergebnis | Produktion | produktiv: schöpferisch, fruchtbar | Produktivität
profan (lat.): weltlich, unheilig | profanieren: entweihen | Profanation
Profeß, die (der) (nlat.): Ordensgelübde | Profession, die: Beruf | professionell: von Beruf | professioniert: gewerbsmäßig | Professor | Professur, die: Lehrstuhl
Profil, das (frz.): Seitenansicht
Profit (frz.): Nutzen | profitieren
Profos, Profoß: mittelalterlicher Landsknecht
Pro|gnath (gr.): vorspringendes Gebiß
Pro|gnose (gr.): Voraussage | pro|gnostizieren | Pro|gnostikon: Vorzeichen
Pro|gramm, das (gr.): Ordnung, Spielfolge; Jahresbericht; Plan, leitende Grundsätze | pro|grammatisch, pro|grammgemäß, pro|grammmäßig: planmäßig
Pro|greß, der; Pro|gression, die (lat.): Fortschritt | pro|gressiv
Prohibition (nlat.): Verbot | prohibitiv: verhindernd
Projekt, das (lat.): Entwurf, Plan | projektieren | Projektil (frz.): Geschoß | projizieren (lat.): auf einer Fläche darstellen | Projektion
pro|klamieren (lat.): verkündigen | Pro|klamation
Pro|krustesbett: Ausreckung oder Einzwängung
Prokura (it.): Geschäftsvollmacht (s. p. p.) | Prokurist

Prokyon, der (gr.): Stern
Prolegomena, Mz. (gr.): Vorbemerkungen
Prolepsis, die (gr.): Vorwegnahme | proleptisch
Prolet: Rohling | Proletarier (lat.): Besitzloser | Proletariat, das
Prolog, der (gr.): Vorspruch
prolongieren (lat.): verlängern | Prolongation
Promemoria, das (lat.): Denkschrift; Eingabe
promenieren (frz.): spazieren gehen | Promenade
Promesse (frz.): Schuldverschreibung
Prometheus, gr. Heros
pro mille (lat.): vom Tausend
prominent (lat.): hervorragend
promovieren (lat.): befördern; die Doktorwürde erwerben | Promotion
prompt (lat.): bereit, pünktlich
Pronomen; Mz. -mina (lat.): Fürwort
prononcieren (frz.): scharf aussprechen, betonen | Pronunciamento, das (span.): Proklamation; Staatsstreich
Proömion, Proömium, das; Mz. -ien (gr.): Vorrede
Propädeutik (gr.): Vorbereitungsunterricht | propädeutisch: einführend
Propaganda, die (lat.): Bekehrungsversuche; Aufklärung; Reklame; P. machen: werben | propagieren: werben, verbreiten
Propeller, der (engl.)
proper (propre) (frz.): sauber | Propergeschäft: Eigengeschäft
Prophet (gr.): Weissager | prophezeien
prophylaktisch (gr.): verhütend | Prophylaxe, -xis, die: Vorbeugung
proponieren (lat.): vorschlagen | Proponent: Antragsteller | Proposition: Satz, Behauptung, Antrag
Proportion, die (lat.): Verhältnis, Ebenmaß | proportional: verhältnismäßig | proportioniert: wohlgestaltet | Proporz, der: Verhältniswahl
pro|pre s. proper | Pro|prietär: Eigentümer
Propst (lat.): höherer Geistlicher
Propyläen, Mz. (gr.): Säulentorhalle
Prorektor (nlat.): Stellvertreter des Rektors
Prosa (lat.): ungebundene Rede | Prosaiker, Prosaist | prosaisch, auch alltäglich
Prosektor (lat.): Anatom
Proselyt, (gr.): Neubekehrter, Übergetretener
prosit! (lat. 'es möge nützen'), prost!
pro|skribieren (lat.): ächten | Proskription
Prosodie, Prosodik (gr.): Silbenmessung | prosodisch
Pro|spekt, der (lat.): Aussicht; Ankündigung
pro|sperieren (lat.): gedeihen, glücken | Pro|sperität
Prostata, die (gr.): Vorsteherdrüse
prostituieren (lat.): der Schande preisgeben | Prostitution: gewerbsmäßige Unzucht
Pro|szenium (gr.): Vorderbühne
protegieren (frz.): begünstigen | Protegé: Schützling || Protektion (lat.): Begünstigung | Protektor: Beschützer, Schirmherr | Protektorat
Prote|in, das (gr.-lat.): Eiweißstoff

protestieren (lat.): Einspruch erheben | Protest | Protestant
Prothese, die (gr.): Ersatzglied
Protokoll, das (gr.): Verhandlungsschrift, Sitzungsbericht | Protokollant | protokollieren
Proton, das (gr.): positiv geladener Wasserstoffkern
Proto|plasma, das (gr.): Grundbestandteil jeder Zelle
Prototyp, der, das (gr.): Urbild
Protozoon, das (gr.): Mz. -zoen: Urtierchen, Einzeller
Protuberanz, die (lat.): Gasexplosion auf der Sonne
Protz, der: Kröte; aufgeblasener Mensch | protzig| protzen
Protze, die (it.): Vorderwagen des Geschützes
Provence | Provenceröl | provenzalisch
Provenienz, die (lat.): Herkunft von Waren
Proverb[ium] (lat.): Sprichwort
Proviant (roman.): Lebensmittel
providentiell (frz.): von der Vorsehung gewollt
Provinz, die (lat.) | provinziell: landschaftlich | Provinzialismus: mundartlicher Ausdruck
Provision (lat.): Vergütung | Provisor: früher erster Gehilfe eines Apothekers | provisorisch: vorläufig | Provisorium, das: vorübergehende Einrichtung
provozieren (lat.): herausfordern | Provokation | provokatorisch: aufreizend | Provokateur (frz.)
Prozedur, die (nlat.): Verfahren
Prozent (lat.): vom Hundert; Hundertstel; Mz. Zinsen | prozentig, prozentual
Prozeß (lat.): Vorgang; Rechtsstreit | prozessieren | prozessual[isch]
Prozession, die (lat.): Um-, Bittgang
prüde (frz.): zimperlich | Prüderie
prüfen (frz.) | Prüfling | Prüfung
Prügel | prügeln
Prünelle (frz.): getrocknete Pflaume
Prunk, der | prunken
Prußen, altes Volk in Ost- u. Westpreußen (mit langem u)
prusten
Psalm, der; Mz. -en (gr.) | Psalmist: Psalmendichter | Psalter, der: Buch der Psalmen
pseud|onym (gr.): unter Decknamen | Pseud|onym, das
pst!, bst!
Psyche, die (gr.): Seele | psychisch: seelisch | Psych|iater: Irrenarzt | Psycholog[e]: Seelenkenner, -forscher | Psychologie: Seelenlehre | psychologisch: seelenkundlich | Psychopath: Geisteskranker | Psychose: geistige Störung | Psychoanalyse
Psy|chrometer, das (gr.): Luftfeuchtigkeitsmesser
Pubertät (lat.): Geschlechtsreife
pu|blik (lat.): öffentlich, offenkundig | Pu|blikation: Veröffentlichung | Pu|blikum, das: Öffentlichkeit; die Zuhörer, Käufer usw. | pu|blizieren: veröffentlichen | Publizist: Staatsrechtslehrer; Tagesschriftsteller
Pud, das: russisches Gewicht
puddeln (engl.): Eisen im Flammofen umrühren
Pudding, der (engl.)
Pudel | pudeln, Fehler machen
Puder, der (frz.): feines Pulver
pueril (lat.): knabenhaft, kindisch

Puerperalfieber (lat.): Kindbettfieber
Puerto Rico: Insel im Karibischen Meer
Puff, der | puffen | Puffer
Pulcinell s. Policinello
pulen: bohren | pullen: rudern
Pullman-Wagen
Pullover, der (engl.): Strickjacke
Pulpe, die (lat.): Gewebe im Inneren des Zahnes | Pülpe: Brei
Puls, der (lat.); Mz. Pulse | puls[ier]en
Pult, das (lat.)
Pulver, das (lat.) | pulverisieren
Pumpe, die | pumpen
pump[e]lig: schwerfällig
Pumpernickel, der
Pumphose
Pumps, Mz. (engl.): Halbschuhe
Punchingball (engl.): Übungsball für Boxer
Punier: Karthager | die Punischen Kriege
Punktum, das, Punkt, der (lat.); Punkt 1 Uhr | pünktlich | punkten, punktieren | Punktation, die: Vorvertrag | Punktion, Punktur, die: Stich
Punsch, der (ind.); Mz. Punsche, Pünsche
Punze, die; Punzen, der (it.): Münzstempel
Pupille, die (lat.): runde Öffnung in der Regenbogenhaut
Pupillengelder (lat.): Mündelgelder | pupillarische Sicherheit
Puppe (lat.) | Püppchen
puppern: leicht zittern
pur (lat.): rein, unvermischt | purgieren: reinigen; abfuhren | Purganz: Abführung | Purgativmittel | Purgatorium: Fegefeuer | purifizieren: säubern | Purifikation: Reinigung | Purismus, der: Streben nach Sprachreinigung | Purist: Sprachreiniger | Puritaner: Anhänger einer engl. Sekte
Püree, das, die (frz.): Brei, Mus
Purpur, der (lat.) | purpurn
purren: stochern; zur Wache wecken
purzeln (burzeln) | Purzelbaum
Pußta, die: ungarische Weide
Pustel, die (lat.): Eiterbläschen
pusten | Puste, die: Atem
Pute, die: Truthenne | Puter, der
Putsch, der: Umsturzversuch
Pütt, der (nd.): gebohrter Brunnen, Schacht
Putte, Putto, der (it.): Kindergestalt (Mz. Putten, Puttos, Putti)
Putz | putzen
putzig: spaßig
Puzzolanerde = Pozzuolanerde
Pyämie, die (gr.): Eiterfieber
Pygmäe (gr.): Zwerg
Pyjama, das, der (ind.): Schlafanzug
Pykniker, der (gr.): breitwüchsiger Typus | pyknisch
Pylades (gr.): treuer Freund
Pylon, der (gr.): Turmvorbau
Pyramide, die (gr.): | pyramidal
Pyrenäische Halbinsel, Pyrenäenhalbinsel
Pyrmont, Badeort
Pyrotechnik (gr.): Feuerwerkskunst
Pyrrhos (gr.), Pyrrhus (lat.): König von Epirus | Pyrrhus¦sieg
Pythagoras, griech. Philosoph | Pythagore¦er | pythagoreisch
Pythia (gr.): Priesterin des Orakels zu Delphi
Pyxis, die (gr.): Hostienbehälter

Q

quabb[e]lig: weich und nachgiebig
quackeln: schwatzen | Quacksalber
Quaddel, die: Nesselpustel
Quader, der und die; Mz. -n (lat.) | Qua|drant: Viertelkreis | Quadrat: Geviert | Qua|dratur: Vierung | qua|drieren: viereckig machen, in den zweiten Grad erheben | Qua|driga, die: Viergespann | Qua|drille, die (frz.): Viererreigen | Qua|druped[e], Vierfüßler
Quai d'Orsay (frz.): Sitz des französischen Außenministeriums
quaken | quäken
Quäker: amerik. Sekte
Qual, die | quälen
Qualität (lat.): Beschaffenheit, Eigenschaft; Güte | qualitativ: der Qualität nach | qualifizieren: eine Eigenschaft beilegen; (sich) eignen; qualifiziert auch: schwer | Qualifikation: Befähigung
Qualle, die: ein Meerestier
Qualm | qualmen | qualmig
Qualster, der: zäher Schleim
Quantum, das; Mz. -ta; Quantität (lat.): Menge, Größe; Maß | quantitativ: der Menge nach | Quant, das (lat.): kleinstes Teilchen | Quantentheorie
Quappe: Fisch | Kaulquappe
Quarantäne, die (frz.): Sperre (eigtl. 'vierzigtägige')
Quark, der (slaw.): geronnene, molkenfreie Milch | Quarg, Quärgel: sächs.-schles. Quarkkäse; Mz Quärge(l)
quarren | Quarre, die
Quart, das (lat.): Flüssigkeitsmaß; Buchformat in Viertelbogengröße | Quart[e], die: Stoß oder Hieb | Quarta: vierte Klasse | Quartal: Vierteljahr | Quartär, das: neueste Erdbildungen | Quarterdeck: Achterdeck | Quartett (it.): vierstimmiges Tonstück, Viergesang | Quartier (frz.): Stadtviertel; Unterkunft
Quarz, der: Mineral
quasi (lat.): gleichsam, gewissermaßen, Schein... | Quasimodogeniti: 1. Sonntag nach Ostern
quasseln: töricht reden
Quassia, die: Bitterholz
Quast, der: dicker Pinsel | Quaste, die: Troddel
Quästor (lat.): Schatzmeister | Quästur: Kasse
Quatember (lat.): vierteljährlicher Fasttag
quatsch! | Quatsch, der | quatschen
Quattrocento (it.): Zeit von 1400 bis 1499
Quebracho, das (sp.): Gerbholz
Quecke, die: Unkraut | Quecksilber
Quehle = Zwehle
Quell, der; Quelle, die | quellen; du quillst; er quoll; gequollen; quill! — aber: du quellst, er quellte usw. Erbsen, Malz
Quendel, der: Pflanze
quengeln | Quengelei
Quentchen, das (lat.): Gewicht
quer; kreuz und quer; querfeldein | Quere, die; in die Quere
querulieren (lat.): unaufhörlich sich beschweren | Querulant
Quese, die (nd.): Schwiele; Drehwurm

quetschen; du quetsch[e]st | Quetsche, die | Quetschung
Queue, das (frz.): Billardstock | Queue, die: Nachtrab; Reihe
Quickborn: Jungbrunnen
Quidproquo, das (lat.): Verwechselung
quieken
Quietismus, der (lat.): ruhiges Hinnehmen
quietschen; du quietsch[e]st
Quincaillerien (frz.): Kurzwaren
Quint[e], die (lat.): Ton; Fechterstoß | Quinta: fünfte Klasse | Quintessenz: Kern einer Sache | Quintett, das: fünfstimmiges Tonstück
Quirl, der | quirlen
Quisling, der: Kollaborateur (nach dem norwegischen Faschistenführer)
Quisquilien (lat.): Kleinigkeiten
quitt (frz.): frei, wett, ausgeglichen | quittieren: den Empfang bescheinigen; (den Dienst) aufgeben | Quittung
Quitte, die (gr.): Frucht
Quivive, das (frz.): Postenruf; auf dem Qu. sein: auf der Hut sein
Quodlibet, das (lat.): Durcheinander
Quote, die (lat.): Anteil, Bruchteil | Quotient, der: Teilzahl | quotisieren: anteilig verteilen

R

Rabatt, der (it.): Nachlaß, Preisermäßigung | Rabatte, die (frz.): schmales Beet
Rabbi (hebr.), Rabbiner: jüdischer Schriftgelehrter
Rabe, der | rabenschwarz
rabiat (nlat.): wütend
Rabitzwand: Gipsdrahtwand
Rabulist: spitzfindiger Wortverdreher
Rachen, der
Rache, die | rächen
Rachitis (gr.): engl. Krankheit
Racker (nd.): Abdecker; Schlingel
Rad, das | radfahren, radeln | radschlagen; aber: er schlägt ein Rad | radebrechen; er radebrechte; geradebrecht | Rädelsführer | rädern
Rade, die: Unkraut
Radi, der: Rettich
radieren (lat.) | Radierung
Radieschen (frz.)
Radius; Mz. -dien (lat.): Strahl, Halbmesser | Radiusvektor: Leitstrahl | radial: strahlenförmig | Radiation: Strahlung | Radio, das: Rundfunkgerät || Radium: Körperstrahlen aussendender Stoff | radioaktiv
Radix, die; Mz. Radizes (lat.): Wurzel | radikal: gründlich; bis zum Äußersten gehend | radizieren: die Wurzel ziehen
Radscha: ostindischer Fürst
Raffael s. Raphael
raffen | Raffel, die
raffinieren (frz.): verfeinern | raffiniert, auch durchtrieben | Raffinement, das: Schlauheit | Raffinade, die: feinster Zucker | Raffinerie: Zuckersiederei
Rage, die (frz.): Wut
ragen: emporstehen
Raglan, der (engl.): Mantel
Ragout, das (frz.): Fleischgericht
Rah[e], die: Segelstange
Rahm, der: Sahne
Rahmen, der
Raiffeisensche Darlehnskassenvereine

Raigras (Raygras), das (engl.)
Rain, der: Ackergrenze | Rainfarn
Rakete, die (it.)
Rakett, das (engl.): Tennisschläger
Ramie, die (mal.): Bastfaser
Ramm, der: Widder | Rammbock | Rammsnase | rammen | Ramme, die | rammeln | Rammler: männl. Hase
Rampe (frz.): Auffahrt; Treppenabsatz; Vorderrand der Bühne
ramponieren (it.): beschädigen
Ramsch (frz.): Ausschuß | ramschen
Rancho, der (sp.): Farm
Rand, der | rändern
Ranft, der: Rand, Rinde
Rang, der (frz.) | rangieren
Range, der, die: wildes Kind
rank: schlank
Ranke, die | ranken
Ränke, (eigtl. krumme Wege) | Ränkeschmied
Rankūne, die (frz.): heimliche Feindschaft
Ranunkel, die (lat.): Blume
Ranzen, der | Ränzel, das
ranzen: bespringen
ranzig (frz.)
Ranzion, die (frz.): Lösegeld
Raphael (hebr.): Erzengel | Raffael, Maler
Raphiabast (gr.)
rapid (lat.): reißend | Rapidität: große Schnelligkeit
Rapier, das (frz.): Fechtdegen, Schläger
Rappe, der
Rappel, der: Anfall von Verrücktheit | rapp[e]lig | rappeln
Rapport (frz.): Bericht; Beziehung
Raps, Reps, der (lat.)
Raptus, der (mlat.): Wutanfall
Rapunzel, der (nlat.) | Rapünzchen
Rapuse (Rapusche), die (tschech.): Wirrwarr, Plünderung; in die Rapuse werfen: preisgeben
rar (lat.): selten | Rarität
rasant (frz.): flach verlaufend
rasaunen: lärmen
Rasch, der: Kammgarnstoff
rasch: schnell | rascheln
Rasen, der | rasig
rasen; du ras[es]t | Raserei
rasieren (frz.)
Räson, die (frz.): Vernunft | räsonieren: vernünftig reden, schimpfen | Räsoneur: Klugredner, Schwätzer | Räsonnement: vernünftige Erwägung
Raspel, die | raspeln
Rasse, die (frz.); die nordische Rasse | Rassenkunde, aber Rassepferd | rassig, von reiner R., rasserein | rassisch: auf die R. bezüglich
rasseln | Rasselbande
Rast, die | rasten | Rasttag
Rastatt in Baden
Rastelbinder (it.): Drahtbinder
Ra|stral, das (nlat.): Notenlinienzieher | ra|strieren
Rasur (zu: radieren): Auskratzung
Rate, die (lat.): verhältnismäßiger Teil; Beitrag | ratenweise
raten; du rätst, er rät; ich riet; geraten | rätlich | ratsam | Rätsel, das || Rat, der; Mz. Räte und Ratschläge; zu Rate ziehen; um Rat fragen | Rathaus | Ratsherr | ratschlagen; du ratschlagst; geratschlagt
Rathenow, Stadt
Rätien | rätisch
ratifizieren (nlat.): für gültig erklären | Ratifikation: Bestätigung
ratinieren (frz.): kräuseln

Ration, die (frz.): zugeteiltes Maß; Tagesfutter | **rational** (lat.): vernunftgemäß; ausrechenbar | **Rationalismus** (nlat.): Vernunftglaube; Aufklärung | **rationell** (frz.): zweck-, ordnungsmäßig

Ratonkuchen (frz.): Napfkuchen

Ratsche, Rätsche, die: Rassel

Ratte | **Rattenfänger**

Raub | **rauben** | **Räuber**

Rauch | **rauchig** | **räucherig** | **rauchen** | **Raucher** | **räuchern**

Rauchwaren (zu: rauh), **Rauchwerk**: Pelzwerk

Räude, die | **räudig**

raufen | **Raufbold** | **Rauferei** | **Raufe**: Futterbehälter

Raugraf: wohl Graf in rauhem Lande

rauh | **Rauheit, Rauhigkeit** | **Rauhbein** | **Rauhfrost** | **Rauhwacke**: Gestein | **rauhen**: rauh machen

Raum | **Räumlichkeit** | **räumen** | **raum**: günstig (vom Winde); licht (vom Walde) | **Räumte**: hohe See

raunen: heimlich reden

raunzen: nörgeln, schnauzen

Raupe, die | **Räupchen**

rauschen | **Rausch**, der

Rauschgelb

räuspern, sich

Raute, die: Pflanze; Art Viereck; Backwerk

Ravensberg in Westfalen | **Ravensburg** in Württemberg

Raygras s. Raigras

Rayon, der (frz.): Umkreis, Bezirk, Abteilung

Razzia, die (arab.): Streife

reagieren (nlat.): rückwirken, empfindlich sein; auf etwas eingehen | **Reagens**, das; Mz. Reagenzien; Einwirkungs-, Prüfungsmittel | **Reagenzglas** | **Reaktion**: Gegenwirkung; Rückschritt | **reaktionär**: rückschrittlich

reaktivieren (nlat.): wieder in Tätigkeit setzen

real, Real... (nlat.): sachlich, wirklich, tatsächlich; tätlich | **Realien**: Sachkenntnisse | **realisieren**: verwirklichen; zu Geld machen | **Realismus**: Wirklichkeitssinn; Wiedergabe des wirklichen Lebens | **Realist**: Wirklichkeitsmensch | **Realität**: Wirklichkeit; Mz. Grundstücke

Reaumurthermometer

Rebe, die | **Reblaus**

Rebekka (hebr.): Name

rebellieren (lat.): sich empören | **Rebellion** | **Rebell**: Aufrührer **rebellisch**: widersetzlich

Rebhuhn, das

Rebus, der; Mz. -usse (lat.): Bilderrätsel

Rechen, der: Harke

recherchieren (frz.): nachforschen | **Recherche**, die: Ermittlung

rechnen | **Rechenbuch** | **Rechenstunde** | **Rechenschaft** | **Rechnung**

recht; recht sein, haben, tun, zurechtmachen, zurechtstellen, etwas Rechtes; nach dem Rechten sehen; die Rechte; zur Rechten; rechter Hand | **rechtschaffen** | **rechtwink[e]lig** | **Rechtschreibung** | **Recht**, das; mit, ohne Recht; im Recht[e] sein; Recht finden, sprechen; ein Recht haben; von Rechts wegen; zu Recht bestehen; es ist Rechtens | **rechthaberisch** | **rechtfertigen** | **Rechtsanwalt** | **Rechtsstreit** | **rechtsgültig** | **rechten** | **rechtlich** || **rechts**; von, nach rechts; rechtsum | **recht[s]seitig**

Recke, der

recken | Reck, das
Redakteur (frz.): Schriftleiter | Redaktion | redaktionell
Rede, die; Rede steh[e]n | redlich | reden | redselig | Redensart | Rederei | Redner
Red|emptoristen: geistlicher Orden
redigieren (frz.): bearbeiten, zusammenstellen; herausgeben, leiten
redivivus (lat.): wiedererstanden
Redoute, die (frz.): Feldschanze; Maskenball
redressieren (frz.): rückgängig machen
redu|plizieren (lat.): Silben oder Buchstaben wiederholen | Redu|plikation
reduzieren (lat.): zurückführen, vermindern, umrechnen | Reduktion
Reede (Rhede): Ankerplatz | Reeder: Schiffsherr | Reederei
Reef (nd.), Reff, das: Vorrichtung zur Verkleinerung eines Segels | reffen
reell (frz.): wirklich, zuverlässig, ehrlich | Reellität
Reep (nd.): Seil | Reeperbahn
Refaktie (nl.): Entschädigung; Frachtvergütung
Refektorium (nlat.): Speisesaal
referieren (lat.): berichten | Referat, das: Bericht | Referent: Berichterstatter | Referendar | Referenz: Beziehung, Empfehlung | Referendum: Volksabstimmung
Reff: 1. Rückentraggestell; 2. s. Reef
reffen: 1. Flachs hecheln; 2. s. Reef
reflektieren (lat.): zurückstrahlen; nachdenken; auf etwas rechnen | Reflektant: Bewerber, Kauflustiger | Re|flektor: Strahlschirm; Spiegelfernrohr | Re|flex: Widerschein, Spiegelung; Zuckung | Re|flexion: Rückstrahlung; Erwägung | re|flexiv: rückbezüglich
reformieren (lat.): umgestalten, verbessern | Reform | Reformation | Reformator
Re|frain, der (frz.): Kehrreim
Re|fraktion (nlat.): Strahlenbrechung | Re|fraktor: astronomisches Fernrohr
Re|frigerator (nlat.): Kühler
Refugié (frz.): Flüchtling
refüsieren (frz.): abschlagen, verweigern | Refus, der: Ablehnung
Regal, das: Gestell, Wandgerüst, Bücherbrett | Regal[e]; Mz. -lien (lat.): Hoheitsrecht | regalieren (frz.): bewirten, beschenken
Regatta, die (it.): Bootswettfahrt
Reg.-Bez. = Regierungsbezirk
Regel, die (lat.) | Regelde|tri: Dreisatzrechnung | regeln
regen | rege
Regen, der | Regenbogen
regenerieren (lat.): wiederherstellen | Regeneration
Regens (lat.): Leiter eines Priesterseminars | Regent: Herrscher
Regesten, Mz. (nlat.): Urkundenverzeichnis
Regie, die (frz.): Verwaltung; Selbstverwaltung; Spielleitung | Regisseur: Spielleiter
regieren (lat.) | Regierung
Regiment, das (nlat.): Herrschaft; Truppenteil (Abk. Rgt.) | Regime, das (frz.): Regierungsform
Regina, Regine (lat.): 'Königin'
Region, die (lat.): Gegend
Register, das (mlat.): Verzeichnis; Stimmenzug | Registertonne: Raummaß | regi|strieren: eintragen; (ohne Zusätze) verzeichnen | Regi|strande: Eingangsbuch | Regi|strator | Regi|stratur: Aktenkammer

Re|glement, das (frz.): Dienstordnung, Vorschrift | Re|glette (frz.): Durchschußlinie
reglos, regungslos
regnen | regnerisch
Re|greß (lat.): Rückanspruch | regreßpflichtig: ersatzpflichtig | regressiv: zurückschreitend, rückläufig | Regression: Rückbildung
regsam
regulär (nlat.): regelmäßig | regulieren: regeln | Regulativ, das: Verordnung | Regulator: Pendeluhr
Reh, das | Rehgeiß | Rehziemer: Rehrücken
rehabilitieren (nlat.): wiedereinsetzen | Rehabilitation
Rehe, die: Hufkrankheit
reiben; ich rieb; gerieben | Reibe
Reich; das Deutsche Reich | Reichstag | reich | reichhaltig | reichlich | Reichtum
reichen: langen
Reif, der: gefrorener Tau; es reift
reif | reiflich | Reife | reifen
Reif[en], der: ringförmiges Band
Reigen, Reihen, der: Tanz
reihen | Reihe, die; in Reih und Glied
Reihen, der: Rist am Fuße
Reiher, der | Reiherfeder
Reim, der | reimen
rein; im reinen sein; ins reine bringen, kommen, schreiben | reinlich | Reinheit | reinigen | reinseiden | rein[e]weg | Reineinnahme, Reingewinn, Reinkultur
Reineclaude s. Reneklode
Reineke Fuchs
Reinette s. Renette
Reinhard | Reinhold
Re|inkarnation, die (lat.): Wiedergeburt, Wiederverkörperung
Reis: 1. der, Getreideart | Reisbrei; 2. das; Mz. Reiser: Zweig | Reisig, das
Reise, die | reisen | Reislauf | Reisläufer: Söldner | Reisige, der: Reiter
reißen; du reiß[es]t; ich riß; gerissen | Reißaus nehmen | Reißbrett | Reißzeug
reiten; ich ritt; geritten | Reiter
reizen; du reiz[es]t; gereizt | reizend | Reiz, der
Reizker, der (slaw.): Pilz
rekapitulieren (lat.): zusammenfassen | Rekapitulation
Rekel (nd.): Flegel | rekeln, sich
re|klamieren (lat.): zurückfordern, Einspruch erheben, sich beschweren | Re|klamation | Re|klame (frz.): Anpreisung
reko|gnoszieren (lat.): anerkennen; auskundschaften | Reko|gnition: Anerkennung; Beglaubigung
rekommandieren (frz.): empfehlen | Rekommandation
rekon|struieren (lat.): wiederherstellen | Rekon|struktion
Rekonvaleszent: Genesender | Rekonvaleszenz: Genesung
Rekord, der (engl.): Höchstleistung
Re|krut (frz.) | re|krutieren: ausheben
rektifizieren (lat.): berichtigen; zurechtweisen; läutern | Rektifikation
Rektion (lat.): Abhängigkeit der Wörter im Satz
Rektor; Mz. -en (lat.): Leiter einer Schule, Hochschule
rekurrieren (lat.): zurückkommen, sich berufen auf | Rekurs, der: Berufung

Relais, das (frz.): Pferdewechsel; elektrisches Gerät

Relation (lat.): Beziehung; Bericht | **relativ**: bezüglich, verhältnismäßig; vergleichsweise; bedingt | **Relativität** | **Relativ[um]**: bezügliches Fürwort

relegieren (lat.): verweisen, ausschließen | **Relegation**

relevant (lat.): bedeutungsvoll, wichtig

Reli|ef, das (frz.): erhabenes Bildwerk

Religion (lat.) | **religiös** | **Religiosität**: Frömmigkeit

Relikt, das (lat.): Überbleibsel | **Relikten**: Hinterbliebene | **Reliquie**, die: Überrest, Andenken | **Reliquiar[ium]**: Behältnis für Reliquien

Reling, die: Schiffsgeländer

Rembours, der (frz.): Zurückzahlung, Deckung

Remedur, die (neulat.): Abhilfe

Reminiszenz, die (lat.): Erinnerung | **Reminiszere** ('Gedenke!'), der 2. Fastensonntag

remis (frz.): unentschieden | **Remis**, das: unentschiedenes Spiel | **Remise**, die: Wagenschuppen | **remittieren** (lat.): zurückschicken; (Geld) übersenden | **Remittent**: Wechselnehmer | **Remittenden**: Rücksendungen im Buchhandel | **Remission**: Rücksendung; Nachlassung

remon|strieren (nlat.): Gegenvorstellung machen | **Remon|stration**

remontieren (frz.): Pferde ausheben | **Remonte**, die: junges Dienstpferd | **Remontoiruhr**: Aufzuguhr

removieren (lat.): absetzen | **Remotion**

Rem[o]ulade, die (frz.): Würztunke

rempeln (nd.): stoßen

Rem[p]ter, der: Speisesaal in Burgen und Klöstern

remunerieren (lat.): entschädigen | **Remuneration**

Renaissance (frz.): 'Wiedergeburt'

Renate, Vorname

Rendant (frz.): Kassenwart

Rendezvous, das (frz.): Stelldichein

Renegat (nlat.): Glaubensverleugner

Rene|klode, die (frz.): Pflaume

Renette, die (frz.): Apfelart

Renforcé, das, der (frz.): Gewebe

renitent (lat.): widersetzlich | **Renitenz**, die

Renk, der, **Renke**, die: ein Fisch

Renkontre, das (frz.): Zusammenstoß

rennen; ich rannte, gerannt

Ren[n]tier (Ren), das (schwed.)

renommieren (frz.): prahlen | **renommiert**: bekannt | **Renommist**: Prahlhans | **Renommage**, die: Prahlerei | **Renommee**, das: Ruf, Leumund

renoncieren (frz.): verzichten | **Renonce**: Fehlfarbe; (stud.) Fuchs

renovieren (lat.): erneuern | **Renovation**

Rente, die (mlat.): Geldertrag | **rentabel**: einträglich | **Rentabilität** | **rentieren**: einen Ertrag abwerfen | **Rentier, Rentner**

reorganisieren (nlat.): neu einrichten | **Reorganisation**

reparieren (lat.): ausbessern | **Reparation**: Wiedergutmachung | **Reparatur**

repartieren (frz.): verteilen | **Repartition**

repa|triieren (nlat.): ins Vaterland zurückholen

Repertorium; Mz. -rien (lat.): Verzeichnis | Repertoire, das (frz.): Spielplan
repetieren (lat.): wiederholen | Repetent | Repetition | Repetitorium: Wiederholungsunterricht
re|plizieren (lat.): entgegnen | Replik, die: Gegenrede
Report, der (engl.): Bericht; Kursaufschlag; Stückzins | Reporter: Berichterstatter | reportieren
Repositorium (lat.): Brettergestell für Akten
re|präsentieren (lat.): vertreten | Re|präsentant| Re|präsentation
Re|pressalien, Mz.: Gegenmaßregeln | re|pressiv: unterdrückend
Re|primande, (frz.): Tadel
Re|prise, die (frz.): Wiederholung
re|probieren (lat.): verwerfen; durchfallen lassen
re|produzieren (nlat.): nachbilden, vervielfältigen | Re|produktion
Reps s. Raps
Reptil; Mz. -e und -ien (lat.): Kriechtier
Repu|blik, die (lat.): Freistaat | repu|blikanisch
Repuls, der (lat.): Abweisung | repulsiv: zurückstoßend, widerlegend
Reputation (lat.): Achtung, guter Ruf | reputierlich: achtbar
Requiem, das (lat.): Seelenmesse
requirieren (lat.): herbeischaffen, beitreiben | Requisit, das; Mz. -en: Erfordernis, Zubehör | Requisiteur | Requisition: Forderung; Beitreibung
Reseda, die (lat.): Blume
reservieren (lat.): zurückbehalten, aufsparen; vorbehalten, belegen | reserviert, auch: zurückhaltend | Reservat, das: Vorbehalt | Reservation: Schutzbezirk, Vorbehalt | Reserve (frz.): Zurückhaltung; Aushilfe; Ersatzmannschaft; Rücklage | Reservist | Reservoir, das: Behälter, Sammelteich
residieren (lat.): seinen Sitz haben, Hof halten | Resident: Geschäftsträger | Residenz, die: Fürstensitz
Residuum, das; Mz. -duen (lat.) Rückstand
resi|gnieren (lat.): verzichten | Resi|gnation: Ergebung
Resi|stenz, die (lat.): Widerstand
Re|skript, das (lat.): Erlaß, Verfügung
resolvieren (lat.): auflösen; beschließen | Resolution | resolviert, resolut: entschlossen
Resonanz, die (lat.): Mittönen, Widerhall
resorbieren (lat.): aufsaugen | Resorption
Re|spekt, der (lat.): Hochachtung, Ehrfurcht | re|spektabel: hochachtbar | re|spektieren: hochachten, ehren || re|spektiv: bezüglich, betreffend | re|spektive: beziehungsweise; oder (Abk.) resp.
Re|spiration (lat.): Atmung | Re|spirator: Atemfilter
re|spondieren (lat.): antworten | Re|sponsorien (nlat.): Wechselgesänge
Ressentiment, das (frz.): heimlicher Groll, Abneigung
Ressort, das (frz.): Geschäftskreis, Verwaltungszweig | ressortieren: zugehören, unterstehen
Ressource, die (frz.): Hilfsquelle; Gesellschaftshaus
Rest, der; Mz. -e; (von Waren) -er, -en

restaurieren (lat.): wiederherstellen; (sich) erfrischen | Restaurant, das (frz.) | Restaurateur | Restauration: Wiederherstellung; auch = Restaurant | Restaurator: Wiederhersteller von Kunstwerken
restieren (lat.): übrigbleiben; im Rückstand sein | Restant: rückständiger Schuldner; Mz. auch: rückständige Forderungen, Ladenhüter
restituieren (lat.): wieder einsetzen, wiedererstatten | Restitution
Re|striktion (lat.): Einschränkung
resultieren (nlat.): sich ergeben, folgen | Resultante: Mittelkraft | Resultat: Ergebnis
resümieren (frz.): zusammenfassen | (Resumé)Resümee, das: Überblick
Reta|blissement, das (frz.): Wiederherstellung
retardieren (lat.): verzögern
Retention (lat.): Zurückbehaltung
Retina (lat.): Netzhaut des Auges
retirieren (frz.): sich zurückziehen | Retirade, die: Rückzug; Bedürfnisanstalt
Retorsion (lat.): Vergeltungsmaßregel | Retorte: Destillationsgefäß
retour (frz.): zurück | Retourkutsche: Rückgabe einer Beleidigung | retournieren: zurückkehren; zurücksenden | (Retoure, die): zurückgesandte Ware, Rücksendung
Re|traite, die (frz.): Rückzug; Zapfenstreich
re|tro|grad (lat.): rückläufig | re|trospektiv: rückblickend
retten | Retter | Rettung
Rettich, der (lat.)
retuschieren (frz.): überarbeiten | Retusche | Retuschierer

Reue, die | reuen | reuig
Re|union (frz.): Wiedervereinigung; Verein
Reuse, die: Fischereigerät
Reuß, thüring. Land | Reuße, alt = Russe
re|üssieren (frz.): Glück haben; glücken
reuten: roden, urbar machen
revanchieren (frz.): (sich) rächen; (sich) erkenntlich zeigen | Revanche, die: Vergeltung
Reveille, die (frz.): Weckruf
Revenue, die; Mz. -n (frz.): Einkommen
Reverenz (lat.): Ehrfurchtbezeigung
Reverie, die (frz.): Träumerei
Revers, der (frz.): Kehrseite; Bescheinigung | reversibel: umkehrbar
revidieren (lat.): nachsehen, prüfen | Revision: nochmalige Durchsicht; Prüfung | Revisor
Revier (frz.): Gebiet; Krankenstube
Revirement, das (frz.): Beamtenwechsel bei Diplomaten
revoltieren (frz.): sich empören | Revolte, die | Revolution | Revolutionär, scherzhaft Revoluzzer | revolutionieren: aufwiegeln
Revolver, der (engl.)
revozieren (lat.): widerrufen | Revokation
Revue, die (frz.): Durchsicht, Rundschau; Heerschau
rezensieren (lat.): beurteilen, besprechen | Rezensent | Rezension
rezent (lat.): neu
Rezepisse, das (lat.): Empfangsschein | Rezept, das: ärztl. Verordnung | Rezeption: Aufnahme | rezeptiv: aufnehmend; empfänglich | Rezeptur: Arzeneibereitung, Einnehmere

Rezeß, der; Mz. -esse (lat.) Vergleich | rezessiv: zurücktretend, überdeckt
Rezidiv, das (lat.): Rückfall
rezipieren (lat.) auf-, einnehmen | Rezipient, der: Sammelgefäß; Glasglocke
rezi|prok (lat.): wechselseitig | Reziprozität
rezitieren (lat.): vortragen | Rezitation | Rezitator: Vortragskünstler | Rezitativ, das (it.): Redegesang | rezitando: im Redegesang vorzutragen
RGBl. = Reichsgesetzblatt
Rgt. = Regiment; auch R., Reg[t]
Rhabarber, der (gr.-lat.): Pflanze
Rhapsode (gr.): Sänger von Heldenliedern | Rhapsodie: Heldenlied; Tondichtung | rhapsodisch: bruchstückartig
Rhede s. Reede
Rhein | rheinisch
Rheometer, das (gr.): Strommesser
Rhetor (gr.): Redner | Rhetorik: Redekunst | Rhetoriker: kunstmäßiger Redner | rhetorisch: schönrednerisch
Rheuma[tismus], der (gr.-lat.): Gliederreißen
Rhinozeros; Mz. -osse (gr.): Nashorn
Rhizom, das (gr.): Wurzelstock
Rhld. = Rheinland
Rhodesia: südafrikan. Land
Rhododendron, das; Mz. -dren (gr.): 'Rosenbaum'
Rhombus, der; Mz. -ben (gr.): Raute | rhombisch: rautenförmig | Rhomboeder | Rhomboid
Rhön, die: Gebirge
Rhone, die: Fluß
Rhythmus, der; Mz. -men (gr.): Ebenmaß, Takt in der Rede | Rhythmik: Taktlehre | rhythmisch: taktmäßig
Rias = Rundfunk im amerikan. Sektor (von Berlin)
Ribisel, die, das (österr.): Johannisbeere
Richard, Rich[h]ilde, Richlind[e], Vornamen
richten = recht machen | Richte, die | Richter | richterlich | richtig | Richtung
Rick, das: Gestell, Zaun
Ricke, die: Rehgeiß
Ridikül, der (frz.): Arbeitsbeutel
ridikül (frz.): lächerlich
riechen; ich roch; gerochen
Ried, das: Schilfröhricht | Riedgras
Riefe: Rille | riefen | riefeln
Riege: Turnerabteilung
Riemen, der: 1. Band, Gürtel; 2. (lat.) Ruder
Ries, das (arab.-nlat.): Papiermaß
Riese: 1. der | Riesin | riesig; 2. die: Holzrutsche
rieseln | Rieselfeld
Riesling, der: Rebenart
Riester, der: Lederflicken
Riff, das (aber Rif, Küstengebirge in Marokko)
Riffel, die: Flachskamm | riffeln
rigid (lat.): steif, unnachgiebig
rigolen (frz.): tief umgraben
Rigorismus, der (nlat.): übertriebene Strenge | rigoristisch, rigoros | Rigorosum, das: strenge Prüfung, Doktorprüfung
Rikambio, der (it.): Rückwechsel
rikoschettieren (frz.): mehrmals aufschlagen
Rikscha, die: ostasiat. Wagen
Rille, die: kleine Rinne
Rimesse, die (it.): Geld-, Wechselsendung

Rind, das | Rinds-, Rinderbraten
Rinde, die | rindig
Ring, der | rings; es ist ringsum still, aber: rings um den Tisch | Ringel, der | ringeln
ringen; ich rang; gerungen
Rinke, die, Rinken, der: Schnalle, Spange
rinnen; es rann; geronnen | Rinnstein | Rinne | Rinnsal, das
Rippe | Rippe[n]speer | rippen; gerippt | Rips, der
Risalit, der (it.): Mauervorsprung
Risiko (it.): Gefahr | riskieren (frz.): Gefahr laufen; wagen | riskant: gewagt
Rispe, die | Rispengras
Riß, der; Mz. Risse | rissig
Rist, der: Fußrücken, Handgelenk
Ristorno, das (it.): Rück-, Gegenbuchung
ritardando (it.): verzögernd, langsam
rite (lat.): formrichtig, ordnungsmäßig | Ritus: feierlicher Brauch | Ritual, das: Gottesdienstordnung | rituell (frz.): dem gottesdienstlichen Brauch gemäß
Ritornell, das (it.): Musikstück
Ri|tratte, die (it.): Rückwechsel
Ritt, der | rittlings | Ritter
Ritz, der | Ritze, die | ritzen
Rivale, der (lat.): Nebenbuhler | rivalisieren: wetteifern | Rivalität: Eifersucht
Rivi|era, die (it.): 'Küstenstrich' am Golf von Genua
Rizinus, der (lat.); Rizinusöl
Roastbeef, das (engl.): Rostbraten
Robbe, die: Seehund
Robber, der (engl.): Doppelpartie im Whist
Robe, die (frz.): Amtskleid, Frauenkleid
Robinie (nlat.): unechte Akazie
Robot, der. die (slaw.): Frondienst | Roboter: Schwerarbeiter, künstlicher Mensch
robust (lat.): stark, kräftig
Roche (frz.): Turm im Schachspiel | rochieren | Rochade, die
röcheln
Roche[n], der: Seefisch
Rochett, das (frz.): Chorhemd
Rocken, der: Spinngerät
Rocks, Mz.; auch der, das (engl.): Fruchtbonbons
Rodel, der, die: Schlitten | rodeln
roden, reuten | Rodung
Rodomontade (frz.): Aufschneiderei
Rogen, der: Fischeier | Rog[e]ner, der: Fischweibchen
Roggen, der: Korn
roh | Roheit
Rohr, das; Mz. -e | Röhricht, das | Röhre, die
Rohrdommel, die: Vogel
röhren: schreien (vom Hirsche in der Brunftzeit)
rojen, rudern
Rokoko, das (frz.): Schnörkelstil
Roland, Rolf, Namen
Rolle (lat.) | rollen | Rolladen
Rollo s. Rouleau
Rom | Römer | römisch | Romagna: Landschaft in Italien | romanisch | Romanist: Kenner der romanischen Sprachen, des römischen Rechts | Roman, der: Kunsterzählung | Romantik: geistige und literarische Strömung im Beginn des 19. Jahrhunderts | romantisch: schwärmerisch, wunderbar | Romanze, die: Gedicht | Romancier: Romanschriftsteller

Romadur, der (frz.): Kase
Rommé, das (frz.): Kartenspiel
Ronde, die (frz.): Rundgang; Streifwache | Rondell s. rund | Rondo, das: Ringelreim, Rundgesang
Röntgenstrahlen | röntgen: durchleuchten (geröntgt)
Roof, der, das: Schlafraum an Deck
Roosevelt: Präsident der USA
Roquefort, der (frz.): Schafkäse
Rose (lat.) | Rös|chen, Rös|lein, frz. Rosette | rosig | rosa[farben]; ein rosa Band
Rosinante, der, die (sp.): Klepper
Rosine, die (frz.)
Rosmarin, der (lat.): Pflanze
Roß; Mz. Rosse | Roßhaar | Roßkamm, Roßtäuscher: Pferdehändler | rossig: brünstig (von Stuten) | Rößlein | Rösselsprung
Roß, das | Roße, die: Honigwabe
Rost, der: 1. rostig, rosten; 2. Rostbraten | rösten
rösten | Flachsröste
Ro|swit, Ro|switha: Name
rot; röter, am rötesten; auch : roter usw., das Rote Kreuz; die Rote Erde (Westfalen) | rötlich | Röte | Röteln | Rotspon: Rotwein
Rotan[g] (mal.): Rohrpalme
Rotenburg a. d. Fulda, in Hannover | Rothenburg ob der Tauber, am Kyffhäuser, a. d. Oder, in d. Oberlausitz, bei Bomst | Rottenburg in Bayern und Württemberg
rotieren (lat.): umlaufen, sich drehen | Rotation | Rotor
Rotte (altfrz.): Abteilung, Schar
Rotunde, die (lat.): Rundbau
Rotwelsch, das: Gaunersprache
Rotz, der | rotzig
Roué, der (frz.): Wüstling
roulieren (frz.): rollen, umlaufen; (vom Hasen) sich überschlagen | Roulade, die: Fleischröllchen | Rouleau, das; Mz. -s (u. -x); auch Rollo: Rollvorhang | Roulette, die; Roulett, das: Glücksspiel
Rout, der (engl.): Abendgesellschaft
Route (frz.): Richtung, Strecke, Weg | Routine: Gewandtheit | routiniert
Rowdy (engl.), Mz. -dys, Strolch, gefährlicher Mensch
Royalist (frz.): Königstreuer
rubato tempo (it.): wechselnd im Tempo
Rübe, die | Rübezahl
Rubel, der: russ. Münze
Rubin, der (nlat.): Edelstein
Ru|brum, das; Mz. Rubra (lat.): Aktenaufschrift | Ru|brik, die: Aufschrift, Bezeichnung; Spalte, Abschnitt, Fach | ru|brizieren: bezeichnen; einordnen
Rübsamen, Rübsen, der
ruchbar | ruchlos
Ruck, der | ruckweise | rücken
Rücken, der | Rückenmark, das | Rückgrat | Rückhalt | rückhaltlos | rücklings | Rucksack
rückfällig | rückgängig, Rücklauf | Rückkehr, Rückkunft | Rücksicht; in, mit Rücksicht auf | rücksichtslos | rückwärts
Rudbeckia, die: Blume
Rüde, der
rüde (frz.): roh, ungesittet
Rudel, das
Ruder, das | rudern | Ruderer
Rudera, Mz. (lat.): Trümmer, Überbleibsel
Rüdiger, Rudolf, Namen
Rudiment, das (lat.): Ansatz, Rest; Mz. Anfangsgründe | rudimentär: verkümmert

Ruf | rufen; ich rief; gerufen
Rüffel, der: Verweis
Rufi, die: Bergrutsch
Rugby, das (engl.): Ballspiel
rügen | Rüge, die
Rügen, Insel | rügisch
Ruhe | ruhig | ruhen
Ruhm | rühmen | rühmlich
rühren | Rührei | rührig | Kräutchen Rührmichnichtan | Ruhr: Krankheit
Ruine, die (lat.): verfallenes Bauwerk | Ruin, der: Verfall, Verderb | ruinieren: zerstören
Rülps, der | rülpsen
Rum (engl.): Branntwein
Rumba (span.): Tanz
Rumfordsuppe
Rummel, der | rummeln
Rumor, der (lat.): Lärm | rumoren
rumpeln: lärmen, poltern | Rumpelkammer
Rumpf, der | Rumpsteak, das (engl.): Rumpfstück
rümpfen
Run, der (engl.): Ansturm
rund (frz.) | rundlich | Rund, das | rundherum | Runde, die | Rundell, Rondell, das: Rundteil | runden, ründen
Rune, die
Runge, die: Wagensparre
Runkelrübe
Runks, der: Flegel | runksen
Runse, die: Wasserrinne
Runzel | runz[e]lig | runzeln
Rüpel, der | rüpelhaft
Rupfen, der, das: grobes Gewebe
rupfen | ruppig (nd.)
Rupie, die: ostindische Münze
Ruprecht, Rupert
Ruptur (lat.): Zerreißung, Bruch
Rusch, der (nd.): Binse
Rüsche, die (frz.): Fältelung
Ruß, der; es rußt | rußig
Russe | Rußland | russisch
Rüssel, der
Rüste (nd. zu Rast); zur Rüste geh[e]n
rüsten | Rüstung | rüstig
Rüster, die: Ulme
Rute: Gerte; Meßstange, altes Längenmaß
Ruth (hebr.)
Ruthene: Ukrainer
rutschen; du rutsch[e]st | Rutsche, die
rütteln: schütteln

S

S. = San und Seite | s. = siehe!
Sa. = Summa
Saal, der; Mz. Säle | Sälchen
Saale, die: Fluß
Saanenkäse (aus dem Saanenland im Kanton Bern). Saanenziege, Saaner Ziege
Saat, die | Saatkorn
Sabbat(h) (hebr.): Ruhetag
Säbel, der (slaw.)
Sabotage (frz.): böswillige Betriebsstörung | Saboteur | sabotieren
Sa[c]charin, das (gr.-lat.): Süßstoff
Sache | Sächelchen | sachlich | sächliches Geschlecht
Sachse | Sachsen | sächsisch
sacht[e]
Sack, der (lat.) | Säckel, der
sackerlot! (frz.), sapperlot! | sacker-, sapperment! (aus lat. sacramentum): Flüche | Sacker-, Sappermenter: Schlaukopf
Sadduzäer, altjüd. Sekte
Sadismus: geschlechtl. Grausamkeit

säen | Sä[e]mann
Safari, die (ostafrikan.): Karawanenreise
Safe, der (engl.): Geldschrank, Stahlkammer
Saffian, der: Lederart
Sa|flor, der (arab.-altfrz.): Blüte der Färberdistel
Sa|fran, der (arab.-frz.)
Saft, der | saftig
Säge | sägen
sagen | sagbar | Sage, die
Sago, der (mal.)
Sahara, die (arab.): Wüste
Sahne, die: Rahm | sahnig (s. aber Saanenkäse)
Saibling, der: Fisch
Saint-, Sainte-, Abk. St-, weibl. Ste- (frz.) = Sankt | Saint-Denis, abgekürzt St-Denis (aber amerikan. Saint Louis)
Saison (frz.): Jahreszeit; Betriebszeit
Saite, die: Darm-, Metallsaite
Sakko, der (it.): Art Jackett
Sa|krament (lat.): Gnadenmittel | Sakrilegium: Kirchenraub; Gotteslästerung | Sa|kristan (nlat.): Kirchendiener | Sa|kristei | sakrosankt: unverletzlich
Säkulum; Mz. -la (lat.): Jahrhundert | säkular: hundertjährlich; weltlich | säkularisieren: geistliche Güter verweltlichen, einziehen | Säkularisation
Salam s. Selam
Salamander, der (gr.-lat.): Lurch
Salami, die (it.): Wurst | Salär, das (frz.): Gehalt | salarieren: besolden | Salat, der (it.)
salbadern: langweilig schwatzen
Salband, das: Webekante
Salbe, die | salben
Salbei (Salvei), der, die (lat.): Pflanze
Saldo, der; Mz. -den oder -di (it.): Bestand, Überschuß | saldieren: die Rechnung ausgleichen
Salesianerinnen (nach Franz von Sales): geistl. Orden
Salette, die: Laube, Gartenhaus
Salier: Frankenstamm | salisches Gesetz
Saline, die (lat.): Salzwerk
Salkante, Salleiste: Webekante
Salizylsäure
Salm, der: Lachs
Salmiak, der (lat.)
Salomo[n], hebr. Name
Salon, der (frz.)
salopp (frz.): unsauber, nachlässig
Salpeter, der (lat.) | salpet(e)rig
Salse, die (lat.): Salzbrühe; Schlammsprudel
Salta, das (it.): Brettspiel | Salto, der: Sprung; Salto mortale: 'Todessprung'
Salut, der (lat.): Ehrengruß | salutieren: grüßen
Salvatorbier
Salve, die (lat.): Ehrenschuß; Massenfeuer
Salvei s. Salbei
salvieren (lat.): retten, bergen
Salweide, die
Samariter; der barmherzige S.
Samba, der: Tanz
Same[n], der | Sämerei
sämig: seimig, dickflüssig
sämisch (slaw.): fettgegerbt | Sämischleder
Samland in Ostpreußen
sammeln | Sammelsurium | Sammler | Sammlung
Samowar, der (russ.): Teemaschine
Samson s. Simson

Samstag. Vgl. Dienstag
Samt, der (mlat.) | samten, samtig
samt | sämtlich
Samuel, hebr. Name
Samum, der (arab.): Wüstenwind
Samurai, japan. Adliger
San, Santo, Santa, Sant'; abgek. S. (roman.) = Sankt; San Marino, Santo Domingo, Santa Lucia, Sant' Angelo. Vgl. Saint, Sankt, São
Sanatorium, das (lat.): Heilanstalt
Sand, der | sandig
Sandale, die (gr.)
Sandelholz (ind.-it.): Farbholz
Sandschak, der (türk.): Bezirk
Sandwich (engl.): belegte Weißbrotschnitte
sanft | Sänfte | sänftigen
Sang, der | Sänger
sanguinisch (lat.): leichtblütig | Sanguiniker
sanieren (lat.): gesund, lebensfähig machen | sanitär: gesundheitlich | Sanitätsrat
Sankt, abgek. St. (lat.): heilig; Sankt Gallen
Sanktion (lat.): Genehmigung, Sicherung; Zwangsmaßnahme | sanktionieren: bestätigen
Sanktuarium (lat.): Heiligtum
Sansculotte, der (frz.): 'ohne Kniehosen', Revolutionär 1792
Sansibar: afrikan. Insel
Sanskrit, das: altind. Sprache
Sanssouci (frz.): 'ohne Sorge'
Sant', Santa, -o s. San
São João (port.) = Sankt Johann
Saphir, der: blauer Edelstein
Sappe, die (frz.): Laufgraben | Sappeur: Schanzgräber
sapperlot! -ment! s. sackerlot
Sappho, eine gr. Dichterin
Sara, hebr. Name
Sarabande, die: sp. Tanz
Sarazene: Araber
Sardelle | Sardine
sardonisches (krampfhaftes) Lachen,
Sardonyx (gr.): Halbedelstein
Sarg, der
Sarkasmus, der; Mz. -men (gr.-lat.): beißender Spott | sarkastisch: höhnisch
Sarkophag, der (gr.)
Sarmaten: altes Volk in Rußland
Sarraß, der (slaw.): großer Säbel
Sassafras, der: Lorbeerart
Sassaparille, die (sp.): Pflanze
Sasse (Saß): Ansässiger
Satan[as] (hebr.): Teufel | satanisch
Satellit, der (lat.): Trabant
Satin, der (frz.): Seidenatlas | satinieren: glätten
Satire, die (lat.): Spottgedicht, -schrift | Satiriker | satirisch
Satisfaktion (lat.): Genugtuung
Sa|trap (pers.): Statthalter
satt | sattsam | sättigen
Satte, die: Napf
Sattel, der | satteln | Sattler
Saturation (lat.): Sättigung | saturieren
Saturei, die (lat.): Bohnenkraut
Saturn[us] (lat.): ein römischer Gott; ein Planet | Saturnalien, Mz., altrömisches Fest
Satyr, der: Mz. -n: gr. Waldgott
Satz, der | Satzung
Sau, die; Mz. Säue und (= Wildschweine) Sauen | säuisch | Sauerei
sauber | säuberlich | Sauberkeit | säubern
Sauce, die (frz.), Soße: Beiguß, Tunke | Sauciere: Soßengefäß | Saucischen: Brühwürstchen

Saudi-Arabien: Königreich Ibn Sauds
sauer | säuerlich | Säure | säuern | Säu[e]rung
saufen; ich soff; gesoffen | Saufaus
saugen; ich sog; gesogen | säugen = saugen lassen | Säugetier | Säugling, der
Saum, der; Mz. Säume: 1. Einfassungsrand | säumen; 2. (nlat.) Last | Saumtier, Säumer
säumen: zögern | säumig | Säumnis, die und das | saumselig
Saurier, der (gr.): Kriechtier
sausen | in Saus und Braus | säuseln
Savanne (sp.): tropische Steppe
Savoyen | savoyisch | Savoyarde
Saxophon, das: Blasinstrument (nach dem Erfinder)
Sbirre (it.): Häscher
s. Br. = südlicher Breite
sc., scil, s. scilicet
Schabbes, der (hebr.): Sabbat
Schabe s. Schwabe
schaben | Schaber | schäbig | Schabernack: böser Streich | Schabziger: Kräuterkäse
Scha|blone, die: Form, Muster
Scha|bracke (türk.): Satteldecke
Schach, das (pers.) | schachmatt
Schächer: Räuber
schachern (jüd.): handeln, feilschen | Schacher: Hausierhandel
Schacht, der
Schachtel, die (it.) | schachteln
Schachtelhalm, der
schächten: nach jüd. Brauch schlachten
Schadchen, der, das: jüd. Heiratsvermittler
Schädel, der
Schade[n], der; Mz. Schäden; Schaden nehmen; zu Schaden kommen; schade, jammerschade; schade, daß | schadhaft | schadlos | schaden | schädlich | schädigen
Schaf, das | Schäfer | Schaffell | Schaf[s]kopf
Schaff, das (obd.): Gefäß | Schäffler: Böttcher
schaffen: 1. ich schaffte, geschafft; arbeiten, besorgen; bayr.: bestellen, befehlen; 2. ich schuf, geschaffen; hervorbringen | zu 1: Schaffer | Schaffner
Schafott, das (frz.): Blutgerüst
Schaft, der | schäften
Schäg s. Shag
Schah (pers.): König
Schakal (pers.-türk.): Raubtier
schäkern (hebr., eigentl. lügen): Scherz treiben | Schäker, der
schal: trübe, abgestanden | Schalheit
Schal, der (pers.) (Shawl, engl.) Mz. Schale: Umschlagtuch
Schale, die | schälen
Schäl-(Schell-)hengst: Zuchthengst
Schalk, der | schalkhaft
Schall, der | schallen; es schallt; es schallte und scholl; geschallt
Schalmei, die (afrz.): Rohrflöte
Schalotte (frz.): kleine Zwiebel
schalten | Schalttag | Schalter, der
Schaluppe, die (frz.): Boot
Scham, die | schämen | schamhaft
Schamade, die (frz.): Zeichen zur Ergebung
Schamane, mongol. Zauberpriester
Schambock, der: Nilpferdpeitsche
Schamotte, die: feuerfester Ton
schampunieren (ind. engl.): das Haar waschen
Schampus, der: Champagner

Schande; (zu Schanden), zuschanden werden | schänden | schändlich
Schank, der | Schankwirt
Schanker (frz.): Geschlechtskrankheit
Schanze, die: 1. Schutzwall | schanzen; 2. (aus frz. chance) in die Schanze schlagen: aufs Spiel setzen
Schar, die | Scharwache | scharenweise | scharen
Scharade, die (frz.): Silbenrätsel
Scharbe, die = Kormoran
Scharbock, der = Skorbut
Schären (schwed.): Klippen
scharf; schärfer, am schärfsten | Scharf, das | Schärfe | schärfen
Scharlach, der, das (afrz.): Krankheit
Scharlatan (frz.): marktschreierischer Arzt
Scharm, der (frz.): Reiz, Anmut | scharmant: entzückend | scharmieren
Scharmützel, das (it.): Plänkelei
Scharnier, das (frz.): Gelenkband
Schârpe, die (frz.)
Scharpie, die (frz.): Zupfleinwand
scharren: kratzen | Scharreisen
Schar[re]n, der: Fleisch-, Brotbank
scharrieren: Steine glätten | Scharriereisen
Scharte, die | schartig
Scharteke, die (it.): Schmöker
Scharwerk: Fronarbeit | Scharwenzel: Bube im Kartenspiel; Allerweltsdiener | scharwenzeln
Schatten | schattig | schattieren
Schatulle, die (it.): Geld-, Schmuckkästchen
Schatz, der | Schatzung: Abgabenerhebung | schätzen
Schaub, der: Strohwisch
Schaube, die: Art Überrock
Schauder, der | schaudern
schauen | Schau, die; zur Schau stellen | Schausteller
Schauer: 1. der, Unwetter; Schreck | schau[e]rig | schauerlich | schauern; 2. der, das, Schutzdach; 3. der, Hafenarbeiter, Schauermann; Mz. Schauerleute
Schaufel, die | schaufeln | Schaufler: Damhirsch
Schaukel, die | schaukeln
Schaum, der | schaumig | schäumen
Schauri, das = Palaver
Schech = Scheich
Scheck, der: 1. Schecke, die, geflecktes Tier | scheckig; 2. (engl.); Zahlschein (Mz. Schecke und -s)
Schedbau, der (engl.): Fabrikflachbau mit sägeförmigem Dach
scheel | scheelsüchtig
Scheffel, der
Scheich, Schech: arab. Häuptling
scheiden; ich schied; geschieden | Scheide | Scheidung
scheinen; ich schien; geschienen | scheinbar | Schein, der
Scheit, das; Mz. -e und -er | Scheiterhaufen | scheitern
Scheitel, der | scheiteln
Schelf, der, das (engl.): Flachmeer
Schelfe, Schilfe, die: Schale, Hülse | schelfern | schelf[e]rig
Schellack, der (nl.): Harz
Schelle, die | schellen
Schellfisch, der
Schellhengst s. Schälhengst
Schellkraut, Schöllkraut, das
Schelm, der | schelmisch
schelten; du schiltst; ich schalt, schölte; gescholten | Schelte, die

Schema, das; Mz. -s und -ta (gr.): Muster, Vordruck | schematisch: gleichartig; übersichtlich | schematisieren: einheitlich behandeln; übersichtlich darstellen | Schematismus: gleichartiges Verfahren; Übersicht
Schemel, der (lat.)
Schemen, der: Schattenbild
Schenkel, der
schenken | Schenkwirt | Schenk, der | Schenke, die
scheppern: klappen, klirren
Scherbe, die, Scherben, der
Scherbett, Sorbett, das (türk.): Kühltrank
scheren; du schierst (scherst), ich schor; geschoren; schier! (scher[e]!) | Schere | Schermaus (obdt.): Maulwurf | Scherzeug: Flaschenzug | Schererei, die
Scherflein, das: kleine Münze
Scherge, der: Büttel
Scherif, der (arab.): 'Edler' (anders: Sheriff; s. d.)
Scherz, der | scherzhaft | scherzen; du scherz[es]t | Scherzo, das (it.): heiteres Tonstück | scherzando: heiter vorzutragen
scheuchen | Scheuche, die: Schreckgestalt | scheuen | Scheu, die | scheu | Scheusal | scheußlich
Scheuer, Scheune, die
Schi s. Ski
Schibboleth, das (hebr.): Erkennungswort, -zeichen
Schicht, die | schicht[en]weise
schicken | Schick, der | schick: passend | schicklich | Schicksal
schieben; ich schob; geschoben | Schieb-, Schubkarre[n] | Schieb-, Schublade | Schieber
Schiedsrichter
schief (oberdt. schieg) | Schiefe, die | Schiefheit
Schiefer, der | schief[e]rig | schiefern
schielen; er schielt
Schiemann: Matrose
Schiene | Schienbein
schier: beinahe; auch: rein, lauter
Schierling, der: Giftpflanze
schießen; du schieß[es]t; ich schoß; geschossen
Schiff, das | Schiffahrt | Schiffstau | schiffen | schiffbar | Schiffer
Schikane (frz.): kleinliche Bosheit, Plackerei | schikanieren: quälen
Schild: 1. der; Mz. -e; Schutzwaffe; 2. das; Mz. -er; Aushängezeichen | Schildkröte | Schildkrot, nd. = Schildpatt, das: Schildkrötenschale | schildern | Schilderung
Schilf, das | schilfig
Schilfe s. Schelfe
schillern | Schiller, der
Schilling, der
Schimäre, die (frz.): Hirngespinst | schimärisch: eingebildet
Schimmel, der | schimm[e]lig schimmeln
schimmern | Schimmer, der
Schimpanse, Affe
Schimpf | schimpflich | schimpfen | schimpfieren
Schindel, die (lat.) | schindeln
schinden; er schund; geschunden | Schinder: Abdecker
Schippe, Schüppe: Schaufel | Schippen, Schüppen: Pik (Karte)
Schirm, der | schirmen
Schirokko, der (it.): heißer Wind
schirren | Schirrmeister
Schirting, der (engl.): Baumwollstoff

Schisma, das; Mz. -men und -mata (gr.): Kirchenspaltung | Schismatiker: Abtrünniger
schizo|phren (gr.): an Schizo|phrenie: Bewußtseinsspaltung, an Jugendirresein erkrankt
schlabbern: schlürfen, schwatzen
Schlacht, die | Schlachtort, Mz. Schlacht[en]orte | schlachten | Schlächter, auch Schlachter
Schlachta, die (poln.): niederer Adel | Schlachtschitz: Adliger
Schlacke, die | schlackig
Schlackwurst
schlafen; du schläfst; ich schlief; geschlafen | Schlaf, der | schläfern | schläf[e]rig | Schläfe, die
schlaff | Schlaffheit
Schlafittchen, das: Rockschoß
schlagen; du schlägst; ich schlug; geschlagen | Schlag, der | Schlägel: Bergmannshammer; vgl. Schlegel | Schläger | Schlager: Treffer, Zugstück | Schlagwort, Mz. -worte (-wörter)
Schlaks, der (nd.): lang gewachsener Tölpel
Schlamassel, das (hebr.): Mißgeschick
Schlamm, der | schlammig | schlammen: Schlamm machen | schlämmen: Schlamm entfernen | Schlämmkreide
schlampampen: schlemmen
Schlange | schlängeln | schlank | Schlankheit
schlapp (nd.): schlaff | Schlappen: Pantoffel | Schlapphut
Schlappe, die: Niederlage
Schlaraffe, der | schlaraffisch
schlau | Schlauheit
Schlauch, der
Schlaufe, die: Schleife
schlecht, eigtl. gerade, einfach; so noch in: schlecht und recht, schlechthin, schlechtweg, schlechterdings | Schlechtigkeit
Schlecken | Schlecker | schleckern
Schlegel, der: Werkzeug zum Schlagen, Keule; vgl. schlagen, Schlägel
Schlehe | Schlehdorn
schleichen; ich schlich; geschlichen
Schlei, der, die; Schleie, die: Fisch
Schleier, der | schleierhaft
Schleife, die
schleifen: 1. gleiten; schärfen: ich schliff; geschliffen; 2. gleiten machen, am Boden fortziehen, dem Boden gleich machen: ich schleifte; geschleift
Schleim, der | schleimig
schleißen: 1. etwas abreißen (schleißte, geschleißt); 2. sich abnutzen (schliß, geschlissen)
Schlemihl, der (jüd.): Pechvogel
Schlemm, der (engl. slam): alle Stiche im Whist
schlemmen: schwelgen | Schlempe, die: flüssiger Rückstand beim Brennen
schlendern | Schlend|rian, der
schlenkern
schleppen | Schleppe, die
Schlesien | schlesisch
Schleswig-Holstein | schleswig[i]sch
Schleuder, die | schleudern
schleudern: 1. schludern, nachlässig verfahren; 2. zu sehr niedrigen Preisen verkaufen | Schleuderpreis
schleunig: schnell
Schleuse, die (nl.)
Schlich, der
schlichten | Schlichte, die | schlicht
Schlick, der: Schlamm | schlick[e]rig

Schlief, Schliff, der: unausgebackene Stelle
schliefen; ich schloff; geschloffen = schlüpfen
schlierig: schleimig, schlüpfrig
schließen; du schließ[es]t; ich schloß; geschlossen | Schließe, die, an Büchern | schließlich
Schliff, der. S. auch Schlief
schlimm; es ist das schlimmste (= am schlimmsten), daß; Ehrlosigkeit ist das Schlimmste; auf das Schlimmste gefaßt sein
schlingen; ich schlang; geschlungen: 1. drehen, winden | Schlingpflanze | schlingern, schwanken (vom Schiff) | Schlinge | Schlingel; 2. hinunterschlucken
Schlipf, der: Erdrutsch
Schlippe, die: Rockzipfel
Schlippermilch, saure Milch
Schlips, der (nd.): Halsschleife
Schlitten, der | Schlittschuh | schlittern
Schlitz, der | schlitzen
schlohweiß | schloßweiß
Schloß, das | Schlosser
Schloße, die: Hagelkorn | es schloßt
Schlot, der; Mz. -e (Schlöte) | Schlotfeger
schlottern | schlott[e]rig
Schlucht, die
schluchzen, du schluchz[es]t
schlucken | Schluck, der; Mz. -e und Schlücke | Schlückchen | Schluckauf | Schlucker
Schluderarbeit | schlud[e]rig | schludern: nachlässig arbeiten
schlummern | Schlummer, der
Schlump, der: Glücksfall
Schlund, der; Mz. Schlünde
Schlup, die (nd.): Küstenschiff

schlüpfen | Schlüpfer, der | schlüpf[e]rig
schlürfen | Schlurf, der
Schluß, der; Mz. Schlüsse | Schlüssel, der | schlüssig
Schmach, die | schmähen | schmählich | schmachten | schmächtig
schmackhaft
schmaddern: schmieren
schmal; schmäler und schmaler | Schmalheit | schmälen: lästern | schmälern: verringern | Schmalreh, Schmaltier: weibliches Reh, Hindin bis zur ersten Brunft
Schmalte (Smalte), die (dt.-it.): Färbemittel
Schmalz, das | schmalzen, schmälzen
Schmant, der: Rahm
schmarotzen | Schmarotzer
Schmarre, die: Narbe
Schmasche, die (poln.): Lammfell
schmatzen: geräuschvoll essen und küssen | Schmatz, der: Kuß
Schmauch: Qualm | schmauchen
Schmaus, der | schmausen
schmeicheln | Schmeichler
schmeißen; du schmeiß[es]t; ich schmiß; geschmissen
Schmeißfliege, die
Schmelz, der | schmelzen: 1. zerfließen: du schmilz[es]t; ich schmolz; geschmolzen; 2. zerfließen machen: du schmelz[es]t; ich schmelzte (schmolz); geschmelzt (geschmolzen)
Schmer, der, das: Fett | Schmerbauch
Schmerle, die: Fisch
Schmerz, der | schmerzen
Schmetterling, der
schmettern
schmiegen | schmiegsam
Schmiele, die, eine Grasart

schmieren | Schmiere, die | Schmieralien, Mz. = Schmiererei
Schmiere stehen (hebr.): wachen
Schmirgel, der (it.): Schleifmittel
Schmiß, der | schmissig
Schmitz, der: Peitschenhieb | Schmitze, die: Ende der Peitschenschnur
Schmock: gesinnungsloser Zeitungsschreiber
Schmok, der (nd.): Rauch | Schmöker, der: minderwertiges Buch
schmollen | Schmollwinkel
Schmollis (stud.): Brüderschaft (trinken)
schmoren
schmorgen: knausern
Schmu (jüd.): unerlaubter Gewinn
schmücken | Schmuck, der | schmuck
schmudd[e]lig: unsauber
Schmuggel, der | schmuggeln
schmunzeln
Schmus, der (hebr.): Gerede | schmusen
Schmutz, der | schmutzen | schmutzig
Schnabel, der | schnäbeln | schnabulieren: essen
Schnack, der: Gerede | schnacken
Schnada-, Schnaderhüpfel (bayr.): singbarer Spruch
Schnake, die: 1. Mücke; 2. lustiger Einfall; 3. Ringelnatter
Schnalle, die | schnallen
schnalzen
schnappen | Schnappsack | Schnäpper | Schnaps
schnarchen
schnarren | Schnarre, die
schnattern | schnatt[e]rig
schnauben; ich schnaubte und schnob; geschnaubt (geschnoben) | schnaufen
Schnauze | schnauzen; du schnauz[es]t
Schnecke, die (Schneck, der)
Schnee | Schneeball; Mz. -bälle und (von der Pflanze) -ballen | schneeballen | schneeig | Schneekönig = Zaunkönig
schneiden; ich schnitt; geschnitten | Schneid, der | schneidig | Schneide, die | Schneider
schneien; es schneit
Schneise, die: Durchhau im Walde
schneiteln: entästen
schnell | Schnelläufer | Schnelle, die | schnellen | Schnelligkeit
Schnepfe, die
Schneppe, die (nd.): Schnabel an einer Kanne
schneuzen; du schneuz[es]t
Schnickschnack, der: Geschwätz
schniegeln: zieren, putzen
Schniepel, der: Art Frack
schnippen | schnippisch | Schnippchen | Schnipfel | Schnippel | Schnipsel | schnipfeln, schnippeln, schnipseln
Schnitt, der | Schnitte, die | Schnitter, der | schnittig || schnitzen | Schnitzel | schnitzeln | Schnitzer
schnodd[e]rig: vorlaut
schnöde
Schnörkel, der
schnorren, schnurren: betteln | Schnorrer, Schnurrer, Schnurrant
Schnucke, die (nd.): Schafrasse, Heidschnucke
schnüffeln
Schnuller: Lutschbeutel
schnupfen | Schnupfen, der | Schnuppe, die: verkohlter Docht, Sternschnuppe; das ist mir schnuppe

Schnur, die; Mz. -en und Schnüre: 1. Schwiegertochter; 2. Band | schnurstracks | schnüren
schnurren; s. auch schnorren | Schnurre | Schnurrbart | Schnurrpfeiferei | schnurrig: 'possierlich
Schober, der
Schock; 1. der (frz.-engl.): Anfall | schocken: stoßen; 2. das: 60 Stück
schofel (hebr.), schof[e]lig: schäbig, gemein, 'niedrig' von Gesinnung
Schöffe, der
Schofför = Chauffeur
Schokolade, die (mexikan.)
Scholar (lat.): Schüler | Scholarch (lat.-gr.): Schulvorsteher | Scholastik: Schulweisheit; mittelalterl. Philosophie | Scholastiker || Scholien (gr.): Auslegungen zu den alten Schriftstellern | Scholiast
Scholle, die: 1. Erd-, Eisklumpen; 2. Fisch
Schöllkraut = Schellkraut
Scholtisei, die: Schulzenamt
Scholver = Kormoran
schon; obschon, wennschon
schön; etwas Schönes | schöntun | Schönheit | schönen: (den Wein) klären | schonen | Schonung | Schonzeit
Schoner, der (engl.): Segelschiff
Schopenhauer, Philosoph
Schopf, der
schöpfen (eine Flüssigkeit)
Schöpfer (zu: schaffen) | schöpferisch | Schöpfung
Schöppe, nd. = Schöffe
Schoppen, der
Schöps (slaw.): Hammel
Schorf, der | schorfig
Schorlemorle, die, das: Getränk
Schornstein, der
Schose = Chose (frz.): Sache
Schoß, der (zu: schießen): 1. des Schosses; Mz. Schosse und Schösse: a) Trieb | schossen, Schößling; b) Steuer | schossen, Schösser;— 2. des Schoßes; Mz. Schöße; Unterleib; Rockzipfel | Schoßkind
Schote, die: 1. Samengehäuse — 2. (nd.) Segelleine
Schott, das; Schotte, die: wasserdichte Querwand des Schiffes
Schotte, der | schottisch
Schotte, die; Schotten, der (obd.): Molke
Schotter, der: Kiesschutt
schraffieren, schraffen (it.): stricheln | Schraffur, die = Schraff[ier]ung
schräg | Schräge, Schrägheit | Schragen, der: Untergestell | schrägen
schral (nl.): schwach | der Wind schralt, weht ungünstig
Schramme, die | schrammen
schränken: schräg stellen | Schranke, die | Schrank, der
Schranne, die (obd.): Marktbank, Getreidemarkt
Schranze, der: Höfling
Schrapnell, das (engl.): Geschoß
schrap[p]en (nd.): abkratzen
Schrat[t], Schrät[t]el: Waldgeist
Schraube | schrauben; ich schraubte (schrob); geschraubt (geschroben)
Schrebergarten, der
schrecken (vgl. erschrecken) | Schreck[en], der | schreckhaft | schrecklich
schreiben (lat.); ich schrieb; geschrieben | Schreib[e]buch
schreien; ich schrie; geschrien | Schrei, der

Schrein, der (lat.) | Schreiner
schreiten; ich schritt; geschritten
Schrift | schriftstellern | schriftlich
Schrenz, der: schlechtes Papier, biegsame Pappe
schrill | schrillen
schrinden: reißen, bersten; ich schrund; geschrunden
Schrippe, die: Brötchen
Schritt, der | schrittweise | schrittlings
schroff | Schroffheit | Schrof[f], Schrof[f]en, der, Schrof[f]e, die: Felsklippe
schröpfen | Schröpfkopf
schroten; geschroten, geschrotet = zerschnitten, zerkleinert; geschrotet = gerollt, fortgeschoben (Fässer verschroten) | Schrot, der und das; Mz. -e | Schrott, der: Alteisen (Eisen verschrotten)
schrubben | Schrubber
Schrulle, die | schrullig
schrumpeln: runzeln, einschrumpfen | schrump[e]lig | schrumpfen | schrumpfig
Schrunde, die: Riß
schruppen: grob hobeln
Schub, der; Mz. Schübe | Schubkarren, -lade s. u. schieben | Schubs, schubsen s. Schupps
Schubbejack, Schubbiack, der: Schuft
schüchtern | Schüchternheit
Schuft, der | schuftig | schuften: angestrengt arbeiten
Schuh, der | Schuhplattler: Tanz
Schuhu, der = Uhu
Schuld, die; [die] Schuld tragen; zuschulden kommen lassen; schuld geben, haben, sein | schuldig | schulden | Schuldner

Schule (lat.) | Schüler | schulen
Schulter, die | schultern
Schultheiß, der | Schulze
schummeln: betrügen
schummern: 1. dämmern | schummerig; 2. schattieren | Schummerung
Schund, der | schundig
schunkeln: schaukeln
Schuppe, die | schuppig | schuppen
Schüppe s. Schippe
Schuppen, der
Schup[p]s, der: Stoß; vgl. Schub | schup[p]sen
Schur, die (zu: scheren)
schüren | Schüreisen
schürfen | Schurf, der
schurigeln: quälen
Schurke | schurkisch
schurren | Schurre, die | Schurrmurr, der (nd.): Durcheinander
Schurz, der | Schürze, die | schürzen
Schuß, der; Mz. Schüsse | schusselig, schußlig: fahrig | Schusser, der: Schnellkügelchen
Schüssel, die (lat.)
Schuster, der | schustern
Schute, die: Boot, Frauenhut
schutern (nd.): tauschen
schütten | Schutt, der | schütteln | schüttern
schütter: dünn, lückenhaft
schützen | Schutz, der
Schütz[e], der
schwabbeln, schwabbern = schwappen | schwabb[e]lig
Schwabe: 1. der | schwäbisch; 2. die, Küchenschabe
schwach | Schwäche | Schwachheit | schwächlich | schwächen | Schwachmatikus = Schwächling

Schwaden, der: 1. Dunst; 2. Schwad: Reihe geschnittenen Getreides
Schwa|dron (it.): Reiterschar
schwa|dronieren: prahlend schwatzen
Schwa|droneur
schwafeln: töricht schwatzen
Schwager | Schwägerin
Schwäher: Schwiegervater
Schwaige, die: Sennerei, Viehgehöft
Schwalbe, die
Schwalch, der: Loch im Schmelzofen | schwalchen: rauchen
Schwall, der
Schwamm, der | schwammig
Schwan, der | Schwanengesang
schwanen: ahnen, es schwant mir
Schwang; im Schwang[e] sein
schwanger | schwängern
Schwank: lustiger Streich | schwank: biegsam | schwanken
Schwanz, der | schwänzeln | schwänzen
schwappen: schwanken (von Flüssigkeiten) | schwappeln
Schwäre, die, Schwär[en], der: Geschwür | schwären; es schwiert und schwärt; es schwor; geschworen
Schwarm, der | schwärmen
Schwarte | Schwartemagen, Wurstart | schwartig
schwarz; schwärzer, am schwärzesten | das Schwarze Meer; schwarz färben, schwarzschlachten | Schwärze | schwärzlich | schwärzen, auch: schmuggeln | Schwärzer
schwatzen, schwätzen | Schwatz, der | Schwätzer | schwatzhaft
schweben | Schwebe, die
Schwede | schwedisch
Schwefel, der | schwef[e]lig | schwefeln
schweifen | Schweif, der | schweifwedeln
schweigen; ich schwieg; geschwiegen | schweigsam
Schwein | Schweinefleisch | Schweinsleder
Schweiß, der | Schweißhund | schweißen; du schweiß[es]t
Schweiz, die | Schweizer
schwelen: langsam brennen
schwelgen | schwelgerisch
Schwelle, die
schwellen: 1. du schwillst; ich schwoll: geschwollen; 2. machen, daß etwas schwillt: du schwellst; ich schwellte; geschwellt
schwemmen | Schwemme, die
Schwengel, der | schwenken | Schwenkung
schwer | Schwere | schwerfällig | schwermütig | Schwerenot | Schwerarbeiter | schwerlich
Schwibbogen, der
Schwieger = Schwiegermutter
Schwiele, die | schwielig
schwiemeln: taumeln
schwierig | Schwierigkeit
schwimmen; ich schwamm, schwömme; geschwommen
schwinden; ich schwand; geschwunden | Schwindsucht | Schwindel, der | schwind[e]lig | schwindeln | Schwindler
schwingen; ich schwang; geschwungen | Schwinge, die: Flügel
schwippen | Schwippe, die: Rutenende | Schwippschwager: Bruder des Schwagers oder der Schwägerin | Schwips: Gertenschlag, leichter Rausch | beschwipst
schwirren
schwitzen; du schwitz[es]t

schwoien, schwojen: sich vor Anker drehen
schwören; ich schwur und schwor, schwüre; geschworen | Schwur, der
schwül | Schwüle | Schwulität
Schwulst, der, die | schwülstig
Schwund, der
Schwung, der
Schwyz, Schweizer Kanton
scilicet (lat.), Abk. sc. und scil.: nämlich
s. d. = siehe dies, daselbst, dort
Seal, der (engl.): Robbe | Sealskin, der; das Seehundsfell
Seance, die (frz.): Sitzung
Sebastian, gr.-lat. Name
Sech, das: Pflugmesser
sechs: der sechste; sechstens; sechstel; das Sechstel; sechsmal | sechzehn | sechzig
SED: Sozialistische Einheitspartei Deutschlands
Sedez, das (lat.): Buchformat in Sechzehntelbogengröße
Sediment, das (lat.): Ablagerung | sedimentär
Sedisvakanz, die (nlat.): Erledigung eines bischöflichen Stuhles
See; Mz. Seen: 1. der, Landsee; 2. die, Meer | Seemann, Mz. -leute (-männer)
Seele, die | seelisch
Segel, das | segeln | Segler
Segen, der (lat.) | segnen
Segment, das (lat.): Abschnitt
Se|gregat, das (lat.): Ausgeschiedenes
sehen; du siehst, er sieht; ich sah; gesehen; sieh!, sieh[e] da! | Seher
Sehne, die | sehnig
sehnen | sehnsüchtig
sehr; sehr viel; zu sehr
Seich, der: Harn, Geschwätz | seichen
seicht | Seichtheit, Seichtigkeit
Seide, die (lat.) | seiden | seidig
Seidel, das (lat.)
Seidelbast, der: Pflanze
Seife, die | seifig | seifen
Seiger, der: Uhr
seihen | Seihe, die
Seil, das | Seiler
Seim, der | seimig
sein; ich bin; du bist, er ist, wir sind, ihr seid, sie sind; ich sei, du sei[e]st, er sei, wir seien, ihr seiet, sie seien; ich war, wäre; gewesen; sei! seid!
sein; jedem das Seine; Se. (Seine), Sr. (Seiner) Majestät; — vgl. dein!
Seine, die: frz. Fluß
Seismo|graph, Seismometer (gr.): Erdbebenmesser
seit; seit kurzem | seitdem | seither
Seite; aller-, meinerseits, väterlicherseits; seitens; beiseite; auf, von, zu seiten; zur Seite | seitlich
Sekante, die (lat.): Schnittlinie
sekkieren (it.): belästigen | sekkant: lästig
se|kret (lat.): geheim, vertraulich | Se|kret: Abgesondertes | Se|kretion: Absonderung | Se|kretär (frz.): (Geheim-)Schreiber; Schreibschrank
Sekt, der: Schaumwein
Sekte, die (lat.): religiöse Sonderschaft | Sektierer
Sektion (lat.): Abteilung; Riege; Leichenöffnung | Sektor, der: Ausschnitt, Abschnitt
Sekunda; Mz. -den (lat.): 'zweite' Klasse | Sekunde: Zeit | Sekundaner: Schüler der Sekunda | sekundär: zweiter Ordnung, nachstehend, Neben... | Sekundogenitur, die: Zweitgeburtsrecht | sekundieren: helfen | Sekundant: Beistand

Sekurität (lat.): Sicherheit
sel. = selig
sela! (hebr.: Schlußzeichen): abgemacht!
Seladon (frz.): schmachtender Liebhaber
Selam [Salem, Salam] | (arab.: 'Friede'): Gruß | Selam aleikum! Friede sei mit euch! Selamlik: Empfang
selbst, selber | selbander: zu zweien | selbständig | selbstverständlich
selchen (südd.): räuchern | Selcher: Wursthändler
Seldschucken: türk. Volksstamm
Selekta, die (lat.): 'auserlesene', Oberklasse | Selektion: Auswahl | seligieren: aussondern
Selen, das (gr.): chem. Grundstoff
Self|actor, der (engl.): Spinnmaschine | Selfgovernment, das: Selbstverwaltung | Selfmademan: 'selbstgemachter Mann', der aus eigener Kraft etwas geworden ist, durch Selbstunterricht etwas gelernt hat
selig | Seligkeit
Sellerie, der, die (frz.)
selten | seltsam
Selters, Ort | Selter[s]wasser
Semaphor, der (gr.): Signalmast | Semasiologie: Wortbedeutungslehre
Semester, das (lat.): Halbjahr | seme|stral
Semikolon (lat.-gr.): Strichpunkt
Seminar, das; Mz. -e und -ien (lat.): Bildungsanstalt; Arbeitsstätte an Hochschulen | Seminarist | seminar[ist]isch
Semit[e]: Angehöriger einer asiatisch-afrikanischen Völkergruppe (Araber, Syrer, Juden)
Senat (lat.): Ratsversammlung | Senator: Ratsherr
senden; ich sandte (sendete); gesandt und gesendet
Seneschall: hoher Hofbeamter im frühen Mittelalter
Senf, der (gr.-lat.)
sengen | Senge, die: Prügel | sengerig: brenzlich
senil (lat.): greisenhaft | senior: der Ältere | Senior: Vorsitzender
senken | senkrecht | Senkel, der
Senn[e], des Sennen; Senner, Sennhirt | Sennin, Sennerin | Senne, die: Alpenweide | Senntum: Herde
Senner: Pferd aus der Senne in Lippe
Sennesblätter (arab.)
Sensation (nlat.): Aufsehen | sensationell
sensibel (frz.): empfindlich, feinfühlig | sensitiv (nlat.): überempfindlich | Sensibilität: Reizsamkeit | Sensualität: Sinnlichkeit
Sentenz, die: Mz. -en (lat.): Spruch; Urteil | sententiös: gedankenvoll
sentimental (frz.): empfindsam, rührselig | Sentimentalität
Senussi, die (Mz.): islamischer Orden in Libyen
separieren (lat.): trennen | Separation | separat: gesondert, einzeln | Separatist | Separator: Schleudermaschine
Sepia, die (gr.-lat.): Tintenfisch; Farbe
Sepsis, die (gr.): Fäulnis
September (lat.) | Septennat, das: Zeitraum von 7 Jahren | Septime: der siebte Ton vom Grundton aus | Septuaginta: gr. Übersetzung des Alten Testaments | Septuagesima, -mä: 9. Sonntag vor Ostern

septisch (gr.): faulig, Fäulnis erregend
Sequenz (lat.): Folge; altes Kirchenlied
Sequester, der (lat.): Zwangsverwalter | Sequester, das, Sequestration, die: Beschlagnahme, Zwangsvollstreckung | seque|strieren: mit Beschlag belegen
Serail, das (pers.-frz.): Palast
Seraph; Mz. -e und -im (hebr.): Lichtengel
Serbe, der | Serbien | serbisch
Serenade, die (it.): Abendständchen
Serenissimus (lat.): Durchlaucht
Serge, Serche, die (frz.): Seidenköper
Sergeant, der (frz.): Unterfeldwebel
Serie, die (lat.): Reihe
seriös (frz.): ernsthaft
Sermon, der (lat.): Rede, Predigt
Serpentin, der (nlat.): Gestein | Serpentine, die: Schlangenlinie, gewundener Weg an Bergen
Serradella (roman.): Futterpflanze
Serum, das; Mz. Seren, Sera (lat.): Blutwasser, Impfstoff | serös
Servante, die (frz.): Nebentisch, Glasschrank | Service, das: Tafelgeschirr | Servis, der: Verpflegungs-, Quartiergeld | servieren: bei Tisch bedienen | Serviette, die: Mundtuch | servil (lat.): sklavisch | Servilismus, Servilität: Kriecherei | Servitut, die (das) (lat.): Dienstbarkeit; Grundgerechtigkeit, dingliche Last
Sesam, der (arab.): Ölpflanze
Sessel, der | seßhaft
Session (lat.): Sitzung[szeit]
Setter, der: engl. Hühnerhund
setzen; du setz[es]t | Setzer | Setzling
Seuche, die
seufzen; du seufz[es]t | Seufzer
Sevilla in Spanien
Sevresporzellan, (frz. Ort Sèvres)
Sexagesima, -mä: 8. Sonntag vor Ostern
Sexta (lat.): 'sechste' Klasse | Sextaner | Sextant, der: Sechstelkreis; Winkelspiegel | Sextett, das: sechsstimmiges Tonstück
sexual (lat.), sexuell (frz.): geschlechtlich | Sex appeal, das (engl.): geschlechtliche Anziehungskraft
Sezession (lat.): Trennung; Sondergruppe | Sezessionist
sezieren (lat.): zerlegen; (eine Leiche) öffnen
Sgraffito, das; Mz.- tos, -ti (it.): Schabmalerei
Shag, Schäg, der (engl.): Tabakart
Shakespeare, engl. Dichter
Share, die (engl.): Aktie
Shawl, s. Schal
Shedbau, s. Schedbau
Sheriff, der (engl.): Richter
Sherry, der (engl.): Jerezwein
Shimmy, der (engl.) Tanz
shocking (engl.): anstößig
Shorts, die (engl.); Mz.: kurze Hosen
Shylock: Wucherjude
Sibirien | sibirisch
Sibylle (gr.): Prophetin
sicher (lat.); in Nummer Sicher bringen | sichergehen: sich vergewissern | sicherstellen = sichern | sicherlich | Sicherheit
Sicht; in Sicht kommen | sichtbar | sichtig | sichtlich
sichten: 1. erblicken; 2. sieben
sickern
siderisch (lat.): auf die Gestirne bezüglich
Sieb, das | sieben

sieben; eine böse Sieben; der Siebenjährige Krieg; der sieb[en]te; sieb[en]tens; sieb[en]tel; das Sieb[en]tel; siebenmal; siebenundzwanzig | sieb(en)zehn | sieb(en)zig
siech: krank | siechen | Siechtum
siedeln | Sied[e]lung
sieden; ich sott und siedete; gesotten
Sieg, der | siegen | Sieger | Siegmund, Sigismund | Siegfried | Sieglind[e], Siegrun
Siegel, das (lat.) | siegeln | Siegellack, der
Siel, der, das: Schleuse, Kanal
Siele, die | Sielengeschirr
Siena: it. Stadt; braune Farbe
Siesta, die (sp.): Mittagsruhe
siezen: mit Sie anreden
Sigel, das (lat.); Sigle, die (frz.): Abkürzungszeichen
Si|gnal (frz.): Zeichen | Si|gnalement, das: Personenbeschreibung | si|gnalisieren: ankündigen | Si|gnatar (lat.): Unterzeichner | Si|gnatur: Aufschrift; Unterschrift; Merkmal | Si|gnet, das (frz.): Druckerzeichen | si|gnieren (lat.): bezeichnen, unterzeichnen | si|gnifikant: bezeichnend
Si|gnor[e] (it.): Herr | Si|gnora: Frau
Si|gnum, das (lat.): Zeichen
Si|grist, der: Küster
Sikkativ, das: Trockenmittel fur Ölfarben
Silbe, die (gr.-lat.); | einsilbig
Silber, das | silbern
Sild, der (dän.): Hering
Silentium, das (lat.): Schweigen
Silhouette, die (frz.): Schattenriß
Silikat, das: kieselsaures Salz | Silizium: chem. Grundstoff
Silk, der (engl.): seidig glänzender Stoff
Sill, der (norw.-schwed.): Hering
Silo, der (sp.): Getreidespeicher, Gärfutterbehälter
Silur, das: Erdschicht
Silvester: (lat.) Name, Tag
Simandel, der, das (bayr.-österr.): Pantoffelheld
Simeon (hebr.) | Simon (gr.): Namen | Simonie: Handel mit geistlichen Ämtern
Similistein: unechter Edelstein
simpel (lat.): einfach | Simpel: ein einfältiger Mensch | Sim|plizität: Einfachheit, Einfalt | Sim|plizissimus: 'der Einfältigste'
Sims, der, das. Auch Gesims
Simson (hebr. Name), kathol. Samson
simulieren (lat.): vorgeben; sich verstellen, grübeln | Simulation
simultan (nlat.): gemeinsam
Sinekure, die (lat.): Amt ohne Pflichten
Sinfonie s. Symphonie
singen; ich sang; gesungen
Singrün, das: Immergrün
Singular[is], der (lat.): Einzahl | singulär: vereinzelt
sinken; ich sank; gesunken
Sinkiang: chinesisch Turkistan
Sinn, der | sinnen; ich sann; sänne und sönne; gesonnen | sinnig | sinnlich
Sinolog (gr.): Kenner des Chinesischen
sintemal: weil
Sinter, der: Schlacke | sintern: durchsickern
Sintflut, (mhd. sin-vluot 'allgemeine Flut', angelehnt an 'Sünde')
Sinus (lat.): Busen; Seitenverhältnis
Sioux: Indianerstamm
Siphon, der (gr.): Saugröhre; Spritzflasche

Sippe, die | Sippschaft
Sir (engl.): Herr | Sire (frz.): Majestät
Sirene, die (gr.-lat.): Verführerin; Signalhorn
Sirius, der (gr.-lat.): Stern
Sirup, der (arab.): Zuckersaft
Sisalhanf, der
sistieren (lat.): einstellen; verhaften
Sisyphusarbeit: vergebliche Arbeit
Sitte | sittig | sittlich | sittsam
Sittich, der (gr.): Papagei
Situation (frz.): Lage | situiert: gestellt
sitzen; du sitz[es]t; du saßest; gesessen | sitzenbleiben | Sitz, der
Sixtus | Sixtinische Madonna
Sizilien | Sizili[an]er | sizil[ian]isch
Sizzo, Vorname
Skabiose, die: Pflanze
Skadenz, die (it.): Verfall, Fälligkeit
Skagerrak, das
Skala, die (lat.): Leiter; Einteilung
Skalde, nord. Sänger
Skalp, der (engl.): abgezogene Schädelhaut | skalpieren
Skalpell, das (lat.): chirurgisches Messer
Skandal, der (gr.): Ärgernis; Lärm | skandalös: anstößig | skandalieren: lärmen | skandalisieren: Ärgernis geben
skandieren (lat.): nach den Versfußen lesen
Skandinavien
Skapulier, das: Schulterkleid der Ordensgeistlichen
Skarabä|us (gr.): Mistkäfer
Skat, der (it.)
Skelett, das (gr.): Gerippe
Skepsis, die (gr.): Zweifel | skeptisch: mißtrauisch
Sketch, der (engl.): Skizze
Ski, Schi (nord.): Schneeschuh; Mz. Skier, Schier. Ski fahren
Skijöring, das: Skilauf hinter Pferd oder Kraftrad
Skiff, das (nord.): Einmannboot
Skizze, die (it.): Entwurf
Sklave | Sklavin | sklavisch
Sklerose, die (gr.): Verhärtung
Skolion, das (gr.): Tischlied
Skonto, der, das (it.): Nachlaß bei Barzahlung | Skon|tro, das: Abrechnung
Skorbut, der (nlat.): Krankheit
Skorpion, der (gr.)
Skribent (lat.): Schreiber | Skribler: Federfuchser | Skriptum, Mz. Skripta: Schriftstück | Skripturen: Schriftstücke
Skrofel, die (lat.): Drüsengeschwulst | skrofulös: drüsenkrank
Skrupel, der (lat.): Bedenken | skrupellos | skrupulös: ängstlich
skullen (engl.): rudern | Skuller, Skullboot
Skulptur (lat.): Bildhauerkunst, -werk
Skunk, der (engl.): Stinktier
Skup|schtina, die: südslaw. Landtag
skurril (lat.): possenhaft
Skythen, Szythen: Reitervolk des Altertums am Schwarzen Meer
Slalom, der, das (norw.): Torlauf
Slang, der, das (engl.): verderbte Umgangssprache, Gaunersprache
Slawe (Slave), der | slawisch | Slawonien, Teil von Kroatien | Slowaken: westslaw. Volk | Slowenen: südslaw. Volk
Slibowitz, Sliwowitz, der (serb.): Pflaumenschnaps
Slogan, der (engl.): Werbeschlagwort
Sloop = Schlup
Slowfox, der (engl.): Tanz

S. M. = Seine Majestät
SMA.: Sowjetische Militär-Administration
Smalte s. Schmalte
Smaragd, der (gr.): grüner Edelstein | smaragden
smart (engl.): gewandt
Smoking (engl.): Gesellschaftsjacke
Smutje: Schiffskoch
Smyrna in Kleinasien | Smyrnateppich
Snob, der (engl.): Geck, Stutzer
s. o. = siehe oben
so; so ein; so daß (stets getrennt) — sobald; sodann; soeben; sofern; sofort; sogar; sogenannt; sogleich; somit; sonach; soviel; soweit; sowie; sowohl — als auch. Aber wenn so den Ton hat: so bald, so fern usw. (sobald ich kann. Ich bin schon so lange hier). — soso; soundso; sozusagen
Sobranje, das: der bulgarische Landtag
Sod, der | Sodbrennen | Sode: Salzsiederei
Soda, die (roman.): Natriumkarbonat
Sode, die: Rasenstück; Torfstück
Sodom (kath. Sodoma) und Gomorrha (hebr.): lasterhafte Städte | Sodomie: widernatürliche Unzucht
Soest in Westfalen (sprich Soost!)
Sofa, das (arab.)
Soff, der = Suff
Soffitte, die (it.): Buhnendeckenstück, röhrenförmige Lampe
Sog, der: saugende Strömung
Sohle, die (lat.) des Fußes, Tales usw. | Sohlleder
soi|gniert (frz.): gepflegt
Soiree, die (frz.): Abendgesellschaft
Sojabohne
Sokol, der: slaw. Turnverein
So|krates | so|kratische Methode
solar[isch] (lat.): Sonnen...
Solawechsel (it.): Eigenwechsel
solch; solch ein | solchergestalt
Sold, der (frz.) | Söldling | Söldner | Soldat (it.) | Soldateska | Soldo: it. Münze = Sou
Sole, die: Salzwasser | Solei, das
solenn (lat.): feierlich | Solennität
Solfeggio; Mz. -feggien (it.): Gesangsübung ohne Text
solid[e] (lat.): haltbar; mäßig | Solidität | solidarisch (nlat.): gesamthaftend | Solidarität
Solipsismus, der (lat.): philosophische Lehre, nach der die Welt nur eine Vorstellung des denkenden Ichs ist
Solist (nlat.): Einzelsänger, -spieler
Solitär (frz.): einzeln gefaßter Diamant
Solitüde (frz.): 'Einsamkeit', Schloßname
sollen | Soll; das Soll und das Haben
Söller, der (lat.)
Sollizitant (lat.): Bittsteller
solo (it.): allein | Solo (der), das; Mz. -s und Soli; Einzelspiel, -vortrag
Solonische Gesetzgebung
Solözismus (gr.-lat.): grober Sprachfehler
Solper, der: Salzbrühe
Solstitium, das; Mz. -tien (lat.): Sonnenwende
solvent (it.): zahlungsfähig | Solvenz
somatisch (gr.): körperlich | Somatologie: Lehre vom menschlichen Körper
Sommer; sommers; des Sommers | sommerlich | sommern, sömmern
somnambul (nlat.): schlafwandelnd
Sonate, die (it.): Tonstück | Sonatine: kleine Sonate

Sonde, die (frz.): Senkblei; Gerät zur Wunduntersuchung | sondieren: peilen; untersuchen
sonder; sondergleichen; samt und sonders | sonderbar | sonderlich | sondern
Sonett, das (it.): Gedichtform
Sonne | sonnen | sonnig | Sonnabend | Sonntag; vgl. Dienstag; sonn- und feiertags | sonntägig, sonntäglich | Sonn[en]-wende
Sonn[en]tau, der: Pflanze
sonor (lat.): klangvoll
sonst | sonstwo | sonstig
Sophia (gr.), Sophie, Vorname | Sophisma, das, Sophismus, Mz. -men: Trugschluß | Sophist: spitzfindiger Mensch | Sophisterei | sophistisch
Sopho|kles, gr. Tragiker | Sopho-kle|isch
Sopran, der (it.): hohe Stimme
Sorbe, Wende | sorbisch
Sorbett s. Scherbett
Sorbonne, Pariser Universität
Sordine, die (it.): Dämpfer
Sorge | sorgfältig | sorglich | sorgsam | sorgen
Sorghum, das: Art Hirse
Sorte, die (it.): Art | sortieren | Sortiment, das: Auswahl | Sortimenter: Ladenbuchhändler
Soße (Sauce), die
Sotnie (russ.): Abteilung Kosaken
Sottise (frz.): Albernheit, Grobheit
Sou, der: frz. Münze = Soldo
Soubrette (frz.): Sängerin
Souchong, der: chines. Tee
Soufflé, das (frz.): Auflauf (Speise) | soufflieren: einhelfen, vorsagen | Souffleur' Souffleuse
soulagieren (frz.): erleichtern | Soulagement
Souper, das (frz.): Abendessen soupieren
Soutache, die (frz.): Besatzlitze
Soutane, die (frz.): Priesterrock
Souterrain (frz.): Kellergeschoß
Souvenir, das (frz.): Andenken
Souverän (frz.): Herrscher | souverän: unabhängig | Souveränität: Landeshoheit
Sovereign, der: engl. Goldmünze
Sowchose, russ. Staatsgut | Sowjet, der (russ.): Volksrat
Soxhletapparat: Milchentkeimer
sozial: gesellschaftlich | Sozialismus (nlat.) | Sozialist | sozialistisch | Sozialdemokratie (lat.-gr.) || Sozietät (lat.): Gesellschaft | Soziologie (lat.-gr.): Gesellschaftslehre | Sozius; Mz. -ii oder -iusse (lat.): Gesellschafter, Teilhaber
Spachtel, die (der) = Spatel
Spagat, der (it.): Bindfaden, gymnastische Übung | Spaghetti, Mz.: Fadennudeln
spähen | Späher
Spahi (pers.): berittener Soldat
Spake, die: Hebebaum
Spalier, das (it.): Geländer; Ehrenreihe | Spalierobst
Spalt, der | Spalte, die | spalten; gespalten | spaltig
Span, der; 1. Holzspan; 2. Zwist
spänen: entwöhnen | Spanferkel: Milch-, Saugferkel
Spange, die | Spänglein
Spanien | Spanier | spanisch | Spaniol, der: Schnupftabak
spannen | Spann, der, am Fuße | Spanne, die: Längenmaß
Spant, das: Schiffsrippe

sparen | spärlich | sparsam
Spargel, der (gr.-lat.)
Sparren, der | Sparr[en]werk
Sparta | Spartaner | spartanisch
Spartakus: Führer aufständischer Sklaven | Spartakist: kommunistischer Revolutionär
Sparte, die (it.): Abteilung
Sparterie (frz.): Flechtwerk
Spaß, der; Mz. Späße (obd. Spässe) (it.) | spaßen (spassen); du spaßest (spassest), spaßt | spaßig (spassig)
Spat, der: 1. Mineral; 2. Pferdekrankheit
spät; spätestens; späterhin
Spatel, der, die | Spaten, der
Spatium, das; Mz. -tien (lat.): Zwischenraum | spationieren
Spatz, der | Spätzlein
spazieren (lat.): lustwandeln
SPD: Sozialdemokr. Partei Deutschlands
Specht, der
Speck, der | speckig
spedieren (it.): abfertigen, befördern | Spediteur | Spedition
Speech, der (engl.): Rede
Speiche, die
Speicher, der (lat.)
speien; ich spie; gespie[e]n | Speigatt: Abzugsloch
Speil[er], der: Holzstäbchen
Speise (mlat.) | speisen; du speis[es]t
Spektakel, der (das) (lat.): Schauspiel; Lärm
Spek|trum; Mz. -tra und -tren (lat.): Farbenreihe | Spek|tral|analyse
spekulieren (lat.): nachdenken; gewagte Geschäfte machen | Spekulant | Spekulation | spekulativ: berechnend; unternehmungslustig | Spekulatius, der: Gebäck
Spekulum, das; Mz. -la (lat.): Spiegel
Spelt, Spelz, der: Weizenart | Spelze: Getreidehülse | spelzig
Spelunke (lat.): Höhle, Schlupfwinkel
spenden (nlat.) | Spende | spendieren | spendabel = freigebig
Spengler (obd.): Klempner
Spenzer, der: Jäckchen
Sperber, der: Raubvogel
Sperenzchen, Sperenzien, Mz. (mlat.): Umschweife
Spergel, der: Futterkraut
Sperling, der
Sperma, das (gr.): Same | Spermatozo|on, Mz. -zo|en: Samentierchen
sperren | sperrangelweit | Sperre, die | sperrig
Spesen, Mz. (it.): Auslagen
Speyer in der Rheinpfalz
Spezerei, die (it.): Gewürz
Spezial.. (lat.): Sonder..., Einzel..., Fach... | Spezial, der: Busenfreund, besserer Faßwein | Spezialien: Einzelheiten | spezialisieren: ins einzelne gehen; vereinzeln | Spezialist: Fachmann | Spezialität: Besonderheit, Lieblingsfach | speziell (frz.): besonders, eigens, im einzelnen | Spezies, die (lat.): Art, Gattung; Grundrechnungsart | spezifisch (nlat.): eigentümlich, Eigen... | Spezifikum; Mz. -ka; Sondermittel | spezifizieren: genau angeben | Spezifikation: Einzelaufführung, Stückverzeichnis | Spezimen, das: Probearbeit
Sphäre, die (gr.): Kugel; Bereich, Gesichtskreis | sphärisch: kugelförmig | Sphäroid, das: Plattkugel
Sphinx, die (gr.) (in Ägypten: der)
Sphragistik (gr.): Siegelkunde
spicken | Spickaal, Spickgans

Spiegel, der (lat.) | spiegeln
Spiel | Spielmann, Mz. -leute
Spier, der, das (nd.): Grasspitze; ein spierchen, ein wenig | Spiere, die: Segelstange
Spierstrauch, der (gr.-lat.)
Spieß, der | Spießbürger | Spießgeselle | Spießruten | spießen | Spießer
Spill, das: Ankerwinde | Spille = Spindel
spinale Kinderlähmung
Spinat, der (nlat.)
Spind, das, der; Spinde, das (die) (mlat.)
Spindel, die | spindeldürr
Spinell (nlat.): Edelstein
Spinett, das: Art Klavier
Spinnaker, der: Beisegel
spinnen; ich spann, spönne; gesponnen | Spinnrocken | Spinne | spinnefeind | Spinn[e]web[e], die, Spinn[en]gewebe, das | Spinner
spinös (frz.): spitzfindig, tadelsüchtig
Spint: 1. das, altes Getreidemaß; 2. der, das, Fett; 3. = Splint
spintisieren, grübeln
Spion, der (it.) | spionieren | Spionage
Spiräe = Spierstrauch
spiral (nlat.): schrauben-, schneckenförmig | Spirale, die: Schrauben-, Schneckenlinie, Uhrfeder
Spirans, die; Spirant, der (lat.): Reibelaut | Spiritus: Geist; Weingeist | Spiritismus (nlat.): Geisterglaube | Spiritist | Spiritualismus: Lehre, daß nur der Geist wirklich sei | Spiritualist | Spiritualität: Geistigkeit | spirituell (frz.): geistig | Spirituosen (nlat.): geistige Getränke

Spital, das = Hospital | Spittel
spitz | Spitz, der | Spitze, die | Spitzel, der | spitzen | spitzig | Spitzbube | spitzfindig | Spitzname
Spleen, der (engl.): Verschrobenheit
spleißen; ich spliß (spleißte); gesplissen; 1. spalten; 2. Tauenden ineinanderbinden
splendid (lat.): glänzend; freigebig
Splint, der: weiches Holz unter der Rinde; Vorsteckstift
splissen = spleißen 2
Splitter, der | splitt[e]rig | splittern
Spökenkieker (nd.): Geisterseher
Sponde¦us; Mz. -de¦en (gr.-lat.): Versfuß (— —) | sponde¦isch
Sponsalien, Mz. (lat.): Ehevertrag
spontan (lat.): freiwillig, von selbst | Spontane¦ität
Sponton, der (frz.): Halbpike
Spoon, der (engl.): Golfschläger
sporadisch (gr.): zerstreut, vereinzelt
Spore, die (gr.): Keim | sporig: schimmelig
Sporn, der; Mz. Sporen | spornstreichs | spornen
Sport, der (engl.) | Sportler = Sportsmann
Sporteln (lat.): Gebühren, Nebeneinnahmen
Spott, der | spotten | spötteln | Spötter | spöttisch
Sprache, die | sprachlich; s. fremd
Spray, der (engl.): Zerstäuber
sprechen; ich sprach; gesprochen; sprich! | Sprecher
Spree, die | Spreewäld[l]er
Sprehe, die (nd.): Star
Spreißel, der: Splitter
spreiten: ausbreiten | Sprei[te], die
spreizen; du spreiz[es]t | Spreize, die

sprengen | Sprengel: Weihwedel; Kirchenbezirk
Sprenkel, der: 1. Vogelfalle; 2. Fleck | sprenk[e]lig | sprenkeln
Spreu, die | spreuig
Sprichwort; Mz. -wörter
Spriegel, der: Bügel am Planwagen
sprießen; er sproß; gesprossen
Spriet, das (nl.): Segelstange
springen; ich sprang; gesprungen | Springinsfeld, der
Sprint (engl.): voller Schnellauf | Sprinter: Kurzstreckler
Sprit, der: Spiritus, Essig
Spritze, die | spritzen; du spritz[es]t
spröd[e] | Sprödigkeit
Sproß, Sprosse, der: Pflanzentrieb, Abkömmling | sprossen | Sprößling
Sprosse, die: Leiterstufe
Sprotte, die (nd.): geräuchertes Fischchen
Spruch, der; des Spruch[e]s
Sprudel, der | sprudeln
sprühen | Sprühregen
spucken: speien | Spucke, die
Spuk, der: Gespenst | spuken
Spule, die | spulen | Spulwurm
spülen | Spülicht, das
Spund, der (it.); Mz. Spünde | spunden, spünden
Spur, die | spuren: die erste Spur
Spurt, der (engl.): höchste Schnelligkeit beim sportlichen Endkampf
sputen, sich
Sputum, das (lat.): Auswurf
Square, das (engl.): Quadrat; Schmuckplatz
Squatter (engl.): Ansiedler
Squaw, Indianerfrau
Squire (engl.): Gutsherr
St. = Sankt oder Stück | Sta. = Sancta

Staat, der (lat.); Staat machen; von Staats wegen | staatlich
stabil (lat.): standfest, beständig | Stabilität
staccato (it.): kurz abgestoßen
Stachel, der | stach[e]lig | stacheln
Stadel, der (obd.): Scheune
Staden, der (obd.): Uferrand, -straße
Stadion, das (gr.): Kampfbahn, Wegemaß (Mz. Stadien) | Stadium, das; Mz. -dien (gr.-lat.): Abschnitt, Stufe: Zustand
Stadt, die | Stadtteil | Stadttor | Städter | städtisch
Stafette, die (it.): Eilbote, Meldereiter
Staffage, die: Nebenfiguren
Staffel, die | staffeln | Staffelei
staffieren (nl.): ausstatten
Stag, das: Haltetau
sta|gnieren (lat.): stillstehen; versumpfen | Sta|gnation
Stahl, der; Mz. -e und Stähle | stählern | stählen
Stake, die; Staken, der: Pfahl, Stange | staken: mit Staken fortbewegen | Staket, das (it.): Lattenzaun
stakkato s. staccato
Stalagmit (gr.): (stehender) Tropfsteinkegel | Stalaktit: (hängender) Tropfsteinzapfen
Stall, der | stallen
Stamm, der | stämmig | stammen
stammeln | Stammler | stammern (nd.)
stampfen | Stampfe, die
Stampi|glie, die (österr.): Siegel, Stempel
Stand, der; standhalten, er hält stand; außerstande sein; imstande sein; er ist gut im Stande; instand (in den Stand) setzen, halten; zustande

kommen | Ständchen | Ständer: Gestell; Fuß des Federwildes | Stander: Klub- oder Rennflagge an Booten; | standhaft | ständig | [land]- ständisch
Standard, der (engl.): Muster | standardisieren: normen | Standardwerk: Meisterwerk
Standarte (it.): Reiterfahne, Abteilung
Stank, der | Stänker | stänkern | Stänkerer
Stanniol, das (nlat.): Blattzinn
Stanze, die (it.): 1. Strophenform; 2. Stahlstempel | stanzen
Stapel, der | stapeln
Stapf[e], der, Stapfe, die | stapfen
Star, der: 1. ein Vogel | Starmatz; 2. Augenkrankheit; 3. (engl.): 'Stern', Berühmtheit
Stär, Widder
stark | Stärke | stärken
Starost (slaw.): Ältester
starr | Starre, die | starren | Starrheit
Start, der (engl.): Ablaufstelle | starten | Starter: Rennwart
statarisch (lat.): stehend, langsam fortschreitend
stätig: störrisch
Statik, die (gr.): Gleichgewichtslehre | statisch
Station, die (lat.) | stationär: feststehend | stationieren: auf-, anstellen
stätisch = stätig
Statist (nlat.): stumme Person | Statistik: zahlenmäßiger Nachweis | Statistiker | statistisch
Stativ, das (lat.): Gestell
Statt, die; anstatt; aber: an Kindes Statt; stattfinden, es findet statt; stattgeben, er gibt statt; statthaben, es hat statt; vonstatten gehen; zustatten kommen | Statthalter | statthaft | stattlich | statt = anstatt; statt meiner | Stätte, die
statuieren (lat.): aufstellen | Statue, die: Standbild | Statuette (frz.); kleines Standbild | Statur (lat.): Gestalt, Größe | Status: Zustand; Status quo: der gegenwärtige Zustand: Status quo ante: der frühere Zustand | Statut, das; Mz. -en: Satzung | statuarisch: satzungsmäßig
Staub, der | Staubbesen | stauben | staubig | stäuben
stauchen (nd.): stoßen | Staucher, der: große Anstrengung
Staude, die | staudig
stauen | Stauer: Schiffsverlader
Stauf, der (obd.): Becher
Staufe[r], der = Hohenstaufe
staunen
Staupe, die | stäupen
Steamer, der (engl.): Dampfer
Stearin, das (gr.): Kerzentalg
Steatit, der (gr.): Speckstein
stechen; ich stach; gestochen; stich!
stecken: 1. heften, verstecken; ich steckte; 2. festsitzen: ich stak und steckte; steckenbleiben, steckenlassen | Steck-, Stechbecken | Steckkissen | Stecken, der | Steckling
Steeplechase, die (engl.): Hindernisrennen
Steg, der | Stegreif, eigtl. Steigbugel
steh[e]n; du stehst, er steht; ich stand; stände und stünde; gestanden; stehenbleiben, stehenlassen
stehlen; du stiehlst; er stahl, stähle oder stöhle; gestohlen
stei[e]risch | Steiermark
steif | Steife, die | steifen

steigen; ich stieg; gestiegen | Steigbügel | Steig, der | Steige, die | steigern
steil | Steile, die
Stein | Steinmetz | steine[r]n, aus Stein | steinig | steinigen
Steiß, der | Steißbein
Stele, die (gr.): Säule
stellen | Stelle, die; an Stelle (anstelle) | Stelldichein, das | Stellung | Stellage (frz.): Gestell
Stelze, die | Stelzfuß | stelzen
stemmen | Stemmeisen
Stempel, der | stempeln
Stenge: Verlängerung der Masten
Stengel, der | steng[e]lig
Steno|graphie (gr.): Kurzschrift | Stenogramm, das | Stenotypist: Kurz- und Maschinenschreiber
Stentorstimme (gr.): sehr laute Stimme
Step, der (engl.): Tanzschritt
Stephan (gr.): Name
Steppe, die (russ.)
steppen | Steppdecke
sterben; er starb, stürbe; gestorben | Sterbenswörtchen; kein St. sagen | sterblich
Stereome|trie (gr.): Körpermaßlehre | Stereo|skop: Apparat, Bilder plastisch zu sehen | stereo|skopisch: körperlich erscheinend | stereotyp: mit feststehender Schrift gedruckt; unabänderlich, ständig | Stereotypie, die: Plattendruck
steril (lat.): unfruchtbar, keimfrei | Sterilität | sterilisieren: entkeimen | Sterilisation
Sterke, junge Kuh
Sterlet, der (russ.): kleiner Stör
Sterling: Pfund St., engl. Münzeinheit
Stern | Stern[en]himmel
Stert (nd.) = Sterz | Sterz, der: 1. Schwanz, Pfluggriff (auch Sterze, die); 2. Mehlspeise
stet | stetig | stets
Stetho|skop (gr.): Horchrohr
steuern | Steuer: 1. die, Stütze; Abgabe; 2. das, Lenkzeug des Schiffes | Steuerbord, das: rechte Schiffsseite
Steven, der: Balken vorn und hinten am Schiffe
Steward (engl.): Schiffskellner
Steyr, österr. Stadt
StGB. = Strafgesetzbuch
stibitzen: listig stehlen
Stich, der; im Stich[e] lassen; Stich halten (stichhalten) | stichhaltig | Stichblatt | Stichwort | Stichel, der | sticheln | Stichling, Fisch
stieben; ich stob; gestoben
Stiefbruder, -eltern
Stiefel, der (lat.); Mz. Stiefel | Stiefelette, die
Stiege: 1. Treppe; 2. 20 Stück
Stieglitz, der (tschech.)
Stiel (lat.): Griff; Stengel | Stielstich: Stickerei
Stier, der
stier | stieren
Stiesel, Stießel, der: Dummkopf
Stift, der
Stift, das; Mz. -e[r] | stiften: gründen
Stigma, das (gr.): Wund-, Brandmal | Stigmatisation: Wundmalerscheinung
Stil, der (lat.): Schreibart, Kunstform | stilisieren (frz.): kunstgerecht gestalten | Stilist | Stilistik | stilistisch
Stilett, das (it.): kleiner Dolch
still; im stillen; der Stille Ozean | stillhalten usw. | Stilleben | Stille; in der Stille | stillen

Stimulans, das (lat.): Reizmittel | stimulieren
stinken; es stank; gestunken | stinkig
Stint, der: kleiner Fisch
Stipendium; Mz. -dien (lat.): Unterstützungsgeld | Stipendiat, dessen Empfänger
stippen (nd.): tunken | Stippe, die: Tunke | Stippvisite: kurzer Besuch
stipulieren (lat.): festsetzen, bestimmen | Stipulation
Stirn[e], die
stöbern | Stöber, der: Jagdhund
stoche[r]n | Stocher: Feuerhaken
Stöchiometrie (gr.): chemische Meßkunde
Stock: 1. der; Mz. Stöcke; Stab; Stamm; 2. der (das); Mz. -[e], auch Stockwerke | stocken | stockig
Stoff, der (roman.) | stofflich
Stoffel (aus Christoph)
stöhnen
Sto|iker: Anhänger einer griechischen Philosophenschule | sto|isch: gleichmütig, unerschütterlich
Stola; Mz. Stolen (gr.): bandartiges Gewandstück der kathol. Geistlichen | Stolgebühren: Pfarramtsgebühren
Stolberg im Rheinland und am Harz | Stollberg im Erzgebirge
Stolle, die: Stollen, der: Weihnachtsgebäck | Stollen, der: waagrechter Gang, Teil des Hufeisens
stolpern | stolp[e]rig
stolz | Stolz, der | stolzieren
stopfen (lat.) | stoppen: anhalten | stopp! halt! | Stöpsel, der: Pfropfen
Stoppel, die (lat.) | stoppeln
Stör: 1. der, Fisch; 2. die, Arbeit im Hause der Kunden
Storch | Storch[en]nest
Store, der: 1. (frz.): Fenstervorhang; 2. (engl.): Warenlager
stören | Störenfried | Störer
störrig, störrisch
Storting, das: norweg. Volksvertretung
stoßen; du stöß[es]t; ich stieß; gestoßen | Stoß, der; Mz. Stöße | Stößel, der | Stößer, der: Habicht | stößig
stottern
Stotz (obd.): Baumstumpf | stotzig: steil
stoven, stowen (nd.): dünsten, schmoren
Stracchino, der: it. Käse
stracks
Stradivari, Geigenbauer
strafen | strafbar | sträflich | Strafe | straffällig | Sträfling
straff | straffen
Strahl | strahlig | strahlen | strählen: kämmen
Strähn, der; Strähne, die | strähnig
Stramin, der (nl.): Gittergewebe
stramm | strammen
strampeln, auch strampfen
Strand, der | stranden
Strang, der
strangulieren (lat.): erdrosseln
Strang|urie, die (gr.): Harnzwang
Strapaze, die (it.): Anstrengung | strapazieren | strapaziös
Strasburg in Westpreußen und in der Uckermark | Straßburg im Elsaß
Straß, der: bleihaltiges Glas
Straße, die (lat.); straßauf, straßab. S. d. Vorbemerkungen § 8
Stratege (gr.): Heerführer | Strategie: Kriegskunst | strategisch
stratifizieren (nlat.): schichten | Strato|sphäre: Schicht der Lufthülle | Stratus: Schichtwolke

Straube, die: Gebäck | sträuben
Strauß, der: 1. Mz. -e (mlat.), Vogel; 2. Mz. Sträuße: a) Streit, b) Büschel
streben | Strebepfeiler | Strebe, die | Streber | strebsam
strecken | Strecke, die
streichen; ich strich; gestrichen | Streich, der | streicheln
streifen | Streif[en], der | streifig
streiken (engl.) | Streik, der
streiten; ich stritt; gestritten | Streit | streitig, strittig | Streitigkeit
stremmen: beengen
streng | strenggenommen | strenggläubig | Strenge, die
Streptokokkus: Bakterienart | Streptomycin: Heilmittel
streuen | Streu, die | Streuselkuchen
streunen: umherstrolchen
Strich, der | stricheln
Strick, der | stricken
Striegel, der (lat.) | striegeln
Strieme, die; Striemen, der | striemig
Striezel, der: 1. Gebäck; 2. Lausbub
striezen: quälen, stehlen
strikt (lat.): streng, genau | Striktur, die: krankhafte Verengung
stringent (lat.): bündig, zwingend
Strippe, die (nd.): Bindfaden
strittig = streitig
Strobel, der: wirrer Haarschopf | strob[e]lig, (nd.) strubb[e]lig | Struwwelpeter
Stroh | Strohhut | Strohwitwer | strohig
Strolch, der | strolchen
Strom; stromab, stromauf | strömen
Stromer, der: Landstreicher | stromern
Strontium: chem. Grundstoff
Strophe, die (gr.) | strophisch; aber dreistrophig
Stropp, der: Tauring
strotzen; du strotz[es]t; schwellen
strubb[e]lig s. Strobel
Strudel, der | strudeln
Struktur, die (lat.): Bau
Strumpf, der
Strunk, der; Mz. Strünke
Strupfe, Strüpfe (obd.): Schuhschlaufe
struppig
Struwwelpeter s. Strobel
Strychnin, das (gr.): Gift
Stubbe, die, Stubben, der (nd.): Baumstumpf
Stube, die | Stübchen
Stüber, der
Stubsnase = Stupsnase
Stuck, der (it.): Gipsmörtel | Stukkatur, die | Stukkateur
Stück, das | stücken | stückeln
studieren (lat.) | Student, Studio, Studiosus | Studio, das (it.): Atelier | Studium, das (lat.); Mz. -dien: wissenschaftliche Beschäftigung, Forschung | Studie, die: Übungsarbeit
Stufe, die
Stuhl; der Heilige Stuhl
Stukkateur, Stukkatur s. Stuck
Stulle, die (nordd.): Butterbrot
Stulpe, die | stülpen
Stummel, der | stumpf | Stumpf, Mz. Stümpfe; (nd.) Stump | Stumpen, der | Stümper | stümpern
Stunde; von Stund an; stundenlang; eine viertel Stunde, eine Viertelstunde | Stündchen, Stündlein | stündlich: jede Stunde; einstündig: eine Stunde dauernd | stunden: fristen

stupend (lat.): erstaunlich
stupfen (obd.): stoßen
stupid[e] (lat.): dumm, stumpfsinnig
Stups, der: Stoß | stupsen | Stupsnase
stur: starr, halsstarrig
Sturm; Mz. Stürme; Sturm laufen, läuten | stürmen | stürmisch
stürzen; du stürz[es]t | Sturz; Mz. Stürze | Stürze, die: Deckel
Stuß, der (jüd.): Unsinn
Stute, die
Stuten, der (nd.): Weißbrot
stutzen; du stutz[es]t | stutzig | Stutzen, der: kurzes Gewehr, Wadenstrumpf | Stutzer, der: Geck
stützen; du stütz[es]t | Stütze
Styx, der (die) (gr.): in der griechischen Sage Fluß der Unterwelt | stygisch
s. u. = siehe unten
Suada (lat.), Suade: Beredsamkeit
sub|altern (nlat.): untergeordnet
Subhastation (lat.): Versteigerung
Subjekt, das (lat.): Satzgegenstand; Person | subjektiv: persönlich, einseitig | Subjektivität: persönliches Gefühl
subkutan (nlat.): unter die Haut
sub|lim (lat.): erhaben | sublimieren: verdampfen | Sublimat, das
submarin (nlat.): unterseeisch
submiß (lat.): unterwürfig | Submission: Verdingung, Ausschreibung | Submittent: Bietender, Bewerber
Sub|ordination (nlat.): Unterordnung
Subsidien (lat.): Hilfsgelder | subsidiär: zur Aushilfe
Subsistenz, die (nlat.): Unterhalt
sub|skribieren (lat.): unterschreiben, auf etwas zeichnen | Sub|skribent | Sub|skription: Vorausbestellung
Substanz (lat.): Wesen; wesentliche Bestandteile; Stoff, Masse | substantiell: wesentlich; nahrhaft | Substantialität: Wirklichkeit | substantiieren: begründen | Substantiv[um]; Mz. -va und -ve; Hauptwort
substituieren (lat.): an die Stelle setzen, einsetzen | Substitution | Substitut: Stellvertreter
Sub|strat, das (lat.): Unterlage; Nährboden
Sub|struktion, die (lat.): Unterbau
subsumieren (lat.): unterordnen, mitbegreifen | Subsumtion | subsumtiv: unterstellend, voraussetzend
subtil (lat.): fein; spitzfindig | Subtilität
sub|trahieren (lat.): abziehen | Subtraktion | Sub|trahend, der: die abzuziehende Zahl
Subvention (lat.): Unterstützung | subventionieren
suchen | Suche, die
Sucht, die
Sud, der | sudeln | Sudelei | Sudler
Süd[en], der; Süd auch = Südwind | Südwester: Seemannshut | südwärts | südlich; das Südliche Eismeer | Deutsch-Südwestafrika
Sues-, Suezkanal
Suff, der | süffeln | süffig
süffisant (frz.): dünkelhaft | Süffisance, die
Suffix, das (lat.): Nachsilbe
Suf|fragan (nlat.): Bischof | Suf|fraganat
Suf|fragette (engl.): Wahlrechtlerin
suggerieren (lat.): einreden | Suggestion: Beeinflussung
Suhle, die: Lache | suhlen: sich darin wälzen

Sühne, die | sühnen
Suite, die (frz.): Gefolge; Folge | Suitier: leichtsinniger Mensch
Sujet, das (frz.): Vorwurf, Gegenstand; verächtlicher Mensch
Sukkade, die (it.): eingezuckerte Südfruchtschale
Sukkurs, der (lat.): Hilfe | Sukkursale, die: Zweiggeschäft
sukzedieren (lat.): nachfolgen | Sukzession: Rechtsnachfolge, Thronfolge | Sukzeß, der; Mz. -esse: Erfolg | sukzessiv: allmählich
Sulfat, Sulfid, Sulfit, das: Schwefelverbindungen | Sulfonamide, die (Mz.): Bakterien tötende Heilmittel
Sulky, das (engl.): Rennwagen
Sultan, der (arab.) | Sultanat, das | Sultanine: Rosine ohne Kern
Sulze, Sülze | sulzen, sülzen
(Summa), Summe; Mz. -men (lat.) | summieren | Summand, der: Posten | Summarium, das; Mz. -rien: kurze Inhaltsangabe | summarisch: zusammengefaßt
summen | sumsen | Sums, der: Gerede
Sumpf, der | sumpfig
sumptuös (lat.): verschwenderisch
Sund, der: Meerenge
Sünde | Sünder | sündig | sündigen | sündlich
super... (lat.): über..., z. B. superfein
süperb (frz.): prächtig
Superhet, der: Rundfunkgerät
Super|intendent (nlat.): höherer ev. Geistlicher | Super|intendentur
Superior (lat.): geistl. 'Oberer' | Superiorität: Überlegenheit
Superlativ, der (lat.): höchste Steigerungsform
Supernumerar (nlat.): 'Überzähliger'
Superphosphat, das: Düngemittel
Superrevision (nlat.): Nachprüfung
Suppe, die | suppig
sup|plieren (lat.): ergänzen | Supplent: Ersatzmann; wissenschaftlicher Hilfslehrer | Sup|plement, das: Ergänzung
Sup|plikant (lat.): Bittsteller | Supplik, die (frz.): Bittschrift
supponieren (lat.): unterstellen, voraussetzen
Support, der (frz.): Stütze, Träger
Su|premat, das (lat.); Su|prematie, die (frz.): Obergewalt
Sur|plus, das (frz.): Deckung
surren
Surrogat, das (lat.): Ersatzmittel
Susanna, hebr. Name
su|spekt (lat.): verdächtig
sus|pendieren (lat.): vom Amt entheben; außer Tätigkeit setzen | Sus|pension: Amtsenthebung
süß; am süßesten | Süßigkeit | süßlich | süßen
Sustentation (lat.): Verpflegung
Suzerän (frz.): Oberlehnsherr
s. v. a. = soviel als
Swakopmund in Südwestafrika
Sweater, der (engl.): 'Schwitzer'
Swing, der (engl.), Mz. -s: Tanz
Swissair, die (frz.): schweizerische Luftverkehrsgesellschaft
Sybarit (nach Sybaris in Unteritalien): Weichling | sybaritisch
Syenit, der (nach Syene in Ägypten): Gestein
Sykomore, die (gr.): Maulbeerfeigenbaum | Sykophant: Angeber
syllabieren (gr.-lat.): nach Silben sprechen | Syllabus, der: Verzeichnis ketzerischer Lehren
Syllogismus, der; Mz. -men (gr.-lat.): Schluß

Sylphe, der; Sylphide, die: Luftgeist
Sylt: nordfries. Insel
Symbiose, die (gr.): Zusammenleben zweier Lebewesen verschiedener Art
Symbol (gr.): Sinnbild | Symbolik: Sinnbildlehre; Lehre von den Bekenntnisschriften | symbolisch: sinnbildlich; Bekenntnis... | symbolisieren (nlat.): sinnbildlich darstellen | Symbolismus
Symme|trie, die (gr.): Gleich-, Ebenmaß; Spiegelgleichheit | symmetrisch
Sympathie (gr.): Mitgefühl, Seelenverwandtschaft; Wundermittel, Besprechen | sympathisch: mitfühlend, seelenverwandt; | sympathisieren: übereinstimmen | sympathetisch: geheimnisvoll wirkend | Sympathikus, der: Nerv
Symphonie, die (gr.), Sinfonie (it.): Orchesterwerk
Symposion; Mz. -sien (gr.): Gelage
Sym|ptom (gr.): Anzeichen | symptomatisch: bezeichnend
Syn|agoge (gr.): jüd. Bethaus
Syn|ästhesie, die (gr.): Mitempfindung (z. B. von Tönen bei Farben und umgekehrt)
syn|chron[istisch] (gr.): gleichzeitig
Syndetikon, das (gr.): Klebstoff
Syndikus; Mz. -diken und -dici (gr.-lat.): Rechtsbeistand | Syndikat, das; dessen Amt, auch (Handels-)Ring | Syndikalismus: Gewerkschaftsorganisation, die Vergesellschaftung der Produktionsmittel durch direkte Aktion erstrebt
Syn|ergie (gr.): Zusammenwirken
synkopieren (gr.): zusammenziehen
Syn|kretismus (gr.-nlat.): Verschmelzung
Syn|ode (gr.): Kirchenversammlung | syn|odal | syn|odischer Monat: Mondumlaufzeit
Syn|onym; Mz. -e[n] (gr.): sinnverwandtes Wort | syn|onym[isch] | Syn|onymik
Syn|opse, Syn|opsis, die (gr.): Übersicht | syn|optisch | Syn|optiker: die Evangelisten Matthäus, Markus und Lukas
Syntax, die (gr.): Satzlehre | syntaktisch
Synthese, Synthesis, die (gr.): Zusammenfügung | synthetisch: verbindend, entwickelnd
Syphilis, die (gr.): Lustseuche
Syrien | Syr[i]er | syrisch
Syringe, die (gr.): Flieder
System (gr.): Ordnung; Lehrgebäude | Systematik: die Kunst wissenschaftlicher Anordnung | systematisch: planmäßig | systematisieren
Szene, die (gr.): Bühne, Auftritt | Szenerie: Bühnenbild | szenisch: bühnenmäßig
Szepter s. Zepter
Szilla, die (gr.): Pflanze
Szylla, die (gr.): Meeresungeheuer, Strudel
Szythe = Skythe

T

Tabak, der (indian.) | Tabagie (frz.): Kneipe | Tabatiere: Schnupftabakdose
Tabelle, die (lat.): Zusammenstellung, Verzeichnis | tabellarisch: übersichtlich, listenförmig
Tabernakel, das, auch der (lat.): Sakramentshäuschen

Taberne, Taverne (Taferne), die (lat.): Schenke
Ta|bleau, das; Mz. -s (und -x) (frz.): Gemälde, Übersicht, Tafel
Ta|ble d'hote (d'hôte) (frz.): Gasthaustafel
Ta|blett, das (frz.): Auftragebrett | Ta|blette, die: Täfelchen
tabu (mal.): unantastbar
Tabulator (nlat.): Spaltensteller | Tabulatur, die: Meistersingerregeln | Tabulett, das: Tragkasten mit Fächern
Taburett, das (frz.): Sessel ohne Lehne
Tachometer, das (gr.): Geschwindigkeitsmesser
Tachy|graphie: Schnellschreibekunst
Tadel | tadellos | tadeln | Tadler
Tael: chines. Gewicht und Münze
Tafel, die (lat.) | tafeln: speisen | täfeln: mit Brettern verkleiden
Taf[fe]t, der (pers.): Seidengewebe
Tag; eines Tages; zutage fördern, treten; tagaus, tagein; tagelang; tagtäglich; tags (Tags) darauf, zuvor; tagsüber | Tagschicht | Tagundnachtgleiche | Tagebuch | Tag[e]dieb | Tag[e]lohn, tag[e]löhnern | tag[es]hell | tagen | täglich = jeden Tag; eintägig = einen Tag dauernd
Tagetes, die (lat.): Blume
Taifun, der (chines.): Wirbelsturm
Taille (frz.): Gürtelweite; Leibchen
Takel, das: Flaschenzug | Takelwerk; Takelung; Takelage, die (frz.): Tau- und Segelwerk | takeln
Täks, der (engl.): Schuhnägel
Takt, der (lat.): Feingefühl; Zeitmaß | taktlos: unschicklich | taktieren: den Takt angeben
Taktik (gr.): Kunst der Truppenaufstellung; planvolles Verfahren | Taktiker | taktisch
Tal, das | tal[ab]wärts
Talar, der (lat.): langes Obergewand, Amtstracht
Talent, das (gr.-lat.): altgriech. Geldeinheit; Begabung | talentiert
Taler, der
Talg, der | talgig
Talisman, der (roman.): Schutzmittel, Glücksbringer
Talje, die (nl.): Flaschenzug
Talk, der: Mineral | talkig | Talkum, das: Streupulver
Talmigold: unechtes Gold
Talmud, der: jüd. Gesetzbuch
Talon, der (frz.): Zinsleiste, Erneuerungsschein
Tamarinde (arab.): 'indische Dattel' | Tamariske, die (lat.): Strauch
Tambour (frz.): Trommler | Tamburin, das (it.): Hand-, Schellentrommel; Tambur[in]: Stickrahmen | tamburieren: Kettenstich nähen
Tampon, der (frz.): Bausch | tamponieren: verstopfen
Tamtam, das (ind.): Gong, Lärm, laute Reklame
Tand | tändeln | Tändelei | Tandler, Tändler: Trödler | Tandel-, Tändelmarkt
Tandem, das (engl.): 1. zweiräderiger Wagen mit zwei Pferden hintereinander; 2. Fahrrad mit zwei Sitzen
Tang, der: Seealge
tangieren (lat.): berühren | Tangente: Berührungslinie | tangential
Tango, der (sp.): Tanz
Tank (engl.): Behälter; Panzerwagen

Tanne, die | Tannenbaum | Tann, der = Tannenwald = Tannicht, Tännicht, das | Tann[en]zapfen | tannen | Tannin, das: Gerbstoff
Tantalusqualen
Tantieme, die (frz.): Gewinnanteil
tap[e]rig: unbeholfen | Tapergreis | tapern
Tapet, das (lat.): eigtl. Tischdecke; aufs Tapet bringen | Tapete, die: eigtl. Wandteppich | Tapezier[er] | tapezieren
Tapioka, die: Maniokstärke
Tapir, ein Huftier
Tapisserie (frz.): (Teppich-)Stickerei
tappen | tappig | täppisch | Taps, der
Tara, die (it.): Gewicht der Verpackung | tarieren: das Reingewicht bestimmen
Tarantel, it. Spinne | Tarantella, die: it. Volkstanz
Tarif (arab.-frz.): Frachtsatz; Preisverzeichnis | tarifieren: bewerten
Tarlatan, der (ind.): Baumwollgewebe
Tarnkappe: unsichtbar machender Mantel | tarnen: verschleiern
Tarock, das, der (it.): Kartenspiel
Tartaros (gr.), Tartarus, der (lat.): Unterwelt
Tartsche, die: Schild
Tartüff (frz.): Heuchler
Tasche | Täschner
TASS = Nachrichtenbüro der UdSSR
Tasse (frz. aus d. Arab.) | Täßchen
tasten (it.) | Taste | Tastatur: Tastenbrett
Tat | tatsächlich | Täter | tätig | tätlich
Tatar | Tatarennachricht | Tatarei
tatauieren (tätowieren) (tahit.): die Haut mit farbigen Narben schmücken
tatschen, tätscheln
Tatterich, der: Händezittern
Tattersall, der (engl.): Reitbahn
Tau: 1. der, Niederschlag | tauig | tauen; es taut; 2. das, Seil | Tauerei: Schleppschiffahrt
taub | taubstumm | Taubheit
Taube | Täubchen | Tauber, Täuber[ich]
Täubling, der: Pilz
Tauern, die Hohen, Niederen
taugen | Taugenichts, der | tauglich
taumeln | Taumel, der | taum[e]lig
tauschen; du tausch[e]st | Tausch, der | täuschen; du täusch[e]st; betrügen | Täuschung
tauschieren (it.): in Metall einlegen
tausend; ein paar tausend Menschen; das Tausend; Tausende von Menschen; viele Tausende; zu Tausenden; Tausend Teufel! ei der Tausend! potztausend! der tausendste; ein Tausendstel | Tausendsasa | Tausendgüldenkraut, Tausendschön: Pflanzen
Tautologie (gr.): Wortschwall
Taverne = Taberne
taxieren (lat.): abschätzen | Taxator: Abschätzer | Taxe, die: festgesetzter Preis; Gebührenordnung | Taxameter, der: Fahrpreisanzeigerdroschke, -auto; Taxi, das | Taxwert: Schätzungswert
Taxus, der (lat.): Eibe
Teakholz s. Tiekholz
Team, die (engl.): Mannschaft
Tebs, der: Lärm | tebsen
Technik (gr.) | Techniker | technisch | Technologie: Gewerbekunde | technologisch | Technokratie: Herrschaft der Technik

Techtelmechtel, das: Liebelei
Teckel, der: Dachshund
Teddy[bär]: Spielzeug
Tedeum, das (lat.): Lobgesang
Tee, der (chines.). Vgl. Thé | Teerose
Teer, der | teerig | teeren
Teich, der: Gewässer
Teifun s. Taifun
Teig, der: Knetmasse | teigig | teig: weich
Teil, der, auch das (z. B. ein gut Teil von...; das bessere Teil erwählt haben); teilhaben, er hat teil; teilnehmen, er nimmt teil; zuteil werden; zum Teil; teils, eines-, meines-, andern-, größtenteils | Teilhaber | Teilnahme | teilnahm[s]los | teilen
Te|in, das: giftiges Alkaloid im Tee
Teint, der (frz.): Gesichtsfarbe
Tektonik (gr.): Bau der Erdrinde | tektonisch | Tektur, die (lat.): Deckstreifen
Tele|graph (gr.): 'Fernschreiber' | Tele|graphie | tele|graphieren: drahten | tele|graphisch: drahtlich, Draht... | Tele|gramm, das: Drahtnachricht
Telemark, der: Skischwung
Teleologie (gr.): Lehre von der Zielstrebigkeit der Welt
Telepathie, die (gr.): Fernfühlen, Gedankenlesen
Telephon, das (gr.): 'Fernsprecher' | Tele|skop: Fernrohr | tele|skopisch, nur durch das Fernrohr erkennbar
Teller, der (frz.) | tellern: auf dem Rücken schwimmen
Tellur, das: Metall | tellurisch (lat.): auf die Erde bezüglich, irdisch
Teltower Rübchen
Tempel, der (lat.) | Templer = Tempelherr | tempeln: Glücksspiel
Tempera[farbe], die (it.)
Temperament, das (lat.): Gemütsanlage, Geblüt; Lebhaftigkeit
Temperatur, die (lat.): Wärmegrad | Temperenzler (engl.): Mäßigkeitsfreund | temperieren (lat.): mäßigen, die Temperatur regeln
Tempo (it.): Zeitmaß (Mz. Tempos, Tempi)
Tempus, das; Mz. Tempora (lat.): Zeitform | temporal: zeitlich | temporär: zeitweilig
Tenakel, das (lat.): Gerät zum Halten
Tendenz, die (nlat.): Streben | tendenziös: in bestimmter Absicht; gefärbt | tendieren: neigen
Tender, der (engl.): Begleitschiff, Kohlenvorratswagen
Tenne, die (Tenn, das)
Tennis[spiel], das (engl.)
Tenno, japan. Kaiser
Tenor, der: 1. (erste Silbe betont) (lat.): Inhalt, Wortlaut; 2. (zweite Silbe betont) (it.): hohe Männerstimme | Tenorist
Tension, die (lat): Spannung, Gasdruck
Tentakel, das, der (nlat.) Fühler | Tentamen, das: Vorprüfung
Tenuis, die; Mz. -ues (lat.): stimmloser Verschlußlaut
Teppich, der (it.)
Terebinthe, die (gr.): Terpentinbaum
Termin, der (lat.): Frist, Ziel; Gerichtstag | Termingeschäft: Lieferungsgeschäft | terminieren: begrenzen; Almosen sammeln | Terminologie, die (lat.-gr.): die Kunstausdrücke | Terminus technicus: Fachausdruck

Termite, die (lat.): Insekt
Terpentin, der (das)
Terpsichore (gr.): Muse des Tanzes
Terrain (frz.): Gelände, Grundstück
Terrakotta, -kotte (it.): gebrannter Ton | Terrarium, das (nlat.): Behälter für Lurche und Kriechtiere | Terrasse (frz.): stufenförmige Erhebung, Plattform | Terrazzo, der (it.): Estrichmasse
terre|strisch (lat.): die Erde betreffend
Terrier, der (engl.): Hund
Terrine, die (frz.): Suppenschüssel
Territorium; Mz. -rien (lat.): Gebiet
Terror, der (lat.): Schrecken | terrorisieren (frz.): einschüchtern | Terrorismus, der (nlat.): Schreckensherrschaft
Tertia; Mz. -tien (lat.): 'die dritte' Klasse | Tertial, das: Jahresdrittel | Tertianer: Schüler der Tertia | tertiär: dritter Ordnung | Tertiär, das (Tertiärformation, Braunkohlenzeit) | Tertiarier, Terziar: Laienorden | Terz, die: der dritte Ton vom Grundton aus; Stoß oder Hieb | Terzeron[e] (sp.): Abkömmling von einem Weißen und einer Mulattin | Terzerol, das (it.): Taschenpistole | Terzett, das: Dreigesang | Terzine: Strophe von drei Versen
Tesching, das: Kleingewehr
Test, der; Mz. -e (engl.): Probe
Testament, das (lat.): letztwillige Verfügung; das Alte Test. (Abk. AT.) | testamentarisch | Testat, das: Bescheinigung | Testator: Erblasser | testieren: bescheinigen; letztwillig verfügen | Testimonium: Zeugnis
Testikel, der (lat.): Hode
Tetanus, der (gr.): Starrkrampf
Tete (frz.): Spitze | Tête-à-tête: vertrauliche Zusammenkunft
Te|tra|eder, das (gr.): 'Vierflach' | Te|tragon, Viereck | Te|trarch: Vierfürst
teuer; teurer, am teuersten | Teu[e]rung
Teufe = Tiefe | einen Schacht teufen
Teufel (gr.) | teuflisch
Teutoburger Wald | Teutonen: germ. Volk
Text (lat.): 1. der, Zusammenhang, Wortlaut, Schriftstelle; 2. die, Schriftgrad | zu 1: Textil..., Gewebe..., Spinn... | Textur, die: Gefüge, Zusammenfügung
Thailand, früher Siam | Thai, dessen Bewohner
Thalia (gr.): Muse des Lustspiels
Thé dansant, der: Tanztee
Theater, das (gr.) | thea|tralisch: schauspielermäßig
Theatiner, Mönchsorden
Theben | Thebaner | thebanisch
Theismus (gr.): Gottesglaube | Theist: Gottesgläubiger
Theke, die (gr.): Ladentisch
The|kla (gr.)
Thema, das; Mz. -men und -ta (gr.): Gegenstand, Aufgabe, Vortragsstoff
Themis (gr.): Göttin der Gerechtigkeit
Theobald = Dietbald | Theoderich, Theodorich = Dietrich
Theodizee (gr.): Gottesrechtfertigung | Theodor, gr. Name | Theogonie: Lehre von der Abstammung der Götter | Theo|kratie: Gottes-, Priesterherrschaft | Theolog: Gottesgelehrter | Theologie | Theophanie: Gotteserscheinung | Theosophie: 'Gottesweisheit', Schwärmerei

Theodolit, der: Fernrohrwinkelmesser
Theorbe, die (it.): Baßlaute
Theorie (gr.): wissenschaftliche Betrachtung, Lehrmeinung | Theoretiker: Buchgelehrter | theoretisch: wissenschaftlich | Theorem, das: Lehrsatz
Therapeutik, Therapie (gr.): Heilkunde
Therese, Theresia (sp.)
Therme (gr.): warme Quelle; Mz. Bäder | Thermometer, das: Wärmemesser | Thermopylen, Mz.: Paß | Thermosflasche
Thersites (gr.): häßlicher, schmähsüchtiger Mensch
Thesaurus (gr.-lat.): 'Schatz', Wörterbuch | thesaurieren: horten
These, die (gr.): Satz, Behauptung
Thespiskarren (gr.): Wanderbühne
Thessalien, gr. Landschaft
The|urg (gr.): Wundertäter
Thing, Ding, das: Volksversammlung
Thomas (hebr. 'Zwilling'): Apostel, ein ungläubiger Thomas
Thor, nord. Gott | Thorium: chem. Grundstoff
Thora, die (hebr.): das 'Gesetz' Mosis
Thorax, der (gr.): Brustkorb
Thrakien, Thrazien | Thraker, Thrazier
Thren|odie, die (gr.): Trauergesang
Thrombose, die (gr.): Verstopfung von Blutgefäßen
Thron, der; Mz. -e (gr.) | thronen
Thuja, die: Lebensbaum
Thule, Land im äußersten Norden
Thunfisch (gr.)
Thurgau, der, in der Schweiz
Thüringen | Thüringer Wald | thüringisch
Thurn und Taxis: Adelsgeschlecht
Thurse, nord. Riese
Thusnelda, Gattin Armins
Thymian (gr.): Pflanze | Thymol || Thymusdrüse: Brustdrüse
Thyrsus (gr.): Stab des Dionysos
Tiara, Tiare (pers.): päpstliche Krone
Tiber, der: Fluß
Tibet: Land; Wollstoff
Tic, der (frz.): Muskelzucken | Tick: Schrulle
ticken | Ticktack
Ticket, das (engl.): Fahr-, Einlaßkarte
Tiden, Mz., die Gezeiten
tief | Tief, das | Tiefe, die
Tiegel, der (lat.)
Tiekholz (Teakholz)
Tier, das | tierisch
Tiger, der (gr.) | getigert: gestreift
Tilbury, der (engl.): Art Sportwagen
tilgen | Tilgung
Timber, Timbre, der, das (frz.) Klangfarbe
Times: engl. Zeitung
Timotheus, gr. Name | Timotheegras
Tingeltangel, der
Tinktur (lat.): Färbung; Arzneiauszug | Tinte, die
Tip, der (engl.): Voraussage für Rennen, Wink
tippeln: wandern | tippen: leicht berühren, maschineschreiben | Tippen, das: Glücksspiel | tipp, tapp!
tipptopp (engl.): tadellos
Tirade, die (frz.): Wortererguß
tiraillieren (frz.): plänkeln | Tirailleur
Tirol | Tiroler | tirolisch
Titan (gr.): Himmelsstürmer | titanisch | Titania: Elfenkönigin

Titel, der (lat.) | titulieren: betiteln | Titulatur | Titularrat || Ti|tre, der (frz.): Wertpapier; Feingehalt | titrieren: den Feingehalt bestimmen; sichten | Ti|triermethode
Tivoli, it. Stadt; Vergnügungsort; Kugelspiel
Tizian, it. Maler
Tjalk, die: Küstenschiff
Tjost, die: Art Turnier
Toast, der; Mz. -e (engl., 'geröstete' Brotschnitte), Trinkspruch | toasten
Tobel, der: Waldschlucht
toben | tobsüchtig
Toboggan, der: Indianerschlitten
Tod, der | todbringend, todelend, todernst | Todfeind | todkrank | todmüde | Todsünde | Todesangst | tödlich
Toddy, der: Palmwein; Grog
Toffee, das (engl.): Zuckerzeug
Toga, die: altröm. Gewand
Toggenburg: Schweizer Tal
Tohuwabohu, das (hebr.): Wirrwarr
Toilette, die (frz.)
Toise, die: altes frz. Längenmaß
Tokaier, Tokajer: Ungarwein
tokkieren (it.): skizzenähnlich malen
Töle, die: Hündin, Köter
tolerant (lat.): duldsam | Toleranz
toll | Tollheit | tollen
Tolle, die: Büschel
Tolpatsch, der (madj.)
Tölpel, der | tölpisch
Tomahawk, der: indian. Streitaxt
Tomate, die (indian.); vgl. Paradies
Tombak, der (mal.): Kupferlegierung
Tombola, die (it.): Art Lottospiel
Tommy: der engl. Soldat
Ton, der: 1. Mz. -e; Erde | tönern; 2. Mz. Töne (gr.): Laut | tönen
Tonbank (nd.): Ladentisch
Tonika, die: Grundton einer Tonart und ihr Dreiklang
tonisch (gr.): spannend, stärkend
Tonne, die | Tonnage, die (frz.): Frachtraum
Tonsur, die (lat.): runder Haarausschnitt
Topas; Mz. -pase (gr.): Edelstein
Topinambur, die: Sonnenblumenart
Topo|graphie (gr.): Ortsbeschreibung
topp! (frz.): einverstanden!
Topp, der (nd.): Mastspitze | Toppsegel
Tor: 1. der | töricht | Torheit; 2. das: große Tür
Toreador, Torero (sp.): Stierfechter
Torf, der; Mz. Torfe, Törfe
Torkel, der, die (lat.): Weinkelter | torkeln: taumeln
Tornado, der (sp.): Wirbelsturm
Tornister, der (slaw.)
Torpedo, der (lat.-sp.)
Torsion (lat.): Drehung
Torso, der (it.): Rumpf, Bruchstück
Tort, der (frz.): Unrecht, Kränkung
Torte, die (it.): Gebäck
Tortur, die (lat.): Folter
Tory: Konservativer in England
tosen
Toskana | toskanisch
tot; das Tote Meer; totschlagen | Totschlag | Tote, der | Totenbett | totenbleich | Totengräber | Totenschein | totenstill | töten
total (nlat.): gänzlich, völlig | Totalität: Gesamtheit | Totalitarismus: Staatsallmacht | totalitär | Totalisator (abgek.: Toto): Buchungsstelle für Wetten

Totem, das (indian.): Tier, Pflanze als Sippenabzeichen | Totemismus
Toupet, das (frz.): Halbperücke
Tour (frz.): Drehung, Umlauf; Reihe; Reise, Ausflug; falsches Haar | Tourist | Tourné, das: Kartenspiel, Wenden | Tournee, die: Rundgang, -reise | tournieren: wenden
Tower, der: Londoner Zitadelle
Toxikologie (gr.): Giftlehre | Toxin, das: Giftstoff
Trabant: Leibwächter, Begleiter
traben | Trab, der | Traber
Trace s. Trasse
Tracheotomie, die (gr.): Luftröhrenschnitt
Tracht, die | trächtig
trachten (lat.)
Trachyt, der (gr.): Gestein
Trademark (engl.): Warenzeichen | Trade-Union: Gewerkschaft
Tradition (lat.): Überlieferung | traditionell: herkömmlich
Trafik, der, die (it.): Tabakverkaufsstelle
Traft, die: großes Floß
Tragant, der (gr.): Gummischleim
träge | Trägheit
tragen; ich trug; getragen | Trage, die | Träger
tragisch (gr.): traurig, erschütternd | Tragiker: Tragödiendichter | Tragöde: Darsteller ernster Rollen
Trägödie: Trauerspiel | tragikomisch: 'traurigscherzhaft'
Train, der (frz.): Troß
trainieren (frz.): zum Wettkampf vorbereiten | Training, das (engl.): Einubung | Trainer: Einüber
Traiteur (frz.): Speisewirt
Trajekt, der, das (lat.): Fähre, Überfahrt
Trakehner: Pferd aus Trakehnen in Ostpreußen
Trakt (lat.): Zug, Strecke; Zugmittel | traktieren: behandeln; bewirten | traktabel: umgänglich | Traktament, das: Bewirtung; Löhnung | Traktat, der: Abhandlung, Vertrag | Traktätchen: religiöse Flugschrift, kleine Abhandlung | Traktor: Trecker, Schlepper
Tralje, die (nl.-frz.): Gitterstab
tralla! trallala! | trällern
Tram, der: Balken | Tramway (engl.): Tram[bahn], die: Straßenbahn
Tramp (engl.): Landstreicher | trampen: Wagen anhalten, sich mitnehmen lassen
trampeln | Trampel, der | Trampeltier: zweihöckeriges Kamel
Tran, der | tranig
Träne, die | tränen
Trance, die (engl.): Körperstarre, Verzückung, schlafahnlicher Zustand
tranchieren (frz.): vorschneiden, zerlegen | Tranchee, die: Laufgraben
tränieren = trainieren
Trank, der | tränken | Tränke
trans... (lat.): über..., um..., ver... usw. S. § 9d. | Trans|aktion: Verhandlung, Übereinkommen; Umsatz | trans|atlantisch | Transept, der, das: Querschiff | Transfer, der: Zahlungsuberweisung nach dem Ausland | transferieren: übertragen; verschieben; umschalten | Transformation: Umgestaltung, Verwandlung | Transfusion: (Blut-)Übertragung | Transit[o] (it.): Durchgang | transitiv (lat.): zielend | Tran|sitiv[um], das; Mz. -va und -ve | tran|sitorisch: vorübergehend | tran|skribieren: über-, umschrei-

ben | Tran|skription: Umschrift | Translation: Übertragung, Übersetzung | Translator: Übersetzer | translozieren: versetzen | Translokation | Transmission: Übertragung; Triebwerk | trans|ozeanisch | trans|parent: durchscheinend, durchsichtig | Trans|parent, das | tran|spirieren: ausdünsten, schwitzen, durchdringen | Transplantation: Übertragung (von Hautstücken) | trans|ponieren: umstellen | Trans|position trans|portieren: befördern; übertragen | Trans|port, der: Versendung, Fuhre; Übertrag | transportabel: beweglich, beförderbar | Trans|porteur (frz.): Winkelmesser | Transsubstantiation (nlat.): Wesensverwandlung | Transsudat: Ausgeschwitztes | tran|szendent: übersinnlich | Transvaal | Transversale: Querlinie

Trapez (gr.): Art Viereck | Trapezoid, das

Trappe, die (der): Vogel

trappeln | trappen | trappsen

Trapper (engl.): Pelzjäger

Trappisten, Mz.: Mönchsorden

Traß, der; des Trasses: Gestein

Trasse, die (frz.): Linienführung | trassieren (it.): ziehen, ausstellen | Trassant: (Wechsel-)Aussteller | Trassat: (Wechsel-)Bezogener | Tratte, die: gezogener Wechsel

trätieren (frz.): behandeln

Tratsch, der: Geschwätz | tratschen | trätschen

Traube, die | traubig

Traude[l], Traudchen = Gertrud

trauen | traulich | traun!

trauern | Trauer, die | traurig

Traufe, die | traufen, träufen | träufeln

Traum, der | träumen | träumerisch

Trauma, das (gr.) Mz. -ata: Verletzung, bes. seelische | traumatisch

traut: lieb

traversieren (frz.): durchqueren | Travers, das: Gangart beim Schulreiten | Traverse, die: Querlinie, -balken

Travestie (frz.): scherzhafte 'Umkleidung' einer Dichtung

Trawler, der (engl.): Fischdampfer mit Schleppnetz

Treber, Mz.: Rückstände beim Keltern und Brauen

Treck, der (nl.): Auszug | trecken (nd.): ziehen | Trecker: Motorzugmaschine

Treff (Treffle), das (frz.): Spielkartenfarbe

treffen: ich traf; getroffen; triff! | Treffen | Treffer | trefflich

treiben; ich trieb; getrieben | Treiber

treideln: ein Schiff stromaufwärts ziehen

Trema, das (gr.): s. § 12

Tremor, der (lat.): Zittern

Tremse, die: Kornblume

tremulieren (nlat.): mit zitternder Stimme singen | Tremolo, das (it.)

trendeln: nicht vorwärts kommen

trennen | trennbar | Trennung

Trense, die (nl.): Pferdezaum

Trepanation (gr.-lat.): operative Öffnung der Schädelkapsel

Treppe | treppauf, treppab

Tresor, der (frz.): Geldschrank | Tresen, der: Ladentisch

Trespe, die: Grasart

Tresse, die (frz).: Borte
Trester, Mz. = Treber
treten; ich trat; getreten; tritt!
treu | Treue, die; Treu und Glauben; meiner Treu!
Triangel, der (lat.): Dreieck | Triangulation: Landesaufnahme | Trias, die: Dreiheit | Triasformation | trias[s]isch
tribulieren (lat.): placken
Tribus, die (lat.): Volksabteilung; Stadtviertel | Tribun: Volksführer | Tribunal, das: Gerichtshof | Tribüne, die (frz.): Redner-, Zuschauerbühne | Tribut, der (lat.): Abgabe | tributär: zinspflichtig
Trichine, die (gr.): Schmarotzerwurm | trichinös | Trichinose
Trichter, der | trichtern
Trick, der (engl.): Streich, Kniff; Stich | Tricktrack: Brettspiel
triefen; ich troff und triefte; getrieft (getroffen) | triefäugig
Tri|ennium, das (lat.): drei Jahre
Trient | Tridentinisches Konzil
Triere, die (gr.): Dreiruderer
Trieur, der (frz.): Getreidereinigungsmaschine
triezen: quälen
Trifolium, das (lat.): Kleeblatt
Trift, die (zu: treiben) | triften: Holz flößen | triftig (zu: treffen)
Trigeminus (lat.): Gesichtsnerv
Tri|glyph, der, Tri|glyphe, die (gr.): Dreischlitz an der dorischen Säule
Trigonome|trie (gr.): Dreiecksberechnung
Trikolore (frz.): dreifarbige Fahne
Trikot, der (frz.): Wirkware; das: eng anliegende Bekleidung | Trikotage, die
trillern (it.) | Triller, der
Trillion, die (nlat.): 1 Million Billionen
Trilogie(gr.): Zyklus von drei zusammengehörenden Schauspielen | Trimester, das(lat.): drei Monate | Trimeter(gr.): jambischer Vers aus 3 Doppelfüßen
trimmen (engl.): den Ballast ausgleichen; Kohlen vor die Kessel schaffen
trimorph (gr.): dreigestaltig
Trinität (lat.): Dreieinigkeit | Trinitatisfest
Trio, das (it.): Dreigesang; Dreiheit
Tripel, der: Poliermittel
Tripelallianz, die (frz.): Dreibund | Triplé, das: Zweibandenball beim Billard
Tripmadam, die: Pflanze
trippeln
trippen | Tripper: Geschlechtskrankheit
Tri|ptychon; Mz. -chen und -cha (gr.): dreiteiliges Bild
trist (lat.): traurig
Triton; Mz. -en (gr.): Meergott
Triumph (lat.): Siegeseinzug, -jubel | triumphieren: frohlocken
Triumvirat, das, der (lat.): Dreimännerherrschaft
trivial (lat.): alltäglich, gewöhnlich | Trivialität: Plattheit
Trochäus; Mz. -äen (gr.): ein Versfuß | trochäisch
trocken; auf dem Trocknen, auf dem trocknen sitzen (§ 7) | trocknen
Troddel, die: Quaste | Troddel-, Tröddelchen
trödeln | Trödel, der | Trödler
Trog, der; Mz. Tröge
Tro|glodyt (gr.): Höhlenbewohner
Troier, Troyer: Matrosenunterhemd
Troika, die (russ.): Dreigespann
Troja | der Trojanische Krieg

trollen, sich
Trombe, die (it.): Wasser-, Sandhose
Trommel, die | trommeln | Trommler
Trompete (frz.) | trompeten
Trope, die, Tropus, der (gr.-lat.): übertragener, bildlicher Ausdruck; Mz. von den Wendekreisen begrenzter Erdgürtel | tropisch: bildlich; in den Tropen | Tropo|sphäre, untere Schicht der Atmosphäre
Tropf, der; Mz. Tröpfe || Tropfen, der | tropfen | tröpfeln
Trophäe, die (gr.-lat.): Siegeszeichen
Troß, der (frz.) | Troßknecht
Trosse, die: starkes Tau
Trost, der | trösten | tröstlich
trotten | trotteln | Trotte, die: Kelter | Trott (it.): Trab | Trottoir, das (frz.): Bürgersteig
Trottel, der: Blödsinniger
Trotz, der; Trotz bieten; aus, zum Trotz; trotz des Wetters, trotz dem Wetter; trotzdem; trotz alledem | trotzig | trotzen; du trotz[es]t
Troubadour, südfrz. Minnesänger
Troupier (frz.): alter Soldat
Trousseau, der (frz.): Brautausstattung
Trubel, der (frz.): Wirrwarr
trüben | trüb[e]; im Trüben fischen | Trübsal, die und das | trübselig
Truchseß, Leiter des Hofhalts
Trucksystem (engl.): Ablohnung der Arbeiter durch Waren statt in bar
Trüffel, die (frz.)
trügen; es trog; getrogen | Trug | trügerisch | trüglich
Truhe, die
Trum, der; Mz. Trume, Trümer: Teil des Schachtes, Erzgang
Trumeau, der (frz.): Pfeilerspiegel
Trumm, das (obd.): Stück | Trümmer, Mz., Bruchstücke
Trumpf, der (frz.) | trumpfen
Trunk, der | trunken | Trunkenbold
Trupp, der; Mz. -s; Truppe, die (frz.)
Trust, der (engl.): Verband von Großunternehmungen
Truthahn, -henne
Trutz = Trotz
Trypanosoma, das; Mz. -men (gr.): Geißeltierchen, u. a. Erreger der Schlafkrankheit
Tschako, der (madj.)
Tschapka (poln.): Ulanenhelm
Tschardasch, der; ungar. Volkstanz
Tscheche, der | tschechisch
Tscherkesse, der
Tschiang Kai Schek: Führer Nationalchinas
Tschibuk, der: türk. Tabakpfeife
Tschikosch: ungar. Pferdehirt
Tsetsefliege: Erreger der Schlafkrankheit
Tuba, die (lat.); Mz. Tuben: Blasinstrument, Röhre | Tube, die: röhrenförmiger Behälter
Tuberkel, der, die (lat.): Knötchen; Mz. = Tuberkulose: Schwindsucht | tuberkulös: schwindsüchtig
Tubus, der; Mz. -ben und -busse (lat.): Rohr; Fernrohr
Tuch, das; Mz. Tücher und (= Tucharten) Tuche | tuchen: aus Tuch
Tuchent, die, das (tschech.): Deckbett
tüchtig | Tüchtigkeit
Tücke, die | tückisch | tückschen: grollen
Tüder, der: Seil zum Anbinden des Weideviehs | tüdern: anbinden
Tuff, der (it.) | Tuffstein
tüfteln | Tüftelei | tüft[e]lig
Tugend, die | tugendhaft

Tuilerien, früheres Pariser Schloß
Tüll, der (frz.): feines Gewebe
Tülle, die: Ansatzrohr zum Gießen
Tulpe, die (it.)
...tum, z. B. in: Königtum
tummeln | Tümmler: Delphin; Taubenart
Tumor, der (lat.): Geschwulst
Tümpel, der
Tumult, der (lat.): Aufruhr | tumultuieren: lärmen | Tumultuant | tumultuarisch
tun; ich tue, du tust, er tut, sie tun; ich tat; getan | Tunichtgut, der | tunlich
Tünche, die (lat.) | tünchen
Tun|dra; Mz. -dren (russ.): Moossteppe
Tunika, die; Mz. -ken (lat.): Untergewand, Überwurf
tunken | Tunke, die
Tunnel, der (engl.)
Tupf[en]: Punkt | Tüpfel | tupfen | tüpfeln
Turban, der (pers.)
Turbine, die (it.): Kraftmaschine
turbulent (lat.): stürmisch, ungestüm
Tür[e], die
Turf, der (engl.): Rasen; Pferderennen
Türke | Türkei | türkisch | Türkis (it.): Edelstein
Turm, der (lat.) | Türmer | türmen
Turmalin, der: Mineral
Turnier (frz.): Kampfspiel | turnen | Turnwart | Turner | turnerisch
Turnüre, die (frz.): Gewandtheit; Polster im Kleid
Turnus, der (nlat.): Kreislauf; Geschäftsgang
Turteltaube, die (lat.)
Tusch, der (slaw.): 1. Musik zu einem Hoch; 2. student. Beleidigung
Tusche, die (frz.): Zeichentinte | tuschen; du tusch[e]st
tuscheln: heimlich flüstern
Tuskulum, das: Landsitz
Tute, die: Blashorn | Tüte, die (nd.): Papierbeutel | tuten: ins Horn blasen
Tutel, die (lat.): Vormundschaft | tutelarisch | Tutor: Beschützer
Tüttel: eigtl. Brustwarze; Punkt
tutti (it.): alle | Tuttifrutti: alle Früchte', Mischkompott
Twiete, die (nd.): Zwischengäßchen
Twist, der (engl.): Garn
Twostep, der (engl.): Tanz
Tyche: (gr.) Schicksalsgöttin
Tympanon, das (gr.): Pauke, Trommelfell, Giebeldreieck
Typhon, der (gr.): Wirbelsturm
Typhus, der (gr.-lat.): Krankheit typhös
Typ[us], der; Mz. Type[n] (gr.): Gepräge, Vorbild, Urbild, Eigenart | typisch: vorbildlich, mustergültig, bezeichnend | Type, die: Druckbuchstabe | Typo|graph: Buchdrucker
Tyrann (gr.): Gewaltherrscher | Tyrannei | tyrannisch | tyrannisieren
Tyr|rhenisches Meer

U

u. a. = und andere[s], unter anderem | u. ä. = und ähnliche[s] | U. A. w. g. = Um Antwort wird gebeten
übel; übelnehmen, übelwollen | Übeltäter | Übel, das
über | überall; überallhin | überantworten; überantwortet | überaus

Überbleibsel, das
überdies
Überdruß, der | **überdrüssig**
übereinkommen; übereingekommen | **Übereinkunft**
überfahren; ich bin übergefahren (über den See); das Kind ist überfahren worden
überfallen; er hat ihn überfallen
überfliegen; das Huhn ist übergeflogen; er hat die Alpen, den Brief überflogen
überfließen; das Wasser ist übergeflossen; das Land ist von Wasser überflossen | **Überfluß** | **überflüssig**
überführen; ins Krankenhaus übergeführt; (einer Schuld) überführt
übergeben; er hat es übergeben
übergehen; er ist zum Feinde übergegangen; er ist übergangen worden; er hat Wichtiges übergangen
überhandnehmen; es nimmt überhand
überhaupt
überkommen; er ist gut übergekommen; wir haben es überkommen
überlaufen; das Wasser ist übergelaufen; er ist von Bettlern überlaufen | **Überläufer**
überlegen; ich habe ein Tuch übergelegt; ich habe mir die Sache überlegt
überm = über dem | **übermitteln** | **übermorgen** | **übermütig**
übernachten | **übernächtig**
übernehmen; er hat das Gewehr übergenommen; er hat das Geschäft übernommen | **Übernahme**
überraschen; du überrasch[e]st; überrascht
überrumpeln; überrumpelt
übers = über das
überschlagen; die Stimme ist übergeschlagen; ich habe die Kosten überschlagen
überschnappen; übergeschnappt
überschreiben; er hat Wörter übergeschrieben; er hat den Betrag überschrieben (überwiesen)
überschreiten; er ist übergeschritten (über den Steg); er hat den Betrag überschritten
Überschuß | **überschüssig**
Überschwang | **überschwenglich**
überschwemmen; überschwemmt
überseeisch
übersehen
übersetzen; (uber den Fluß) übergesetzt; (ins Englische) übersetzt
übersiedeln; ich bin übergesiedelt
überspannen; es ist Leinwand übergespannt; er ist überspannt
übersteigen; er ist übergestiegen (über den Zaun); er hat den Berg überstiegen
übertäuben; übertäubt
übertragen; vgl. übersetzen | **Übertrag**, der; Mz. -träge
übertreiben; er hat das Vieh übergetrieben (über den Bach); er hat übertrieben
übertreten; vgl. überschreiten
überwältigen; überwältigt
überwerfen; er hat ein Tuch übergeworfen; er hat sich mit ihm überworfen
überziehen; er hat einen Mantel übergezogen; er hat das Sofa mit Plüsch überzogen
überzwerch: überquer
übrig; übrigbleiben; im übrigen; das übrige; alle übrigen; ein übriges; übrigens

u. dgl. [m.] = und dergleichen [mehr] | u. d. M. = unter dem Meeresspiegel | ü. d. M. = über dem Meeresspiegel
u. ff. = und folgende Seiten
Uffz. = Unteroffizier
Uhr, die (lat.); es ist vier Uhr
Uhu, der; Mz. -us und -e
Ukas, der (russ.): Befehl, Erlaß
Uk[e]lei, der (poln.): Fisch
Ukraine, die
UKW = Ultrakurzwelle
Ulan (poln.): Lanzenreiter | Ulanka, die: Ulanenrock
Ulk, der | ulken
Ulme, die (lat.): Rüster
Ulrich | Ulrike
Ulster: 1. Nordirland, 2. Herrenmantel
Ultimatum, das (lat.): letzte Aufforderung | Ultimo (it.): letzter Monatstag; ultimo Mai
ultra (lat.): über ... (hinaus) | Ultra, der: Heißsporn | Ultramarin, das (nlat.): 'übers Meer' gekommene Farbe, Kornblumenblau | Ultramontan, von 'jenseits der Berge' stammend, päpstlich gesinnt | ultrarot, ultraviolett
um; um Mittag; um Gottes willen; um ein beträchtliches; um so mehr
umbauen; umgebaut = anders gebaut; umbaut = mit Bauten umgeben
Umber, der; Um | bra, die (lat.): Farbe
umbinden; er hat ein Tuch umgebunden; er hat den Arm mit einem Tuche umbunden
umbrechen; der Zaun ist umgebrochen; der (Druck-)Satz ist umbrochen
umfahren; ich bin umgefahren = habe einen Umweg gemacht; ich habe den Wald umfahren
Umfang, der | umfänglich
umfassen; er hat sie umgefaßt; er hat hierin alles umfaßt
umfrieden, umfriedigen; umfriedet, umfriedigt
umgänglich
umgehen; er ist umgegangen = hat einen Umweg gemacht; er ist mit mir umgegangen; er hat das Gesetz umgangen
umgürten; er hat (sich) das Schwert umgegürtet; er ist mit dem Schwert umgürtet
umhalsen; umhalst
umher; umhergehen usw.
umhin; nicht umhinkönnen
umrennen; er hat das Kind umgerannt; er hat die Stadt umrannt
umringen; umringt
ums = um das
umschlingen; ein Tuch umgeschlungen haben; einen umschlungen halten
umschreiben; umgeschrieben = von neuem geschrieben; umschrieben = erläutert
umsichtig
umständlich
umstellen; umgestellt = anders gestellt; umstellt = umgeben
umwinden; vgl. umbinden
umziehen; er ist umgezogen; er hat sich umgezogen; der Himmel hat sich umzogen
umzingeln (lat.)
UN = United Nations, Vereinte Nationen | UNO = United Nations Organisation, Verband der Vereinten Nationen | UNESCO = United Nations Educational, Scientific and Cultural Organisation, Erziehungs-, Wissenschafts- und Kulturorganisation der Vereinten Nationen

unablässig | unabweislich
unbändig
Unbefleckte Empfängnis
unbesehens
Unbill, die; Mz. Unbilden | unbillig
und | und so weiter (usw.)
Undine: Nixe | Undulation (lat.): Schwingung
unentgeltlich: ohne Entgelt
unerachtet, ungeachtet
Unflat, der | unflätig
Ungar | ungarisch | Ungarn
ungebärdig
Ungebühr, die | ungebührlich
ungefähr; von ungefähr
ungeheuer | Ungeheuer, das
Ungemach, das | ungemächlich
ungeniert (frz.): zwanglos
ungescheut: ohne Scheu
ungeschlacht: plump, roh
ungestalt
ungestüm | Ungestüm, das
Ungetüm, das
ungewiß; im ungewissen lassen
Ungeziefer, das
Unglimpf, der | unglimpflich
Ungunst; zuungunsten, zu Ungunsten
ungut; nichts für ungut
Unheil, das; unheilbringend
Unhold, der | Unholdin
unieren (lat.): vereinigen | uni (frz.): einfarbig | unifizieren (nlat.): vereinheitlichen | uniform (lat.): ein-, gleichförmig | Uniform, die | uniformieren: gleichkleiden, gleichmäßig gestalten | Uniformität: Gleichförmigkeit | Unikum; Mz. -ka: Einziges (in seiner Art), Seltenes | Union: Vereinigung, Bund | unisono (it.): einstimmig | unitarisch (nlat.): auf Einheit abzielend | Unitarier: Einheitler | Universum (lat.): Weltall | universal, universell (frz.): allgemein, gesamt, All..., Welt... | Universalität: alles umfassende Bildung | Universität: Hochschule
Unke, die: Feuerkröte
unklar; im unklaren sein
unleugbar
unparteiisch | Unparteilichkeit
unpaß, unpäßlich
unqualifizierbar: nicht zu bezeichnen; unerhört
Unrat, der | unrätlich, unratsam
unrecht; unrecht sein, haben, tun | Unrecht, das; mit, zu Unrecht; ein Unrecht begehen, leiden; im Unrecht sein; ihm geschieht Unrecht
unredlich | Unredlichkeit
unsagbar, unsäglich
Unschlitt, das: Talg
unselig
unser (Gen. von 'wir'); unsereiner, unsereins; — vgl. euer | unser, uns[e]re; Unsere Liebe Frau = die Jungfrau Maria; der, die, das uns[e]re (uns[e]rige); vgl. dein; die Unsrigen = unsere Angehörigen | unser[er]seits | uns[e]res-, unsersgleichen | unsertwegen | um unsertwillen
unstet (unstät)
unstreitig
untad[e]lig
unten; untenan; untenhin; nach unten hin
unter; unter ander[e]m; der untere; der unterste Stein; der Unterste in der Klasse; zu unterst; das Unterste zu oberst (zuoberst) kehren; unterm, unters
Unterbilanz, die: Fehlbetrag, Verlust(abschluß)

unterbinden; ich habe ein Tuch untergebunden; der Arzt hat die Ader unterbunden
unterbreiten; er hat einen Teppich untergebreitet; er hat dem Vorgesetzten ein Gesuch unterbreitet
unterderhand: im stillen | **unter der Hand** (etwas in Arbeit haben)
unterdes, unterdessen
untergärig
unterhalten; er hat die Hand untergehalten; er hat die armen Verwandten unterhalten; er hat sich mit mir unterhalten
Unterkunft, die
Unterlaß; ohne Unterlaß
unterlaufen; ein Fehler ist unter[ge]laufen; mit Blut unterlaufen
unterlegen; er hat etwas untergelegt; ein Gegenstand ist mit einem Stoffe unterlegt
Unteroffizier (Uffz.)
Unterschied, der | **unterschiedlich**
unterschlächtig
unterschlagen; er hat die Beine untergeschlagen; er hat Geld unterschlagen
Unterschleif, der: Unterschlagung
Unterschlupf, der: Versteck
unterseeisch
untersetzen; er hat den Eimer untergesetzt; eine untersetzte (gedrungene) Gestalt
untersteh[e]n; er ist (hat) bei dem Gewitter untergestanden; die Sache hat dem Gericht unterstanden; ich habe mich unterstanden, etwas zu tun
untertan | **Untertan**, der
unterwärts | **unterwegs**
unterziehen; ich habe eine Strickjacke untergezogen, mich der Mühe unterzogen
unumstößlich | **unverbrüchlich**
unverdientermaßen
unverfroren: frech | **unverhohlen**
unverrichteterdinge, -sache
unversehens | **unversehrt**
unverzeihlich | **unverzüglich**
unvordenklich
unwiderruflich | **unwiderstehlich**
unwiederbringlich
unwirsch | **unwirtlich**
unwissend | **Unwissenheit** | **unwissentlich**
unzählig
Unziale, die (lat.): 'zollhoher', großer Buchstabe
unziemend, unziemlich
unzulänglich | **unzuträglich**
Uppercut, der (engl.): Boxschlag, Aufwärtshaken
üppig | **Üppigkeit**
up to date (engl.): auf der Höhe
Ur, der: Auerochs
ur . . ., aus, anfänglich; sehr (z. B. uralt)
u. R. = unter Rückerbittung
Urahn | **Urahne**
Uranus (gr.): Gott des Himmels; Planet | **Urania**: Muse der Himmelskunde | **Uran**, das: Mineral
urban (lat.): 'städtisch', höflich, gebildet | **Urban**, Vorname | **Urbanität**
Urbar[ium] (dt.-nlat.): Grundbuch
urbar machen
urchig (schweiz.): urwüchsig
Urfehde, die: Verzicht auf Rache
urgieren (lat.): drängen, auf etwas dringen
Urheber, der: Veranlasser
Urian: Teufel; unerwunschter Gast
Urias: hebr. Name | **Uriasbrief**
urig: urtümlich, komisch
Urin (gr.-lat.): Harn | **urinieren**
Urkunde, die
Urne, die (lat.)

Ursache | ursächlich
Ursprung | ursprünglich
Ursula, Ursel | Ursuline[rin]
Urteil, das | urteilen (aber: Ur-Teil, 'kleinster Teil')
Uruguay: südamerikanischer Freistaat
USA = United States of America, Ver. Staaten von Amerika
Usance, die (frz.): Handelsbrauch
usf. = und so fort
USSR, UdSSR = Union der Sozialistischen Sowjetrepubliken
Usus, der (lat.); Uso, der (it.) | usuell (frz.): üblich
usurpieren (lat.): sich gewaltsam aneignen | Usurpation | Usurpator: Thronräuber
usw. = und so weiter
Utensilien, Mz. (lat.): Gebrauchsgegenstände, Geräte | Utilitarier (nlat.): jemand, der alle Handlungen nach ihrem Nutzen für die Allgemeinheit bewertet
Uterus, der (lat.): Gebärmutter
Utopie (gr.): Nirgendland, Träumerei, Hirngespinst | Utopist: Träumer
u. U. = unter Umständen | u. ü. V. = unter üblichem Vorbehalt
uzen: foppen, necken

V

Vache, die (frz.): 'Kuh-', Deckleder
Vademekum, das (lat.): Taschenbuch
vag (lat.): unstet, unbestimmt | vagieren: umherschweifen | Vagant: fahrender Schüler (im Mittelalter) | Vagabund: Landstreicher
vakat (lat.): 'es fehlt' | Vakat, das: leere Seite | vakant: frei, unbesetzt | Vakanz: offene Stelle; Mz. auch Ferien | Vakuum, das; Mz. Vakua: leerer Raum, Luftleere
Vakzination (nlat.): (Kuhpocken-) Impfung
Valand, Voland: Teufel
Valentin (lat.): Name
Valenz, die (lat.): Wertigkeit
Valet, das (lat.): Abschied
Valuta, die (it.): [Gegen]wert; Währung
Vampir, der (serb.): Blutsauger
Vandalismus s. Wandale
Vanille, die (sp.): Gewürz
Vapeurs (frz.): Blähungen; schlechte Launen
Varia, Mz. (lat.): Mannigfaltiges, Allerlei | Varietät: Verschiedenheit, Spielart | Varieté, (frz.) Varieté, Varietétheater | variieren (lat.): wechseln; verändern | Variation: Veränderung; Schwankung | variabel: veränderlich | Variante; Mz. -n: abweichende Lesart, Abart
Varinas, der: Tabak
Vasall (kelt.): Lehnsmann
Vase, die (frz.)
Vaselin, das; Vaseline, die: Salbe
vast (lat.): weit, ausgedehnt
Vater | Vaterunser, das
Vatikan (lat.): Hügel und päpstlicher Palast in Rom
Vaudeville, das (frz.): Singspiel
vazieren (lat.): unbesetzt, offen sein
v. Chr. = vor Christo | v. Chr. G. = vor Christi Geburt
VDI. = Verein Deutscher Ingenieure
Vedette (it. — frz.): Reiterwache | Vedute, die (it.): Landschaftsbild
vegetieren (lat.): ein Pflanzenleben führen, notdürftig leben | Vegetation, die: Pflanzenwuchs | Vegetabilien: Pflanzenstoffe | vegetabilisch: pflanzlich | Vegetari[an]er: Pflanzenesser, Fleischgegner
vehement (lat.): heftig | Vehemenz

Vehikel, das (lat.): Fahrzeug
Veilchen, das (lat.)
Veit s. Vitus | Veitstanz: Krankheit
Velin, das (frz.): feines Pergament, Papier
Velleität: ohnmächtiges Wollen (Willelei), Laune
Velours, der (frz.): Samt
Velvet, der, das (engl.): Halbsamt
Vendetta, die (it.): Blutrache
Vene (lat.): Blutader | venös: aderreich; dunkel
Venedig | Venezianer
Venerabile, das (lat.): das Hochwürdige
venerisch (lat.): geschlechtskrank
Venezuela in Südamerika | Venezolaner
ventilieren (lat.): lüften; sorgfältig erwägen | Ventilation: Lüftung | Ventilator: Lüfter | Ventil, das: Klappe
Ven|triloquist (nlat.): Bauchredner
Venus: röm. Göttin der Liebeslust; Planet
Veranda, die; Mz. -den (ind.)
veranlassen; du veranlassest und veranlaßt; ich veranlaßte; veranlaßt
veranschlagen; ich veranschlagte; veranschlagt
Verbalinjurie, die (lat.): Beleidigung durch Worte
verbal[l]hornen: verschlechtern
Verbene, die (lat.): Blume
verbieten; ich verbot; verboten | verbitten; ich verbat; verbeten
verbiestert: verwirrt
verbleuen: verprügeln
verblüffen
verborgen; im verborgenen = geheim
verbrämen: am Rande besetzen
Verbrechen | verbrecherisch
verbreiten | verbreitern
Verb[um]; Mz. -ba und -ben (lat.): Zeitwort
Verdacht, der | verdächtig
verdammen (lat.) | Verdammnis, die
verderben: 1. zugrunde gehn: du verdirbst; er verdarb, verdürbe; er ist verdorben; verdirb! — 2. zugrunde richten: du verderbst; er verderbte; er hat verderbt; verderbe! (doch heute meist: du verdirbst usw. | Verderbnis, die
Verdienst, das und (= Erwerb) der | verdientermaßen
Verdikt, das (engl.): 'Wahrspruch'
verdrießen; es verdroß, verdrösse mich, hat mich verdrossen | verdrießlich | Verdruß, der
verdutzt: betroffen
vereid[ig]en
vereinnahmen; vereinnahmt
vereinzeln
vereiteln | Vereitelung
verfänglich
verfemen: für vogelfrei erklären
verflixt
vergällen (zu: Galle)
vergänglich
Vergatterung: Signal beim Aufziehen der Wache
vergebens | vergeblich
vergessen; du vergißt (vergissest), ich vergaß, vergäße; vergessen; vergiß! | vergeßlich | Vergißmeinnicht
vergeuden
vergilben; vergilbt
Vergil[ius], Virgil[ius], röm. Dichter
vergnügen | Vergnügen, das
verhaften | Verhaft, der | Verhaftung, die
Verhältnis, das
Verhängnis, das

verharschen
verheddern: verwirren
verheeren
verhehlen
verheißen
verherrlichen
verhunzen
Verismus (nlat.), Verismo (it.): 'Wahrheitssinn' | veristisch | verifizieren: feststellen, beglaubigen | Verifikation | veritabel (frz.): wahrhaft, echt
verjähren | Verjährung, die
verkehren; verkehrt | Verkehr, der
Verklarung: Schiffahrtsbericht
verklausulieren (lat.): einschränken
verknusen: verdauen, ausstehen
verkoken | verkümmern
verkünd[ig]en
Verlag, der; Mz. Verlage, Verläge oder Verlagsbuchhandlungen
verlangen | verlängern
Verlaß, der | verläßlich
Verlaub; mit Verlaub
verleugnen | verleumden
verlieren; ich verlor; verloren | Verlies (Verließ), das: Kerker | Verlust, der | verlustig gehen
Verlobung; Verlöbnis, das
vermachen | Vermächtnis, das
vermaledeien (lat.): verfluchen
vermeil (frz.): hochrot | Vermeil: vergoldetes Silber
Vermicelli, Mz. (it.): Nudelart
Vermillon, das (frz.): Zinnober
vermeintlich
Vermerk, der
vermessentlich: kühn
vermittels(t), | Vermitt[e]lung
vermöge | vermögen; vermocht | Vermögen, das | Vermöglichkeit: Wohlhabenheit
vermummen
vermuten | vermutlich
vernachlässigen
vernehmen | vernehmlich | Vernunft | vernünftig
Verona | Veroneser
Veronika: Heilige; Blume (Ehrenpreis)
verplempern: vergeuden
verpönen (lat.): verbieten
verquicken
verraten; er verrät; er verriet
verrenken | verringern
verrottet: verfault || verrucht
Vers, der (lat.)
Versailles | Versailler Diktat
Versal, der: großer Anfangsbuchstabe
Versand, der | versandt
versanden (zu: Sand); versandet
Versäumnis, die
Verschalung: Bretterverkleidung
verschieden; verschiedenes = manches; Verschiedenes = Verschiedenartiges
verschleißen | Verschleiß, der: Kleinhandel, Abnützung
verschmitzt: verschlagen
verschränken, die Arme
verschroben
verschroten: verladen | verschrotten: als Altmetall verwerten
Verschwor[e]ne | Verschwörer
versehentlich
versehren: verletzen
verseuchen: verseucht
versiegen: vertrocknen
versiert (lat.): bewandert | Version: Wendung, Fassung, Lesart
Versifex (lat.): Verseschmied | versifizieren: in Verse bringen
versöhnen

verständig | Verständnis | verständlich
Versteck, das
verstümmeln
Ver. St. v. A. = Vereinigte Staaten von Amerika
versuchen | Versuchung | Versuch
vertäuen: ein Boot festlegen
verte! (lat.): wende um!
vertikal (nlat.): senkrecht
Vertiko, der: Schrank
vertrackt: schwierig, verwünscht
Vertrag, der | verträglich
vertuschen: verheimlichen
verunstalten
Verve (frz.): Begeisterung, Feuer
vervollkommnen
verwahren | verwahrlosen
verwaisen = Waise werden; verwaist
verwandt | Verwandtschaft
verwegen (verwogen)
verwehren
verweisen; ich verwies; verwiesen: 1. (zu: weisen = zeigen), ausweisen; auch s. v. w. hinweisen | Verweisung; — 2. tadelnd vorwerfen | Verweis, der
verwesen; verwest: 1. (zu: Wesen), in Stellvertretung verwalten | Verweser; — 2. vergehen, verfaulen | verweslich | Verwesung
verwettert | verwittert
verwirren; verwirrt und verworren
verwitwet
verwogen s. verwegen
verwöhnen | verzärteln
verzehren | Verzehr, der
Verzeichnis, das
verzeihen; ich verzieh; verziehen | verzeihlich | Verzeihung | Verzicht, der | verzichten
verziehen | Verzug, der
Vesper, die (lat.) | vespern
Vestalin (lat): Priesterin der Vesta
Veste, die: veraltet = Festung. Veste Coburg
Vestibül, das (frz.): Vorhalle
Vesuv, feuerspeiender Berg bei Neapel
Veteran (lat.): Soldat, der ausgedient hat; Altmeister
Veterinär (lat.): Tierarzt
Veto, das (lat.): Einspruch
Vettel (lat.): altes Weib
Vetter, der
vexieren (lat.): foppen, necken
Vezier s. Wesir
vgl. = vergleiche
v., g., u. = vorgelesen, genehmigt, unterschrieben
v. H., vH = vom Hundert
via (lat.): auf dem Wege, über | Viadukt, der: Wegüberführung, Talbrücke | Viatikum, das: Wegzehrung; letzte Kommunion
vi|brieren (lat.): schwingen | Vibration
Vicomte (frz.), Visconte (it.), Viscount (engl.): 'Vizegraf'
vidi (lat.): 'ich habe gesehen' | vidimieren: beglaubigen
Vieh | Viehhof | viehisch
viel; vieles; in vielem; um vieles; viele; viel Schönes, vieles Schöne; viel[e] schöne Bilder | vielerlei | vielfältig | vielleicht | vielmal[s] | vielmehr = eher; aber: er hat viel mehr als ich | vielversprechend
vier: auf allen vieren, mit, zu vier[en], zu viert; der vierte; viertens; viertel; ein Viertel der Stadt; ein viertel Pfund; eine Viertelstunde; ein Viertel nach zwölf; viermal; vierundzwanzig | vierzehn | vierzig | vierschrötig | vierteilen | VierwaldstätterSee

Viet Nam (Vietnam): Staat in Indochina
vigilieren (lat.): wachsam sein, fahnden | vigilant: wachsam | Vigilant: Aufpasser | Vigil[ie]: Nachtwache; der Tag vor einem hohen Feste
Vi|gnette (frz.): Druckverzierung
Vigo|gne (frz.): Wolle von der Lamaart Vikunja; streichgarnähnliches Baumwollgarn
Vikar (lat.): Hilfsgeistlicher | Vikariat | vikariieren: vertreten
Viktor (lat.): 'Sieger' | Viktoria
Viktualien, Mz. (lat.): Lebensmittel
Villa, die; Mz. Villen (lat.) | Villeggiatur, die (it.): Landaufenthalt
vindizieren (lat.): beanspruchen | Vindikation
Vingt-et-un (frz., „einundzwanzig"): Glücksspiel
Vintschgau in Südtirol
Vinzenz (lat.), Vorname
violett (frz.): veilchenblau
Violine (it.): Geige | Violinist | Violoncell[o], das: kleine Baßgeige
Viper, die (lat.): Schlange
Virgilius s. Vergilius
Virginia: nordamerikanischer Staat; Zigarrensorte
viril (lat.): männlich
Virtualität (nlat.): ruhende Kraft; Möglichkeit | virtuell (frz.): möglich, schlummernd
virtuos (it.): meisterhaft | Virtuos[e]: Meister, Künstler | Virtuosität: Meisterschaft
virulent (lat.): ansteckend | Virulenz | Virus: Ansteckungsstoff
Visage, die (frz.): Gesicht
vis-à-vis (frz.): gegenüber
Visconte, Viscount s. Vicomte
Visier, das (frz.): Helmgitter; Zielvorrichtung | visieren: aufs Korn nehmen; beglaubigen
Vision (lat.): Erscheinung, Traumbild | Visionär (frz.): Geisterseher
visitieren (lat.): besichtigen, durchsuchen | Visitation | Visitator | Visite, die (frz.): Besuch | Visitenkarte: Besuchskarte
viskos (lat.): zähflüssig | Viskose: Zelluloseverbindung
Vista (it.): Sicht; a [prima] vista: nach Sicht
Vi|stra, die: eine Zellwolle
Visum; Mz. Visa (lat.): Beglaubigung
vital (lat.): das Leben betreffend | Vitalismus | Vitalität: Lebensfähigkeit | Vitamin, das: Ernährungsstoff
Vi|trine, die (frz.): Glasschauschrank
Vi|triol, der, das (nlat.): schwefelsaures Salz
Vitus (St. Veit): Heiliger
Vivarium, das (lat.): Tierbehälter | vivat! 'er lebe' hoch! | Vivat: das Hoch | Vivisektion (nlat.): Versuche am lebenden Tier zu Forschungszwecken
Vize... (lat.): 'an Stelle', stellvertretend, z. B. Vizekönig, -wirt
vizinal (lat.): für die Nachbarschaft | Vizinalbahn: Nebenbahn | Vizinalstraße: Verbindungsweg
Viztum (nlat.): Schirmherr eines Klosters
v. J. = vorigen Jahres
Vlame = Flame
Vlies (Vließ), das: (Schaf-)Fell; das Goldene Vlies (als österr. Orden: Vließ)
v. M. = vorigen Monats
Vogel | Vogelbauer, (der) das
Vogesen, Mz.: Wasgenwald
Vogt (nlat.): Statthalter, Verwalter | Vogtei, die | Vogtland, das

Voile, der (frz.): Gewebe
Vokabel, die (lat.): einzelnes Wort | Vokabular[ium]: Wörterverzeichnis
vokal (lat.): lautlich, gesanglich | Vokalmusik: Gesang | Vokal: Selbstlaut
Vokation (lat.): Berufung | Vokativ: Ruffall
Voland s. Valand
Volant (frz.): loser Besatz, Lenkrad
Voliere, die (frz.): Vogelhaus
Volk, das | völkisch | volkstümlich
voll; ein Armvoll, ein Mundvoll; eine Handvoll; im vollen; aus dem vollen | vollauf | vollends | vollenden | vollkommen | völlig | Völlerei, die
Volley (engl.): Flugschlag im Tennis
Volontär (frz.): Freiwilliger; Unbesoldeter
Volt, das: elektr. Maßeinheit | voltaisch = galvanisch
Voltaire, frz. Schriftsteller
Volte, die (it.): Wendung des Pferdes | voltigieren (frz.): Luftsprünge machen | Voltigeur
Volumen, das; Mz. Volumina (lat.): Schriftrolle, Band; (auch: Volum), Rauminhalt, Raum | voluminös: umfangreich | Volute, die: Schneckenverzierung
voluntaristisch (nlat.): willensmäßig
vom = von dem | Vomhundertsatz
vomieren (lat.): sich erbrechen | Vomitiv: Brechmittel
von; von neuem; von seiten | vonnöten, vonstatten
vor | vorab | voran | vorangehen usw. | vorauf | voraufgehen usw. | voraus; im, zum voraus | vorausgehen usw.
vorbehalten | Vorbehalt, der | vorbehaltlich (-hältlich). Besser: unter Vorbehalt
vorbei | vorbeigehen usw.
vordem: früher
vordere, der | Vordermann, Mz. -männer
vorderhand: einstweilen
voreingenommen
vorerst
Vorfahr; Mz. -en
vorgeblich
Vorgesetzte, der
vorhaben | Vorhaben, das
vorhanden sein
vorher | vorhergehen usw.; vorhergehend vgl. folgendes
Vorhut, die
vorig; vgl. folgendes
Vorkommnis, das
vorlängst | vorletzt
vorliebnehmen, fürliebnehmen
vorm = vor dem
vormals | vormalig
Vormittag; vormittags; des Vormittags
Vormund; Mz. -e und -münder
vorn[e]; von vorn[e]; von vorn[e]-herein; vorn[e]weg
vornehm
vornehmen | vornehmlich | Vornahme, die, Vornehmung
Vorrat, der | vorrätig
vors = vor das
Vorsatz, der | vorsätzlich
Vorschub | Vorschuß
vorsichtig
Vorsitzende, der = Vorsitzer
Vorspann, der
vorstehen; vorstehendes; vgl. folgendes | Vorsteher | Vorstand
vorstellen | vorstellig werden

Vorstenlanden: Zigarrensorte
Vorteil, der | vorteilhaft
Vortrab, der; Mz. -e
Vortrag, der; Mz. -träge
vortrefflich
vorüber | vorübergehen usw.
Vorurteil, das | vorurteilsfrei
Vorwand, der
vorwärts, vorwärtsgehen usw.
vorweg | vorwegnehmen
Vorwitz, der | vorwitzig
Vorwort, das: 1. Mz. -wörter; Verhältniswort; — 2. Mz. -worte; Vorrede
vorzüglich | vorzugsweise
Votum, das; Mz. -ten und -ta (lat.): Stimme; Gutachten | votieren: stimmen | Votivtafel: Weih-, Gedenktafel
Voute, die (frz.): Gewölbe, Deckenkehle
Voyageur (frz.): Reisender
v. T. = vom Tausend (Promille)
vulgär (lat.): gewöhnlich, gemein | Vulgata: lat. Bibelübersetzung | vulgo: gemeiniglich, gemeinhin
Vulkan (lat.): Gott des Feuers; feuerspeiender Berg | vulkanisch | vulkanisieren: erhitzen; schwefeln | Vulkanismus

W

Waadt, die, Waadtland, Kanton
Waage, die | Waagschale | waag[e]recht
wabbeln | wabb[e]lig
Wabe, die
Waberlohe: flackernde Glut | wabern
wachen | Wacht, die | Wach[t]feuer | wach[t]habend | Wachtmeister | Wächter | Wache | wach; wachrufen | wachsam
Wacholder, der
Wachs, das | wachsen, wächsen | wächsern; aus Wachs
wachsen; du wächs[es]t; ich wuchs; gewachsen | Wachstum
Wachtel, die: Vogel
Wacke, die | Wackerstein
wackeln | wack[e]lig
wacker
Wad, das: Manganschaum
Wade, die
Wafd, der (arab.): frühere ägyptische Partei
Waffe, die | waffnen
Waffel, die: Gebäck
Wagen, der; Mz. Wagen | Wägelchen | wagen | Wag[e]hals | Wagemut | wägen; ich wog; gewogen | wägbar | Wag[e]stück | Wagnis
Waggon (engl.): Eisenbahnwagen
Wahabiten, die (arab.), Mz.: islamische Sekte in Arabien
Wahl, die | wählen | wählerisch
Wahn, der | wähnen
wahnschaffen: mißgestaltet | Wahnsinn | Wahnwitz
wahr | etwas wahrhaben | wahrhaft, wahrhaftig | Wahrheit | wahrlich | wahrsagen | wahrscheinlich | Wahrspruch
wahren: auf etwas achten | wahrnehmen | wahrschauen
währen: dauern | während; währenddessen, -dem; während des Krieges
Währung, die: Münzwert
Wahrzeichen, das
Waiblinger: Hohenstaufen
Waid, der: eine Pflanze | Waidmann, -werk s. Weidmann
Waise, die | Waisenhaus
Wake, die (nd.): Eisloch
Wal, der | Walfisch | Walroß | Walrat, der, das: Fett

Walache, der | Walachei
Walburg, latinisiert Walpurgis
Wald, der | Waldstätte, die vier Urkantone am Vierwaldstätter See; aber: die vier Waldstädte am Rhein (Waldshut usw.) | waldig | Waldung | Waldeinsamkeit
Waldemar, auch Woldemar
Wale, der Welsche, Romane | Walnuß, welsche Nuß || Waliser in Wales; s. aber Wallis
Walhall, Odins Halle | Walhalla: Ruhmeshalle bei Regensburg | Walküre, die: Schlachtenjungfrau | Walstatt, die: Schlachtfeld; aber: Wahlstatt in Schlesien und Fürst Blücher von Wahlstatt
walken | Walke, die | Walker
Wallach, der: verschnittener Hengst
wallen: 1. es hat gewallt: sprudeln | Wallung; — 2. er ist gewallt: wandern, pilgern | Wallfahrt | wallfahr[t]en; ich wallfahrte[te]; gewallfahrt[et] | Wallfahrer, Waller
Wallis, Kanton | Walliser
Wallone: Romane in Belgien und Nordfrankreich
Wall Street: Straße in New York mit der Börse, Bankenzentrum
Walm, der: dreieckige Dachfläche
Walnuß s. Wale
Walpurgis = Walburg
walten | Walt[h]er, Waltraud, -traut, -trud
walzen | Walze | Walzer | wälzen
Wamme, Wampe, die
Wams, das; Mz. Wämse[r]
Wandale: Angehöriger eines german. Stammes | wandalisch | Unberechtigt ist Vandalismus (Wandalismus): Zerstörungssucht
wandeln | Wand[e]lung | Wandel
wandern | Wand[e]rung | Wand[e]rer
Wange, die
wanken | wankelmütig
wann; von wannen
Wanne, die
Wanst, der: Bauch
Wanten, Mz., Taue
Wanze, die
Wappen, das | Wappenschild, der und das | wappnen
Wardein: Münzprüfer
Ware, die
Warf[t], die (nd.): Wohnhügel
warm; wärmer, am wärmsten
Warp, der: 1. Anker; 2. Kettengarn
Warrant, der (engl.): Lagerschein
warten | Wartesaal | Wartturm | Warte | Wärter
war|um
Warze | warzig
was; was für ein
waschen; du wäsch[e]st; ich wusch; gewaschen | Wäsche
Wasen, der (obd.) = Rasen | Wasenmeister: Abdecker
Washington
Wasser | Wassernot: Wassermangel | Wassersnot: Überschwemmung | wässerig, wäßrig | wässern
Wate, die: großes Zugnetz
waten: im Wasser schreiten
Waterkant (nd.): Meeresküste | Waterloo, Schlachtort
Watsche, die: Ohrfeige
watscheln | watsch[e]lig
Watt, das: 1. (nd.): Untiefe an der Küste: — 2. elektr. Maßeinheit
Watte, die | wattieren
Wauwau, Hund
WC. = Wasserklosett (engl. watercloset)
weben; ich webte und wob; gewebt und gewoben | Webe, die | Weber

Wechsel, der | wechseln | Wechsler, 𝔚𝔢𝔠𝔥𝔣𝔩𝔢𝔯
Wecke, die, Weck[en], der: Gebäck
wecken | Weckruf | Wecker
Wedel, der | wedeln
weder — noch
Wedgwoodware (engl.): Steingut |
Weekend, das (engl.): Wochenende
Weg, der; g[e]rade[s]-, halb-, unterwegs; alle[r]wege, allerwegen; zuwege sein, bringen | Wegelagerer | Wegerich | wegsam | weg; durchweg; frischweg | weggehen usw. || wegen mit Wesfall: wegen des Preises; meinet-, unsertwegen; von Amts, Rechts, Staats wegen
Wega, die: ein Stern
weh! | Weh, das | Wehe, die; Mz. Wehen | wehklagen | wehleidig | Wehmut, die | weh[e] sein, tun
wehen, | die Schneewehe
wehren | Wehr, die | wehrlos | Wehrmann | Wehr, das: Stauanlage
Weib, das | weibisch | weiblich
Weibel, der: Amtsbote
Weichbild, eigtl. Stadtgerichtsbarkeit; Stadtgebiet
weichen; ich wich; gewichen | weich | Weiche, die | Weichensteller | Weichen, Mz., die weichen Körperteile | weichlich
Weichsel, die, Fluß
Weichselkirsche | Weichselrohr
Weichselzopf: Haarverfilzung
Weide, die: 1. Baum | Weiderich: Pflanze; — 2. Futterplatz | weiden | Weidmann, Jäger | Weidwerk | weid[e]wund (auch Waidmann usw.) | weidlich, eigtl. jagdgemäß, tüchtig | Weidling, der: Fischerkahn (aber auch Schüssel)

weifen: haspeln | Weife, die: Garnwinde
weigern | Weigerung
Weih..., heilig, z. B. Weihnachten, Weihrauch, Ort Weihenstephan | weihen; geweiht | Weihbischof | Weihe, Weihung
Weih[e], der, Weihe, die: Vogel
Wei[h]el, der (lat.): geweihter Schleier bei Ordensfrauen
Weiher, der (lat.): Fischteich
Weile; mittlerweile | weil | weiland: vormals; verstorben | weilen
Weiler, der (lat.): Dörfchen
Weimutskiefer, die (engl., amerik. Orts- und Personennamen Weymouth)
Wein, der (lat.) | Weinlese | Weinzierl = Winzer
weinen | weinerlich
weise: klug | weismachen | weisen: zeigen; du weis[es]t; ich wies; gewiesen | Weisel, der: Führer; Bienenkönigin | Weisheit | weislich | Weistum: Rechtsbelehrung | Weise: Art; Melodie | ...weise; ausnahms-, möglicher-, stoßweise | weissagen | Weissagung
weiß; schwarz auf weiß | Weiße, die | weißen = weiß machen | weißlich | Weißling: Schmetterling
weit; meilenweit; bei, von weitem; das Weite suchen | weitaus | weither = von weit her; aber: das ist nicht weit her = unbedeutend | weitläuf[t]ig | weitschweifig | weitverbreitet | Weite | weiten | weiter; das Weitere, [ein] Weiteres: des weiteren, im weiteren darlegen; ohne weiteres, bis auf weiteres | weitergehen = fortgehen, -fahren; aber: weiter gehen als... | weiterhin | Weiterung

Weizen, der
welch; welch ein Mensch | welcher, welche, welches; welcherart; welcherlei
Welf, der; Welpe, der und das: junger Hund
Welfe: Fürstenhaus
welk | welken
Welle, die | wellig
Wels, der: Fisch
welsch | Welschland | welschen
Welt | Weltall | weltlich
Wende, der | Wendei, die | wendisch
Wendelin, Vorname
wenden; ich wandte und wendete, daß ich wendete; gewandt und gewendet | Wende, die | Wendung | Wendeltreppe | Wendel, die: Spirale
wenig; ein wenig; weniges; dieses wenige; mit wenigem zufrieden; wenige; weniger; zum wenigsten
wenn; wenn auch, wennschon; wenngleich ich und wenn ich gleich
Wenzel aus slaw. Wenzeslaus
wer, wessen, wem, wen
werben; du wirbst; ich warb, würbe; geworben; wirb! | Werber | Werbung | Werbe, die: Wirbel, Strudel
werden; du wirst, er wird; ich ward und wurde, würde; wir wurden; geworden
Werder, Wert, der: Flußinsel; Uferland
werfen; du wirfst; ich warf, würfe; geworfen; wirf! | Werft, der, | Werfte, die: Kette eines Gewebes
Werft, die (das): Schiffsbauplatz
Werg, das: Flachs, Hanf
Wergeld: Buße für Tötung eines Menschen
Werk; ans Werk, zu Werke gehen | Werkstatt, -stätte | Werk(el)-tag: werk(el)tags
Wermut, der: Pflanze
Werre, die: Maulwurfsgrille
Werst, die: russ. Wegemaß
wert | wertschätzen | Wert, der (s. auch Werder)
Werwolf: in einen Wolf verwandelter Mensch
wes = wessen; weshalb, weswegen
Wesen, das; viel Wesens machen | wesentlich; im wesentlichen, nichts Wesentliches
Wesir (Vezier) (arab.): Minister
Wespe, die
West[en], der; West auch = Westwind | Westfale, der | Westfalen | westfälisch; der Westfälische Friede | westlich | westisch; die westische Rasse
Westinghousebremse
Wette | Wetturnen | wett; wettmachen | wetten
Wetter, das | wetterleuchten wetterwendisch | wettern
Wettin: Stadt, Herrscherhaus
wetzen; du wetz[es]t
Whig, der: engl. Liberaler
Whisky, der (engl.): Branntwein
Whist, das (engl.): Kartenspiel
Whitehall: Straße im Londoner Regierungsviertel
wichsen; du wichs[es]t | Wichse, die | Wichs, der: stud. Tracht
Wicht, der; Mz. -e | Wichtel[männchen]: Kobold, Zwerg
wichtig; wichtig tun
Wicke, die (lat.)
Wickel, der | wickeln
Widder, der

wider: gegen | widerfahren; mir ist etwas widerfahren | widerhaarig | Widerhaken | Widerhall | widerhallen; widergehallt | Widerhalt | Widerklage | Widerlager | widerlegen; widerlegt | widerlich | Widerpart, Gegner | widerraten; er hat widerraten | widerrechtlich | Widerrede | Widerrist, der: Erhöhung der Wirbelsaule bei Pferden | widerrufen; er hat es widerrufen | Widersacher | Widerschein | widersetzlich | widersinnig | widerspenstig | widerspiegeln; widergespiegelt | Widerspiel, das: Gegensatz, -teil | widersprechen; er hat widersprochen | Widerspruch | Widerstand | widersteh[e]n; widerstanden | widerstreben; widerstrebt | widerwärtig | widerwillig | widrig; widrigenfalls

widmen | Widmung | Widum, Widem, das: Pfarrgut

wie | wieso? | wieviel; wie viele; der wieviel[s]te | wiewohl = obwohl, obgleich

Wiebel, der: Kornwurm

wiebeln: flicken, stopfen

Wiedehopf, der

wieder: nochmals; zurück. Eine sichere Regel über Zusammenschreibung laßt sich nicht geben. | wieder bringen = nochmals bringen; aber: wiederbringen = zurückbringen | wiedererlangen | wiedererstatten | wiedergeben | Wiedergeburt | wiedergewinnen: er hat wieder (nochmals) gewonnen; er hat sein Geld wiedergewonnen (zurückgewonnen) | wiedergutmachen | wieder herstellen (hierher); aber: wiederherstellen (erneuern = wiederherrichten) | wiederholen; wiedergeholt = zurückgeholt; wiederholt (nochmals gesagt, getan) | Wiederimpfung | wiederkäuen | wiederkehren | Wiederkunft | wiedersehen | Wiedertäufer | wiedervergelten | wiederum

Wiege, die | wiegen; ich wiegte, gewiegt | Wiegemesser, das

wiegen, ein Gewicht haben; ich wog; gewogen

wiehern

Wiek, die: Meeresbucht

Wiemen, der: Räuchergerüst; Hühnerstange

Wien | Wiener | Wienerwald | wienerisch | Wiener Neustadt

Wiepe, die (nd.): Strohwisch

Wiese, die | Wiesbaum: Heubaum

Wiesel, das

wieten (nd.): jäten

wieviel s. wie

Wigwam, der: Indianerhütte

Wiking, nord. 'Krieger'

Wilajet, das (türk.): Bezirk

wild; der Wilde | Wildfang | Wildnis | Wild, das | Wildbret, das | Wilddieb | Wildschütz | Wilderer

Wildschur, die (poln.): schwerer Reisepelz

Wille(n), der; der Letzte Wille; willens sein | willfahren; ich willfahrte; gewillfahrt | willfährig | willkommen | Willkomm[en], der Willkür, die | willkürlich | willen; um Gottes willen; um meinet-, derent-, seinet-, unsert-, euretwillen | willentlich | willig

Wilfried | Wilhelm; das Wilhelminische Zeitalter | Wilhelmshaven |

Wilhelmine | Willi = Wilhelm (engl. Willy) | Willibald | Willibrord
Wilster, Ortsname | Wilstermarsch
wimmeln | wimmern
Wimpel, der
Wimper, die
Wimperg, der, Wimperge, die: Ziergiebel über Tür- und Fensterbogen
Winckelmann, Altertumsforscher
Wind, der | Windei, das | Windfang | windschief | Windhuk, Stadt in Südwestafrika | winden: Wind bekommen, riechen (vom Wilde) | windig
winden; ich wand; gewunden | Winde, die | Windel, die | Windung
Windhund, Windspiel
Windsbraut, die
Winfried, Vorname
Wingert, der: Weingarten
winken | Wink, der | Winkel, der | wink[e]lig
winseln
Winter; winters; wintersüber, den Winter über | winterlich | wintern
Winzer (lat.). Vgl. Weinzierl
winzig
wippen: schaukeln | Wippe, die | Wipfel, der | wipf[e]lig
Wirbel, der | wirb[e]lig | wirbeln
wirken | Wirker | wirklich; Wirklicher Geheimer Rat | wirksam
wirren | wirr | Wirren, Mz. | Wirrsal, das | Wirrwarr, der
Wirsing, der (it.): Kohl
Wirt | Wirtshaus | Wirtsleute | wirtlich | Wirtschaft
Wirtel, der: Spindelring
Wisch, der | wischen; du wisch[e]st
Wisent, der: Wildrind
Wismut (der) das: ein Metall
Wispel, der (nd.): Getreidemaß
wispeln, wispern: flüstern
wissen; du weist, er weiß, ihr wißt; ich wußte; gewußt | Wißbegier[de] | Wissen, das; wider Wissen und Willen; meines Wissens; er will es nicht Wissens haben | Wissenschaft | wissentlich
Witfrau = Wit[t]ib: Witwe | Witmann: Witwer
wittern (zu: Wetter): riechen (eigtl. vom Wilde) | Witterung
Wittum, das (der); Mz. -tümer; Brautgeschenk, der Frau gewidmetes Gut
Witwe | Witwer
Witz, der | Witzbold | witzig | witzeln
Wladimir, slaw. Name
wo | wobei usw. | wofern | wo nicht | womöglich | wor|an, wor|über usw. | woselbst
Woche; wochenlang | Wochentag; wochentags | wöchentlich, jede Woche; zweiwöchig: zwei Wochen dauernd | Wöchnerin
Wocken, der (nd.): Rocken
Wodan (Wotan, Wuotan): germ. Gott (nord. Odin)
Wodka (Wutki), der (russ.): Branntwein
Woge, die | wogen
wohl; gleichwohl; sowohl — als auch | Wohl, das | Wohlfahrt | wohlan! | Euer Wohlgeboren | wohlgemut | wohlgestalt[et] | wohlhabend | wohlig | wohl sein; zum Wohlsein! | wohlriechen, -tun, -wollen | Wohltat | Wohlverleih, der: Arnika wohlüberlegt | wohlweislich
wohnen | wohnlich | Wohnung
Woilach, der (russ.): Pferdedecke

Woiwod[e] (poln.): Statthalter
wölben | Wölbung
Woldemar = Waldemar
Wolf, der | Wolfgang | Wolfram, Name und Metall
Wolhynien in der Ukraine
Wolke | wolkig | wölken
Wolle | Wollkämmer | Woll[en]-stoff | wollen, aus Wolle | wollig
wollen; ich will, du willst
Wollust, die | wollüstig
Wonne | wonnig[lich]
Wonnemonat, der
Worcestersoße, die (engl.)
worfeln
Wort; Mz. Worte und (einzelne) Wörter; er will es nicht Wort haben; Wort halten | wörtlich
Wotan s. Wodan
wrack (nd.) werden | Wrack, das
wricken, wriggen: Art des Ruderns
wringen (nd.); ich wrang; gewrungen | Wringmaschine
Wruke, die: Kohlrübe
Wucher | Wucherer | wucherisch | wuchern
Wuchs, der; Mz. Wüchse
Wucht, die | wuchtig | wuchten
wühlen | wühlerisch
Wu[h]ne, die: Loch im Eis
Wulst, der und die; Mz. Wülste | wulstig
wummern: dumpf dröhnen
Wunder; Wunder tun | wundernehmen; es nimmt mich wunder; er meint, wunder was ausgerichtet zu haben | wunderbar | wunderlich | wundersam | wunderschön | wundern
Wunsch, der | wünschen | Wünschelrute
Wuotan s. Wodan
wuppdich!
Würde | würdig | würdigen
Wurf, der | Würfel | würf[e]lig | würfeln
würgen | Würger, der
Wurm, der | wurmig | wurmen
Wurst, die; es ist mir Wurst (gleichgültig) | wursten: Wurst machen | wursteln: im Schlendrian arbeiten
Wurte, die = Warft
Württemberg
Wurz, die: Kraut | Würze | würzig | würzen | Wurzel | Würzelchen | wurz[e]lig | wurzeln
wüst | Wüstling | Wüste | Wüstenei | Wust, der
Wut | wüten | Wüterich | wütig
Wutki s. Wodka
Wyandotte, Hühnerrasse

X

X; ein X für ein U machen (eigtl. X für V) | X-Beine | x-beliebig | x-fach | x-mal | der x-te; zum x-tenmal, zum x-ten Male | X-Strahlen; Röntgenstrahlen X-Haken
Xanten, rhein. Ort
Xanthippe (gr.): zanksüchtiges Weib
Xaver (bask.): Heiliger
Xenie (gr.): 'Gastgeschenk', Sinngedicht
Xeres s. Jerez und Sherry
Xylographie (gr.): Holzschneidekunst, Holzstechkunst | Xylophon, das: Musikinstrument

Y

Yak, veraltet für Jak
Yankee, der (engl.): Nordamerikaner

Yard, das: engl. Längenmaß
Yawl, die (engl.): Sportsegelboot
Ylang-Ylang: Orchideenöl
Yorck v. Wartenburg, Feldherr | York in England
Ypern: belg. Stadt
Yquem, frz. Wein
Ysop, der (gr.): Pflanze
Yucca, Palmlilie

Z

Zacharias, hebr. Name
Zacke, die, Zacken, der | zackig | zacken
zagen | zag | zaghaft
Zagreb, kroat. = Agram
zäh[e] | Zäheit, Zähigkeit
Zahl | zahlen | zählen
zahm | zähmen
Zahn | Zahnweh | zahnen
Zähre, die
Zain, der: Metallstab; Gerte
Zaine, die: Korb
Zambo (sp.): männlicher Mischling von Negern oder Mulatten und Indianern
Zander, der: Fisch
Zange | Zänglein
zanken | Zank | Zänker | zänkisch
Zapfen, der | Zapfenstreich | zapfen
Zaponlack
zappeln | zapp[e]lig
Zar (slaw.): Kaiser | Zarin | Zarewitsch: Zarensohn | Zarewna: Zarentochter
Zarathustra, altpers. Religionsstifter, gr. Zoroaster
Zarge, die: Seiteneinfassung
zart | zärtlich
Zaser, die: kleine Faser
Zäsur, die (lat.): Einschnitt
Zauber | zaubern | Zauberei | Zaub[e]rer | Zaub[r]erin | zauberisch
zaudern | Zaud[e]rer
Zaum, der | zäumen
Zaun | Zaunkönig | zäunen
zausen; zaus[es]t
z. B. = zum Beispiel
z. D. = zur Disposition
Zebaoth (hebr.), kathol. Sabaoth: Herr Z.: Herr der Heerscharen
Zebra, das
Zebu, das: Buckelrind
Zeche, die: 1. Bergwerk, Grube | Zechstein | Zechenhaus; — 2. Wirtsrechnung | Zechpreller | zechen | Zecher
Zechine, die (it.): Goldstück
Zecke, die: Art Milbe
Zeder, die (lat.): Nadelbaum
zedieren (lat.): abtreten, übertragen | Zedent: Abtreter
Zehe, die; Mz. -n; auch Zeh, der
zehn: die Zehn Gebote; der zehnte; zehntens; zehntel; das Zehntel; zehnmal | Zehner, der | Zehnt, das | Zehnte, der; den Zehnten geben = zehnten
zehren | Zehrpfennig
Zeichen, das | Zeichenschrift | zeichnen | Zeichenheft, -lehrer, -stunde | Zeichner | Zeichnung
Zeidler: Bienenzüchter | zeideln: Honig ausschneiden
zeigen | Zeiger, der
zeihen; ich zieh; geziehen
Zeiland, der: Seidelbast
Zeile, die; zeilenweise | Vierzeiler, vierzeilig
Zeisig, der (slaw.) | Zeis|chen, -lein

Zeit; zur Zeit (z. Zt.); eine Zeitlang; beizeiten, vorzeiten, zuzeiten; derzeit, jederzeit, seinerzeit; zeitweise; zeitlebens, zeit meines Lebens | **zeitgenössisch** | **Zeitläuf[t]e**, Mz. | **Zeitlose**, die | **Zeitvertreib**, der | **zeitig** | **zeitigen** | **zeitlich** | **Zeitung**

zele|brieren (lat.): feierlich begehen; (Messe lesen) | **Zele|brität**: Feierlichkeit; gefeierte Person

Zelle (lat.) | **Zell[en]gewebe** | **Zellstoff, -wolle** | **zellig** | **Zelluloid**: Zellhorn | **Zellulose**: Hauptstoff der pflanzlichen Zellwände. Aber: Cellophan als Warenzeichen

Zelot (gr.): Glaubenseiferer

Zelt, das | **zelten**

Zeltchen: Zuckerplätzchen

Zelter, der: Paßgänger, Damenpferd

Zement, der, das (lat.) | **zementieren**

Zenit, der, das (arab.): Scheitelpunkt der Himmelskugel

Zenotaph s. Kenotaph

zensieren (lat.): beurteilen, abschätzen | **Zensor**: Beurteiler | **Zensur**, die | **Zensus**, der: Abschätzung, Zählung

Zentaur, der (gr): Gestalt der griechischen Sage, halb Pferd, halb Mensch

Zentenarfeier (lat.): Jahrhundertfeier

zentesimal (nlat.): hundertteilig

Zentifolie (lat.): 'hundertblätterige' Rose | **Zenti|gramm**: $^1/_{100}$ g | **Zentimeter**, das: $^1/_{100}$ m | **Zentner**: 100 Pfund

Zen|trum, das Mz. Zentren (lat.): Mittelpunkt; Mittelpartei | **zen|tral**: im Mittelpunkt befindlich; Sammel..., Haupt... | **Zen|trale**: Mittellinie; Hauptstelle | **Zen|tralität**: Mittellage | **zen|tralisieren**: vereinigen, zusammenziehen | **Zentralisation** | **zen|trifugal**: vom Mittelpunkt fortstrebend | **Zentrifugalkraft**: die Fliehkraft | **Zen|trifuge**: Schleudertrommel | **zen|tripetal**: dem Mittelpunkt zustrebend | **Zen|tripetalkraft**: Anziehungskraft

Zenturie, die: altröm. Kompanie

Zephir, das (gr.): Südwestwind, Gewebe

Zeppelin, Graf, Luftschiff

Zepter (Szepter), das (der) (gr.): Herrscherstab

Zer[ium]: Metall

Zerberus (gr.-lat.): Höllenhund

Zerealien, Mz. (lat.): Getreide

zere|bral (nlat.): das Gehirn betreffend

Zeremonie, die (lat.): Feierlichkeit | **zeremoniell**, **zeremoniös**: feierlich, förmlich | **Zeremoniell**, das: die feierlichen Gebräuche

Zerevis, das (lat.): Studentenmütze

zerfahren | **zerknirscht**

zernieren (frz.): einschließen

Zero, die oder das (frz., arab.): Null, das Nichts

zerren | **Zerrbild**

zerrütten

zerschellen | **zerspellen**: spalten

Zertifikat, das (nlat.): Bescheinigung, Beglaubigung

Zervelatwurst (it.): Schlackwurst

Zerwürfnis, das

Zession, die (lat.): Abtretung

zeter schreien, **zetern** | **Zetergeschrei** | **Zetermordio**

Zettel, der: 1. (it.): Blatt Papier; — 2. Aufzug eines Gewebes | **anzetteln**

Zeug, das | **Zeughaus** | **Zeugschmied** | **zeugen** | **Zeuge** | **Zeugnis** | **Zeugung**

Zeus, gr. Gott
z. H. = zu Händen, zuhanden
Zibbe, die: weibl. Kaninchen, Schaf
Zibebe, die (it.): große Rosine
Zibet, der (arab.) | Zibetkatze
Ziborium (lat.): Hostiengefäß
Zichorie, die (lat.): Wegewarte, Kaffeezusatz
Zickzack, der
Zider, der (frz.): Apfelwein
Zieche, die (gr.-lat.): Überzug
Ziege|Ziegenpeter, Mumps|Zicklein
Ziegel, der (lat.) | Ziegelei
Ziegenhainer (nach einem Dorf bei Jena): Knotenstock
Zi[e]ger: Quark, Kräuterkäse
ziehen; ich zog; gezogen | Ziehharmonika | Ziehe, die: Pflege
Ziel, das | zielen
ziemen | ziemlich
Ziemer, der: Rückenbraten
ziepen: zupfen, pfeifen
Zier, die | Zierat, der, die; Mz. -e[n] | Zierde, die | zieren | Ziererei, die | zierlich
Ziesel, der, Zieselmaus
Ziest, der: Pflanze
Ziet[h]en, Husarengeneral
Ziffer, die (arab.) | ziffer[n]mäßig
Zigarette (frz.) | Zigarre (sp.-frz.) | Zigarillo, der (sp.)
Ziger s. Zieger
Zigeuner | zigeunerisch
Zikade, die (lat.): Insekt
Zille die (slaw.): Flußfahrzeug
Zimbel, die (gr.-lat.): Musikinstrument
Zimelie, die (gr.-lat.): Kleinod, wertvolles Buch
Zimier, das, die: Helmschmuck
Zimmer, das | zimmern | Zimmermann, -männer, -leute | Zimmermeister
Zimt, der (mal.): Gewürz
zimperlich, oberd. zimpferlich
Zindel, der (nlat.): Art Taft
Zinder, der (engl.): Koksstückchen
Zinerarie, die (lat.): Blume
Zingulum, das (lat.): Gürtel der Ordenstracht
Zink, (der), das | Zinko|graphie, Zinkplattendruck | zinken, von Zink
Zinke, die, Zinken, der: Zacke; Zinke auch Blasinstrument; Zinken auch abgesonderter Hof
Zinn, das: Metall | zinne[r]n
Zinne, die: zahnartiger Mauerabschluß
Zinnie, die: Blume
Zinnober, der (gr.-lat.)
Zins (lat.) | Zinseszins | zinsen
Zion (hebr.): (Tempelhügel von) Jerusalem | Zionismus
Zipfel, der | zipf[e]lig
Zipolle, die (it.): Zwiebelart
Zipperlein, das: Fußgicht
Zirbe[l], die, Zirm, der: Nadelbaum | Zirbeldrüse, -kiefer
zirka s. circa
Zirkassier, Tscherkesse
Zirkel (lat.): Kreis, Kreiszieher | zirkeln | zirkulieren: im Umlauf sein | Zirkulation: Umlauf | Zirkular: Rundschreiben
Zirkumflex, der (lat.): Akzent
Zirkus, der (lat.) | zirzensisch, den Zirkus betreffend
zirpen | Zirpe, die
Zirrus (lat.): Federwolke | Zirrokumulus, Schäfchenwolke
zisalpinisch (lat.): diesseits der Alpen (von Rom aus) | Zisleithanien: das frühere Österreich diesseits der Leitha
zischen; du zisch[e]st | zischeln
ziselieren (frz.): mit dem Grabstichel bearbeiten | Ziseleur

Zisterne (lat.): Regenwassergrube
Zisterzienser, Mönchsorden
Zitadelle (it.): Festung in der Stadt
Zither, die (gr.)
zitieren (lat.): anführen, vorladen | Zitat, das | Zitation: Vorladung
zito s. cito
Zi|trat, das (nlat.): zitronensaures Salz | Zitronat, der | Zitrone, die (frz.)
zittern: beben | Zittergras
Zitwer, der (arab.): Pflanze | Zitwersamen: Wurmsamen
Zitz, der (ind.): Art Kattun
Zitze, die: Brustwarze
zivil (lat.): bürgerlich, billig | Zivil, das | Zivilist | zivilisieren: gesittet machen | Zivilisation: Gesittung
Zobel, der: Marderart
Zober = Zuber
Zodiakus (gr.-lat.): Tierkreis | Zodiakallicht
Zofe: Kammermädchen
zögern | Zögerung
Zögling, der
Zölestin (lat.): Name
Zölibat, der, das (lat.): Ehelosigkeit
Zoll, der: 1. Längenmaß | zollang; 2. (gr.-lat.): Abgabe | zollen | Zöllner
Zone, die (gr.): Erdgürtel, Gebiet
Zo|olog (gr.): Tierforscher | Zo|ologie: Tierkunde | zo|ologisch
Zopf, der | zopfig
Zorn | zornig
Zoroaster s. Zarathustra
Zote, die | zotig
Zotte[l], die | zottig, zott[e]lig | zotteln
Zötus, der (lat.); Mz. Zöten: Schülerschaft
z. T. = zum Teil

zu; zu sehr, zu weit; zu zweien, zu zweit, zuhinterst, zuoberst, zuunterst; zu Rate ziehen, zu Werke gehen
zuallererst | zuallerletzt | zuallernächst | zuäußerst
Zuaven, frz. Truppe aus Algerien
Zubehör, der, die, das
zubenannt
Zuber, der: Gefäß
Zucht, die; in Züchten | Zuchthäusler | Züchtling | züchten | züchtigen
zucken | zücken
Zucker (arab.-it.) | zuck[e]rig
zudem: überdies
zuerst
Zufall | zufällig
zufolge
zufrieden | zufrühst
Zufuhr, die
Zug, der | Zugführer | Zugluft zugig
Zugang, der | zugange bringen | zugängig: zugehend | zugänglich: leicht Zugang gewährend
zugegen sein
Zügel, der | zügeln
zugleich
zugrunde gehen | Zugrundelegung
zugunsten
zugute | zu guter Letzt
zuhanden, zu Handen, zu Händen
zuhauf | zu Haus[e]
Zuhälter, der
Zuidersee (der), die: Nordseebucht
Zukunft | zukünftig
zulande, hierzulande; aber zu Lande und zu Wasser
zulänglich | zulässig | zuleide
zuletzt | zuliebe
Zulp, der: Saugbeutel zulpen
Zulukaffer, der

zum = zu dem, zum Teil (z.T.); zum besten geben, haben, aber: zum Besten der Armen; zum mindesten, wenigsten
zumal; zumal da
zumeist | zumindest
zumute (zu Mute) | zumuten | Zumutung
zunächst
Zunahme, die | Zuname, der
zünden | Zunder (Zundel) | Zünder
Zunft, die | zünftig
Zunge | züngeln
zunichte | zunutze
Zünsler, der: Motte
zupfen
zur = zu der; zur Linken
zurechnungsfähig
zurechtmachen, -weisen, aber: zu Recht bestehen
Zürich | Zür[i]cher See
zürnen
zurren (seem.): festbinden
zurück | zurückbehalten | zurückkommen | Zurücknahme
Zusage
zusammen | zusammenhangend, -hängend | Zusammenkunft
zusamt
zuschanden | zusehends
zuständig | Zuständigkeit
zutage treten
zuträglich | zutu[n]lich
zuungunsten
zuverlässig | Zuversicht
zuviel, aber zu viel, wenn zu stark betont ist
zuvor | zuvorkommen usw. | Zuvorkommenheit | zuvörderst
Zuwachs | Zuwuchs
zuweilen
zuwenig, (nicht ausreichend), zu wenig (in keiner Weise genug)
zuwider | zuwiderhandeln
zwacken
Zwang | zwängen
zwanzig; der zwanzigste; zwanzigstens; zwanzigstel; das Zwanzigstel; zwanzigmal
zwar, eigentl. in Wahrheit
Zwecke, die | zwecken: mit Nägeln beschlagen | Zweck, der: Absicht
zweckentsprechend | zwecks
Zwehle, die: Handtuch
zwei; mit, zu zweien; der zweite; zu zweit; zweitens; zweimal; zweiundzwanzig | zweideutig | zweifach | zweifältig | zweispännig
Zweifel, der | zweifelsohne | zweifeln | Zweifler
Zweig, der | Zweiggeschäft
zwerch: quer | Zwerchfell | Zwerchsack
Zwerg, der | Zwergbaum, -obst, -huhn, -wuchs; aber in der Sage Zwergenkönig, -Volk | zwergig
Zwetsch[g]e, die: Pflaume
zwicken | Zwickmühle | Zwicker | Zwickel, der
Zwieback, der; Mz. -e und -bäcke | zwiefach | zwiefältig | Zwiegespräch | Zwielicht | Zwiespalt | zwiespältig | Zwietracht
Zwiebel, die (lat.) | zwiebeln
zwier (veraltet): zweimal
Zwil[li]ch, der: Gewebe
Zwilling, der
zwingen; ich zwang; gezwungen | Zwingherr | Zwinge | Zwinger
zwinke[r]n: blinzeln
zwirbeln
Zwirn, der | zwirnen
zwischen | zwischendurch usw.
Zwist, der | Zwistigkeit
zwitschern

Zwitter, der: zweigeschlechtiges Wesen

zwo = zwei

zwölf; der zwölfte; zwölftens: zwölftel; ein Zwölftel; zwölfmal | **Zwölften**, die: Zeit von Weihnachten bis zum Dreikönigstag

Zyan, das (gr.): chem. Verbindung | **Zyane**: Kornblume | **Zyankali[um]**: blausaures Kalium

Zy|klus, der (gr.); Mz. Zyklen: Kreis, Reihe | **Zy|kladen** (Ky|kladen): im Kreis liegende Inseln des Ägäischen Meeres | **Zy|klon**: Wirbelsturm | **Zy|klop** (**Ky|klop**): einäugiger Riese | **Zy|klotron**: Apparat zur Atomzertrümmerung

Zylinder, der (gr.) | **zylindrig** in: zweizylindrig (mit 2 Zylindern) | **zylindrisch**: walzenförmig

Zymase, die (gr.): Gärungserreger | **zymotisch**: Gärung erregend

Zyniker (**Kyniker**): Angehöriger einer gr. Philosophenschule | **zynisch**: schamlos | **Zynismus**

Zypern, Insel

Zy|presse, die: Baum

Zyrillus, Heiliger | **zyrillische** (slawische) Schrift

Zyste, die (gr.): Blase, Balggeschwulst

Zytisus (gr.): Goldregen

z. Z. = zur Zeit

FSC
www.fsc.org
MIX
Papier | Fördert
gute Waldnutzung
FSC® C083411

Kolibri 360 GmbH
Ferdinand-Jühlke-Straße 7
99095 Erfurt, Deutschland
produktsicherheit@kolibri360.de